STRUKTUR UND EIGENSCHAFTEN
DER MATERIE
EINE MONOGRAPHIENSAMMLUNG
BEGRÜNDET VON M. BORN UND J. FRANCK
HERAUSGEGEBEN VON F. HUND-LEIPZIG UND H. MARK-WIEN
XVII

KRISTALLPLASTIZITÄT

MIT BESONDERER BERÜCKSICHTIGUNG DER METALLE

VON

DR. E. SCHMID

PROFESSOR DER PHYSIK AN DER UNIVERSITÄT FREIBURG/SCHWEIZ
AUSWÄRTIGES WISSENSCH. MITGLIED DER KAISER WILHELM-GESELLSCHAFT

UND

DR.-ING. W. BOAS

FREIBURG/SCHWEIZ

MIT 222 ABBILDUNGEN

Springer-Verlag Berlin Heidelberg GmbH

1935

ISBN 978-3-662-34261-9   ISBN 978-3-662-34532-0 (eBook)
DOI 10.1007/978-3-662-34532-0

Vorwort.

Plastizität ist die Eigenschaft der festen Körper, unter Einwirkung äußerer Kräfte ihre Gestalt bleibend zu ändern. Obwohl dieses Verhalten seit Beginn der Menschheitsgeschichte benutzt wird — eine Benutzung, die in unseren heutigen technischen Verfahren zu einer sehr großen Vollkommenheit entwickelt ist — und obwohl die Bemühungen um eine erschöpfende Beschreibung und physikalische Erfassung der sich bei der Verformung abspielenden Vorgänge unablässig erneuert werden, ist weder die vollständige Beschreibung noch gar die restlose theoretische Deutung bis heute gelungen.

In diesem Buch, dem zur Unterlage Vorlesungen dienten, die ich 1930/31 an der Technischen Hochschule Berlin gehalten habe, wird eine Darlegung unserer Kenntnisse über das plastische Verhalten einer besonders wichtigen Körperklasse, der Kristalle, versucht. Da die Verformung des Einzelkorns in überragendem Maße auch der Träger der Verformung von Kristallhaufwerken ist, bildet ihr Studium die Grundlage für die Erfassung der Plastizität kristallisierter Stoffe überhaupt. Unser Wissen über Kristallplastizität hat in den letzten 20 Jahren eine sprunghafte Erweiterung erfahren, bedingt erstens durch Entwicklung von Kristallzüchtungsverfahren, die das Versuchsmaterial ungeahnt erweitert haben, zweitens durch den hohen Nutzen, den die Heranziehung der Röntgenstrahlinterferenzen für die Untersuchung der Festkörper bedeutet.

Der Kreis, an den sich das Buch wendet, ist weit. Dem Physiker soll das experimentelle Material in gesammelter und geordneter Form gemeinsam mit den vorgebrachten Deutungsversuchen vorgelegt und dadurch die Schaffung einer Plastizitätstheorie erleichtert werden. Dem Kristallographen und Mineralogen sollen besonders jene an Metallkristallen angestellten Untersuchungen, die sich mit der Dynamik der Kristallverformung beschäftigen, nahegebracht werden. Dem Geologen bieten sich völlige Analogien zu Erscheinungen seines Arbeitsgebietes in der Ausbildung von Gefügeregelungen (Texturen) im gegossenen und verformten Metall, so daß die hier versuchten Deutungen auch für ihn Interesse haben dürften. Der mit Metallforschung und -technik Beschäftigte findet in diesem Buch die kristallographischen und physikalischen Grundlagen für das plastische Verhalten seines Werkstoffs; Beispiele erläutern, wie das Verständnis des technischen Vielkristalls vertieft und Nutzen für die Praxis gezogen werden kann. Dem Technologen und Konstrukteur soll der Tatsachenkomplex vor Augen geführt werden, aus dem sich die technologischen Kennziffern seines Baustoffes (Metall) herleiten. So wird die Natur der benutzten Konstanten und vor allem auch die Möglichkeit ihrer Veränderung im Betriebe deutlicher. Nicht zuletzt möchte das Buch allen jenen, die selbst Untersuchungen über die Plastizität kristalliner Stoffe beabsichtigen, bei der Auswahl geeigneter experimenteller Verfahren und Untersuchungsmethoden behilflich sein.

Ich möchte es nicht versäumen, auch hier Herrn M. POLANYI, der mich vor Jahren in dieses Arbeitsgebiet eingeführt und reich gefördert hat und von dem auch die erste Anregung zu diesem Buche stammt, aufrichtigen Dank zu sagen. Herzlicher Dank gebührt ferner allen meinen lieben Mitarbeitern der schönen Arbeitsjahre in den Kaiser Wilhelm-Instituten für Faserstoffchemie und Metallforschung in Berlin, insbesondere den Herren G. WASSERMANN, W. BOAS (dem Mitautor des Buchs) und W. FAHRENHORST sowie Herrn G. SIEBEL (Bitterfeld). Der weitgehenden Unterstützung, die meine Arbeiten seitens der Notgemeinschaft der Deutschen Wissenschaft stets gefunden haben. sei auch hier dankbarst gedacht.

Zahlreichen Fachgenossen habe ich für freundliche Genehmigung zur Aufnahme von Abbildungen aus ihren Arbeiten zu danken. Dem Verlag bin ich für weitgehendes Entgegenkommen und bereitwilliges Eingehen auf meine Wünsche sehr verpflichtet.

Freiburg (Schweiz), im Januar 1935.

ERICH SCHMID.

Inhaltsverzeichnis.

Deutung des Verhaltens von Einzelkristallen und Kristallhaufwerken.

Einleitung.

In der vorliegenden zusammenfassenden Darstellung über Kristallplastizität nehmen die aus der jüngsten Zeit stammenden Fortschritte einen breiten Raum ein. Zu gutem Teil sind sie durch Einbeziehung von Metallkristallen zu Plastizitätsuntersuchungen bedingt. Die Züchtung solcher Kristalle und die Bestimmung ihrer Orientierung ist demgemäß ausführlich in den Kapiteln III und IV beschrieben. Äußerste Beschränkung haben wir uns dagegen mit Rücksicht auf vorhandene, ausgezeichnete Darstellungen in den beiden Einleitungskapiteln über Kristallographie und Kristallelastizität auferlegt. Die Schilderung der Auswirkung der Deformationsmechanismen, deren Geometrie im V. Kapitel entwickelt wird, erfolgt zunächst in aller Ausführlichkeit für Metallkristalle in Kapitel VI. Diese Bevorzugung ist dadurch gerechtfertigt, daß der Metallkristall ein so überaus dankbares Versuchsobjekt für Plastizitätsuntersuchungen ist und ein großer Teil unserer neuen Kenntnisse an diesem Material erworben wurde. Mit Hilfe der hier entwickelten allgemeinen Begriffe kann dann das Verhalten der Ionenkristalle in Kapitel VII verhältnismäßig kurz dargestellt werden. Wenn die Häufung des experimentellen Materials in diesen beiden Kapiteln auch groß ist, so schien sie uns doch bei der heute noch so unbefriedigenden theoretischen Erfassung der Kristallplastizität notwendig, um einen Überblick über das experimentelle Material zu ermöglichen. Kapitel VIII enthält die Vielfalt der heutigen theoretischen Anschauungen, die hoffentlich bald einer einheitlichen und umfassenden Theorie weichen wird. Im letzten Kapitel werden die am Einkristall gewonnenen Kenntnisse zur Deutung des Verhaltens vielkristallinen Materials herangezogen, eine Aufgabe, deren Bedeutung für die Technik leider noch nicht in vollem Umfang erkannt ist.

Die im Text sich findenden eingeklammerten Zahlen beziehen sich auf das Literaturverzeichnis am Schluß des Buches. Die Arbeiten sind hier kapitelweise zusammengefaßt, so daß eine selbständige Orientierung über bestimmte Fragen auf Grund des vorliegenden Schrifttums ohne weiteres möglich ist. Mehrmalige

Heranziehung derselben Arbeit unter verschiedenen Nummern ließ sich dabei nicht vermeiden. Die Formeln tragen zunächst die Nummer des betreffenden Punktes und sind innerhalb desselben fortlaufend bezeichnet.

Für bereits vorliegende zusammenfassende Darstellungen der Kristallplastizität sei auf

G. Sachs, „Plastische Verformung" im Handbuch der Experimentalphysik, Bd. 5/1, 1930;

A. Smekal, „Kohäsion der Festkörper" im Handbuch der physikalischen und technischen Mechanik, Bd. 4/2, 1931 und „Strukturempfindliche Eigenschaften der Kristalle" im Handbuch der Physik, 2. Aufl., Bd. 24/2;

W. D. Kusnetzow, „Physik fester Körper", Tomsk 1932 (russisch)
verwiesen.

1. Kristall und amorpher Körper.

In der gemeinhin den Gasen und Flüssigkeiten gegenübergestellten Klasse der festen Körper besteht eine Trennungslinie von grundlegender Bedeutung. Sie scheidet die Körper mit regelmäßiger Atomanordnung, die Kristalle, von den regellos aufgebauten, amorphen Stoffen. Es hat sich gezeigt, daß der gesetzmäßige Aufbau keineswegs nur auf die schon früher wegen ihrer ebenflächigen Begrenzung als Kristalle bezeichneten Körper beschränkt ist, sondern ein sehr allgemeines Bauprinzip der Natur darstellt.

Für die Eigenschaften eines Stoffes ist die Art des Aufbaues von wesentlichster Bedeutung und insbesonders treten die Unterschiede kristallin—amorph auch im plastischen Verhalten scharf hervor. Bei den amorphen Körpern ist die Verformung anscheinend durch den Mechanismus des Platzwechsels unter Wirkung der thermischen Bewegung gegeben, wobei die äußeren Kräfte nur zu einer Bevorzugung solcher Platzwechsel führen, die eine Entlastung der aufgeprägten Spannungen mit sich bringen. Bei den wichtigsten Vertretern des Festkörpers dagegen, den Kristallen, äußert sich auch im plastischen Verhalten die ganze Harmonie geregelten Aufbaues.

I. Einige kristallographische Grundtatsachen.

2. Gitterbau der Kristalle.

Durch die v. LAUEsche Entdeckung der Röntgenstrahlinterferenz an Kristallen ist der unmittelbare experimentelle Nachweis der Gitterstruktur der Kristalle erbracht worden. Als charakteristisch für den kristallinen Zustand sehen wir heute die gesetzmäßige Anordnung der Atome (Ionen, Moleküle) in einem dreidimensionalen „Raumgitter" an (Abb. 1).
Form und Abmessungen des Raumgitters sind ein Ausdruck der Kräfte zwischen den kleinsten Bausteinen; sie stellen charakteristische Eigenschaften für den betreffenden Stoff dar und sind durch äußere Einwirkungen (Erzeugungsbedingungen) nicht beeinflußbar.

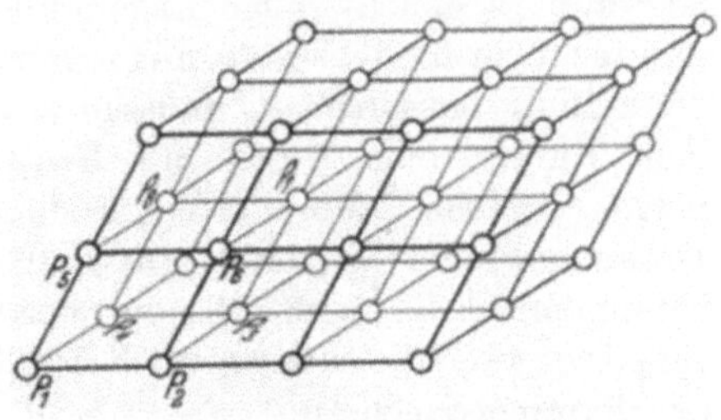

Abb. 1. Allgemeines triklines Raumgitter.

Nach der heutigen Auffassung stellt somit ebenflächige Begrenzung keineswegs mehr eine notwendige Eigenschaft eines Kristalls dar. Die „Tracht" der Kristalle, ihr durch Anzahl und Größe der auftretenden Flächen bedingtes äußeres Aussehen, wird dadurch zu einer nebensächlichen, weil zufälligen Eigenschaft gestempelt. Eine aus einem Steinsalzwürfel gedrehte Kugel, ein Metallkorn ist ebenso als Kristall anzusprechen und zeigt ebenso seine Anisotropie wie der vollkommenste Quarzpolyeder.

3. Kristallsymmetrie.

Wegen des raumgittermäßigen Aufbaues sind bei den Kristallen im allgemeinen die verschiedenen Richtungen nicht mehr gleichwertig, wie dies bei den amorphen (glasigen) Körpern der Fall ist. Demzufolge sind bei den Kristallen auch die Eigenschaften in verschiedenen Richtungen im allgemeinen verschieden (,,Anisotropie", vgl. Punkt 58). Die Beobachtung ergibt nun, daß es dennoch fast stets Richtungen gibt, in denen sich der Kristall in geometrischer und physikalischer Hinsicht völlig identisch verhält. Die Gesamtheit der gleichwertigen Richtungen bringt die Symmetrie des Kristalls zum Ausdruck. Im Sinne der Raumgittertheorie sind nun die beobachteten Symmetrien als Gittersymmetrien anzusprechen. Der Repräsentant einer Symmetrie ist eine sog. Deckoperation, eine geometrische Vorschrift, die auf das Gitter angewandt gleichwertige Richtungen und Ebenen ineinander überführt.

Die an einem beliebigen Körper möglichen Deckoperationen sind Drehungen, Spiegelungen und Parallelverschiebungen. Für ein Raumgitter ergibt sich jedoch eine sehr weitgehende Einschränkung hinsichtlich der Drehungen. Eine n-zählige Drehungsachse führt die Gitterpunkte durch Drehung jeweils um den Winkel $360°/n$ in n gleichwertige Lagen über, überdeckt also die Ebene senkrecht zu ihr lückenlos mit regelmäßigen n-Ecken. Der Gittervorstellung entsprechend müssen sich aber außerdem noch sämtliche Punkte einer Ebene als Eckpunkte eines Parallelogrammnetzes ergeben. Mit beiden Bedingungen verträglich sind nur Drehungswinkel von $360°$ (bzw. $0°$), $180°$, $120°$, $90°$ und $60°$, entsprechend 1-, 2-, 3-, 4- und 6-zähligen Drehungsachsen. Dies sind aber auch die einzigen an Kristallen beobachteten Zähligkeiten der Symmetrieachsen.

Die Gesamtheit der möglichen Gitterformen erhält man durch Kombination der drei elementaren Deckoperationen. Die Aufstellung dieser Systematik ist eine rein mathematische Aufgabe, die zu den 230 *Raumgruppen* führt [SCHÖNFLIESS (1891), FEDOROW (1894)].

Die zur Identität führenden Parallelverschiebungen von Gittern entsprechen dem Abstand der kleinsten Bausteine; sie sind von der Größenordnung 10^{-8} cm und sind vor allem durch Vermessung der Kristallgitter mit Hilfe von Röntgenstrahlen bestimmbar. Gegenüber den makroskopisch erkennbaren Drehungen und Spiegelungen stellen sie ein mikroskopisches Symmetrieelement dar.

Eine Kombination der makroskopischen Symmetrieelemente allein führt auf eine wesentlich gröbere Unterteilung der Formensystematik. Es ergeben sich hierbei 32 *Kristallklassen* [HESSEL (1830), BRAVAIS (1849)].

Während die bisherigen Einteilungen der Gitterformen auf Grund ihrer Symmetrieeigenschaften zwangsläufig und eindeutig waren, erfolgt die weitere Zusammenfassung der Kristallklassen zu noch größeren Gruppen unter dem Gesichtspunkt der Zweckmäßigkeit. Auf Grund des zur Kristallbeschreibung geeignetsten

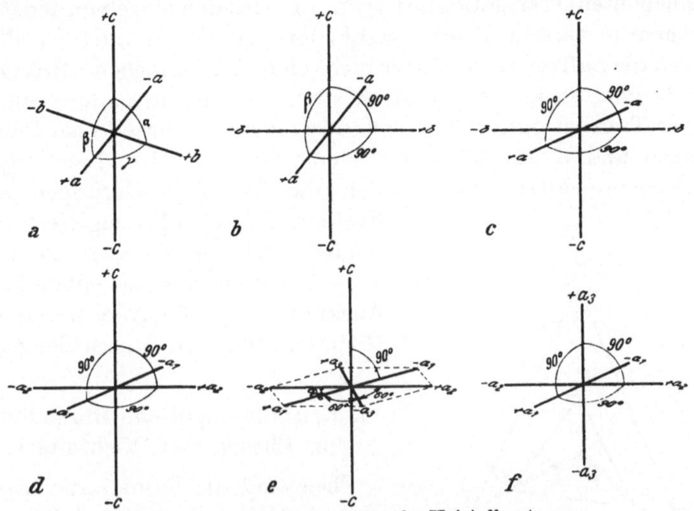

Abb. 2. Achsenkreuze der sechs Kristallsysteme.
a triklin; b monoklin; c rhombisch; d tetragonal; e hexagonal; f kubisch.

Koordinatensystems werden die Kristallklassen zu den *Kristallsystemen* vereinigt. In Abb. 2 sind die den sechs Kristallsystemen entsprechenden Achsenkreuze wiedergegeben.

Das mit seinen 12 Kristallklassen umfangreichste hexagonale Kristallsystem wird weiter in zwei Gruppen unterteilt. Dies erfolgt entweder auf Grund der Zähligkeit der Hauptachse derart, daß die Kristallklassen mit nur dreizähliger Hauptachse zur trigonalen Unterabteilung vereinigt werden; oder es werden jene Kristallklassen, die sich zweckmäßig mit einem rhomboedrischen Achsenkreuz (Abb. 3) beschreiben

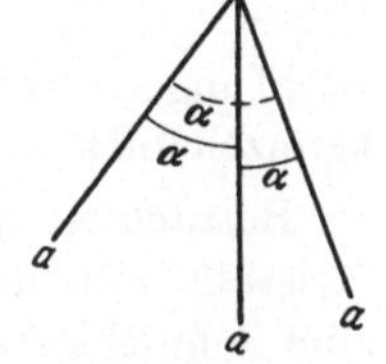

Abb. 3.
Rhomboedrisches
Achsenkreuz.

lassen, zur rhomboedrischen Unterabteilung zusammengefaßt.

Schließlich sollen zwei viel verwendete Begriffe hier noch erwähnt werden: der *Elementarkörper* und die BRAVAISschen *Translationsgruppen*. Der Elementarkörper ist dasjenige Gitterparallelepiped, aus dem der ganze Kristall durch bloße Parallelverschiebung aufgebaut werden kann ($P_1 P_2$ bis P_8 der Abb. 1). Schon BRAVAIS untersuchte, wieviele durch Kanten und Winkel unterscheidbare Elementarzellen, durch deren Parallelverschiebung das Raumgitter entsteht, möglich sind. Es ergaben sich dabei 14 verschiedene Möglichkeiten Translationsgruppen, die sich den einzelnen Kristallsystemen in verschiedener Anzahl zuordnen. Wenn auch im allgemeinen die auftretenden Gitter nicht eines der einfachen „BRAVAIS-gitter“ sind, so können sie doch stets als eine Ineinanderstellung solcher Translationsgitter aufgefaßt werden. Während also Raumgruppen und Kristallklassen Systematiken auf Grund von Symmetrieeigenschaften sind, stellen die Translationsgruppen eine Systematik der zu Raumgittern führenden dreidimensionalen Parallelverschiebungen dar; sie geben keine Auskunft über die Anordnung der Gitterbausteine im Innern der Zelle.

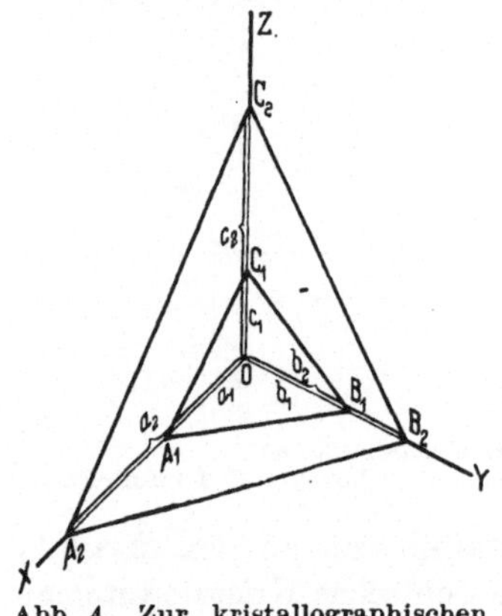

Abb. 4. Zur kristallographischen Indizierung von Flächen.

4. Kristallographische Darstellung von Ebenen und Richtungen.

Eben sind die Symmetrieverhältnisse der Kristalle und bei Behandlung der Kristallsysteme die Koordinatenkreuze besprochen worden, die zweckmäßig zur Kristallbeschreibung herangezogen werden. Hier soll nun gezeigt werden, wie Flächen und Richtungen (Netzebenen und Gitterkanten) kristallographisch gekennzeichnet werden.

Betrachten wir hierzu Abb. 4, in der eine Ebene $A_1 B_1 C_1$ eines Kristalls mit dem ihm entsprechenden Koordinatenkreuz XYZ zum Schnitt gebracht ist. Die Ebene schneidet auf den drei Achsen die Abschnitte a_1, b_1 und c_1 ab, die alle drei positiv sind, da die positiven Seiten der Koordinatenachsen geschnitten werden. Kommt es nicht auf die absolute Größe der Fläche, sondern, wie im weiteren stets, nur auf ihre Neigung an, so genügt die Angabe der Verhältnisse der Achsenabschnitte $a_1 : b_1 : c_1$. Eine andere Fläche $A_2 B_2 C_2$ desselben Kristalls schneidet die Abschnitte a_2, b_2, c_2 ab, und das auf einem großen Erfahrungsmaterial gegründete *Rationalitätsgesetz* der Kristallographie besagt, daß immer eine Proportion der Art $m_1 a_1 : n_1 b_1 : p_1 c_1 = m_2 a_2 : n_2 b_2 : p_2 c_2$ besteht, wobei die m, n

und p einfache ganze Zahlen sind. Aus der Auffassung des Raumgitterbaues der Kristalle ist dieses Gesetz unmittelbar verständlich.

Eine sehr wesentliche Vereinfachung und Verallgemeinerung der Darstellung ergibt sich nun, wenn eine hervorgehobene, besonders wichtige Kristallfläche zur Einheitsfläche gemacht wird, d. h., wenn die Achsenabschnitte aller anderen Flächen als Vielfache der entsprechenden Abschnitte der gewählten Einheitsfläche angeben werden, wenn man also im Sinne der Raumgittervorstellung beispielsweise die drei Parallelverschiebungen des Translationsgitters als Einheitsmaßstäbe auf den betreffenden Achsen wählt.

Sei in unserem Beispiel die Fläche $A_1 B_1 C_1$ diese Einheitsfläche, so geben die Zahlen $\frac{m_1}{m_2}$, $\frac{n_1}{n_2}$ und $\frac{p_1}{p_2}$ an, wie oft die Einheitsstrecke auf den drei Achsen von der Fläche $A_2 B_2 C_2$ abgeschnitten wird. Die reziproken Werte dieser Zahlen $h = \frac{m_2}{m_1}$, $k = \frac{n_2}{n_1}$ und $l = \frac{p_2}{p_1}$ stellen nach ihrer Erweiterung auf ganze, teilerfremde Zahlen die MILLERschen *Indizes* der Fläche $A_2 B_2 C_2$ bzw. der ihr parallel verlaufenden Flächenschar dar[1]. Als Symbol dieser kristallographisch gleichwertigen Ebenen wird $(h\,k\,l)$ geschrieben. Die zugrunde gelegte Einheitsfläche (und die ihr parallele Flächenschar) hat die Bezeichnung (111). Der Index Null einer Fläche bedeutet demnach, daß die Fläche der betreffenden Koordinatenachse parallel verläuft (den Abschnitt ∞ abschneidet). Zwei Indizes gleich Null kommen somit den durch zwei Achsen gehenden Koordinatenebenen zu. Für den Fall dreier gleicher Maßstäbe auf den Achsen sind die MILLERschen Indizes den Richtungskosinus des Flächenlotes proportional.

Bei einem hexagonalen Koordinatenkreuz sind vier Achsen vorhanden, von denen drei gleichwertige in der Grundfläche liegen. Da eine Ebene bereits durch die Verhältnisse dreier Zahlen gegeben ist, sind die vier Indizes des hexagonalen Systems nicht voneinander unabhängig. Die Beziehung, die zwischen den auf die drei zweizähligen Nebenachsen bezüglichen Indizes besteht, kann aus Abb. 5, die eine Darstellung der hexagonalen Grundfläche (Basis) gibt, leicht abgeleitet werden. $A\,B$ sei die Spur der zu indizierenden Ebene,

---

[1] Der Grund des Überganges zu den reziproken Abschnitten liegt in den Vereinfachungen der Formeln beim Rechnen mit kristallographischen Symbolen.

a_1, a_2 und a_3 die Abschnitte auf den digonalen Achsen. Durch C sei die Parallele zu OB gezogen und mit der OA-Achse zum Schnitt gebracht (D). Es ergibt sich nun sofort $OA : AD = OB : CD$ oder

$$a_1 : (a_1 - a_3) = a_2 : a_3$$

und somit

$$a_3 = \frac{a_1 \cdot a_2}{a_1 + a_2}.$$

Übergang auf die Indizes $h = \dfrac{1}{a_1}$, $k = \dfrac{1}{a_2}$; $i = \dfrac{1}{a_3}$ liefert: $\dfrac{1}{i} = \dfrac{1}{h+k}$.

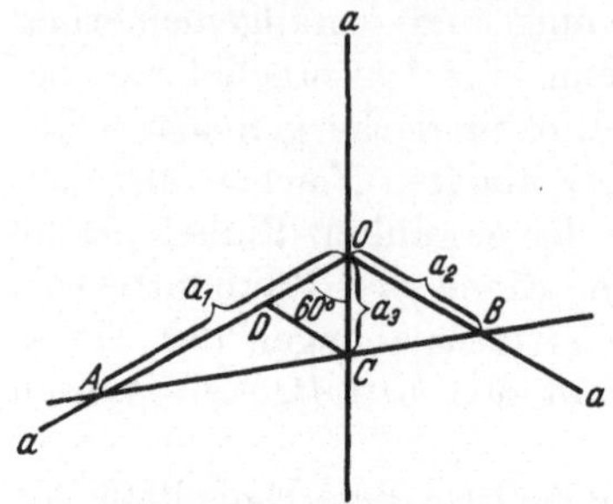

Abb. 5. Abschnitte auf den Nebenachsen des hexagonalen Achsenkreuzes.

Da die a_3-Achse auf ihrer negativen Seite geschnitten wird, erhalten wir schließlich $i = (\overline{h+k})$[1], d. h. der auf die dritte Nebenachse bezügliche Index ist stets gleich der negativen Summe der beiden ersten[2].

Die kristallographische Kennzeichnung von *Richtungen* geschieht wieder durch Angabe des

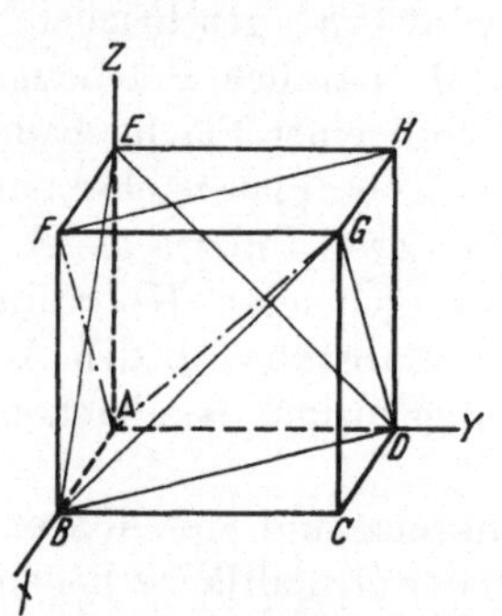

Abb. 6. Zur Indizierung von Flächen und Richtungen eines kubischen Kristalls.

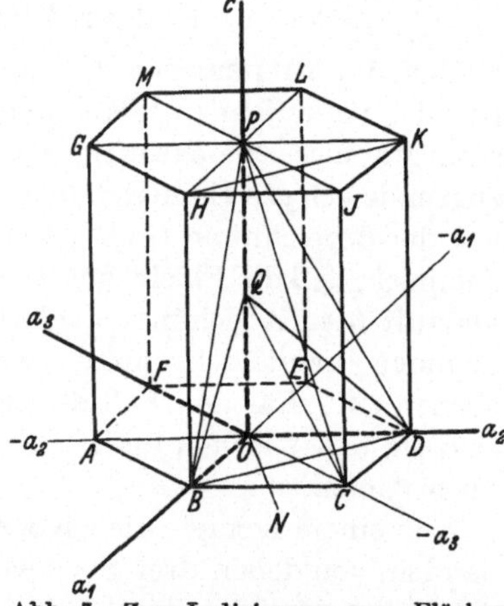

Abb. 7. Zur Indizierung von Flächen und Richtungen eines hexagonalen Kristalls.

[1] Das Minuszeichen wird stets *über* dem zugehörigen Index geschrieben.

[2] Als Ergänzung seien hier noch die Beziehungen angegeben, die zwischen den „hexagonalen" Indizes $(h\,k\,i\,l)$ und den „rhomboedrischen" $(p\,q\,r)$ mit der Pyramide I. Art, 1. Ordn. $(10\overline{1}1)$ als Rhomboederebene bestehen:

$$p = 2h + k + l; \qquad q = k - h + l; \qquad r = -2k - h + l;$$

$$h = \frac{p-q}{3}; \qquad k = \frac{q-r}{3}; \qquad i = (\overline{h+k}); \qquad l = \frac{p+q+r}{3}.$$

Verhältnisses dreier Zahlen. Man legt die Richtung durch den Koordinatenursprung und gibt nun die Koordinaten eines beliebigen auf ihr gelegenen Punktes an. Diese Werte werden auf teilerfremde ganze Zahlen u, v und w erweitert, die zur Unterscheidung von den Indizes von Ebenen in eckigen Klammern — $[uvw]$ — geschrieben werden. Ein Index Null bedeutet, daß die Richtung parallel einer Koordinatenebene verläuft. Die Koordinatenachsen sind durch die Indizes [100], [010] und [001] gegeben[1].

An Hand der Abb. 6 und 7, die sich auf einen kubischen und einen durch vier Achsen beschriebenen, hexagonalen Kristall beziehen, soll die Indizierung von Flächen und Richtungen nochmals erläutert werden. Die den Koordinatenebenen parallel verlaufenden Würfelflächen der Abb. 6 sind durch die Indizes (100), (010) und (001) gegeben. Von den vier Oktaederflächen hat BDE die Indizes (111), die Fläche BDG, welche auf der Z-Achse den Abschnitt —1 abschneidet, die Indizes (11$\bar{1}$). Den beiden übrigen Oktaederflächen kommen die Indizes (1$\bar{1}$1) und ($\bar{1}$11) zu. Von den sechs Dodekaederebenen trägt die Fläche $BDHF$ die Bezeichnung (110), die Fläche $ACGE$, die man sich durch den Punkt B oder D parallel verschoben denkt, die Bezeichnung (1$\bar{1}$0) oder ($\bar{1}$10). Beide Indizie-

---

[1] Zur Indizierung von Richtungen im *vierachsigen* hexagonalen Koordinatensystem denke man sich die durch den Koordinatenursprung und einen beliebigen Punkt P gegebene Richtung Z in vier Vektorkomponenten zerlegt:

$$Z = ua_1 + va_2 + ta_3 + wc.$$

Diese Darstellung muß natürlich identisch sein mit einer solchen, die nur drei Koordinatenachsen, etwa a_1, a_2, c benutzt:

$$Z = ma_1 + na_2 + wc.$$

Für die gewählten Nebenachsen gilt die Beziehung, daß die Summe ihrer Einheitsvektoren, die ein gleichseitiges Dreieck bilden, verschwindet:

$$a_1 + a_2 + a_3 = 0.$$

Ersetzt man demnach im obigen Ausdruck für Z a_3 durch $-(a_1 + a_2)$, so erhält man durch Koeffizientenvergleichung:

$$u - t = m; \quad v - t = n.$$

Eine eindeutige Bestimmung von u, v und t ist aus diesen beiden Gleichungen noch nicht möglich (ein Vektor kann ja auf unendlich viele verschiedene Arten in drei komplanare Komponenten zerlegt werden). Als willkürliche Zusatzbedingung wird, in Analogie zur Indizierung von Ebenen, die Gleichung $u + v + t = 0$ hinzugenommen. Jetzt folgt eindeutig:

$$u = \frac{2m - n}{3}; \qquad v = -\frac{m - 2n}{3}; \qquad t = -\frac{m + n}{3}.$$

Eine anschauliche geometrische Bedeutung kommt hier den Indizes allerdings nicht mehr zu.

rungen sind identisch, da sie ja durch eine einfache, nach dem obigen stets zulässige Erweiterung (mit —1) ineinander übergehen.

Von den einfachen Richtungen seien hier hervorgehoben $AB = [100]$ als eine der drei Würfelkanten, $AG = [111]$ als eine der vier Raumdiagonalen und $AF = [101]$ als eine der sechs Flächendiagonalen. Die Indizes der übrigen, jeweils kristallographisch identischen Richtungen erhält man durch Vertauschung der Indizes und Benutzung des negativen Vorzeichens. Als weitere kristallographisch wichtige Richtungen seien die [112]-Richtungen hervorgehoben; diese (zwölf identischen) Richtungen verbinden eine Würfelecke mit einer gegenüberliegenden Flächenmitte.

Die Indizes einiger wichtiger Flächen hexagonaler Kristalle können nun auch ohne weiteres angegeben werden (Abb. 7). Die Basis $ABCDEF$ ist durch das Symbol (0001) gegeben, die zu den digonalen Achsen parallelen drei Prismenflächen I. Art ($BCJH$, $CDKJ$, $ABHG$) durch die Indizes $(10\bar{1}0)$, $(01\bar{1}0)$ und $(1\bar{1}00)$. Den auf den digonalen Achsen senkrecht stehenden Prismenflächen II. Art kommt die Bezeichnung $(11\bar{2}0)$ für $BDKH$ usw. zu. Die durch die Grundkanten des Basissechseckes gehenden Pyramidenflächen I. Art sind durch die Indizes $(10\bar{1}l)$ gegeben, worin l die Ordnung der Pyramide angibt (BCP Pyramide I. Art, 1. Ordn.; BCQ Pyramide I. Art, 2. Ordn.). Pyramiden II. Art entsprechen die Indizes $(112l)$. (BDP Pyramide II. Art, 1. Ordn.; BDQ Pyramide II. Art, 2. Ordn.) Von Richtungen seien die hexagonale Achse mit dem Symbol [0001], die digonalen Achsen I. Art — OB, OD und OF — mit den Indizes $[\bar{2}110]$, $[1\bar{2}10]$ und $[1120]$ und schließlich eine der digonalen Achsen II. Art ON mit den Indizes $[10\bar{1}0]$ hervorgehoben.

5. Kristallprojektion.

Eine anschauliche Darstellung der kristallographischen Winkelbeziehungen und eine einfache Durchführung kristallographischer Berechnungen wird mit Hilfe von Projektionsverfahren gewonnen, von denen zwei besonders wichtige, die Kugelprojektion und die stereographische Projektion, hier kurz erläutert sein sollen.

Bei der *Kugelprojektion* denkt man sich um einen Punkt des Kristalls eine Kugel geschlagen. Die Aufstellung des Kristalls erfolgt dabei stets so, daß eine kristallographische Hauptachse im Nord- und Südpol aussticht. Die Projektion einer *Richtung* ist der Durchstoßpunkt des parallel durch den Kugelmittelpunkt gelegten Fahrstrahls. Die Neigungswinkel zweier Richtungen sind danach als Winkelabstand ihrer Projektionspunkte gegeben. Die Darstellung von *Ebenen* erfolgt ebenfalls durch einen Punkt auf der Projektionskugel, durch ihren „Pol", den Durchstoßpunkt des durch den Kugelmittelpunkt gelegten Flächenlotes. Die Winkel zwischen zwei Flächen sind durch den Abstand der beiden Pole gegeben. Die Gesamtheit aller durch eine Richtung gehenden Ebenen, eine Zone, ist auf der Polkugel als Größtkreis dargestellt, der auf der gemeinsamen Richtung, der Zonenachse, senkrecht steht. Durch Darstellung der wichtigsten Ebenen und Richtungen prägt sich die Symmetrie des Kristalls auf der Projektionskugel aus (Abb. 8).

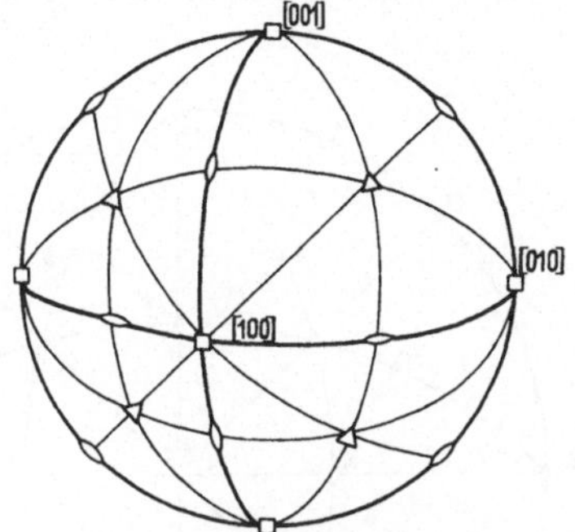

Abb. 8. Kugelprojektion eines kubischen Kristalls.
□ △ ◯ Ausstichpunkte von vier-, drei- und zweizähligen Achsen.

Zur Lösung der kristallographischen Aufgaben hat man auf der Polkugel die Projektionspunkte (von Richtungen bzw. Flächen) durch Größtkreise zu verbinden und kann dann aus geeigneten Dreiecken die gesuchten Winkel nach den Formeln der sphärischen Trigonometrie berechnen. Die gebräuchlichsten dieser Formeln sind, wenn a, b, c die Seiten, α, β, γ die Winkel des Dreiecks bedeuten, (Abb. 9), die folgenden:

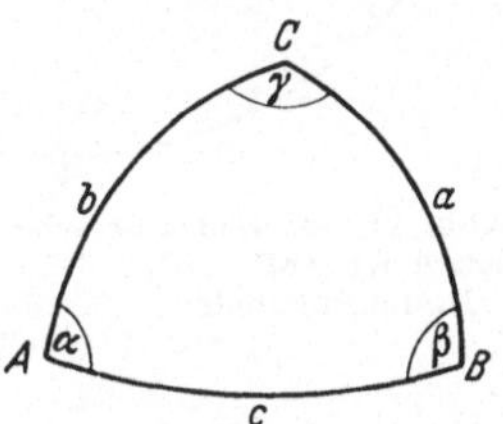

Abb. 9. Sphärisches Dreieck.

Sinussatz: $\dfrac{\sin a}{\sin \alpha} = \dfrac{\sin b}{\sin \beta} = \dfrac{\sin c}{\sin \gamma}$

Kosinussatz:

$$\cos a = \cos b \, \cos c + \sin b \, \sin c \, \cos \alpha$$
$$\cos \alpha = - \cos \beta \, \cos \gamma + \sin \beta \, \sin \gamma \, \cos a.$$

Für das rechtwinklige Dreieck ($\gamma = 90^\circ$) gilt:

$$\sin b = \sin c \, \sin \beta$$
$$\sin a = \sin c \, \sin \alpha$$
$$\cos c = \cos a \, \cos b.$$

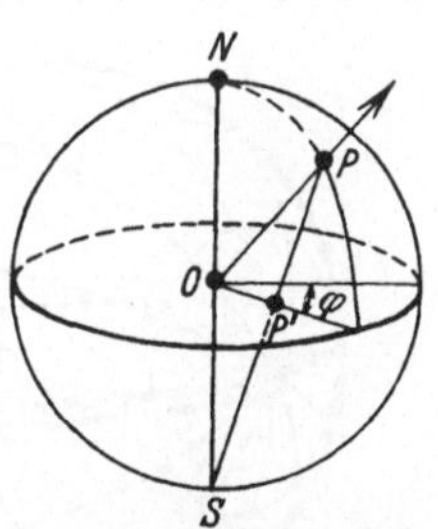

Abb. 10. Kugelprojektion und stereographische Projektion einer Richtung.

Bei der *stereographischen Projektion* wird die Polkugel der Kugelprojektion auf die Äquatorebene projiziert, und zwar die nördliche Halbkugel vom Südpol, die südliche vom Nordpol aus (vgl. Abb. 10).

Die Abbildung ist winkeltreu, aber nicht flächentreu. Größtkreise der Polkugel, also kristallographische Zonen, gehen in
Kreisbogen und, wenn sie durch den Augpunkt gehen, in Durchmesser des Projektions-
kreises über. In Abb. 11
ist als Gegenstück zu
Abb. 8 die stereographi-
sche Projektion eines
kubischen Kristalls
wiedergegeben.

Die Bestimmung der
gesuchten Winkel er-
folgt hier auf graphi-
schem Wege mit Hilfe
eines geeigneten Hilfs-
netzes. Dieses besteht
aus einer Schar von
äquidistanten Meridia-
nen und Parallelkreisen,
deren Polgerade (Achse)
in der *Äquatorebene* der
Projektionskugel liegt
(Abb. 12). Zur Bestim-
mung des Neigungswin-

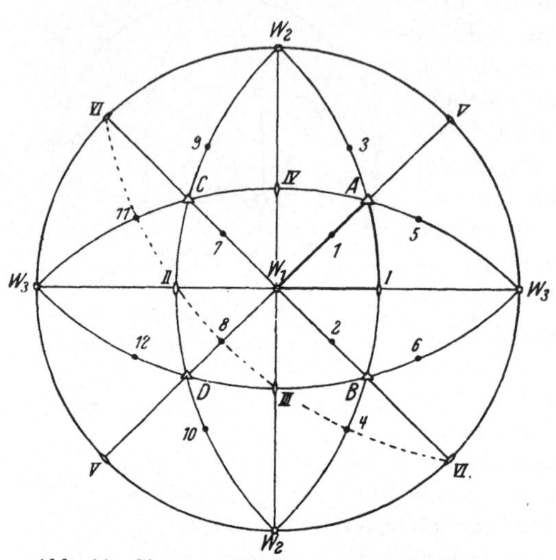

Abb. 11. Stereographische Projektion eines kubischen Kristalls. $W_1 .. W_3$: Würfelachsen, $A .. D$:
Raumdiagonalen, $I .. VI$: Flächendiagonalen,
$1 .. 12$: [112]-Richtungen.

kels zweier Richtungen (A und B) wird nun das Hilfsnetz soweit
gedreht (Pfeil in Abb. 12a), bis die beiden Punkte A und B durch

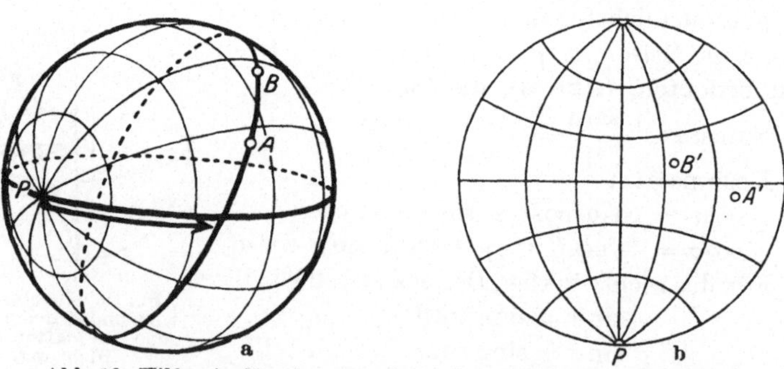

Abb. 12. Hilfsnetz für stereograpische Projektion (nach EWALD).

einen Größtkreis verbunden sind; Abzählung der zwischen ihnen
liegenden Parallelkreise gibt den gesuchten Winkel. In der

stereographischen Darstellung entspricht dem erwähnten Hilfsnetz Abb. 12b bzw. das in Abb. 13 dargestellte WULFFsche Netz. Der Drehung des Hilfsnetzes entspricht eine Drehung des WULFFschen Netzes um seinen Mittelpunkt unterhalb der auf durchsichtigem

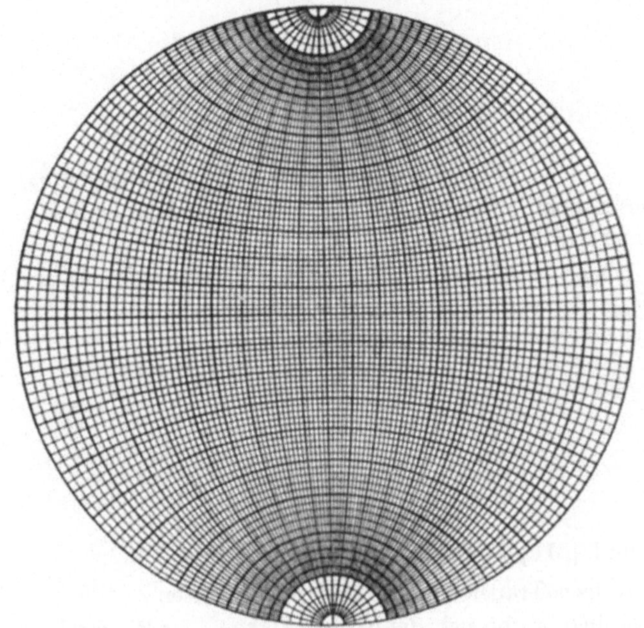

Abb. 13. WULFFsches Netz.

Papier gezeichneten Projektion. Je nach der Entfernung der Kreise des Hilfsnetzes können auf diese Weise die Winkel mit verschiedener Genauigkeit, bis auf etwa $1/4^0$ genau, abgelesen werden.

6. Einfache kristallographische Aufgaben.

Zur Erläuterung des Rechnens mit kristallographischen Indizes seien hier noch einige viel benützte Anwendungen gebracht.

α) Die Richtung $[uvw]$ liegt in der Ebene (hkl); die Ebene (hkl) gehört der Zone $[uvw]$ an.

Aus der analytischen Darstellung von Ebenen und Richtungen folgt für die Koinzidenz die Bedingungsgleichung[1] $hu + kv + lw = 0$.

---

[1] Für viergliedrige Indizes im hexagonalen Achsenkreuz gilt analog:
$$hu + kv + it + lw = 0.$$

So gehört z. B. die Ebene $(11\bar{2})$ der Zone der [111]-Richtung an, dagegen nicht der der [100]-Richtung.

β) Schnittkante $[uvw]$ zweier Ebenen $(h_1 k_1 l_1)$ und $(h_2 k_2 l_2)$.

Aus

$$h_1 u + k_1 v + l_1 w = 0$$

und

$$h_2 u + k_2 v + l_2 w = 0$$

folgt

$$u : v : w = \begin{vmatrix} k_1 & l_1 \\ k_2 & l_2 \end{vmatrix} : \begin{vmatrix} l_1 & h_1 \\ l_2 & h_2 \end{vmatrix} : \begin{vmatrix} h_1 & k_1 \\ h_2 & k_2 \end{vmatrix}$$
$$= (k_1 l_2 - l_1 k_2) : (l_1 h_2 - h_1 l_2) : (h_1 k_2 - k_1 h_2).$$

Die Ebenen (310) und $(11\bar{1})$ schneiden sich demnach in der Richtung [132].

γ) Ebene (hkl) durch die beiden Richtungen $[u_1 v_1 w_1]$ und $[u_2 v_2 w_2]$.

Aus den Koinzidenzbedingungen

$$u_1 h + v_1 k + w_1 l = 0$$

und

$$u_2 h + v_2 k + w_2 l = 0$$

folgt

$$h : k : l = \begin{vmatrix} v_1 & w_1 \\ v_2 & w_2 \end{vmatrix} : \begin{vmatrix} w_1 & u_1 \\ w_2 & u_2 \end{vmatrix} : \begin{vmatrix} u_1 & v_1 \\ u_2 & v_2 \end{vmatrix}$$

[123] und [311] bestimmen die Ebene $(1\bar{8}5)$.

δ) Indizes-Transformation auf neue Achsen.

Bisweilen ergibt sich die Notwendigkeit, der Beschreibung eines Kristalls ein anderes Koordinatenkreuz als das natürliche zugrunde zu legen. Beispiele werden uns bei der Indizierung von Schichtliniendiagrammen begegnen. Haben die neuen Achsen in bezug auf die ursprünglichen Achsen [100], [010] und [001] die Indizes $[u_1 v_1 w_1]$, $[u_2 v_2 w_2]$ und $[u_3 v_3 w_3]$, so sind die Indizes einer Ebene (hkl) im neuen Koordinatenkreuz $(h' k' l')$ durch die Transformationsformeln

$$h' = u_1 h + v_1 k + w_1 l$$
$$k' = u_2 h + v_2 k + w_2 l$$
$$l' = u_3 h + v_3 k + w_3 l$$

gegeben.

Sei beispielsweise ein Kristall mit Hilfe der neuen Achsen [100], [010] und [112] zu beschreiben, so erhält man für die neuen Indizes $(h' k' l')$ einer Ebene (hkl) die Werte:

$$h' = h, \quad k' = k, \quad l' = h + k + 2l.$$

ε) Netzebenenabstand.

Bei der fundamentalen Bedeutung des Abstandes gleichartiger Netzebenen voneinander für die Beugung von Röntgenstrahlen an Kristallen sei hier noch der allgemeine Ausdruck für diese Distanz d angegeben. Er ist eine Funktion der Indizes $(h\,k\,l)$ der Ebene; die Koeffizienten sind Funktionen der Achsenabschnitte a, b, c und der Achsenwinkel α, β, γ.

Für den allgemeinen Fall (trikliner Kristall) lautet die Formel:

$$\frac{1}{d^2} = \frac{1}{V^2}\{g_{11}\,h^2 + g_{22}\,k^2 + g_{33}\,l^2 + 2\,g_{12}\,h\,k + 2\,g_{23}\,k\,l + 2\,g_{13}\,h\,l\},$$

wobei

$$g_{11} = b^2 c^2 \sin^2\alpha \qquad g_{12} = a\,b\,c^2\,(\cos\alpha \cdot \cos\beta - \cos\gamma)$$
$$g_{22} = a^2 c^2 \sin^2\beta \qquad g_{23} = a^2 b\,c\,(\cos\beta \cdot \cos\gamma - \cos\alpha)$$
$$g_{33} = a^2 b^2 \sin^2\gamma \qquad g_{13} = a\,b^2 c\,(\cos\gamma \cdot \cos\alpha - \cos\beta)$$
$$V^2 = a^2 b^2 c^2\,(1 - \cos^2\alpha - \cos^2\beta - \cos^2\gamma + 2\,\cos\alpha\,\cos\beta\,\cos\gamma)$$

ist. V stellt dabei das Volumen des Elementarparallelepipeds dar.

Spezialfälle für höhere Symmetrie:

Rhombisch $\quad \dfrac{1}{d^2} = \left(\dfrac{h}{a}\right)^2 + \left(\dfrac{k}{b}\right)^2 + \left(\dfrac{l}{c}\right)^2$

Tetragonal $\quad \dfrac{1}{d^2} = \dfrac{h^2 + k^2}{a^2} + \dfrac{l^2}{c^2}$

Kubisch $\quad \dfrac{1}{d^2} = \dfrac{h^2 + k^2 + l^2}{a^2}$

Hexagonal $\quad \dfrac{1}{d^2} = \dfrac{4}{3} \cdot \dfrac{h^2 + k^2 + h\,k}{a^2} + \dfrac{l^2}{c^2}$ (gültig für viergliedrige Indizierung mit $i = h + k$).

Im allgemeinen gilt: Je einfacher indiziert eine Ebene ist, umso größer ist ihr Netzebenenabstand und demgemäß auch die Zahl der Gitterpunkte pro Flächeneinheit (Belegungsdichte). So ist z. B. für die Würfelfläche (100) eines kubischen Kristalls $d = a$, für die Dodekaederfläche (110) $d = \dfrac{a\sqrt{2}}{2}$, für die Oktaederfläche (111)

$$d = \frac{a\sqrt{3}}{3}.$$

II. Kristallelastizität.

7. Allgemeines Hookesches Gesetz.

Bei mechanischer Beanspruchung eines festen Körpers sind vor dem Eintritt einer plastischen Deformation und auch während ihres Verlaufes stets elastische Formänderungen vorhanden, d. h. Formänderungen, die bei Aufhebung des Spannungszustandes wieder verschwinden. Bei diesem reversiblen Vorgang ist die (allerdings zumeist nur sehr kleine) Deformation allein durch den augenblicklichen Spannungszustand gegeben und aus ihm vollständig berechenbar. Der Zusammenhang zwischen Spannung und Formänderung ist linear. Diese Linearität (HOOKEsches Gesetz), die den Niederschlag eines großen Erfahrungsmaterials darstellt, folgt heute auch theoretisch aus der BORNschen Gittertheorie. Hierzu wird vorausgesetzt, daß die Atome im Kristallgitter sich in stabilen Gleichgewichtslagen gegenüber den Gitterkräften befinden. Diese Annahme besteht wohl zweifellos zu Recht, da bisher auf keine Weise eine Zerstörung oder auch nur irgend nachweisbare Deformationen eines Kristalls mit verschwindend kleinen Kräften erzielt werden konnten. Die Kraft, mit der zwei Teilchen des Gitters aufeinander wirken, wird als Zentralkraft angenommen; über das Kraftgesetz selbst sind beim Studium des elastischen Verhaltens keine Voraussetzungen nötig. Die Verzerrung des Gitters besteht aus zwei Bestandteilen: das Gitter erfährt in seiner Gesamtheit eine Deformation, und außerdem können die einfachen Gitter, aus denen sich im allgemeinen der Kristall zusammensetzt, als Ganze gegeneinander verschoben werden. Diese letzte, makroskopisch nicht sichtbare Art der Verzerrung ist für den gitterartigen Aufbau der Kristalle charakteristisch.

Wirken nun äußere Kräfte auf ein Gitter ein, so werden sich unter deren Einfluß die Gitterpunkte soweit aus der Gleichgewichtslage entfernen, bis die durch die Verzerrung entstandenen rücktreibenden Kräfte im Gleichgewicht stehen mit den äußeren Kräften. Zur Berechnung dieses Verhaltens wird die Energiedichte, deren Ableitungen nach den Verzerrungskomponenten auf die Spannungen führt, nach Potenzen dieser Verzerrungskomponenten entwickelt. Die linearen Glieder verschwinden wegen der Voraussetzung der Stabilität der Ausgangslage, die Glieder dritter und höherer Ordnung werden vernachlässigt. Es ergeben sich so die sechs Gleichungen des „verallgemeinerten" HOOKEschen Gesetzes:

$$\left.\begin{aligned}
\sigma_x &= c_{11}\,\varepsilon_x + c_{12}\,\varepsilon_y + c_{13}\,\varepsilon_z + c_{14}\,\gamma_{yz} + c_{15}\,\gamma_{zx} + c_{16}\,\gamma_{xy} \\
\sigma_y &= c_{12}\,\varepsilon_x + c_{22}\,\varepsilon_y + c_{23}\,\varepsilon_z + c_{24}\,\gamma_{yz} + c_{25}\,\gamma_{zx} + c_{26}\,\gamma_{xy} \\
\sigma_z &= c_{13}\,\varepsilon_x + c_{23}\,\varepsilon_y + c_{33}\,\varepsilon_z + c_{34}\,\gamma_{yz} + c_{35}\,\gamma_{zx} + c_{36}\,\gamma_{xy} \\
\tau_{yz} &= c_{14}\,\varepsilon_x + c_{24}\,\varepsilon_y + c_{34}\,\varepsilon_z + c_{44}\,\gamma_{yz} + c_{45}\,\gamma_{zx} + c_{46}\,\gamma_{xy} \\
\tau_{zx} &= c_{15}\,\varepsilon_x + c_{25}\,\varepsilon_y + c_{35}\,\varepsilon_z + c_{45}\,\gamma_{yz} + c_{55}\,\gamma_{zx} + c_{56}\,\gamma_{xy} \\
\tau_{yx} &= c_{16}\,\varepsilon_x + c_{26}\,\varepsilon_y + c_{36}\,\varepsilon_z + c_{46}\,\gamma_{yz} + c_{56}\,\gamma_{zx} + c_{66}\,\gamma_{xy}
\end{aligned}\right\} \quad (7/1)$$

Hierin ist σ_x (σ_y, σ_z) die auf eine zur x- (y-, z-) Achse senkrecht stehende Ebene wirkende Normalspannung, ε_x die Normaldilatation in der x-Richtung, d. h. die Abstandsänderung zweier zur x-Achse senkrechter Ebenen von der Entfernung 1. τ_{yz} ist die Schubspannung in der y-Richtung in einer zur z-Achse senkrechten Ebene; sie ist ebenso groß wie die Schubspannung in der z-Richtung in einer zur y-Achse senkrechten Ebene ($\tau_{yz}=\tau_{zy}$). γ_{yz} ist die Verschiebung in der y-Richtung zweier zur z-Achse normaler Ebenen vom Abstand 1, sie ist gleich der (relativen) Schiebung in der z-Richtung zweier zur y-Achse senkrechter Ebenen ($\gamma_{yz}=\gamma_{zy}$).

Löst man die Gleichungen nach den Deformationsgrößen ε und γ auf, so erhält man die sechs entsprechenden Gleichungen:

$$\left.\begin{aligned}
\varepsilon_x &= s_{11}\,\sigma_x + s_{12}\,\sigma_y + s_{13}\,\sigma_z + s_{14}\,\tau_{yz} + s_{15}\,\tau_{zx} + s_{16}\,\tau_{xy}\\
&\ \ \vdots\\
\gamma_{yz} &= s_{14}\,\sigma_x + s_{24}\,\sigma_y + s_{34}\,\sigma_z + s_{44}\,\tau_{yz} + s_{45}\,\tau_{zx} + s_{46}\,\tau_{xy}\\
&\ \ \vdots
\end{aligned}\right\} \quad (7/2)$$

Die Parameter c_{ik} werden als Moduln, die Parameter s_{ik} als Koeffizienten bezeichnet.

8. Vereinfachung der Formeln des HOOKEschen Gesetzes zufolge der Kristallsymmetrie.

Die Berücksichtigung der Kristallsymmetrie führt auf sehr erhebliche Vereinfachungen der Formeln des HOOKEschen Gesetzes. Man erhält dabei neun verschiedene Gruppen, für die das Schema der Elastizitätsmoduln in Tabelle 1 angegeben ist. Die Tabelle enthält auch die Verteilung der 32 Kristallklassen auf diese neun Gruppen.

Tabelle 1. Schema der Elastizitätsmoduln von Kristallen mit Berücksichtigung der Symmetrie.

Gruppe 1, Klasse[1] C_1, S_2, triklines System (21 Konstanten).

c_{11}	c_{12}	c_{13}	c_{14}	c_{15}	c_{16}
c_{12}	c_{22}	c_{23}	c_{24}	c_{25}	c_{26}
c_{13}	c_{23}	c_{33}	c_{34}	c_{35}	c_{36}
c_{14}	c_{24}	c_{34}	c_{44}	c_{45}	c_{46}
c_{15}	c_{25}	c_{35}	c_{45}	c_{55}	c_{56}
c_{16}	c_{26}	c_{36}	c_{46}	c_{56}	c_{66}

[1] Für die Symbolik der Kristallklassen vgl. ausführliche Darstellungen der Kristallographie.

Tabelle 1. (Fortsetzung.)

Gruppe 2, Klasse C_s, C_2, C_{2h}, monoklines System (13 Konstanten).

$$
\begin{array}{cccccc}
c_{11} & c_{12} & c_{13} & 0 & 0 & c_{16} \\
c_{12} & c_{22} & c_{23} & 0 & 0 & c_{26} \\
c_{13} & c_{23} & c_{33} & 0 & 0 & c_{36} \\
0 & 0 & 0 & c_{44} & c_{45} & 0 \\
0 & 0 & 0 & c_{45} & c_{55} & 0 \\
c_{16} & c_{26} & c_{36} & 0 & 0 & c_{66}
\end{array}
$$

Gruppe 3, Klasse C_{2v}, V, V_h, rhombisches System (9 Konstanten).

$$
\begin{array}{cccccc}
c_{11} & c_{12} & c_{13} & 0 & 0 & 0 \\
c_{12} & c_{22} & c_{23} & 0 & 0 & 0 \\
c_{13} & c_{23} & c_{33} & 0 & 0 & 0 \\
0 & 0 & 0 & c_{44} & 0 & 0 \\
0 & 0 & 0 & 0 & c_{55} & 0 \\
0 & 0 & 0 & 0 & 0 & c_{66}
\end{array}
$$

Gruppe 4, Klasse C_3, C_{3i}, hexagonales System (trigonale Untergruppe) (7 Konstanten).

$$
\begin{array}{cccccc}
c_{11} & c_{12} & c_{13} & c_{14} & -c_{25} & 0 \\
c_{12} & c_{11} & c_{13} & -c_{14} & c_{25} & 0 \\
c_{13} & c_{13} & c_{33} & 0 & 0 & 0 \\
c_{14} & -c_{14} & 0 & c_{44} & 0 & c_{25} \\
-c_{25} & c_{25} & 0 & 0 & c_{44} & c_{14} \\
0 & 0 & 0 & c_{25} & c_{14} & 1/2\,(c_{11}-c_{12})
\end{array}
$$

Gruppe 5, Klasse C_{3v}, D_3, D_{3d}, hexagonales System (trigonale Untergruppe) (6 Konstanten).

$$
\begin{array}{cccccc}
c_{11} & c_{12} & c_{13} & c_{14} & 0 & 0 \\
c_{12} & c_{11} & c_{13} & -c_{14} & 0 & 0 \\
c_{13} & c_{13} & c_{33} & 0 & 0 & 0 \\
c_{14} & -c_{14} & 0 & c_{44} & 0 & 0 \\
0 & 0 & 0 & 0 & c_{44} & c_{14} \\
0 & 0 & 0 & 0 & c_{14} & 1/2\,(c_{11}-c_{12})
\end{array}
$$

Gruppe 6, Klasse C_{3h}, D_{3h}, C_6, C_{6h}, C_{6v}, D_6, D_{6h}; hexagonales System (5 Konstanten).

$$
\begin{array}{cccccc}
c_{11} & c_{12} & c_{13} & 0 & 0 & 0 \\
c_{12} & c_{11} & c_{13} & 0 & 0 & 0 \\
c_{13} & c_{13} & c_{33} & 0 & 0 & 0 \\
0 & 0 & 0 & c_{44} & 0 & 0 \\
0 & 0 & 0 & 0 & c_{44} & 0 \\
0 & 0 & 0 & 0 & 0 & 1/2\,(c_{11}-c_{12})
\end{array}
$$

Tabelle 1. (Fortsetzung.)

Gruppe 7, Klasse C_4, S_4, C_{4h}; tetragonales System (7 Konstanten).

$$
\begin{array}{cccccc}
c_{11} & c_{12} & c_{13} & 0 & 0 & c_{16} \\
c_{12} & c_{11} & c_{13} & 0 & 0 & -c_{16} \\
c_{13} & c_{13} & c_{33} & 0 & 0 & 0 \\
0 & 0 & 0 & c_{44} & 0 & 0 \\
0 & 0 & 0 & 0 & c_{44} & 0 \\
c_{16} & -c_{16} & 0 & 0 & 0 & c_{66}
\end{array}
$$

Gruppe 8, Klasse C_{4v}, V_d, D_4, D_{4h}; tetragonales System (6 Konstanten).

$$
\begin{array}{cccccc}
c_{11} & c_{12} & c_{13} & 0 & 0 & 0 \\
c_{12} & c_{11} & c_{13} & 0 & 0 & 0 \\
c_{13} & c_{13} & c_{33} & 0 & 0 & 0 \\
0 & 0 & 0 & c_{44} & 0 & 0 \\
0 & 0 & 0 & 0 & c_{44} & 0 \\
0 & 0 & 0 & 0 & 0 & c_{66}
\end{array}
$$

Gruppe 9, Klasse T, T_h, T_d, O, O_h; reguläres System (3 Konstanten).

$$
\begin{array}{cccccc}
c_{11} & c_{12} & c_{12} & 0 & 0 & 0 \\
c_{12} & c_{11} & c_{12} & 0 & 0 & 0 \\
c_{12} & c_{12} & c_{11} & 0 & 0 & 0 \\
0 & 0 & 0 & c_{44} & 0 & 0 \\
0 & 0 & 0 & 0 & c_{44} & 0 \\
0 & 0 & 0 & 0 & 0 & c_{44}
\end{array}
$$

Dieses Schema ist auch für die s_{ik} verwendbar mit folgenden geringfügigen Änderungen:

In den Gruppen 4, 5 und 6 tritt an Stelle von $c_{66} = 1/2\,(c_{11} - c_{12})$ die Beziehung $s_{66} = 2\,(s_{11} - s_{12})$; in Gruppe 4 tritt an Stelle von $c_{46} = c_{25}$ die Beziehung $s_{46} = 2\,s_{25}$; in den Gruppen 4 und 5 tritt an Stelle von $c_{56} = c_{14}$ die Beziehung $s_{56} = 2\,s_{14}$.

Die Aufstellung des Kristalls erfolgt jeweils derart, daß eine vorhandene singuläre Achse zur z-Achse, eine vorhandene digonale Achse zur y-Achse des Koordinatenkreuzes wird. Mit Hilfe der auf dieses Koordinatensystem bezogenen elastischen Parameter kann man unmittelbar die in den Koordinatenachsen und -ebenen auftretenden Spannungen (bzw. Deformationen) berechnen. Hat man hingegen für beliebige Richtungen bzw. Ebenen die Deformationen aus den Spannungen (oder umgekehrt) zu berechnen, so legt man diese Richtungen bzw. Ebenen einem neuen Koordinatensystem zugrunde und hat dann die auf das Hauptkoordinatensystem bezüglichen elastischen Parameter auf dieses neue

2*

Bezugssystem zu transformieren. Die Transformationsformeln sind im allgemeinen unübersichtlich, so daß hier nur auf ausführliche Darstellungen verwiesen werden kann (s. Literaturverzeichnis).

Beim Übergang zum isotropen Körper erhält man folgendes Schema der Elastizitätsmoduln:

$$\begin{array}{cccccc} c_{11} & c_{12} & c_{12} & 0 & 0 & 0 \\ c_{12} & c_{11} & c_{12} & 0 & 0 & 0 \\ c_{12} & c_{12} & c_{11} & 0 & 0 & 0 \\ 0 & 0 & 0 & c_{44} & 0 & 0 \\ 0 & 0 & 0 & 0 & c_{44} & 0 \\ 0 & 0 & 0 & 0 & 0 & c_{44}, \end{array}$$

worin noch $c_{44} = 1/2 \, (c_{11} - c_{12})$ ist. Dasselbe Schema gilt auch für die Koeffizienten s_{ik} mit $s_{44} = 2 \, (s_{11} - s_{12})$.

Dieses Schema, das von der Wahl des Koordinatensystems nicht abhängig ist, enthält nur noch zwei voneinander unabhängige Parameter. Den Zusammenhang dieser Größen mit den in der Festigkeitslehre gebräuchlichen Konstanten: dem Elastizitätsmodul E, dem Schubmodul G und der Poissonschen Querkontraktionszahl μ, liefern die Gleichungen

$$E = \frac{1}{s_{11}}, \qquad G = \frac{1}{s_{44}}, \qquad \mu = - \frac{s_{12}}{s_{11}}.$$

Hieraus folgt unmittelbar die zwischen E, G und μ bestehende Beziehung $\mu = \dfrac{E}{2G} - 1$.

9. Cauchysche Relationen.

Die Gleichungen des allgemeinen Hookeschen Gesetzes für den triklinen Kristall enthalten 21 Konstanten. Diese Anzahl verringert sich jedoch auf 15, wenn die inneren Verrückungen der ineinandergestellten einfachen Gitter gegeneinander nicht berücksichtigt werden. In diesem Falle ergeben sich sechs neue Beziehungen, die mit den Cauchyschen Relationen identisch sind, und die früher abgeleitet waren unter den Annahmen punktförmiger Moleküle, zwischen denen Zentralkräfte wirken, die nur von der gegenseitigen Entfernung der Teilchen abhängig sind. Die sechs Gleichungen lauten: $c_{23} = c_{44}$, $c_{56} = c_{14}$, $c_{64} = c_{25}$, $c_{31} = c_{55}$, $c_{12} = c_{66}$, $c_{45} = c_{36}$. Diese Gleichungen sollen also nach der Bornschen Theorie dann gültig sein, wenn ein Kristall so gebaut ist, daß jedes Teilchen in ihm Symmetriezentrum ist. Da diese Eigenschaft auch bei beliebiger Verzerrung nicht verloren gehen kann, sind gegenseitige Verrückungen der ineinandergestellten Gitter hier schon durch die Bauart des Kristalls ausgeschlossen.

In den Tabellen 2 und 3 sind die Elastizitätsmoduln einiger Stoffe angegeben. Man erkennt, daß das Verhalten der Ionen-

Tabelle 2. Zur Gültigkeit der CAUCHY-Relationen bei kubischen Ionenkristallen.

a) CAUCHY-Relation $c_{12} = c_{44}$ soll gelten.

Stoff	Elastizitätsmoduln in 10^{11} Dyn/cm²			Literatur
	c_{11}	c_{12}	c_{44}	
Natriumchlorid .	4,94	1,37	1,28	(2)
Natriumbromid .	3,30	1,31	1,33	(2)
Kaliumchlorid .	{3,70 / 3,88	{0,81 / 0,64	{0,79 / 0,65	(2) / (3)
Kaliumbromid .	3,33	0,58	0,62	(2)
Kaliumjodid . .	2,67	0,43	0,42	(2)

b) CAUCHY-Relation $c_{12} = c_{44}$ soll nicht gelten.

Stoff	c_{11}	c_{12}	c_{44}	Literatur
Flußspat . . .	16,4	4,48	3,38	(4)
Natriumchlorat .	6,50	—2,10	1,20	(5)
Pyrit	36,1	—4,74	10,55	(4)

Tabelle 3. Zur Gültigkeit der CAUCHY-Relationen bei Metallkristallen.

a) Kubische Metalle. CAUCHY-Relation $c_{12} = c_{44}$ soll gelten.

Stoff	Elastizitätsmoduln in 10^{11} Dyn/cm²			Literatur	Querkontraktion μ
	c_{11}	c_{12}	c_{44}		
Kupfer	17,0	12,3	7,52	(7)	0,34
Silber	12,0	8,97	4,36	(8)	0,37
Gold	{19,4 / 18,7	{16,6 / 15,7	{4,00 / 4,36	(6) / (8)	0,420
Aluminium . . .	$10,8_2$	$6,2_2$	$2,8_4$	(6)	0,343
α-Messing (72% Cu)	$14,7$	11,1	7,2	(9)	
α-Eisen	23,7	14,1	11,6	(10)	0,280
Wolfram	{51,3 / 50,1	{20,6 / 19,8	{15,3 / 15,1	(11) / (12)	0,17

b) Hexagonale Metalle. CAUCHY-Relationen $c_{11} = 3\,c_{12}$; $c_{44} = c_{13}$ sollen nicht gelten.

Stoff	Elastizitätsmoduln in 10^{11} Dyn/cm²					Literatur	Querkontraktion
	c_{11}	$3\,c_{12}$	c_{44}	c_{13}	c_{33}		
Magnesium	{5,65·10^{11} / 5,94	{6,96 / 6,09	{1,68 / 1,14	{1,81 / 2,03	{5,87 / 5,94	(13) / (14)	
Zink . . .	{16,3 / 15,9	{7,65 / 9,69	{3,79 / 4,00	{5,08 / 4,82	{6,23 / 6,21	(15) / (11)	} 0,33
Cadmium	{12,1 / 10,9	{14,43 / 11,94	{1,85 / 1,56	{4,42 / 3,75	{5,13 / 4,60	(15) / (11)	} 0,30

kristalle durchaus dem aus ihrem Gitterbau zu erwartenden entspricht. Bei den Metallen dagegen zeigt sich auch in Fällen, in denen die Gültigkeit der Cauchyschen Relation verlangt wird (Tabelle 3a), krasse Nichtübereinstimmung von c_{12} und c_{44} [vgl. hierzu insbesondere (1)]. Auf dieses Versagen der Gittertheorie bei Metallen sei besonders hingewiesen. Es kann daher vermutet werden, daß die Valenzelektronen wegen ihrer leichten Verschiebbarkeit als selbständige Gitterbestandteile in Rechnung zu ziehen sind, da man ja an der zweiten Bornschen Voraussetzung bei Ableitung der Cauchyschen Relationen, an der Stabilität des Gitters, wohl kaum zweifeln wird.

Für den isotropen Körper reduzieren sich die sechs Cauchyschen Gleichungen auf eine einzige, die Poissonsche Gleichung $c_{11} = 3 c_{12}$, so daß in diesem Fall nur eine einzige Konstante übrig bleibt. Für die Querkontraktion ergibt sich dann allgemein der Wert $\mu = \frac{1}{4}$. Nun sind unter einigen plausiblen Voraussetzungen die Konstanten eines quasiisotropen Kristallaggregates als Mittelwerte aus den elastischen Parametern des Einzelkristalls berechenbar (vgl. Punkt 81). Gelten für diesen die Cauchyschen Relationen, so ist für das Kristallaggregat in erster Näherung die Poissonsche Gleichung erfüllt. Man hat also durch Messungen an quasiisotropem, feinkristallinem Material in der Abweichung der Querkontraktionszahl μ von $^1/_4$ ein Kriterium für die Gültigkeit der Cauchyschen Relationen beim Einkristall. Aus diesem Grunde enthält Tabelle 3 neben den Parametern der Einkristalle auch die an Vielkristallen gemessenen Werte der Querkontraktion; man sieht sofort die Parallelität zwischen Abweichung der Querkontraktion von $^1/_4$ und Ungültigkeit der Cauchyschen Relationen.

10. Bestimmung der elastischen Parameter.

Die Bestimmung der elastischen Parameter erfolgt auf dem Wege über die elastischen Konstanten von Einkristallen verschiedener Orientierung. Diese elastischen Konstanten sind, wie bei jedem Festkörper, der Elastizitätsmodul (E) und der Torsionsmodul (G), deren Definition auch für Kristalle unverändert gilt. (E = Zugspannung, die bei Verdoppelung der Länge des Probestabes entstehen würde, G = Schubspannung, die am Mantel eines kreiszylindrischen Versuchsstabes von der Länge und dem Durchmesser 1 bei Verdrehung um den Bogenwinkel 1 [57,3°] entstehen würde.) Experimentell ermittelt werden die Elastizitäts- und Torsionsmoduln der Kristallproben mit Hilfe derselben Verfahren, die zur Prüfung isotroper Festkörper benutzt werden. Besondere Vorteile bietet die in letzter Zeit häufig verwendete Messung der akustischen Eigenfrequenzen [Transversal-, Longitudinal-, Torsionston (16), (17); für dabei zu beachtende Korrekturen vgl. (18) und (19)].

Die Theorie der Kristallelastizität liefert zwei Gleichungen für $\frac{1}{E}$ und $\frac{1}{G}$ als Funktion der Winkel der Stabachse zu den Kristallachsen (Orientierung), deren Koeffizienten die elastischen Parameter s_{ik} sind. Die Aufgabe besteht nun darin, die beobachtete Orientierungsabhängigkeit von $\frac{1}{E}$ und $\frac{1}{G}$ durch geeignete Wahl der s_{ik} möglichst gut auszugleichen. Eine Kontrolle erfahren die so erhaltenen s_{ik} durch ihre Beziehung zur Kompressibilität. Für die orientierungsunabhängige kubische Kompressibilität K lautet dieser Zusammenhang für den triklinen Kristall: $K = s_{11} + s_{22} + s_{33} + 2(s_{12} + s_{23} + s_{31})$. In der Regel wird jedoch die *lineare* Kompressibilität S (Längenänderung bestimmter Richtungen unter allseitigem Druck) gemessen, die im allgemeinen richtungsabhängig ist. Nur im Fall kubischer Kristalle bleibt eine Kristallkugel unter hydrostatischem Druck eine Kugel.

Die oben erwähnte theoretische Orientierungsabhängigkeit von E, G und S ist für kreiszylindrische Stäbe kubischer und hexagonaler Kristalle durch die folgenden Ausdrücke gegeben:

Kubische Kristalle:

$$\frac{1}{E} = s'_{33} = s_{11} - 2\left[(s_{11} - s_{12}) - \frac{1}{2}s_{44}\right](\gamma_1^2\gamma_2^2 + \gamma_2^2\gamma_3^2 + \gamma_3^2\gamma_1^2)$$

$$\frac{1}{G} = \frac{1}{2}(s'_{44} + s'_{55}) =$$

$$s_{44} + 4\left[(s_{11} - s_{12}) - \frac{1}{2}s_{44}\right](\gamma_1^2\gamma_2^2 + \gamma_2^2\gamma_3^2 + \gamma_3^2\gamma_1^2)$$

$$S = s_{11} + 2s_{12}$$

$$(10/1..3)$$

Hexagonale Kristalle:

$$\frac{1}{E} = s'_{33} = s_{11}(1 - \gamma_3^2)^2 + s_{33}\gamma_3^4 + (2s_{13} + s_{44})\gamma_3^2(1 - \gamma_3^2)$$

$$\frac{1}{G} = \frac{1}{2}(s'_{44} + s'_{55}) = s_{44} + \left[(s_{11} - s_{12}) - \frac{1}{2}s_{44}\right](1 - \gamma_3^2) +$$

$$+ 2(s_{11} + s_{33} - 2s_{13} - s_{44})\gamma_3^2(1 - \gamma_3^2)$$

$$S = s_{11} + s_{12} + s_{13} - \gamma_3^2(s_{11} - s_{33} + s_{12} - s_{13})$$

$$(10/4..6)$$

γ_1, γ_2, γ_3 stellen im Fall der kubischen Kristalle die Kosinus der Winkel der Stabachse zu den drei Würfelkanten dar ($\gamma_1^2 + \gamma_2^2 + \gamma_3^2 = 1$); beim hexagonalen Kristall tritt allein der Richtungs-Kosinus γ_3 des Winkels zur hexagonalen Achse auf, da die elastischen Eigenschaften rotationssymmetrisch in bezug auf 6-zählige Achsen sind.

III. Herstellung von Kristallen.

Die Verfahren zur Herstellung großer Kristalle sind in den letzten 20 Jahren ganz außerordentlich vervollkommnet worden. Insbesondere besitzen wir heute eine große Reihe von Methoden, die es uns ermöglichen, aus vielen Metallen und Legierungen Kristalle fast beliebiger Größe und Form herzustellen. Bei der im nachfolgenden gegebenen Darstellung der neuen Züchtungsverfahren sind diese in Gruppen, je nach dem Aggregatzustand, von dem aus die Kristallisation erfolgt, zusammengefaßt.

A. Kristallherstellung aus dem festen Zustand; Rekristallisationsverfahren.

Gemeinhin versteht man unter Rekristallisation die (in der Regel) bei erhöhten Temperaturen vor sich gehende Neubildung des Kristallgefüges kristallisierter Stoffe. Eine solche Umkristallisation tritt, wie ausführliche Versuche gezeigt haben, bei völlig spannungsfreien, gegossenen Metallen nicht auf (20, 21). Erfährt jedoch eine solche, nicht rekristallisationsfähige Probe eine plastische Verformung, so gewinnt sie die Fähigkeit zur Neubildung des Gefüges. Keimbildung und Aufzehrung der alten Körner durch die neu entstandenen Kristalle sind die dabei sich abspielenden Vorgänge.

Außer dieser „Bearbeitungsrekristallisation" führt auch eine als „Sammelkristallisation" bezeichnete Erscheinung, welche feinkörnige Rekristallisationsgefüge oder aus feinem Metallpulver gepreßte Massen bei hoher Erhitzung aufweisen, zu einer Gefügeneubildung. Dieser Vorgang wird nicht durch die Bildung neuer Kristallkeime eingeleitet, sondern beruht auf einem bevorzugten Wachsen einzelner Kristallkörner (in bestimmten Richtungen) auf Kosten der übrigen. Bewirkt wird dieses Verhalten durch die Instabilität zufolge der erhöhten Oberflächenenergie des Vielkristalls gegenüber der des Einkristalls.

Gittermäßig sind beide Arten von Rekristallisation Platzwechselvorgänge.

11. Rekristallisation nach kritischer plastischer Verformung.

Will man die Rekristallisation nach Kaltreckung zur Erzeugung großer Kristalle heranziehen, so hat man naturgemäß für eine möglichst geringe Keimzahl zu sorgen. Da diese mit dem Ausmaß der Verformung stark ansteigt, dürfen die der Glühbehandlung vorangehenden Reckungen nur klein sein. Eine weitere Voraussetzung für den Erfolg ist völlige Gleichmäßigkeit der „Rekristallisationsfähigkeit", für die der Verformungszustand maßgebend ist. Für eine Gleichmäßigkeit der Verformung ist aber wiederum gleichmäßiges, feinkörniges Ausgangsgefüge unerläßlich.

Der zur Einkristallherstellung mit Hilfe der Rekristallisation nach Kaltreckung einzuschlagende Weg besteht also darin, zunächst in der in den Einkristall überzuführenden Probe (in Gestalt von Blechen, Drähten, Zerreißstäben) ein möglichst gleichmäßig feines Korn zu erzielen. Sofern das Ausgangsmaterial dieses erforderliche Gefüge noch nicht besitzt, muß es ihm durch eine vorbereitende Rekristallisation verliehen werden. Hierzu genügt in der Regel eine kurze Glühung ($\sim \frac{1}{2}$ Stunde) bei nicht zu hohen Temperaturen nach ausgiebiger Kaltreckung (oder Überschreitung einer Umwandlungstemperatur). Mit so vorbereiteten Proben werden nun zur Ermittlung des geeigneten Reckgrades kleine Deformationen verschiedenen Ausmaßes (am besten Dehnungen im Betrage von $\sim \frac{1}{2}$ bis $\sim 4\%$) vorgenommen, wobei ängstlich auf die Fernhaltung jeder zusätzlichen Verformung (Biegung) zu achten ist. Auch die nun folgende Glühbehandlung ist unter Einhaltung gewisser Vorsichtsmaßregeln durchzuführen, um die Keimzahl möglichst herabzusetzen. Hierzu beginnt man die Glühung (bei leicht oxydierbaren Metallen im H_2-Strom oder Vakuum) bei Temperaturen, die möglichst unterhalb des Beginns der Rekristallisation (bei Mischkristallen aber über der Entmischungstemperatur) liegen sollen. Durch eine nun folgende ganz allmähliche Temperatursteigerung (20^0 bis 50^0 pro Tag) trachtet man unter Vermeidung weiterer Keimbildung einen der zuerst entstandenen Keime zum Weiterwachsen durch die ganze Probe zu bringen. Vorteilhaft ist die Einhaltung eines geringen Temperaturgefälles im Ofen (exzentrisches Einlegen der Proben; bei Glühung im Gasstrom genügt das durch ihn erzeugte Temperaturgefälle), da dadurch die erste

Keimbildung lokalisiert wird. Gegen Schluß der meist mehrtägigen Glühung kann die Temperaturerhöhung rascher erfolgen; den Abschluß bildet eine kurze Glühung wenig unterhalb des Schmelzpunktes (Umwandlungspunktes, der Soliduslinie, der eutektischen Temperatur), um meist noch vorhandene kleine Körner durch Sammelkristallisation aufzuzehren. Das Abkühlen wird man zur Schonung der bei den hohen Temperaturen besonders empfindlichen Kristalle in der Regel *im* Ofen eintreten lassen. Durch nachheriges Anätzen wird die Begrenzung der entstandenen Kristalle entwickelt und eine Beseitigung etwa an der Oberfläche noch vorhandener Kristalleinsprenglinge erzielt. Durch Vergleich der verschieden weit vorgereckten Proben wird der kritische, zur maximalen Kristallgröße führende Reckgrad ermittelt (vgl. Abb. 14).

Über die Ausbeute dieses Verfahrens können keine allgemein gültigen Aussagen gemacht werden, da das Kristallwachstum in sehr maßgeblicher Weise von Zusammensetzung und Reinheitsgrad des verwendeten Stoffes beeinflußt wird. In günstigen Fällen kann sie jedoch fast 100% erreichen. Eine willkürliche Beeinflussung der Orientierung der Kristalle, d. h. der Lage des Gitters in den Versuchsstücken ist hier nicht möglich. In der Regel kann man eine ungefähre Überdeckung des möglichen Orientierungsbereiches nur durch Häufung des Versuchsmaterials gewinnen. In Einzelfällen gelingt dies allerdings nicht und alle erhaltenen Kristalle zeigen weitgehend ähnliche Gitterlagen. Es hängt dies damit zusammen, daß es oft schwierig, bisweilen sogar unmöglich ist, vor der kritischen Reckung ein feinkörniges, *regellos orientiertes* Gefüge zu erzielen und so eine Nachwirkung von Gefügeregelung auszuschließen.

Die Qualität der so erhaltenen Kristalle ist weitgehend durch die des Ausgangsmaterials bedingt. Da durch die ausgiebige Glühung eine Beseitigung aller Spannungen herbeigeführt wird, erscheint es möglich, auch hohen Anforderungen hinsichtlich physikalischer Vollkommenheit zu genügen. Einen Vergleich mit nach anderen Verfahren gewonnenen Kristallen läßt das zu geringe vorliegende Material heute noch nicht zu.

Die bei der Kristallherstellung aus der Schmelze bei festen Lösungen mit breitem Schmelzintervall sich ergebenden Schwierigkeiten durch eintretende Seigerung treten beim Rekristallisationsverfahren nicht ein. Ein besonderer Vorteil liegt hier schließlich noch für manche Zwecke in der Freiheit bei der Formgebung des

Probestücks. Eine prinzipielle Beschränkung erwächst dem Verfahren der Bearbeitungsrekristallisation aus der Notwendigkeit der

Abb. 14. Rekristallisation von Aluminium; Abhängigkeit der Korngröße vom Reckgrad (oben beginnend: 0, 2, 4, 6, 8 und 10% Dehnung) (22).

Ausführung plastischer Verformungen. Sprödes Material liegt somit außerhalb seiner Anwendungsmöglichkeit.

Die wesentliche Ausbildung dieses Kristallzüchtungsverfahrens geht auf (23) und (22) zurück (vgl. auch 24). Einzelheiten der von

Tabelle 4.
Kristallherstellung durch Rekristallisation nach kritischer Kaltreckung.

Metall bzw. Legierung	Vorbehandlung, Ausgangskorngröße	Kritischer Reckgrad %	Glühbedingungen	Literatur
Mg	~120 Körner/mm²	0,2	Innerhalb 6 Tage von 300° auf 600° C erhitzt	(28)
Mg-Mischkristalle mit: Al, Zn, Mn, Al und Zn	Längere Zeit wenig unter eutektischer Temperatur glühen, 7—10% recken, nochmals kurz glühen	0,2 bis 0,3	Nur im Gebiet homogenerfester Lösung glühen, täglich 20—50° C Temperaturerhöhung	(29)
Al (~99,5) [1]	~100 Körner/mm²	1,6	Beginn bei 450° C, pro Tag um 25° bis 500° C erhöht, sodann 1 Std. bei 600°	(22), (23)
Al-Mischkristalle mit: Zn (bis 18,6% Zn) Cu		1—2 1,5	500—550° C Innerhalb 6 Tagen von 450 auf 515° C erhitzt	(30), (31) (32)
Fe ~ 0,13% C 0,4 % Mn 0,02% Si 0,03% S 0,02% P	Längere Zeit bei 950° C in H₂ vorglühen. ~ 120 Körner/mm²	3,25	Einige Tage 880° C	(33)
Fe ~ 0,10% C 0,4 % Mn Spuren Si 0,021% S 0,021% P		2,75	4 Tage 880° C	(34)
Fe (Armco) 0,03% C 0,025% Mn Spuren Si 0,025% S 0,01% P 0,06% Cu		2,75	4 Tage, von 530° bis 880° C steigend, dann 2 Tage auf 880° C	(35); vgl. auch (36)

[1] Die Herstellung von Kristallen aus reinstem Al (99,99%) ist bisher auf Schwierigkeiten gestoßen.

verschiedenen Autoren benutzten Bedingungen sind in Tabelle 4 zusammengestellt. Außer bei den in ihr enthaltenen Metallen ist die Methode auch noch bei Kupfer (25, 26) und β-Messing angewendet worden; allerdings gelang es beim Kupfer nicht, größere, völlig zwillingsfreie Kristalle herzustellen. Bei gezogenen Wolframdrähten gelangt man auf ähnliche Weise zu den technisch wichtigen Stapelkristallen [große Kristalle mit längs im Draht liegenden Korngrenzen (27)]. Dieselbe Gefügeausbildung kann man auch ohne die schwache Deformation vor der endgültigen Glühung durch gewisse, kleine Zusätze zum Ausgangsmaterial herbeiführen. Daher ist dieses Verfahren eigentlich nicht mehr den in dieser Ziffer zu beschreibenden zuzuzählen. Es bildet den Übergang zu der im folgenden dargestellten Methode der Sammelkristallisation.

12. Kristallherstellung durch Sammelkristallisation.

Die Kristallherstellung durch Sammelkristallisation fand insbesondere bei Wolfram vielfache Anwendung. Die Herstellung der sog. „Pintschdrähte" erfolgt in der Weise (37, 38), daß gleichmäßiges und feinkörniges Wolframpulver mit etwa 2% Thoriumoxyd äußerster Feinheit vermischt, mit einem Bindemittel versehen und durch Diamantdüsen zu feinen Fäden gespritzt wird. Diese werden getrocknet und sodann mit einer Geschwindigkeit bis zu 1 mm/sec durch eine sehr heiße, schmale Zone hindurchbewegt (2500° C), wodurch erreicht wird, daß das Kristallwachstum von einem Ende des Drahtes aus fortschreitet. Den Ofen bildet eine aus wenigen Windungen bestehende Spirale aus Wolframdraht, der in einer Wasserstoffatmosphäre durch Strom geheizt wird. Eine zweite Ausführungsform der fortschreitenden lokalen Erhitzung besteht darin, daß der in den Einkristall zu überführende, gesinterte Draht selbst durch Stromdurchgang erhitzt wird, indem er langsam über zwei nahe beieinander befindliche Kontaktstellen hinwegbewegt wird. Die Rolle des für das Gelingen des Verfahrens notwendigen ThO_2-Zusatzes ist heute noch nicht mit Sicherheit erkannt. Die Dicke der so erhaltenen Kristalle reicht bis 0,1 mm.

Nach einem weiteren ebenfalls als typische Sammelkristallisation anzusehenden Verfahren (39) wird Wolframpulver zu Barren gepreßt (4000 kg/cm² Preßdruck), gesintert und einige Zeit (etwa 1 Stunde) in einer feuchten Wasserstoffatmosphäre knapp unterhalb des Schmelzpunktes (3268° C) geglüht. Bisweilen gelingt es auf diese Weise, den ganzen Barren in einen einzigen Kristall

überzuführen. Wenn auch die thermische Instabilität die Ursache
des Kristallwachstums ist, so kommt hier doch auch dem Wasser-
dampfgehalt des Schutzgases eine sehr wichtige, auslösende Bedeutung zu, die jedoch heute noch nicht völlig erkannt ist. Auch
durch Zusätze zum Ausgangsmaterial (z. B. ThO_2) kann grobkörnige
Sammelkristallisation sehr erheblich gefördert werden (40, 41).

B. Kristallherstellung aus der Schmelze.

Die Verfahren, nach denen die Züchtung großer Kristalle aus
der Schmelze erfolgt, sollen zu ihrer Beschreibung in zwei Gruppen
eingeteilt werden: in solche, bei denen die Erstarrung der ganzen
Schmelze *im* Schmelzgefäß in geeigneter Weise geleitet wird, und
in solche, bei denen Teile der Schmelze *außerhalb* des Tiegels zur
Erstarrung gebracht werden.

13. Kristallisation im Schmelzgefäß.

TAMMANN beobachtete, daß bei langsamer Abkühlung einer in
einem Glasrohr enthaltenen Wismutschmelze ein einziger Kristall
von etwa 20 cm Länge entstanden war (42). Dieses Verfahren ist
in der Folgezeit von verschiedenen Seiten außerordentlich vervollkommnet worden. So wurden Glasgefäße verwendet, die an einem
Ende zu einer Kapillare ausgezogen waren. Die Erstarrung erfolgte im Innern eines vertikal stehenden Röhrenofens, der zwei
Heizwicklungen besaß, die getrennt geschaltet werden konnten,
derart, daß die Erstarrung von dem ausgezogenen Ende des
Rohres aus eingeleitet werden konnte (43); vgl. auch (44 bis 47).
Die Form eines weiteren, in vielen Fällen verwendeten gläsernen
Schmelzgefäßes zeigt Abb. 15. Der Raum *A* wird mit dem zu
schmelzenden Metall beschickt und sodann in seinem vorderen
Ende *D* zu einem Rohransatz
ausgezogen, an den eine Luft-
pumpe angeschlossen wird.

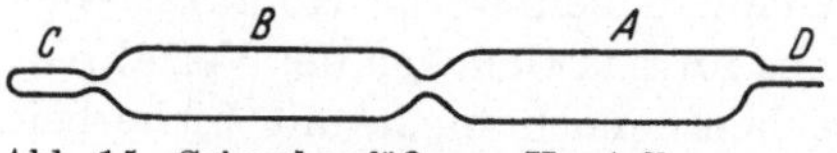

Abb. 15. Schmelzgefäß zur Herstellung von
Metallkristallen nach (48).

Nachdem die Teile *B* und
C in einem elektrischen Ofen
auf etwa 50—100° C über den Schmelzpunkt des Metalles erhitzt sind und das ganze Gefäß luftleer gepumpt worden ist,
wird das in dem aus dem horizontal stehenden Ofen heraus-
ragenden Teil *A* befindliche Metall in einer Gasflamme geschmolzen.
Durch Erschüttern der geschmolzenen Metallmasse werden sodann

nach Möglichkeit alle okkludierten Gase entfernt, ein Vorgang, der z. B. bei Wismut über eine Stunde lang fortgesetzt werden muß. Der Ofen wird nun lotrecht gestellt, wobei das Metall nach den unteren Teilen des Gefäßes filtriert wird. Die Metallmenge wird so bemessen, daß die Schmelze schließlich noch ein wenig in den Teil A hineinragt, so daß alle Verunreinigungen, wie Oxydhäutchen usw. von dem eigentlichen Schmelzraum B ferngehalten werden. Das Gefäß wird jetzt bei D zugeschmolzen; durch langsames Senken (Senkungsgeschwindigkeit 4—60 mm/Std.) wird die Kristallisation eingeleitet.

Die Kapillare zwischen C und B hat wie die im oben erwähnten Schmelzgefäß den Zweck, nur *einen* der zunächst gebildeten Kristalle in den eigentlichen Kristallisationsraum (B) eintreten zu lassen. Durch sie wird eine Wachstumsauslese in dem Sinne bewirkt, daß von den zuerst entstandenen Keimen jener zur weiteren Ausbildung gelangt, für den die Richtung größter Wachstumgeschwindigkeit den kleinsten Winkel mit der Röhrenachse einschließt, wie dies schematisch in Abb. 16 dargestellt ist. Die Verdrängung der Kristalle mit kleinen Wachstumsgeschwindigkeiten in der Röhrenachse tritt hier klar hervor.

Zur Herstellung von Kristallen hochschmelzender Metalle und Legierungen (Kupfer, Kobalt, Nickel, Edelmetalle) wurden zu möglichst

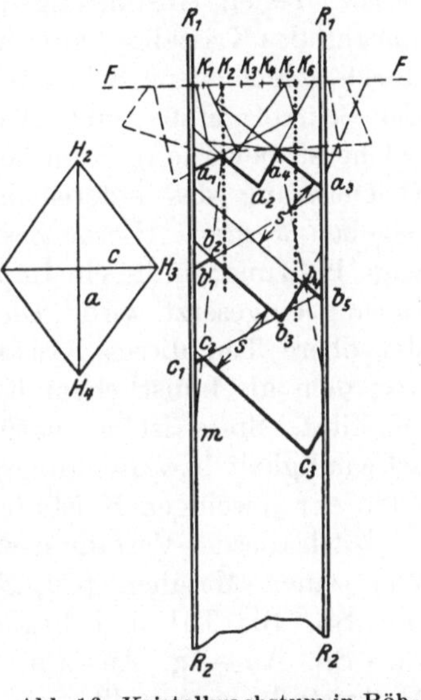

Abb. 16. Kristallwachstum in Röhren; Auslese auf Grund der Wachstumsgeschwindigkeit (49). K_1—K_6 verschieden orientierte Kristallkeime in der Schmelzoberfläche.

völliger Gasbefreiung wiederholt Vakuumöfen verwendet, in denen die in einem Kohle- oder Tonerdetiegel befindliche Metallschmelze langsam durch ein Graphitheizrohr hindurchbewegt wird (50, 51). Ganze Tiegeleinsätze können im Vakuum zu großen Kristallen erstarren (52), wenn man nur dafür sorgt, daß die Erstarrung ausschließlich an einer Stelle beginnt und die Wärme überwiegend und mit geeigneter Geschwindigkeit an dieser Stelle, die beispielsweise durch kegelförmige Vertiefung des Tiegels gegeben

sein kann, abgeführt wird. Eine Beschränkung in der Größe der
Kristalle ist hier nur durch die Materialmenge (Ofengröße) gegeben.
So wurde ein Kupferkristall von 6 kg Gewicht nach diesem Verfahren erhalten. Dieses Verfahren ist später wesentlich weiter
ausgebildet worden (53, 54). Der Ausbau liegt in der Verwendung
eines Hochfrequenzofens (bei Vermeidung der Wirbelbewegungen
in der Schmelze), in der Höhe des Vakuums ($^1/_{100}$ mm Hg) und vor
allen Dingen in einer Beeinflussung der Orientierung des entstehenden Kristalls. Während nämlich bei den anderen, eben
beschriebenen Ausführungsformen eine Beeinflussung der Orientierung des Kristalles kaum möglich ist (man könnte daran denken,
durch verschiedene Schiefstellung der Kapillare am unteren Ende
der Schmelzgefäße unter Ausnutzung der Wachstumsauslese eine
solche zu bewirken), kann bei der nun verwendeten Tiegelform die
Orientierung des entstehenden Kristalles durch Impfung vor-
gegeben werden. Hierzu besitzt der Graphittiegel am Boden eine
enge Bohrung, in die ein Impfkristallstück der gewünschten Orientierung eingesetzt wird. Die Heizung wird so reguliert, daß nur
der obere Teil dieses Kristalles schmilzt und die Kristallisation
von dem als künstlichem Keim dienenden Impfkristall aus fortschreitet. Stets ist es natürlich notwendig, die Abkühlungsge-
schwindigkeit bzw. Senkungsgeschwindigkeit des Tiegels durch den
Ofen der jeweiligen Kristallisationsgeschwindigkeit anzupassen.

Nach diesem Verfahren wurden bereits von einer großen Reihe
von reinen Metallen [Cu, Ni, Ag, Au, Mg, Zn, Cd, Hg (55, 56),
Sn, Sb, Bi, Te] und Legierungen (α- und β-Messing, Cu—Al,
Cu—Sn, Au—Ag, Au—Cu, Au—Sn, Fe—Ni, Sb—Bi, Austenit)
Einkristalle hergestellt.

Zur Erzielung möglichst fehlerfreier Kristalle nach diesem
Verfahren ist auf weitgehende Entgasung der Schmelzen zu achten,
um Lunkerbildung bei der Kristallisation zu vermeiden. Seige-
rungen, wie sie bei Erzeugung von Legierungskristallen auftreten,
sind allerdings, solange man von der Schmelze ausgeht, unvermeid-
lich. Große Sorgfalt ist bei der Wahl des Tiegelmaterials geboten,
sowohl um Verunreinigungen der Schmelze hintanzuhalten, als
auch um nachher eine schonungsvolle Loslösung des Kristalls zu
gewährleisten. Die Erzeugung völlig unversehrter, spannungsfreier
Kristalle nach diesem Verfahren ist jedenfalls sehr schwierig, und
es hat daher nicht an Versuchen gefehlt, eine noch weitergehende
Schonung des Kristalls bei seiner Herstellung zu garantieren.

Für das unter diesem Gesichtspunkt ausgebildete Verfahren sind vier Ausführungsformen angegeben worden (57, 58). Bei der ersten liegt der in einen Einkristall überzuführende Metallstab auf einer Kupferplatte, in der durch einseitige Heizung ein Temperaturgefälle erzeugt wird. Der Stab wird zunächst durch genügende Erwärmung der Platte zum Schmelzen gebracht, wobei er dank der Oberflächenspannung und einer dünnen Oxydhaut seine zylindrische Form vortrefflich behält. Durch langsames Abschalten des Heizstromes wird die Kristallisation vom kühleren Ende der Platte aus eingeleitet. Die Orientierung des entstehenden Kristalls kann durch Vereinigung der Schmelze mit einem unter geeignetem Winkel liegenden Impfkristall, der naturgemäß nicht völlig niedergeschmolzen werden darf, willkürlich beeinflußt werden. In der zweiten Ausführungsform wird der in einem weiten Quarzrohr befindliche Metallstab ähnlich wie in dem in Punkt 12 beschriebenen Verfahren durch eine schmale Heizwicklung langsam hindurchbewegt, wobei stückweise Schmelzung und Wiederkristallisation erfolgt. Bei der dritten, einfachsten Ausführungsform befindet sich der Metallstab in einer engen zylindrischen Bohrung eines einseitig geheizten Kupferblockes, dessen Abkühlung reguliert wird. Auch in diesen beiden Fällen ist eine Beeinflussung der Orientierung durch Ankristallisation an einen geeigneten Impfkristall möglich. Die vierte Form des Verfahrens (58) trachtet, hinausgehend über die bisherigen, auch noch die Spannungen zu vermeiden, die von der Oxydhaut herrühren. Hierzu wird das Metall in einer Rinne aus Graphit niedergeschmolzen und erstarrt, die sich in einem evakuierten, langsam durch den Ofen bewegten Quarzrohr befindet. Ein Strom gereinigten Wasserstoffs wird durch das Rohr geleitet. Jedes Exemplar wird mehrmals umgeschmolzen, bevor es mit dem Impfkristall in Berührung gebracht wird. Die Form der Kristalle ist hier bestimmt durch die Gestalt der Graphitrinne. Auffälligerweise ist dieses Verfahren bisher erst am Wismut und neuerdings auch am Zinn (59) verwendet worden.

Bisher haben wir Methoden beschrieben, die vorzugsweise dazu dienen, Kristalle von Metallen herzustellen. Naturgemäß lassen sie sich mit entsprechenden Abänderungen auch zur Herstellung von *Salzkristallen* verwenden. So wurde ein Ofen beschrieben (60), in dem die Schmelze die Gestalt einer plankonvexen Linse hat, in der die Isothermen parallel der Schmelzoberfläche verlaufen. Die Erstarrung schreitet vom Scheitel der Linse aus gleichmäßig

nach oben hin fort. Außer aus Wismut und Zink sind so auch
große Kristalle von $NaNO_3$, KNO_3 und $NaCl$ erhalten worden.
Eine Weiterbildung des Verfahrens führt besonders zu einer Beseitigung innerer, zum Aufreißen der Kristalle führender Spannungen (61). Ein bereits auf sehr viele Ionenkristalle ($NaCl$, $NaBr$,
KI, $RbCl$, LiF) angewendetes Verfahren beruht auf folgendem (62):
In die Schmelze taucht einige Millimeter tief ein unten rund-
geschlossenes, von innen luftgekühltes Platinrohr ein. Ist die
Temperatur auf etwa 70⁰ über den Schmelzpunkt des betreffenden
Salzes gefallen, so wird durch verstärkte
Kühlung die Kristallisation am Platinrohr eingeleitet. Nachdem der Durchmesser der aus-
kristallisierten Halbkugel (Abb. 17) ungefähr
das Vierfache des Pt-Rohrdurchmessers erreicht
hat, wird der Kühler mit Hilfe einer Mikrometerschraube gehoben, bis die Berührungs-
fläche des kristallisierten Sphäroliten (*I*) mit
der Schmelze von einem einzigen Kristall
gebildet wird. Nunmehr wird bei weiter ver-
stärkter Kühlung der Großteil der Schmelze
zur Kristallisation gebracht (*II*). Der Versuch
wird unterbrochen, bevor der Kristall die

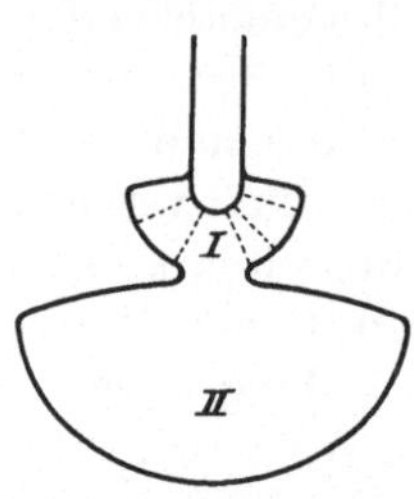

Abb. 17. Zur Herstel-
lung von Salzkristallen
nach (62). Form der
erhaltenen Kristall-
birnen.

Tiegelwand erreicht. Zur erfolgreichen Verwendung dieses Verfahrens ist eine Wachstumsdauer von mehreren Stunden für etwa
3 cm große Kristalle und Vermeidung von Schwankungen der
Temperatur des Ofens (Akkumulatorenbatterie) und des Kühlstroms
erforderlich.

14. Kristallherstellung durch Ziehen aus der Schmelze.

Von CZOCHRALSKI (63) rührt ein Verfahren her, das ursprünglich
zur Bestimmung der Kristallisationsgeschwindigkeit von Metallen
ersonnen, später vielfach zur Züchtung von Kristallen benutzt
worden ist. Es besteht darin, daß ein als Keimstelle dienendes,
in die Schmelze tauchendes Stäbchen (Glas, Ton oder besser ein
Impfkristall) langsam und gleichmäßig gehoben wird. Überschreitet
die Temperatur der Schmelze den Schmelzpunkt nicht allzu sehr
und erfolgt das Hochheben des Stäbchens genügend langsam, so
haftet an ihm ein Schmelzfaden, der oberhalb der Schmelzoberfläche kristallisiert. Die auf diese Weise erhaltenen Kristalle,
deren Länge durch die Ausmaße des Apparats begrenzt ist, haben

annähernd kreiszylindrische Gestalt. Eine Ausführungsform, wie
sie später (64, 65) zur Erzeugung von Kristalldrähten einer
größeren Reihe niedrig schmelzender Metalle benutzt worden ist,
ist in Abb. 18 dargestellt. Der Schmelzfaden wird durch ein in der
Mitte gelochtes, zweckmäßig etwas beschwertes Glimmerblättchen
(G') gezogen und knapp oberhalb des Blättchens durch Anblasen
mit einem Strom inerten Gases
gekühlt. Zur Erzielung möglichst
gleichmäßiger Kristalle ist außer
auf Konstanz der Temperatur
der Schmelze, der Zieh- und
der Kühlgeschwindigkeit auch
auf Fernhaltung von Erschütte-
rungen peinlich zu achten. Der
Durchmesser der so erhaltenen
Kristalldrähte kann je nach Einstellung der Wärmeableitungs-
bedingungen zwischen etwa 0,2
und 5 mm verändert werden.
Die Erzielung gewünschter Kristallorientierungen wird durch
Verwendung von Impfkristallen

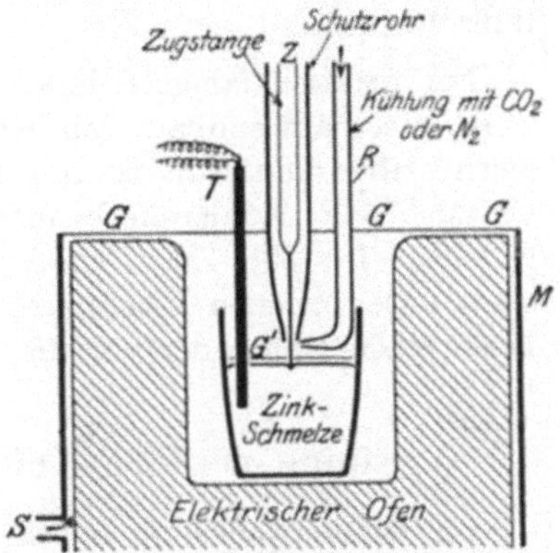

Abb. 18. Schematische Darstellung des
Kristallziehverfahrens nach
CZOCHRALSKI [nach (65)].

mit geeigneter Gitterlage bewirkt. Sorgt man für innige Berührung
der Schmelze mit dem Impfkristall (Beseitigung jeglicher Oxydhaut), so tritt in den meisten Fällen ein paralleles Weiterwachsen
des zur Impfung benutzten Kristalls ein. Die Rolle der Ziehgeschwindigkeit ist heute noch nicht völlig geklärt. Jedenfalls scheint
aber eine Geschwindigkeit von etwa 1 cm/min noch kleiner zu sein
als die minimale Kristallisationsgeschwindigkeit der verwendeten
Metalle. Diese Geschwindigkeit stellt ja die natürliche obere
Begrenzung der Ziehgeschwindigkeit dar.

Nach diesem Verfahren ist zahlreiches Versuchsmaterial für
Kristalluntersuchungen gewonnen worden, wie Kristalle von Zn,
Cd, Sn, Bi, Zn—Cd- und Zn—Sn-Legierungen.

Die Orientierung so erhaltener Kristalle ist stets geringen
stetigen Veränderungen längs des Drahtes unterworfen (66), für
die Schwankungen des Temperaturgradienten oberhalb der
Schmelze verantwortlich sein sollen [vgl. auch (67)]. Die an Zink-
Kristallen von etwa 30 cm Länge beobachteten maximalen
Orientierungsunterschiede betrugen bis zu ∼10°; sie bleiben jedoch

bei möglichster Konstanthaltung der Versuchsbedingungen innerhalb von etwa 2⁰.

Auch für die Herstellung von *Salz*kristallen wird das Ziehverfahren heute vielfach angewendet (68). Zumeist erübrigt sich hierbei eine besondere Kühlung. Die Orientierung der entstehenden Kristallstäbe oder -birnen kann durch Impfung weitgehend beeinflußt werden.

Für reaktionsfähige Schmelzen ist das Ziehverfahren in dieser Form nicht anwendbar. Zur Erzeugung von Magnesiumkristallen wurde daher ein tief in das mit einer Schutzdecke versehene Metall eintauchendes Kohlerohr benutzt, das langsam aus der Schmelze gehoben wird (69). Zum Schutz befindet sich dieses Rohr innerhalb eines unten offenen Eisenrohres. Dieses trägt an seinem oberen Ende einen Hahn, der vor dem Hochziehen geschlossen wird.

C. Einige weitere Kristallzüchtungsverfahren.

15. Kristallwachstum durch Niederschlag aus dem Dampf.

Bei den Verfahren der Kristallherstellung aus dem Dampf wird zumeist von einem bereits vorliegenden Impfkristall ausgegangen, der sodann „aufpräpariert" wird. Hierzu wird für den Fall des Wolframs die Zersetzung des WCl_6-Dampfes benutzt. In einer Ausführungsform (70) wird das Wolfram-Hexachlorid durch Wasserstoff entsprechend der Gleichung

$$WCl_6 + 3\,H_2 = W + 6\,HCl$$

reduziert, in einer anderen (71) wird der bei Temperaturen über 1500^0 C vor sich gehende Zerfall von WCl_6 in seine beiden Komponenten ausgenutzt. Als Impfkristall wird in beiden Fällen ein dünner Wolframkristall (Pintschdraht) verwendet, der je nach seiner Orientierung zu einem 4-, 6- oder mehrkantigen Kristallstab bis ~ 10 mm Dicke anwächst. Es gelingt auf diese Weise auch, abwechselnd Schichten von Wolfram und Molybdän niederzuschlagen. In ähnlicher Weise sind auch Kristalle von Ta, Fe, Zr und Ti durch Niederschlag aus dem Dampf erhalten worden (72).

Die Herstellung von *Zink*- und *Cadmium*-Kristallen durch Sublimation ist in (73) beschrieben. Man erhält dabei ohne Verwendung von Impfkristallen 6-eckige, ebenflächig begrenzte Kristallindividuen.

16. Kristallwachstum durch elektrolytischen Niederschlag.

Dieses auf Wolfram angewendete Verfahren (74) geht ebenfalls von einem Pintschdraht als Impfkristall aus, der als Kathode in der Achse eines zylindrischen, die Anode bildenden Wolframblechs liegt. Als Elektrolyt dient ein Alkaliwolframat, dessen Zersetzung bei 900^0 C mit einer Stromstärke von 150 mA/cm² durchgeführt wird.

Hiermit sei die Beschreibung der Kristallherstellungsverfahren abgeschlossen. Nicht aufgenommen in diesen Bericht sind die Züchtungsverfahren von Salzkristallen aus der *Lösung*; hier sei etwa auf die Zusammenstellung in (75) verwiesen.

IV. Orientierungsbestimmung von Kristallen.

Unter der Orientierung eines Kristalls versteht man die Lage des Gitters in bezug auf Richtungen, die durch die geometrische Gestalt der Kristallprobe hervorgehoben sind. Während bei Kristallen mit natürlicher Flächenbegrenzung sich die Lage des Gitters durch die (goniometrisch vermeßbaren) Flächenwinkel direkt offenbart, muß sie bei beliebig geformten Kristallen durch besondere Verfahren bestimmt werden. Häufig ist dabei der Fall, daß es sich nur um die Bestimmung der Gitterlage in bezug auf *eine* ausgezeichnete Richtung der Kristallprobe handelt (z. B. die Längsrichtung eines zylindrischen Kristallstabes), die durch ihre Winkel zu den kristallographischen Hauptachsen festgelegt wird. Im nachfolgenden beschreiben wir die Verfahren zur Orientierungsbestimmung undurchsichtiger Kristalle, wie sie vor allem bei der Untersuchung von Metallkristallen verwendet werden.

A. Mechanische und optische Verfahren.

17. Zähligkeit von Druckfiguren. Untersuchung des an Kristalloberflächen reflektierten Lichtes.

Die Orientierungsbestimmung auf Grund mechanischer Versuche setzt das Vorhandensein einer glatten Fläche an der zu untersuchenden Probe voraus. Die Zähligkeit der auf plastischer Deformation beruhenden Druckfigur gibt einen Hinweis auf die kristallographische Natur des Flächenlots (76).

Wesentlich schärfer gelingt die Orientierungsbestimmung auf Grund der Untersuchung der Oberfläche der Kristalle, die durch

Ätzung mit kristallographisch gesetzmäßigen Ätzgrübchen bedeckt ist. Diese können auch durch ein Oberflächenrelief ersetzt sein, das aus mikroskopischen oder submikroskopischen negativen Kriställchen besteht, wie es beispielsweise bei der Erstarrung von Metallkristallen aus der Schmelze auftritt. In ihrer ersten Form, der mikroskopischen Bestimmung der Gestalt der Ätzgrübchen auf ebenen Flächen (77), geht die Leistungsfähigkeit der Methode allerdings nicht über die der Druckfigurenbestimmung hinaus. Dasselbe gilt auch für die Methode „maximalen Schimmers" (78, 79), welche die Intensität des von der geätzten Fläche reflektierten Lichtes benutzt. Die zu untersuchende Probe wird dabei schräg mit parallelem Licht beleuchtet und gleichzeitig um die Achse des Beobachtungsmikroskopes gedreht. Aus der Zahl der Helligkeitswechsel bei einer vollen Umdrehung wird auf die Zähligkeit des Flächenlotes geschlossen.

Während die bisherigen Verfahren auf besonders einfache Spezialfälle und das Vorhandensein ebener Flächen an den Kristallen beschränkt sind, gelingt auch für den allgemeinen Fall die Orientierungsbestimmung durch Untersuchung des reflektierten Lichts (80, 81). Da das Prinzip der beiden Verfahren dasselbe, die Ausführungsform (81) einfacher und gebräuchlicher ist, sei nur diese hier näher beschrieben. Der zu untersuchende Kristall (wir denken zunächst an einen zylindrischen Stab) wird in der radialen Bohrung einer Holzkugel befestigt und mit parallelem Licht (Sonne) beleuchtet. Der Kristall wird samt der Kugel nun solange gedreht, bis mit scharfem Helligkeitsmaximum eine Reflexion aufblitzt. Diese Richtung wird dadurch festgehalten, daß ein auf der Kugel tangential verschiebbarer Spiegel ebenfalls in Reflexionsstellung gebracht und sein Berührungspunkt auf der Kugel markiert wird. Durch Reflexion an mehreren verschiedenen Flächen erhält man so eine Polfigur auf der Kugel, aus der man bei Kenntnis der kristallographischen Flächenwinkel die Lage des Gitters in bezug auf die Längsachse des Kristalles ableiten kann. Die einzige dabei zu übende Vorsicht bezieht sich auf Doppelreflexionen, die aber leicht erkennbar sind. Unmittelbar ablesen kann man die gewünschten Winkel, wenn die Oberfläche der Kugel ein entsprechendes Netz von Meridianen und Parallelkreisen trägt. Es ist klar, daß dieses Verfahren auch zur kristallographischen Orientierung einer Schlifffläche, die dann tangential an einem Pol der Kugel befestigt wird, benutzt werden kann. Ein kleiner, systematischer Fehler wird bei dieser Methode dadurch bedingt, daß das Lot der reflektierenden Kristallfläche nicht durch den Kugelmittelpunkt geht. Für die deshalb notwendige Korrektur vergleiche man (82), worin auch eine Erweiterung des Verfahrens auf Verwendung polarisierten Lichts angegeben ist.

B. Röntgenographische Verfahren.

Die weitesten Anwendungsmöglichkeiten zur Orientierungsbestimmung kommen den röntgenographischen Verfahren zu.

18. Beugung der Röntgenstrahlen an Kristallgittern.

Für eine ausführliche Darstellung der Röntgenstrahlbeugung an Kristallgittern muß auf die einschlägige Literatur verwiesen

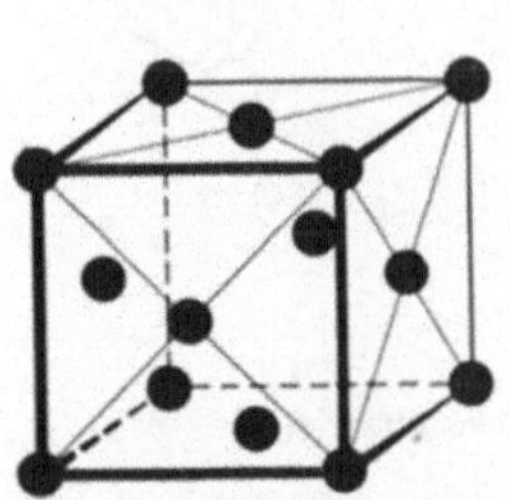

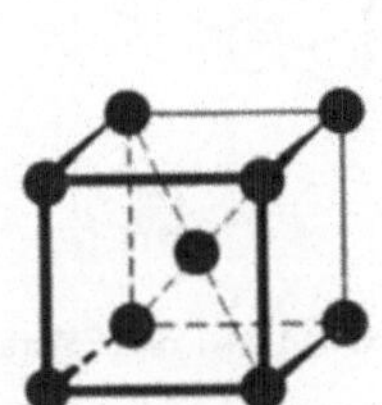

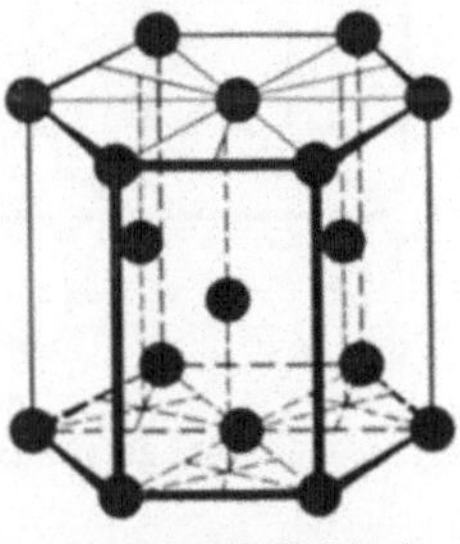

a kubisch-flächenzentriert   b kubisch-raumzentriert   c hexagonal, dichteste Kugelpackung

werden. Wir wollen hier nur das Allerwichtigste angeben, was für unsern Zweck, die Ermittlung von Kristallorientierungen, notwendig ist. Der hauptsächlichste Fortschritt, den die röntgenographische Untersuchung der Festkörper erbracht hat, liegt ja in der Bestimmung ihres Feinbaues, ihrer Struktur. Die Verteilung der Strukturen auf die Elemente des periodischen Systems und die numerischen Werte der Gitterabmessungen der wichtigsten Metalle und einiger Ionenkristalle sind in den Tabellen 40—42 am Schlusse des Buches dargestellt. Einige besonders wichtige Gitterarten sind in den Abb. 19 und 20 wiedergegeben.

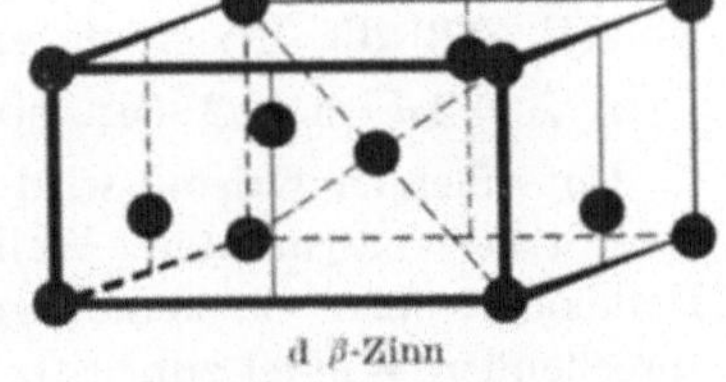

d β-Zinn

Abb. 19 a—d. Wichtige Metallgitter.

Die Beugung, die ein Röntgenstrahl an einem Kristall erfährt, kann nach Bragg aufgefaßt werden als eine Reflexion des Strahls an den verschiedenen Netzebenen des Kristalls. Von einer gewöhnlichen optischen Spiegelung (Einfallswinkel und Reflexionswinkel sind gleich groß und liegen in einer Ebene) unterscheidet sich die Reflexion eines Röntgenstrahls dadurch, daß sie nicht bei *allen* Einfallswinkeln erfolgt. Sie kann nur dann eintreten, wenn

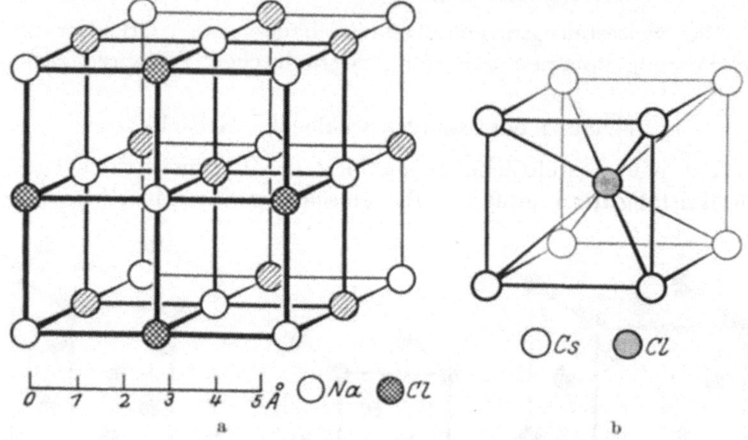

Abb. 20. Natriumchlorid- (a) und Cäsiumchloridgitter (b).

zwischen der Wellenlänge (λ) des einfallenden Strahls, dem Netzebenenabstand (d) der reflektierenden Ebene und dem Glanzwinkel[1] ($\vartheta/2$) die Beziehung erfüllt ist:

$$n \cdot \lambda = 2\,d \cdot \sin \vartheta/2 \quad \text{(Braggsche Gleichung; } n = 1, 2, 3 \ldots)$$

Ein ruhender Kristall wird somit bei Bestrahlung mit Röntgenlicht *einer* bestimmten Wellenlänge im allgemeinen keinerlei Reflexion geben, da keine der Netzebenen in dem ihrem d entsprechenden Winkel zum Strahl stehen wird. Um eine Erfüllung der Braggschen Beziehung zu erzwingen, können zwei Wege beschritten werden. Man kann 1. durch Verwendung „weißen" Röntgenlichts die Wellenlänge variieren (Laue-Aufnahmen), und 2. bei monochromatischer Strahlung durch Drehung des Kristalls (Bragg) die Netzebenen vorübergehend in Reflexionsstellung

---

[1] Als Glanzwinkel wird der Winkel zwischen Einfallsstrahl und reflektierender Ebene bezeichnet; er ergänzt demgemäß den in der Optik gebräuchlichen Einfallswinkel zu 90°.

bringen (Drehkristallaufnahmen). Bei Durchstrahlung feinkörnigen Kristallpulvers (Vielkristall) wird dagegen die Voraussetzung für das Zustandekommen der Reflexionen auch bei ruhender Probe durch die Mannigfaltigkeit der Orientierungen der einzelnen Körner geliefert (DEBYE-SCHERRER-, HULL-Aufnahmen).

a) Drehkristallverfahren.

19. Grundlegende Formeln.

Die Benutzung des Drehkristallverfahrens zur Orientierungsbestimmung soll an Hand von Abb. 21, welche eine Darstellung

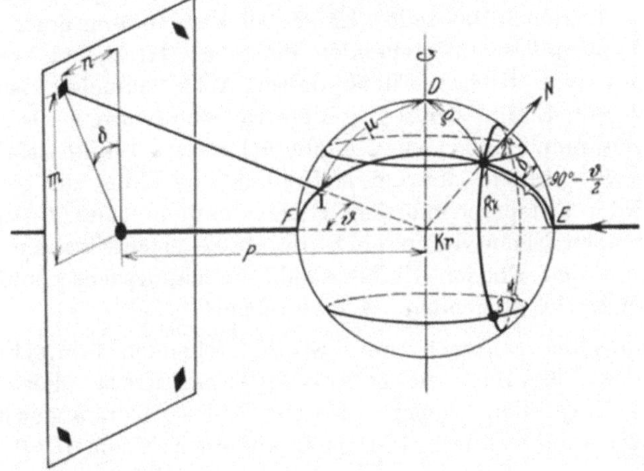

Abb. 21. Anwendung des Drehkristallverfahrens zur Orientierungsbestimmung.

auf der Lagenkugel wiedergibt, veranschaulicht werden [(83), (84) und (85)]. Wir betrachten dazu die Reflexion des einfallenden Strahles an einer Netzebene $(h\,k\,l)$, an der unter dem Glanzwinkel $\vartheta/2$ Reflexion erfolgt. Das Flächenlot schließt demnach im Augenblick der Reflexion den Winkel $(90 - \vartheta/2)$ mit dem Einfallsstrahl ein, und der geometrische Ort des Lotes aller überhaupt möglichen Reflexionsstellungen der Ebene $(h\,k\,l)$ ist der als R_k in die Abbildung eingezeichnete „Reflexionskreis". Zufolge der Drehung des Kristalls um eine geometrisch hervorgehobene Richtung (Längsachse), die in der Abb. 21 senkrecht zum Einfallsstrahl gewählt ist, beschreibt das Flächenlot einen Doppelkegel um die Drehungsachse, dessen Schnitt mit der Lagenkugel die beiden im Polabstand ϱ liegenden Parallelkreise sind. Die Schnittpunkte des Reflexionskreises mit diesen beiden Kreisen geben die Stellungen des Flächenlotes im Augenblick der Reflexion an. Da das Flächenlot den Winkel zwischen reflektiertem und einfallendem Strahl halbiert und mit diesem in einer Ebene liegt, sind die Lagen der reflektierten Strahlen unmittelbar gegeben. Sie schließen mit dem Einfallsstrahl den Ablenkungswinkel ϑ ein und liegen somit auf einem Kegel mit dem Öffnungswinkel 2ϑ um den Einfallsstrahl als Achse. Der Schnitt dieses Kegels mit dem photographischen Aufnahmegerät liefert den „DEBYE-SCHERRER-Kreis" dieser Ebene, der für ihre sämtlichen möglichen Stellungen den geometrischen Ort der Reflexionen darstellt. Er ist bei Verwendung einer senkrecht zum Einfallsstrahl stehenden Platte ein Kreis, bei Verwendung eines zylindrischen Films, dessen Achse zumeist ebenfalls senkrecht zum Einfallsstrahl gestellt wird, eine Kurve 4. Ordnung, die bei Zusammenfallen von Zylinderachse und Einfallsstrahl zu einem Kreis entartet, der bei Aufrollung des Films zur geraden Linie wird. Entsprechend den Reflexionsstellungen (*1—4*) der reflektierenden Ebene liegen auch die reflektierten Strahlen symmetrisch zu den Ebenen Einfallsstrahl—Drehungsachse und der darauf senkrecht stehenden „Äquatorebene".

Im Falle des senkrecht zum Strahl stehenden Filmzylinders enthält das Diagramm die DEBYE-SCHERRER-Kreise aller überhaupt reflektierenden Ebenen. Die Größe des Ablenkungswinkels des Röntgenstrahls durch Reflexion an einer Ebene $(h\,k\,l)$ wird durch Einsetzen der Netzebenendistanz (d) (Punkt 6) in die BRAGGsche Gleichung gefunden. Je höher die Indizes sind, je kleiner also der Netzebenenabstand ist, desto größer ist der Ablenkungswinkel (ϑ) des Strahls, der bis 180^{0} steigen kann.

Die Intensität der DEBYE-SCHERRER-Kreise wird durch verschiedene Faktoren, darunter maßgeblich durch den Strukturfaktor, bedingt, worauf aber nicht näher eingegangen werden soll. In Tabelle 5 seien lediglich für besonders wichtige Gittertypen die Indizes der Netzebenen in der Reihenfolge zusammengestellt, die steigenden ϑ-Winkeln der zugehörigen DEBYE-SCHERRER-Kreise entspricht.

Die Aufgabe der Orientierungsbestimmung besteht nun darin, aus der Vermessung der Interferenzpunkte auf dem Diagramm den

Tabelle 5. Reihenfolge der DEBYE-SCHERRER-Kreise
für einige Metallgittertypen.

| Kubisch | | Hexagonal, dichteste Kugelpackung | |
flächen-zentriert	raum-zentriert	$c/a = 1{,}633$ $\left(= 2\sqrt{\dfrac{2}{3}}\right)$	$c/a = 1{,}86$ (Zn)
111	110	$10\bar{1}0$	0002
200	200	0002	$10\bar{1}0$
022	112	$10\bar{1}1$	$10\bar{1}1$
113	022	$10\bar{1}2$	$10\bar{1}2$
222	013	$11\bar{2}0$	$10\bar{1}3$
004	222	$10\bar{1}3$	$11\bar{2}0$
313	213	$20\bar{2}0$	0004
024	004	$11\bar{2}2$	$11\bar{2}2$

Winkel des Lotes der reflektierenden Ebenen zur Drehungsachse
zu bestimmen.

Aus dem Dreieck $E\,1\,D$ (Abb. 21) ergibt sich zunächst für den
unbekannten Winkel ϱ des Flächenlotes zur Drehungsachse die
Gleichung

$$\cos \varrho = \cos \vartheta/2 \cos \delta, \tag{19/1}$$

worin δ den Winkel zwischen den Ebenen Einfallsstrahl—Drehungsachse und Einfallsstrahl—Lot—reflektierter Strahl bedeutet. Die
Bestimmung des Winkels δ erfolgt auf verschiedene Weise, je nachdem, ob die Aufnahme auf einer photographischen Platte oder
einem zylindrischen Film gemacht wird. Für den in der Abb. 21
angedeuteten Fall der Platte gestaltet sie sich besonders einfach.
δ kann hier entweder direkt mit einem Winkelmesser oder aus
der Vermessung der gegenseitigen Abstände der Interferenzen
bestimmt werden. Seien P der Abstand der Platte vom Präparat
und n und m die rechtwinkeligen Koordinaten eines Interferenz-
punktes in bezug auf die vertikale und horizontale Symmetrale
des Diagramms, so folgt unmittelbar $\mathrm{tg}\,\delta = \dfrac{2\,n}{2\,m}$, oder bei Einführung des Radius $r\,(= P\,\mathrm{tg}\,\vartheta)$ des DEBYE-SCHERRER-Kreises,
auf dem die 4 Interferenzen liegen, $\cos \delta = \dfrac{m}{r}$ und schließlich

$$\cos \varrho = \frac{\cos \vartheta/2}{2\,P \cdot \mathrm{tg}\,\vartheta} \cdot 2\,m. \tag{19/2}$$

Die Vermessung des parallel der Drehungsachse liegenden Abstandes $2\,m$ zweier Interferenzen liefert somit bei Kenntnis von Plattenabstand und Indizierung der reflektierenden Fläche (ϑ) unmittelbar den gesuchten Neigungswinkel zwischen Flächenlot und Drehungsachse. Liegt die Notwendigkeit vor, Orientierungsbestimmungen in größerer Anzahl durchzuführen, so empfiehlt es sich, die Beziehung zwischen ϱ und $2\,m$ graphisch oder tabellarisch darzustellen.

Erfolgt die Aufnahme auf einem zylindrischen Film mit dem Radius R, dessen Achse parallel der Drehachse des Kristalls (senkrecht zum Einfallsstrahl) liegt, so ergibt sich, wenn $2\,m$ die gegenseitigen Abstände der Interferenzen (parallel der Zylinderachse) sind

$$\cos\varrho = \frac{1}{2\sin\vartheta/2}\cdot\frac{m}{\sqrt{m^2+R^2}}.\qquad(19/3)$$

Bevor wir die praktische Durchführung der röntgenographischen Orientierungsbestimmung an einigen Zahlenbeispielen erläutern, sind noch einige Bemerkungen zu diesem Bestimmungsverfahren zu machen.

20. Schiefe Aufnahmen.

Zunächst kann, wie aus Abb. 21 hervorgeht, der Fall eintreten, daß das Flächenlot bei der Drehung des Kristalls den Reflexionskreis nicht mehr schneidet. Dies tritt dann ein, wenn der Winkel $\varrho < \vartheta/2$ ist. Für $\varrho = \vartheta/2$ berühren die beiden Parallelkreise den Reflexionskreis in zwei Punkten, und man erhält auf dem Diagramm zwei symmetrisch zum Äquator liegende Interferenzpunkte auf der Mittellinie des Diagramms. Für den (häufigsten) Fall $\vartheta/2 < \varrho < 90^0$ treten die vier oben besprochenen Interferenzflecke auf, die sich mit wachsendem ϱ auf dem der Ebene zugehörigen Debye-Scherrer-Kreis immer mehr dem Äquator nähern, auf dem schließlich für $\varrho = 90^0$ je zwei Interferenzen zusammenfallen. Auf dem Äquator liegen also die Interferenzen aller jener Ebenen, die zur Zone der Drehungsachse gehören. Zur Erzwingung des Auftretens von Interferenzen in allen Fällen (auch bei ϱ-Winkeln $< \vartheta/2$), legt man die Drehungsachse des Kristalls unter den Winkel $(90-\vartheta/2)$ zum Einfallsstrahl (Abb. 22). Die Symmetrie zum Äquator geht auf diesen „schiefen Aufnahmen" (83) verloren. Der gesuchte Winkel ϱ ergibt sich aus dem Dreieck $E\,1\,D$

$$\cos\varrho = \sin^2\vartheta/2 + \cos^2\vartheta/2\cos\delta.\qquad(20/1)$$

δ kann wieder direkt auf der Platte gemessen oder aus dem Abstand $2\,n$ der Interferenzflecke und der Plattendistanz P mit Hilfe der Formel $\sin \delta = \dfrac{n}{P \cdot \mathrm{tg}\,\vartheta}$ berechnet werden.

Beträgt der Neigungswinkel der Drehungsachse zum Einfallsstrahl nicht $(90 - \vartheta/2)$, sondern β, so lautet die Bestimmungsgleichung für ϱ

$$\cos \varrho = \cos \beta \sin \vartheta/2 + \sin \beta \cos \vartheta/2 \, \cos \delta . \qquad (20/2)$$

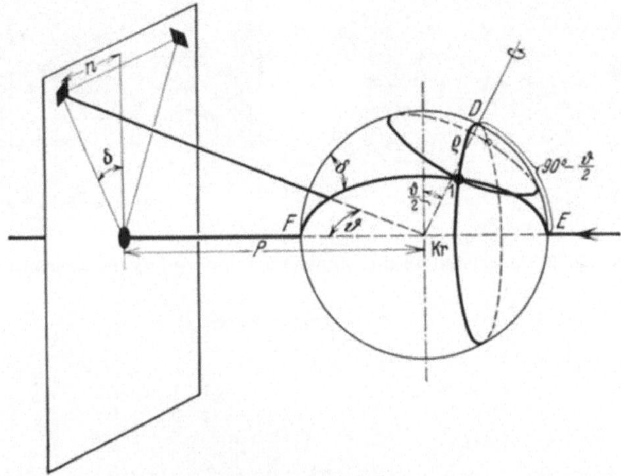

Abb. 22. Orientierungsbestimmung mit Hilfe „schiefer" Aufnahmen.

Die Bedeutung der schiefen Aufnahmen erstreckt sich vor allem auf Kristalle mit singulären Flächen (z. B. hexagonale und tetragonale), deren Lagenbestimmung zur Orientierung des Kristalls von Wichtigkeit ist.

21. Schichtliniendiagramme.

Eine weitere Bemerkung betrifft den Sonderfall, daß die Drehungsachse mit einer niedrig indizierten Richtung des Kristalls zusammenfällt. Die Diagramme zeichnen sich dann durch eine besondere Einfachheit aus [Anordnung der Interferenzen auf POLANYIschen „Schichtlinien", die bei Aufnahmen auf zylindrischem Film parallele Gerade, bei Plattenaufnahmen eine Hyperbelschar sind (Abb. 23 und 24)]. Bei Besprechung dieser Diagramme knüpfen wir wieder an die Abb. 21 an, in der als Winkel μ der Polabstand des reflektierten Strahls ebenfalls eingetragen ist.

Aus dem Dreieck FID ergibt sich zunächst

$$\cos \mu = \sin \vartheta \cos \delta,$$

woraus durch Ersatz von $\cos \delta$ mit Hilfe der Formel (19/1) die Gleichung

$$\cos \mu = 2 \sin \vartheta/2 \cos \varrho \tag{21/1}$$

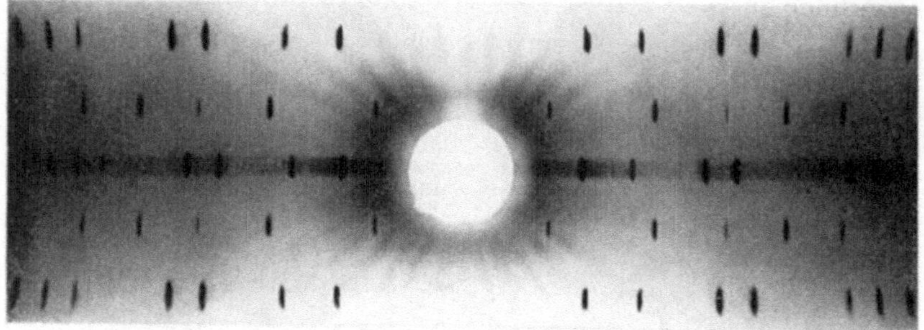

Abb. 23. KBr-Kristall; Schichtliniendiagramm auf zylindrischem Film.

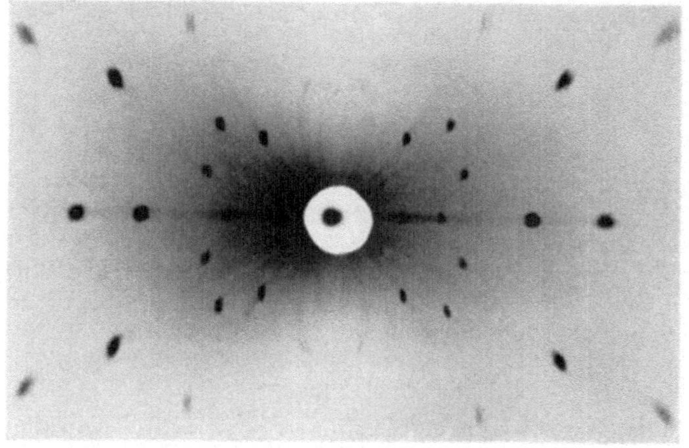

Abb. 24. Derselbe Kristall; Schichtliniendiagramm auf Platte.

folgt. Weiterhin denken wir uns nun eine derartige Koordinatentransformation durchgeführt, daß die Drehungsachse mit der neuen c-Achse zusammenfällt. Der transformierte, auf die neue c-Achse bezügliche Index l' der betrachteten Ebene besagt, daß der Achsenabschnitt auf dieser Achse $\frac{1}{l'}$ beträgt. Zwischen zwei mit der

Indentitätsperiode J auf der c-Achse (Drehungsachse) aufeinander-
folgenden Gitterpunkten liegen demnach l' gleichwertige Netzebenen. Für $\cos \varrho$ liefert die Abb. 25 den Ausdruck

$$\cos \varrho = \frac{l'\,d}{J}.$$

Für $\cos \mu$ erhält man damit die Gleichung

$$\cos \mu = 2 \sin \vartheta/2 \, \frac{l'\,d}{J} = \frac{l'\,n\,\lambda}{J}. \tag{21/2}$$

Aus dieser Gleichung erkennt man, daß für konstantes l' alle
Ausstichpunkte von reflektierten Strahlen auf der Lagenkugel auf
einem Parallelkreis mit der Poldistanz μ
liegen, die reflektierten Strahlen also den
Mantel eines Kegels um die Drehungsachse
mit dem Öffnungswinkel μ bilden. Für aufeinanderfolgende Werte von l' schneiden die
zugehörigen Parallelkreise auf der Drehungsachse gleiche Stücke ab, so daß die Lagenkugel so von äquidistanten Parallelkreisen
überdeckt wird. Der Index l' bleibt längs
jeden Kreises konstant und wächst um 1 beim
Fortschreiten von einem Kreis zum nächsten[1].
Der höchste Index $l'_{\max}$ ist durch die Be-
dingung $\cos \mu \leq 1$ zu $l'_{\max} \leq \dfrac{J}{\lambda}$ gegeben.
Der Index 0 entspricht dem Äquator der
Lagenkugel.

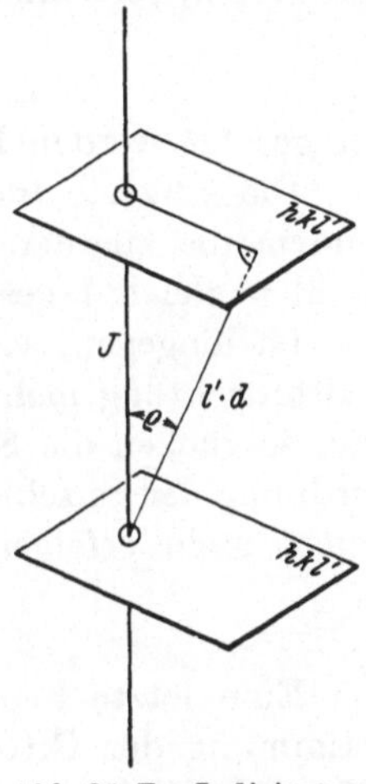

Abb. 25. Zur Indizierung
von Schichtlinien-
diagrammen (84).

   Die Schnitte der den einzelnen Parallelkreisen zugehörigen Kegel der reflektierten
Strahlen mit dem Aufnahmegerät bilden die
typischen „Schichtlinien". Erfolgt die Aufnahme auf einem zylindrischen Film mit der Drehrichtung als Achse, so wird dieser von
den Kegeln in Kreisen geschnitten, die auf dem ausgebreiteten
Film als gerade Linien erscheinen. Bei Verwendung einer Platte
tritt eine Schar von Hyperbeln auf, deren Scheitel auf der der
Drehungsachse parallelen Symmetralen des Diagramms liegen. Wird
schließlich ein Filmzylinder, dessen Achse der Einfallsstrahl bildet,
verwendet, so werden die Schichtlinien von einer Schar Kurven
4. Ordnung dargestellt. Die letzte Art der Aufnahme liefert sämtliche möglichen Schichtlinien.

---

[1] Sofern nicht sämtliche Interferenzen einer Schichtlinie ausgelöscht sind.

Die Bedeutung der Schichtliniendiagramme für die Bestimmung der Kristallorientierung liegt nun darin, daß man aus dem Abstand der Schichtlinien bzw. der Hyperbelscheitel in einfacher Weise die Identitätsperiode in der Drehungsachse und damit bei bekanntem Gitter ihre kristallographische Natur ermitteln kann (84). Sei nämlich $2\,e_l$ der Abstand der l. Schichtlinien bzw. ihrer Scheitel voneinander, so ist, wenn wieder R der Halbmesser des Filmzylinders (P der Plattenabstand) ist:

$$\operatorname{cotg} \mu_l = \frac{2\,e_l}{2\,R}\left(= \frac{2\,e_l}{2\,P}\right), \qquad (21/3)$$

woraus μ_l berechnet wird und in

$$J = \frac{l \cdot n \cdot \lambda}{\cos \mu_l} \qquad (21/2\,\text{a})$$

eingesetzt werden kann.

Die kürzeste Identitätsperiode ergibt sich nach dieser Formel, indem die aus der BRAGGschen Gleichung stammende Ordnungszahl n gleich 1 gesetzt wird.

Ist hingegen, wie im allgemeinen, die Drehachse keine einfache Gitterrichtung mehr, kommt ihr also eine große Identitätsperiode zu, so rücken die Schichtlinien so nahe aneinander, daß eine Zuordnung der einzelnen Interferenzflecken zu diskreten Schichtlinien nicht mehr erfolgen kann.

22. Röntgengoniometer.

Eine letzte Bemerkung bezieht sich auf die vollständige Bestimmung der Gitterlage im Präparat. Die bisher beschriebenen Methoden liefern ja nur die Orientierung in bezug auf eine Richtung. Zur vollständigen Ermittlung der Gitterlage im Versuchsstück sind entweder zwei solcher Drehaufnahmen um verschiedene Richtungen auszuführen, oder es ist eine Aufnahme in einem „Röntgengoniometer" herzustellen (86, 87, 88). Hier ist mit der Kristalldrehung zwangsläufig eine Bewegung der Aufnahmevorrichtung gekoppelt, so daß für das Zustandekommen jeder Reflexion die Stellung des Präparates angegeben werden kann.

23. Anwendungsbeispiele des Drehkristallverfahrens zur Orientierungsbestimmung.

Als erstes Beispiel einer röntgenographischen Orientierungsbestimmung sei für einen stabförmigen, kubisch-flächenzentrierten Kristall die Ermittlung der Neigungswinkel der Stabachse zu den drei kubischen Achsen gebracht. Abb. 26a zeigt das Drehkristalldiagramm (Platte, Kupferstrahlung $\lambda_{K\alpha} = 1{,}54$ Å) eines Aluminiumkristalls bei Drehung um seine senkrecht zum Strahl stehende Längsachse. Zufolge der gewählten Plattendistanz (45,8 mm) sind nur die beiden innersten DEBYE-SCHERRER-Kreise ($\{111\}$ und $\{200\}$) mit den ϑ-Winkeln $38^0\ 30'$ und $44^0\ 50'$ vorhanden. Mit Hilfe von Formel (19/2) oder ihrer graphischen Darstellung werden nun aus den vermessenen Abständen $(2\,m)$ zusammengehöriger Interferenzen die zugehörigen ϱ-Winkel bestimmt. Das vorliegende Diagramm ergibt:

$$2\,m_{(111)} = 2{,}9 \quad 21{,}0, \quad 52{,}0$$
$$\text{und } 70{,}0 \text{ mm}$$

und daraus

$$\varrho_{(111)} = 87^0\ 45', \quad 74^0\ 15',$$
$$47^0 45' \text{ und } 24^0 45'$$

und

$$2\,m_{(200)} = 20{,}2 \text{ und } 54{,}0 \text{ mm,}$$

d. h.

$$\varrho_{(200)} = 78^0 15' \text{ und } 56^0 45'.$$

Da bereits zwei Winkel genügen, um die Orientierung der Längsachse festzulegen, liegt eine beträchtliche Übereinstimmung vor, die, wie die

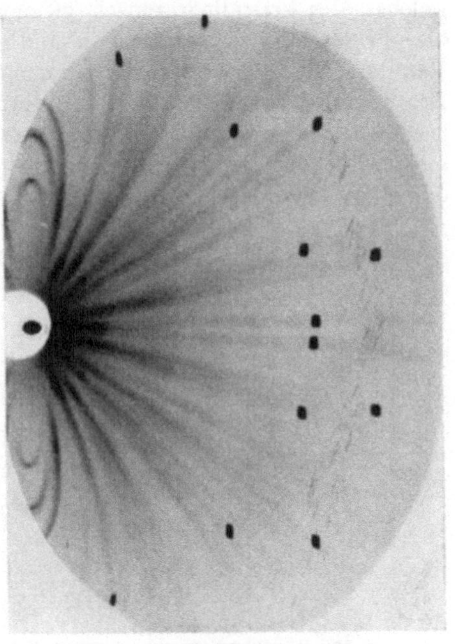

a Drehkristalldiagramm auf Platte.

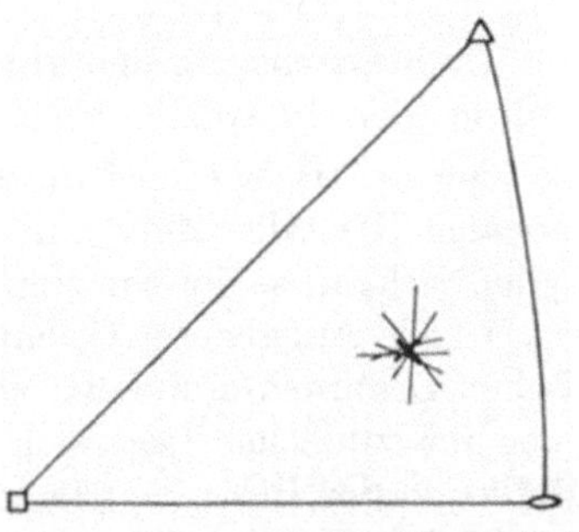

b Eintragung in stereographisches Netz.

Abb. 26a und b. Orientierungsbestimmung eines Al-Kristalls.

stereographische Darstellung in Abb. 26b andeutet, zur Erhöhung der Genauigkeit führt. Zur Eintragung der Kreisbögen in Abb. 26b geht man zunächst von zwei Loten reflektierender Ebenen (im vorliegenden Fall z. B. zwei Würfelachsen) aus und zeichnet um diese sodann Kreisbögen mit den gefundenen ϱ-Winkeln. Von welchen der kristallographisch gleichwertigen Lote (vgl. Abb. 11) die übrigen Winkel aufzutragen sind (hier die vier Winkel zu den Raumdiagonalen), ergibt sich unmittelbar aus der ersten, rohen Bestimmung der Orientierung (Schnittpunkt der beiden zuerst gezeichneten Kreise). Durch Ausnutzung der vorhandenen Symmetrie des Kristalls ist es leicht möglich, die Orientierung stets in dasselbe Grunddreieck einzutragen. Als Mittelwerte für die drei

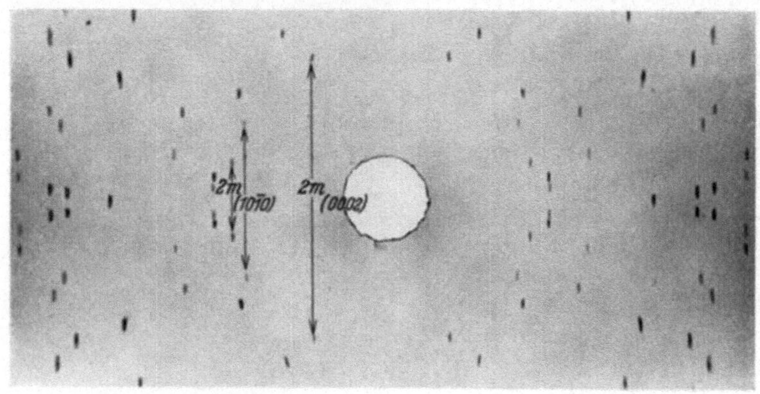

Abb. 27. Drehdiagramm eines Zn-Kristalls (zylindrischer Film).

Winkel der Stabachse zu den kubischen Hauptachsen ergeben sich im vorliegenden Beispiel schließlich 78°, 56° 30′ und 36°.

Als nächstes Beispiel sei die Orientierung eines drahtförmigen hexagonalen Kristalls (Zink) mit Hilfe einer Drehkristallaufnahme auf zylindrischem, senkrecht zum Strahl stehenden Film bestimmt (Abb. 27). Die Angabe der Orientierung soll hier durch die Winkel χ zwischen Drahtachse und Basisfläche und λ zwischen Drahtachse und der ihr zunächst liegenden digonalen Achse I. Art erfolgen. Die Reflexion der Basis liegt beim Zink auf dem innersten, die der Prismenflächen I. Art auf dem darauf folgenden DEBYE-SCHERRER-Kreis (Tabelle 5); die dazu gehörigen ϑ-Winkel betragen für Cu-Strahlung 36° 20′ und 39° 10′.

Aus $2\,m_{(0002)} = 36{,}4$ mm folgt mit Hilfe von Gleichung (19/3) $(2\,R = 57{,}3$ mm) der Winkel zwischen Drahtachse und hexagonaler Achse zu $\varrho_{(0002)} = 30°\,40′$. Aus $2\,m_{(10\bar{1}0)} = 9{,}4$ und $19{,}8$ mm für die Reflexionen an Prismenflächen I. Art ergeben sich die beiden Winkel $\varrho_{(10\bar{1}0)} = 76^0$ und $60^0\,20'$ zwischen Drahtachse und zwei digonalen Achsen II. Art (Lote auf Prismenflächen I. Art). Wieder ist die Orientierung überbestimmt. Mittelung im stereographischen Netz führt auf

$$\chi = 60^0$$
$$\lambda = 63^0\,30'.$$

Schließlich sei hier noch aus den beiden Schichtliniendiagrammen der Abb. 23 und 24 die Bestimmung der kristallographischen Natur der Drehungsachse des Kaliumbromidstäbchens nachgetragen.

Aus den Abständen der Schichtlinien

$$2\,e_1 = 13,7 \quad \text{und} \quad 2\,e_2 = 30,0 \text{ mm}$$

ergeben sich, bei einem Kameradurchmesser von 57,3 mm, aus der Formel (21/3) die Winkel

$$\mu_1 = 76^0\,30' \quad \text{und} \quad \mu_2 = 62^0\,20'.$$

Hieraus folgt weiter aus (21/2a) mit $n = 1$ für J aus der ersten Schichtlinie 6,63, für J aus der zweiten Schichtlinie 6,65; d. h. im Mittel $J = 6,64$ Å. Der Vergleich mit den Abmessungen des KBr-Gitters (Tabelle 42) lehrt, daß die Drehung des Kristalls um die Würfelkante erfolgt ist.

Zu dem gleichen Ergebnis gelangt man auch bei Auswertung der Abb. 24. Die Abstände entsprechender Hyperbelscheitel betragen hier $2\,e_1 = 7,8$ und $2\,e_2 = 16,6$ mm, was bei einem Plattenabstand $P = 16,0$ mm auf $\mu_1 = 76^0\,20'$ und $\mu_2 = 62^0\,30'$ und damit ebenfalls auf die Würfelkante als Drehungsachse führt.

b) Laue-Verfahren.

Gegenüber den eben geschilderten Verfahren zur Bestimmung der Kristallorientierung mit Verwendung *monochromatischer* Strahlung tritt die Orientierungsbestimmung auf Grund von Laue-Aufnahmen weit zurück. Man wird sie jedoch dann mit Vorteil anwenden, wenn es sich etwa um die kristallographische Kennzeichnung des Flächenlotes von blechförmigen Kristallen handelt.

Eine allgemeine Gesetzmäßigkeit im Aussehen von Laue-Aufnahmen besteht darin, daß die einzelnen, von verschiedenen Wellenlängen herrührenden Interferenzpunkte auf Kegelschnittslinien liegen, die stets den Durchstoßpunkt des senkrecht zur Platte stehenden Strahls als Scheitel enthalten. Alle an den Ebenen einer

Zone reflektierten Strahlen bilden die Erzeugenden eines Kreiskegels um die Zonenachse, dessen Schnitt mit der photographischen Platte die als „Zonenkreise" bezeichneten Kegelschnitte liefert.

In der Regel befindet sich das Präparat zwischen der senkrecht zum einfallenden Strahl stehenden Platte und dem Röntgenrohr. Auf dieser Platte werden die Zonenkreise, solange der Winkel zwischen Zonenachse und direktem Strahl kleiner als 45^0 ist, durch Ellipsen dargestellt, die für eine Neigung der Zonenachse von 45^0 in Parabeln übergehen. Steht die Zonenachse noch steiler zum Einfallsstrahl, so geht der Zonenkreis in einen Hyperbelast über. In diesem Fall bildet sich die Zone auch auf einer *zwischen* Röntgenrohr und Präparat stehenden photographischen Platte in Form eines Hyperbelastes ab. Dieser hat jedoch nicht, wie bei der ersten Platte, seinen Scheitel im Durchstoßpunkt des direkten Strahls. Steht schließlich die Zonenachse senkrecht zum Einfallsstrahl, so entartet der Kegel zu einer Ebene und beide Platten werden in geraden Linien geschnitten, die durch den Durchstoßpunkt gehen. Zur Bestimmung von Kristallorientierungen kann nun sowohl das Laue-Durchstrahlungs- (89) wie auch das Rückstrahlungsbild herangezogen werden. Wie schon früher erwähnt, erhält man bei diesem Verfahren, bei dem ja das Präparat nicht gedreht wird, die Lage des Gitters in bezug auf ein räumliches Koordinatensystem, und nicht nur in bezug auf eine Richtung (nämlich die Drehrichtung) wie bei Verwendung des Drehkristallverfahrens.

24. Beispiele von Orientierungsbestimmung auf Grund von Laue-Aufnahmen.

Die Anwendung der Methode sei für zwei Fälle erläutert, und zwar für die Orientierungsbestimmung eines Magnesium-Kristalls aus einer Durchstrahlungsaufnahme (nach 90) und die eines Aluminium-Kristalls aus einer Rückstrahlaufnahme. Die beiden Diagramme sind in den Abb. 28a und 29a wiedergegeben. Die Zonenkreise sind in beiden Bildern gut erkennbar. Da die einzelnen Interferenzflecken von verschiedenen unbekannten Wellenlängen herrühren, ist man zunächst nicht in der Lage, sie bestimmten Netzebenen zuzuordnen. Wohl aber kann man in einfacher Weise die Lage der jeweils reflektierenden Netzebene gegenüber der Richtung des einfallenden Strahls (der Normalen des Kristallplättchens) bestimmen.

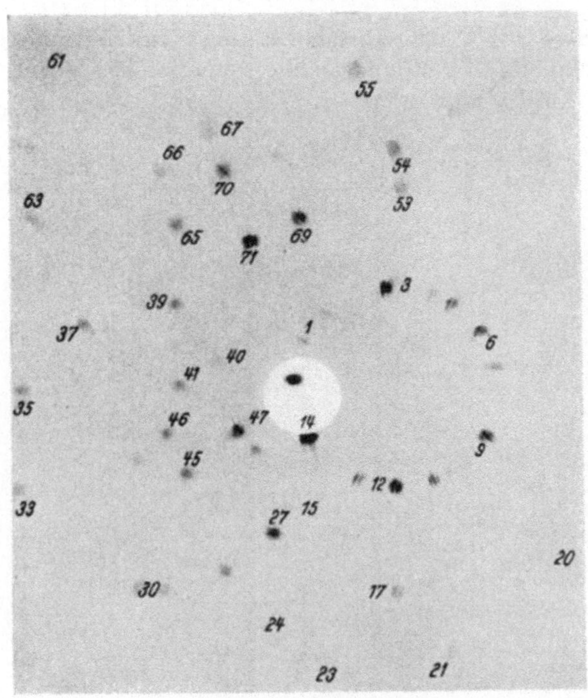

a LAUE-Durchstrahlungsaufnahme.

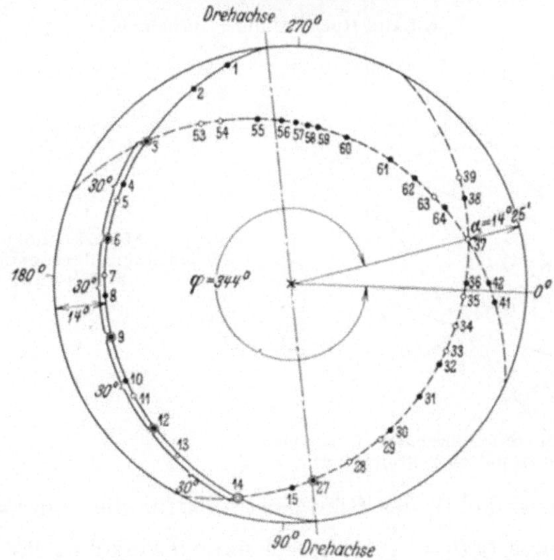

b Polfigur der reflektierenden Netzebenen (in stereographischer Projektion).
Abb. 28 a und b. Orientierungsbestimmung eines Mg-Kristalls.

Sei S_1 bzw. S_2 der Abstand je eines Interferenzflecks vom Durchstoßpunkt des Primärstrahls, so ergibt sich (Abb. 30) der

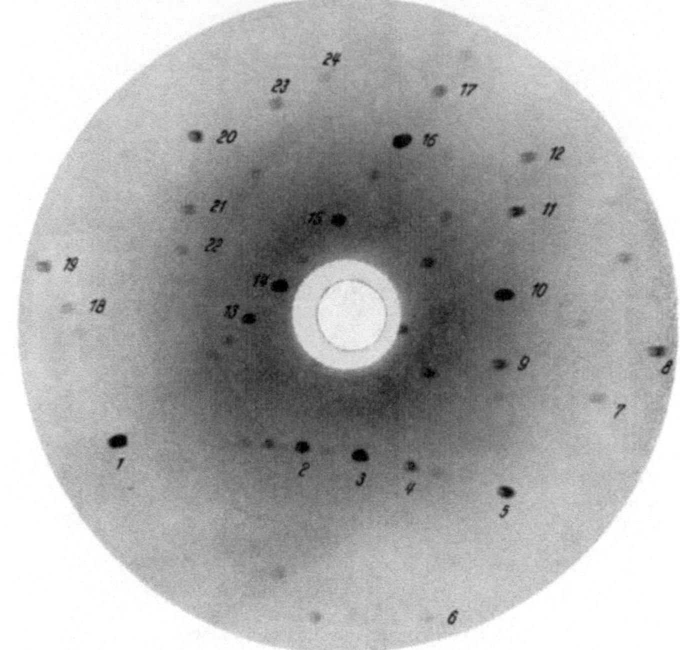

a LAUE-Rückstrahlungsaufnahme.

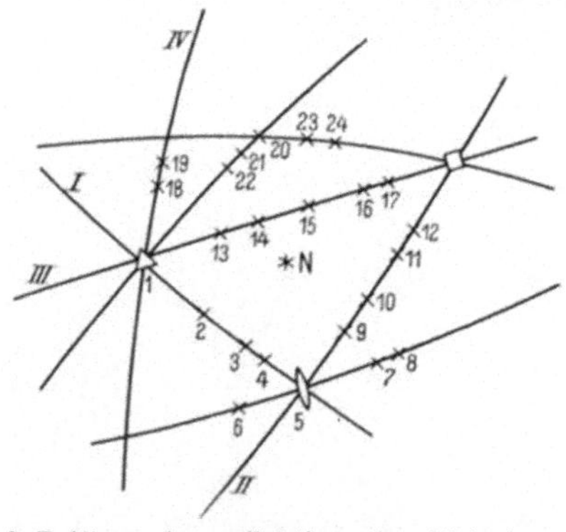

Abb. 29 a und b.
Orientierungsbestimmung eines
Al-Kristalls.

b Polfigur der reflektierenden Netzebenen
(in stereographischer Projektion).

Ablenkungswinkel ϑ_1 des Röntgenstrahls für die Durchstrahlungsaufnahme aus $\mathrm{tg}\,\vartheta_1 = \dfrac{S_1}{P_1}$, der Ablenkungswinkel ϑ_2 für die Rückstrahlaufnahme aus $\operatorname{tg}(180^0 - \vartheta_2) = \dfrac{S_2}{P_2}$, worin P_1 bzw. P_2 die Plattenabstände bedeuten. Die Lote N_1 und N_2 auf die jeweils

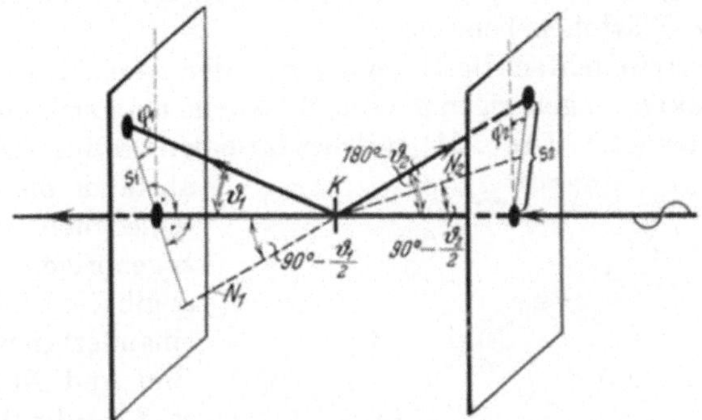

Abb. 30. Zur Auswertung von LAUE-Diagrammen.

reflektierenden Netzebenen liegen in der durch einfallenden und abgebeugten Strahl gebildeten Ebene und schließen mit dem direkten

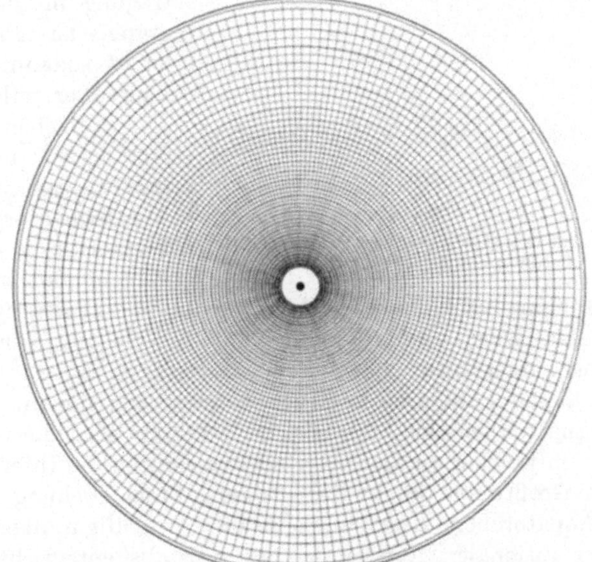

Abb. 31. Reflexnetz zur Umzeichnung von LAUE-Diagrammen.

Strahl die Winkel $(90^0 - \vartheta_1/2)$ bzw. $(90^0 - \vartheta_2/2)$ ein. Kennzeichnet man nun noch die Lage der Ebene der beiden Strahlen durch die

Winkel φ_1 bzw. φ_2, die sie mit einer willkürlich gewählten Bezugsebene einschließen, so kann der Pol der reflektierenden Ebene in eine stereographische Projektion eingetragen werden, deren Äquatorebene die Plättchenebene ist.

Zur vereinfachten Bestimmung der den verschiedenen Interferenzpunkten zugehörigen ϑ-Winkel bedient man sich zweckmäßig eines Reflexnetzes (Abb. 31), welches für einen bestimmten Platten-

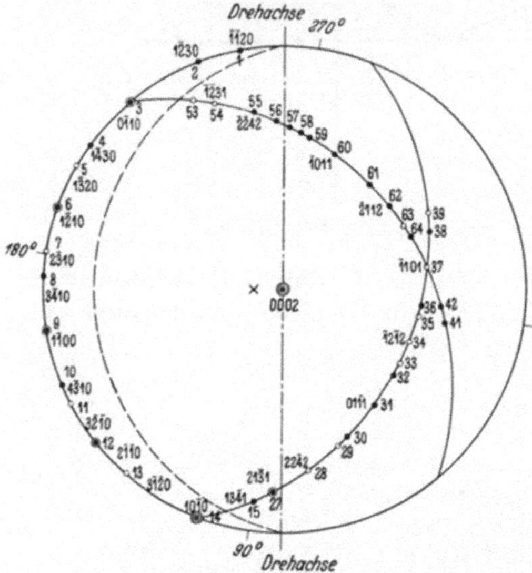

abstand die den verschiedenen S-Werten zugehörigen ϑ-Winkel angibt (91). Durch Übereinanderlegen von LAUE-Bild und Netz können so für alle Interferenzen die zugehörigen ϑ- und φ-Winkel direkt abgelesen werden. Eintragung in die stereographische Projektion liefert sodann die Polfigur aller reflektierenden Netzebenen (Abbildung 28 b und 29 b). Hierbei ist, wie aus Abb. 30 hervorgeht, der Winkel $(90^\circ - \vartheta/2)$ vom Mittelpunkt aus bei

Abb. 32. Zur Orientierungsbestimmung eines Mg-Kristalls. Polfigur der Abb. 28 b um 14° gedreht.

Rückstrahlungsaufnahmen *in* Richtung auf die zugehörige Interferenz, bei Durchstrahlungsaufnahmen in der *entgegengesetzten* Richtung aufzutragen.

Aus diesen Polfiguren kann die Orientierung nun in zweierlei Weise ermittelt werden. Im ersten Verfahren wird die erhaltene Polfigur, in welcher die Zonenverbände als durch die Interferenzen gehende Größtkreise klar zutage treten, durch Drehung um eine in der Äquatorebene liegende Achse in eine Polfigur übergeführt, die einer rationalen Aufstellung des Kristalls entspricht (Wälzverfahren). Im zweiten Verfahren werden die in der stereographischen Polfigur auftretenden Winkelbeziehungen direkt zur Erkennung der kristallographischen Natur der Zonen und Flächenpole benutzt.

Für eine Anwendung des ersten Verfahrens benutzen wir die
Polfigur der Durchstrahlungsaufnahme (Abb. 28 b), in der auch die
Intensität der Interferenzen angedeutet ist. Durch eine derartige
Drehung, daß die Zone 1, 2, ... 14 in den Grundkreis fällt, erhält

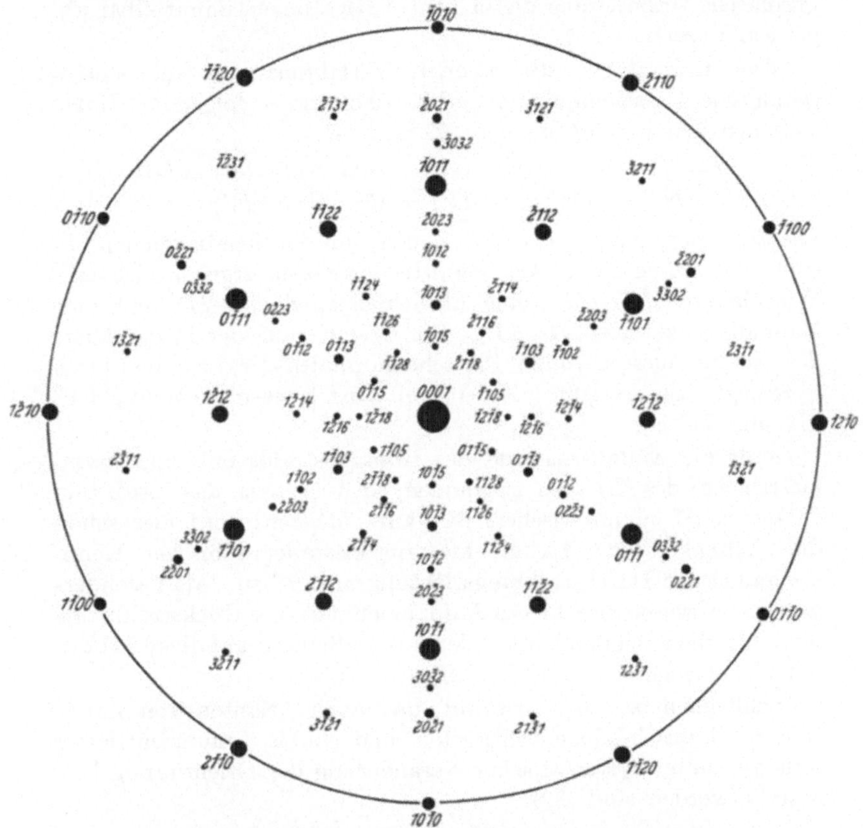

Abb. 33. Polfigur des Mg-Kristalls um hexagonale Achse (90).

man eine Polfigur (Abb. 32), welche mit der Polfigur des Magnesium-
kristalls um die hexagonale Achse (Abb. 33) übereinstimmt[1]. Die
Plättchennormale gelangt bei dieser Drehung nach ×; ihre Orientierung, d. h. die Winkel zur hexagonalen und den digonalen Achsen

---

[1] Im vorliegenden Fall gibt sich die Zone 1, 2, ... 14 auch schon durch
die auf ihr vorhandenen Winkelabstände der Interferenzen von 30⁰ als Zone
der hexagonalen Achse zu erkennen.

können aus der Abb. 32 direkt abgelesen werden; sie betragen $\varrho = 14^0$ zur hexagonalen Achse, 77^0 und 76^0 zu den nächstliegenden digonalen Achsen I. bzw. II. Art. Aus der Eintragung von Längs- und Querrichtung in die gewählte Polfigur könnte auch die kristallographische Orientierung dieser beiden Richtungen unmittelbar abgelesen werden.

Die Anwendung des zweiten Verfahrens auf die stereographische Umzeichnung in Abb. 29 b ergibt folgende Winkel zwischen den hervorgehobenen Zonen:

$$(I{-}II) = 90^0; \quad (I{-}III) = 60^0, \quad (I{-}IV) = 60^0,$$
$$(II{-}III) = 45^0, \quad (II{-}IV) = 45^0, \quad (III{-}IV) = 60^0.$$

Hieraus folgt, daß I, III, IV Zonen von Flächendiagonalen, II eine Würfelzone sind. Als Schnitte der Zonen ergeben sich eine Würfelkante $(II{-}III)$, eine Flächendiagonale $(I{-}II)$ und eine Raumdiagonale $(I{-}III{-}IV)$. Die Orientierung der in der Mitte des Netzes ausstechenden Plättchennormalen (N) ist hierdurch festgelegt. Sie schließt mit den drei Würfelachsen die Winkel 34^0, 61^0 und 74^0 ein.

Fällt die Einfallsrichtung des Röntgenstrahls mit einer Symmetrieachse des Kristalls zusammen, so weist auch das Laue-Bild entsprechend symmetrischen Bau auf. Meistens wird hier schon die „Zähligkeit" des Laue-Bildes zur kristallographischen Kennzeichnung der Durchstrahlungsrichtung ausreichen. Als besonders geeignet erweisen sich hierzu Aufnahmen nach der Rückstrahlungsmethode, die auch den Vorteil der Anwendbarkeit auf dicke Proben mit sich bringen [vgl. z. B. (92)].

Schließlich sei noch erwähnt, daß auch Atlanten von Laue-Bildern kubisch-flächenzentrierter und kubisch-raumzentrierter Kristalle unter systematischer Veränderung der Orientierung hergestellt worden sind (93).

V. Geometrie der Kristall-Deformationsmechanismen.

Bevor im zweiten Teil dieses Buches die Ergebnisse der Plastizitätsuntersuchungen an Kristallen dargelegt werden, soll in diesem Kapitel noch die Geometrie der Verformungsmechanismen, soweit sie für das Folgende gebraucht wird, zur Darstellung gelangen.

Die Tatsache der platischen Verformbarkeit von Kristallen ist seit langem bekannt. Die der Deformation zugrunde liegenden Mechanismen sind die von REUSCH am Steinsalz und Kalzit (1867) entdeckte *Translation* und *einfache Schiebung* (mechanische Zwillingsbildung). In beiden Fällen handelt es sich um homogene ebene Deformationen, bei denen also gerade Linien und Ebenen als solche erhalten bleiben; eine Kugel geht dabei in ein Ellipsoid über. Die Kristallstruktur bleibt auch im deformierten Teil bestehen, da das Gitter durch die Verformung in sich selbst übergeführt wird.

A. Translation.
25. Modellmäßige Darstellung.

Die Translation besteht in einem Abgleiten von Kristallteilen entlang niedrig indizierter kristallographischer Flächen in Richtung wichtiger Gitterkanten. Weder die Translationsfläche noch die Translationsrichtung sind also mechanisch (etwa durch maximale Schubbeanspruchung) ausgezeichnet, sondern

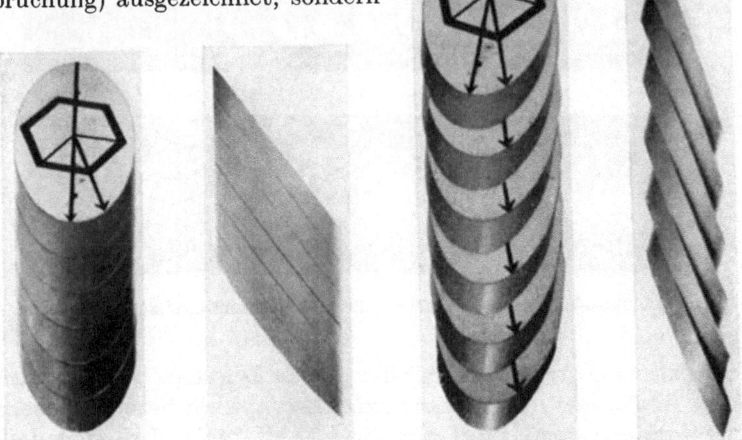

a　　　　　b　　　　　c　　　　　d

Abb. 34a–d. Schema der Translation. a und b Ausgangszustand, c und d nach der Dehnung.

beide Gitterelemente sind durch die Struktur des Gitters festgelegt.

In Abb. 34 ist für einen kreiszylindrischen Kristall die Dehnung durch Translation an Hand eines schematischen Modells

dargestellt (94). Das Modell bezieht sich auf den Fall der Basistranslation eines hexagonalen Kristalls bei einachsigem Zug. Die
obere und untere Begrenzung des zylindrischen Ausgangskristalls
wird von freigelegten Basisflächen gebildet. Als Richtung der Abgleitung ist eine digonale Achse I. Art gewählt, und das auf der Basisfläche eingezeichnete Sechseck deutet an, daß im allgemeinen diese

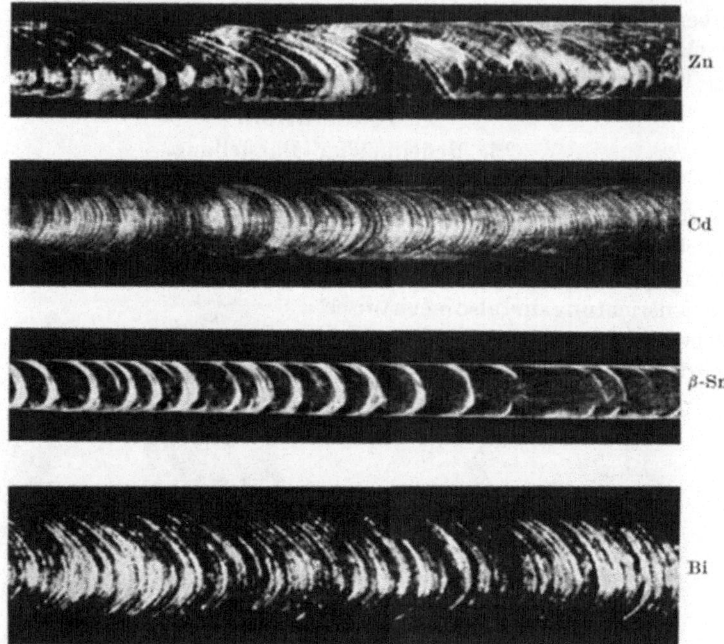

Abb. 35. Translation von Metallkristallen. Blick senkrecht zur Bandebene.

Translationsrichtung nicht mit der großen Ellipsenachse zusammen-
fällt. Abgleitung entlang dem kristallographisch hervorgehobenen
Translationssystem[1] führt auf die in Abb. 34 c und d dargestellte
Konfiguration. Man erkennt, daß die auf diese Weise erzielte
Formänderung eine ganz spezifische ist (Bandbildung): der

---

[1] Das durch maximale Schubspannung *mechanisch ausgezeichnete* Translationssystem wird bei einachsiger Zugbeanspruchung durch die unter 45°
zur Zugrichtung liegende Ebene mit der großen Ellipsenachse als Translationsrichtung gebildet (vgl. Formel 40/1).

ursprünglich kreiszylindrische Kristall schnürt sich in der einen
Richtung erheblich ein, verbreitert sich dagegen sogar etwas in
der dazu senkrechten wegen der Abweichung der Translationsrichtung von der großen Achse der Translationsellipsen. Gleichzeitig geht durch Vergleich der Abb. 34 b und d hervor, daß mit
der Dehnung eine sehr erhebliche Drehung des Gitters in bezug
auf die Längsrichtung ($=$ Zugrichtung) eingetreten ist.

Wie weitgehend dieses Dehnungsmodell mit den wirklichen Verhältnissen übereinstimmt, zeigen die in Abb. 35 wiedergegebenen
Bilder gedehnter Metallkristalle[1]. Die Spuren der Translationsebenen
zeichnen sich hier als scharf ausgeprägte, elliptische Streifung auf
der Bandoberfläche ab. Die Lage der Scheitel der Ellipsen außerhalb der Mittelebene des Kristallbandes läßt die Abweichung der
Translationsrichtung von der großen Achse der Ellipsen deutlich
erkennen.

26. Geometrische Behandlung der einfachen Translation.

Die Ableitung der Formeln, welche die Verknüpfung von Deformation und Gitterdrehung bei Betätigung eines einzigen Translationssystems darstellen, führen wir zunächst für die *Dehnung*
mit Hilfe von Abb. 36 durch. Der Dehnung unterworfen wird
der zwischen den zwei ausgezeichneten Translationsebenen durch
die Punkte A und B liegende Teil des zylindrischen Ausgangskristalls. Die Abgleitung erfolgt parallel der Translationsfläche T
in der Translationsrichtung t. Es entsteht dabei die stark gezeichnete, doppelt geknickte Konfiguration. Zunächst erkennt man aus
der Abbildung wieder die mit der Translation einhergehende Drehung
des Gitters in bezug auf die Längsachse, wobei hier im Gegensatz zu Abb. 34 jedoch nicht die Längsachse, sondern die Gitterlage (Lage der Translationselemente) festgehalten ist. Der Winkel
zwischen Längsachse und Translationsrichtung verkleinert sich stets
mit zunehmender Dehnung. Aus der Abb. 36 erkennt man nun,
daß die Gitterdrehung durch ein „Umfallen“ der Längsachse in
die Translationsrichtung gegeben ist, wobei die Längsachse stets
in der durch ihre Ausgangslage und die Translationsrichtung
gegebenen Ebene bleibt. Den Zusammenhang zwischen dem Aus-
maß der Dehnung ($\delta = \dfrac{l_1 - l_0}{l_0}$; l_0 und l_1 Länge vor und nach der

---

[1] Für sehr frühe Beobachtungen von Translationsstreifung und Bandbildung bei der Dehnung von Metallkristallen vgl. (95) und (96).

Dehnung) und der Gitterdrehung gewinnt man unmittelbar aus den Dreiecken ABB', ABN und $AB'N$ (94). Aus dem Dreieck ABB' folgt

$$\frac{l_1}{l_0} = 1 + \delta = \frac{\sin \lambda_0}{\sin \lambda_1}, \qquad (26/1)$$

worin λ_0 und λ_1 die Winkel zwischen Zugrichtung und Translations*richtung* vor und nach der Dehnung bedeuten.

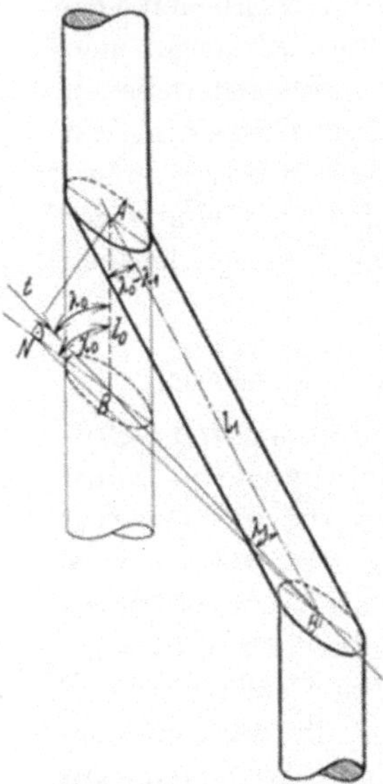

Abb. 36. Zur Ableitung der Dehnungsformel bei Translation.

Aus den beiden rechtwinkligen Dreiecken ABN und $AB'N$ (AN Lot auf die Translationsfläche) ergeben sich für die gemeinsame Kathete AN die Ausdrücke

$$AN = l_0 \sin \chi_0 = l_1 \sin \chi_1$$

und weiter

$$\frac{l_1}{l_0} = 1 + \delta = \frac{\sin \chi_0}{\sin \chi_1}, \qquad (26/2)$$

worin χ_0 und χ_1 die Neigungswinkel der Translations*fläche* zur Zugrichtung vor und nach erfolgter Dehnung sind. Aus diesen Formeln erkennt man, daß die durch Translation erzielbaren Dehnungsbeträge außerordentlich groß sein können; sie werden im allgemeinen um so größer sein, je querer die Translationselemente ursprünglich zur Verformungsrichtung liegen.

Zur kristallographischen Analyse der Dehnungskurven von Kristallen hat sich die Einführung einer *plastischen Schiebung* an Stelle der Dehnung als besonders zweckmäßig erwiesen. Unter dieser als *kristallographische Abgleitung* (a) bezeichneten Größe versteht man die gegenseitige Verschiebung zweier im Abstand 1 voneinander befindlicher Translationsflächen (97, 98). Sie ist demnach durch den Quotienten $\dfrac{BB'}{AN}$ gegeben, dessen Zähler den gesamten Gleitweg, dessen Nenner die Dicke des gedehnten Gleitschichtenpakets darstellt. Der Zusammenhang zwischen dieser Abgleitung und der Dehnung kann aus der Abb. 36 einfach abgeleitet werden. Für BB' ergibt sich zunächst aus dem Dreieck ABB'

$$BB' = \frac{l_1 \sin (\lambda_0 - \lambda_1)}{\sin \lambda_0}.$$

Unter Benutzung des ersten der obigen Ausdrücke für $A N$ folgt weiterhin

$$a = \frac{B B'}{A N} = \frac{l_1}{l_0 \sin \chi_0} \cdot \frac{\sin (\lambda_0 - \lambda_1)}{\sin \lambda_0}.$$

Zur Vereinfachung der Formeln führen wir nun für $\frac{l_1}{l_0} = 1 + \delta$ die Bezeichnung d ein und erhalten schließlich nach Elimination von λ_1 mit Hilfe der Dehnungsformel (26/1)

$$a = \frac{1}{\sin \chi_0} \left(\sqrt{d^2 - \sin^2 \lambda_0} - \cos \lambda_0 \right). \qquad (26/3)$$

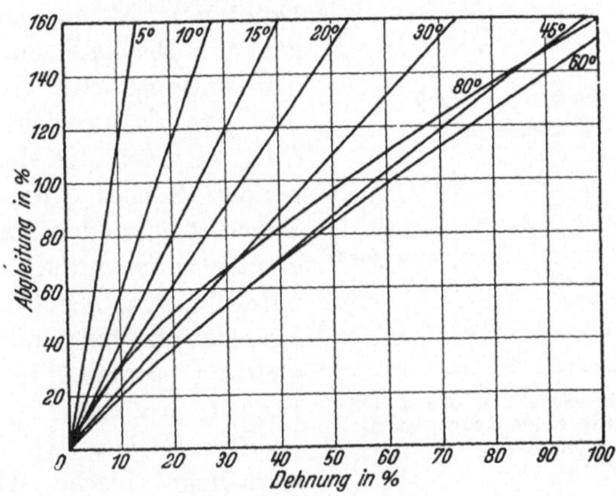

Abb. 37. Abgleitung als Funktion der Dehnung bei verschiedener Ausgangslage der Translationsfläche.

Hierin ist die Abgleitung durch die *Ausgangslage* der Translationselemente und die Dehnung ausgedrückt. Führt man statt der Dehnung die Endlage der Translationselemente ein, so erhält man die für numerische Rechnungen besonders geeigneten Formeln

$$a = \frac{\cos \lambda}{\sin \chi} - \frac{\cos \lambda_0}{\sin \chi_0}, \qquad (26/4)$$

bzw.

$$a = (\cotg \lambda - \cotg \lambda_0) \frac{\sin \lambda_0}{\sin \chi_0}. \qquad (26/4\,a)$$

Die Formel (26/3) zeigt, daß gleiche Dehnungsbeträge je nach der Ausgangslage der Translationselemente zu verschiedenen Abgleitungen führen. Wie stark der Einfluß der Orientierung ist, geht aus Abb. 37 hervor, die für verschiedene Ausgangswinkel der Translationsfläche (der Einfachheit halber ist hierbei $\lambda_0 = \chi_0$ gewählt) die Abgleitung als Funktion der Dehnung wiedergibt. Für *jede* Lage der Translationselemente läßt sich die zu einer kleinen Dehnung gehörige Abgleitung nach der Formel

$$\Delta a = \frac{\Delta d}{\sin \chi_0 \cos \lambda}$$

berechnen, die sich durch Differentiation der Gleichung (26/3) ergibt.

Eine nochmalige formale Beschreibung der Translation (mit Hilfe einer Koordinatentransformation), die wir für das folgende benötigen, ist in Abb. 38 gegeben. Die xy-Ebene stellt die Translationsfläche, die y-Achse die Translationsrichtung dar. OP_0 sei die Länge des zu dehnenden Kristalls; die Lage der Zugrichtung zu den Translationselementen ist durch die Koordinaten $(x_0 y_0 z_0)$ gegeben. Bei der Translation erfolgt nun eine Abgleitung parallel T in der Richtung t, wodurch P_0 nach P_1 gelangt. Sei a wie oben die kristallographische Abgleitung,

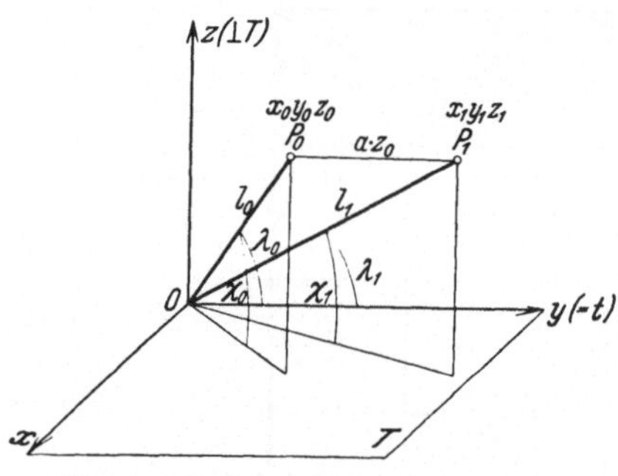

Abb. 38. Zur Beschreibung der Translation mit Hilfe einer Koordinatentransformation.

so ist der Gleitweg durch das Produkt $a \cdot z_0$ gegeben. Die Koordinatentransformation lautet somit:

$$x_1 = x_0$$
$$y_1 = y_0 + z_0 \cdot a$$
$$z_1 = z_0$$

und für

$$\frac{l_1}{l_0} = \sqrt{\frac{x_1^2 + y_1^2 + z_1^2}{x_0^2 + y_0^2 + z_0^2}} \quad \text{ergibt sich} \quad \frac{l_1}{l_0} = \sqrt{1 + \frac{2\,a\,y_0\,z_0 + a^2\,z_0^2}{l_0^2}}$$

und weiter wegen

$$y_0 = l_0 \cos \lambda_0 \quad \text{und} \quad z_0 = l_0 \sin \chi_0$$

$$\frac{l_1}{l_0} = d = 1 + \delta = \sqrt{1 + 2\,a \sin \chi_0 \cos \lambda_0 + a^2 \sin^2 \chi_0} \ . \quad (26/5)$$

In dieser Formel ist die Dehnung durch die Abgleitung und die Ausgangsorientierung der Translationselemente ausgedrückt; sie ergibt sich auch direkt durch Auflösung der Formel (26/3) nach d.

Mit Hilfe dieser Darstellung der Translation ist nun eine Verfolgung der im Verlauf der Dehnung eintretenden Querschnittsänderung kreiszylindrischer Kristalle in einfacher Weise möglich. Schon oben ist darauf hingewiesen worden, daß der bei der Translation entstehende elliptische Zylinder (das Band) im allgemeinen breiter ist als der Ausgangskristall. Im nachfolgenden werden nun die Ausdrücke für die beiden Halbachsen der Querschnittsellipse als Funktion von Ausgangs- und jeweiliger Orientierung im Verlauf der Dehnung angegeben (99). Der Weg zur Gewinnung dieser Formeln ist folgender:

Zunächst wird die Gleichung des ursprünglichen Kreiszylinders in dem in Abb. 38 angegebenen Koordinatensystem aufgestellt. Durch Einführung der der Translation entsprechenden, transformierten Koordinaten erhält man sodann die Gleichung eines elliptischen Zylinders, die mit der Normalform verglichen wird. Hierbei gewinnt man den Ausdruck

$$2 + a^2 \sin^2 \lambda_0 + 2\,a \sin \chi_0 \cos \lambda_0 = R^2 \cdot \left(\frac{1}{A^2} + \frac{1}{B^2} \right),$$

worin R den Halbmesser des kreisförmigen Ausgangsquerschnittes, A und B die Halbachsen der Querschnittsellipse nach der Dehnung bedeuten. Berücksichtigt man nun noch die Konstanz des Volumens bei der Dehnung durch Translation[1] ($R^2 \pi l_0 = A\,B\,\pi\,l_1$), so folgt nach einiger Umformung

$$p^4 - p^2 \left(\frac{2 \cos (\lambda_0 - \lambda) \cdot \sin \lambda}{\sin \lambda_0} + \frac{\sin^2 (\lambda_0 - \lambda)}{\sin^2 \chi_0} \right) + \frac{\sin^2 \lambda}{\sin^2 \lambda_0} = 0. \quad (26/6)$$

Die vier Wurzeln p_i dieser Gleichung, von denen sich je zwei nur durch das Vorzeichen unterscheiden, sind die gesuchten Verhältnisse $\frac{A}{R}$ und $\frac{B}{R}$.

Zwei Sonderfälle sollen noch kurz erwähnt sein. Für $\lambda_0 = \chi_0$, d. h. Gleitung entlang der großen Achse der Translationsellipsen, ergeben sich zwei Wurzeln der Gleichung gleich 1. Die Bandbreite stimmt hier stets mit dem Durchmesser des Ausgangsquerschnitts überein. Der zweite Sonderfall betrifft die für unendliche Dehnung gültige maximale Verbreiterung (94). Dieser Fall entspricht dem „Umfallen" der Längsrichtung bis zur Deckung mit der wirksamen Translationsrichtung. In der obigen Formel ist somit $\lambda = 0$ zu

---

[1] Wie genau diese Bedingung erfüllt ist, geht aus Punkt 60 hervor.

setzen, und man erhält als Grenzwert der Verbreiterung durch einfache Translation

$$\left(\frac{A}{R}\right)_{\max} = \frac{\sin \lambda_0}{\sin \chi_0}. \tag{26/6a}$$

Führt man an Stelle von λ_0 den Winkel $\varkappa_0$ ein, den die Translationsrichtung mit der großen Achse der Translationsellipsen einschließt, so ist die maximale Verbreiterung auch durch die Formel

$$\left(\frac{A}{R}\right)_{\max} = \sqrt{\frac{\sin^2 \varkappa_0}{\sin^2 \chi_0} + \cos^2 \varkappa_0} \tag{26/6b}$$

gegeben, da (vgl. Abb. 39) χ_0, λ_0 und $\varkappa_0$ durch die Beziehung $\cos \lambda_0 = \cos \chi_0 \cdot \cos \varkappa_0$ miteinander verknüpft sind.

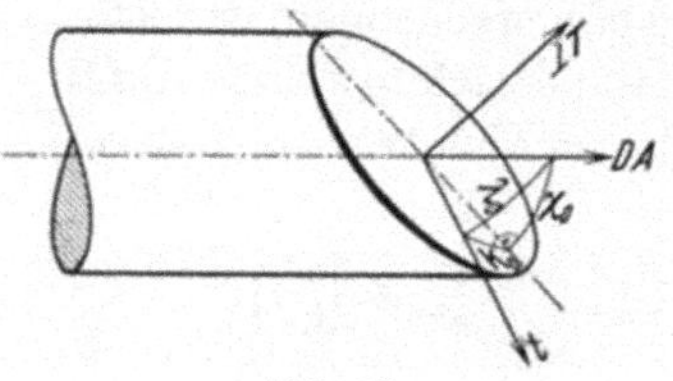

Abb. 39.
Lage der Translationselemente im Kristall. Zur Komponentenzerlegung der Zugspannung.

Die Erörterung der einfachen Translation beim *Stauch*vorgang kann nun erheblich kürzer gestaltet werden (100, 101). Abb. 40 stellt schematisch ein Kristallplättchen im Ausgangs- und gestauchten Zustand dar. Die mit der Verformung einhergehende Gitterdrehung ist nicht, wie man zunächst erwarten könnte, einfach der entsprechenden Gitterdrehung im Zugversuch entgegengerichtet. Wenn man im Stauchversuch als Längsrichtung die Richtung der Druckflächennormalen ansieht, so entfernt sich

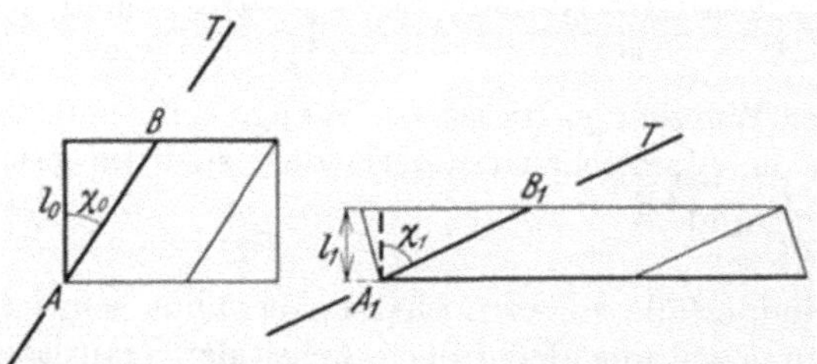

Abb. 40. Schema der Translation im Stauchversuch.

diese nicht auf dem Größtkreis von der wirkenden Translationsrichtung. Die Gitterdrehung besteht vielmehr in einer Annäherung der Längsrichtung an den Pol der Translationsfläche, was sich unmittelbar daraus ergibt, daß die Schnittkante der Translationsfläche mit den Druckflächen ihre Neigung zu den Kristallachsen während des Versuches nicht verändert.

Auch die „Dehnungsformel für Stauchung" läßt sich aus Abb. 40 sofort angeben. Seien wieder χ_0 und χ_1 die Neigungswinkel der Translationsfläche zur Längsrichtung vor und nach der Stauchung, so folgt

$$e = \frac{l_1}{l_0} = \frac{\cos \chi_1}{\cos \chi_0}, \qquad (26/7)$$

und, da die Exzentrizität $(\varkappa)$ der Translationsrichtung entsprechend der Gitterdrehung konstant bleibt, kann diese Formel auch auf λ_0 und λ_1 erweitert werden.

Die Beziehung zwischen Abgleitung und Stauchung ergibt sich hier zu

$$\frac{1}{e^2} = \left(\frac{l_0}{l_1}\right)^2 = 1 + 2a \sin \chi_0 \cos \lambda_0 + a^2 \cos^2 \lambda_0. \qquad (26/8)$$

Bei der plastischen *Biegung* durch Translation, deren exakte geometrische Behandlung noch aussteht, werden im allgemeinen parallelepipedische Platten zu sattelförmigen Gebilden [Aluminiumkristalle (102)]. Bei speziellen Lagen der wirksamen Translationselemente zur Biegungsachse kann auch zylindrische Biegung auftreten.

27. Indizestransformation bei der Translation.

In Punkt 26 war die Bedeutung der Translation für Gitterdrehung und Gestaltsänderung dargestellt worden. Ihre Bedeutung für die kristallographischen Symbole von Richtungen und Ebenen soll in diesem Punkt kurz angegeben werden. Wie schon aus der mit der Translation einhergehenden Drehung der Längsachse der Probe in bezug auf die kristallographischen Achsen hervorgeht, bleiben die Indizes ja nicht erhalten. Der eine Richtung oder Ebene bildende Atomverband ändert im allgemeinen seine kristallographische Natur fortdauernd bei der Translation.

Seien (HKL) die Indizes der Translationsfläche, $[UVW]$ die der Translationsrichtung, so ergeben sich nach (103) folgende Transformationsformeln:

Die Richtung $[uvw]$ wird in $[u'v'w']$ übergeführt durch

$$\left.\begin{aligned}
u' &= u + U\,(uH + vK + wL)\,N \\
v' &= v + V\,(uH + vK + wL)\,N \\
w' &= w + W\,(uH + vK + wL)\,N;
\end{aligned}\right\} \qquad (27/1)$$

die Ebene (hkl) wird in $(h'k'l')$ übergeführt durch

$$\left.\begin{aligned}
h' &= h + V\,(hK - kH)\,N + W\,(hL - lH)\,N \\
k' &= k + U\,(kH - hK)\,N + W\,(kL - lK)\,N \\
l' &= l + U\,(lH - hL)\,N + V\,(lK - kL)\,N,
\end{aligned}\right\} \qquad (27/2)$$

worin N eine ganze Zahl ist und den Unterschied der von zwei benachbarten Translationsflächen in der Translationsrichtung zurückgelegten Gitterschritte bedeutet.

Für welche Richtungen und Ebenen bei der Translation die Indizes erhalten bleiben, geht aus diesen Gleichungen in einfacher Weise hervor. Die Translationsfläche ist der geometrische Ort aller gegenüber der Translation invarianten Richtungen, die Zone der Translationsrichtung enthält alle Ebenen, deren Symbol bei der Gleitung erhalten bleibt.

28. Doppelte Translation.

Zufolge der Symmetrie der Kristalle sind Translationsebene und -richtung im allgemeinen nicht singuläre Gitterelemente. Es

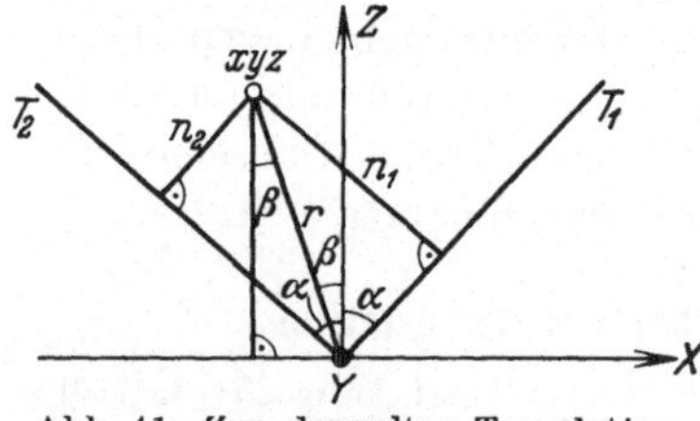

Abb. 41. Zur doppelten Translation mit gemeinsamer Translationsrichtung.

wird daher häufig vorkommen, daß zwei oder mehrere kristallographisch gleichwertige Translationssysteme geometrisch gleich begünstigt und demgemäß auch bei der Verformung wirksam sind. Eine eingehendere Behandlung hat bisher erst die gleichzeitige Wirksamkeit von zwei kristallographisch gleichwertigen Gleitsystemen erfahren.

Der einfachste hierher gehörige Fall ist die Translation nach zwei Richtungen in derselben Fläche. Die doppelte Translation ist hier gleichbedeutend mit einer Gleitung auf derselben Translationsfläche mit der Winkelhalbierenden der beiden Translationsrichtungen als Richtung der Abgleitung. Die eine Dehnung begleitende Gitterdrehung besteht in einem Umfallen der Längsrichtung auf die Symmetrale der beiden Translationsrichtungen. Von den Dehnungsformeln bleibt nur (26/2) gültig, mit der (26/1) übereinstimmt, sofern man mit λ jetzt die Winkel zur „resultierenden Translationsrichtung" bezeichnet.

Als nächster Fall sei die gleichzeitige Betätigung zweier Translationsflächen mit einer gemeinsamen Translationsrichtung (ihrer Schnittkante) besprochen. In der schematischen Abb. 41 fällt die gemeinsame Translationsrichtung mit der senkrecht zur Zeichenfläche liegenden y-Achse des symmetrisch zu den beiden Translastionssystemen liegenden Koordinatenkreuzes zusammen. Die resultierende Verschiebung (Δy) eines Punktes P setzt sich aus den beiden Einzelverschiebungen zusammen. Sei a wieder die für beide Systeme gleiche kristallographische Abgleitung, so sind die Gleitwege durch die Produkte $a n_1$ und $a n_2$ gegeben, und $\Delta y = a n_1 + a n_2$ stellt die gesamte Abgleitung dar. Setzt man nun für n_1 und n_2 die beiden aus Abb. 41 unmittelbar folgenden Ausdrücke

$$n_1 = r \sin (\alpha + \beta)$$
$$n_2 = r \sin (\alpha - \beta)$$

ein, so erhält man schließlich

$$\Delta y = 2 a \sin \alpha \cdot z,$$

d. h. die resultierende Bewegung ist gleichbedeutend mit einer einfachen Translation nach der xy-Ebene in der gemeinsamen Translationsrichtung, der y-Achse.

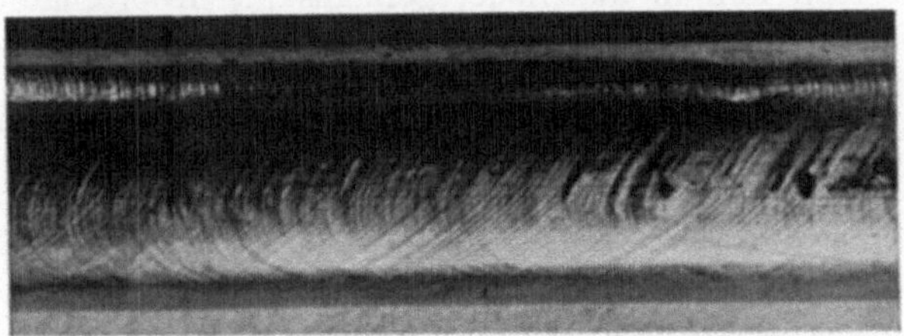

Abb. 42. α-Messingkristall mit doppelter Translation (103 a).

Auch die yz-Ebene enthält die gemeinsame Translationsrichtung und liegt symmetrisch zu den beiden Ebenen T_1 und T_2. Welche dieser beiden Symmetrieebenen als resultierende Translationsfläche aufzufassen ist, hängt von der Richtung der aufgezwungenen Formänderung ab. Die Gitterdrehung bei der Verformung erfolgt wie im Fall *einfacher* Translation; von den Dehnungsformeln bleibt die auf die gemeinsame Translationsrichtung bezügliche (26/1) erhalten.

Als dritter sei schließlich der allgemeine Fall behandelt, daß weder Translationsfläche noch -richtung beiden Translationssystemen gemeinsam ist (Abb. 42). Für die Superposition der beiden Translationen knüpfen wir hier für den Fall der Dehnung (104, 105) an die in Punkt 26 gegebene Darstellung der Translation mit Hilfe einer Koordinatentransformation an (106). Wir transformieren die in den Systemen xyz und $x'y'z'$ stattfindenden Translationen in neues rechtwinkeliges System $\xi \eta \zeta$. Die Lage der neuen Achsen in bezug auf die alten ist durch die beiden Schemen der Richtungskosinus gegeben:

	x	y	z
ξ	a_1	b_1	c_1
η	a_2	b_2	c_2
ζ	a_3	b_3	c_3

und

	x'	y'	z'
ξ	a'_1	b'_1	c'_1
η	a'_2	b'_2	c'_2
ζ	a'_3	b'_3	c'_3

Die durch die Translationen hervorgerufenen Koordinatenänderungen waren wegen der speziellen Lage der Koordinatenachsen:

$$\begin{cases} \Delta x = 0 \\ \Delta y = a\, z_0 \\ \Delta z = 0 \end{cases} \quad \text{und} \quad \begin{cases} \Delta x' = 0 \\ \Delta y' = a'\, z_0 \\ \Delta z' = 0. \end{cases}$$

Diese sind nun in das neue, gemeinsame Koordinatensystem ξ, η, ζ zu transformieren. Die Änderungen $\Delta \xi$, $\Delta \eta$, $\Delta \zeta$ berechnen sich zu:

$$\begin{cases} \Delta \xi = a_1\, \Delta x + b_1\, \Delta y + c_1\, \Delta z + a'_1\, \Delta x' + b'_1\, \Delta y' + c'_1\, \Delta z' \\ \Delta \eta = a_2\, \Delta x + \ldots \qquad\qquad\quad + a'_2\, \Delta x' + \ldots \\ \Delta \zeta = a_3\, \Delta x + \ldots \qquad\qquad\quad + a'_3\, \Delta x' + \ldots \end{cases}$$

Da nun Δx, $\Delta x'$, Δz und $\Delta z' = 0$ sind, so vereinfachen sich die Gleichungen zu:

$$\begin{cases} \Delta \xi = b_1\, \Delta y + b'_1\, \Delta y' \\ \Delta \eta = b_2\, \Delta y + b'_2\, \Delta y' \\ \Delta \zeta = b_3\, \Delta y + b'_3\, \Delta y'. \end{cases}$$

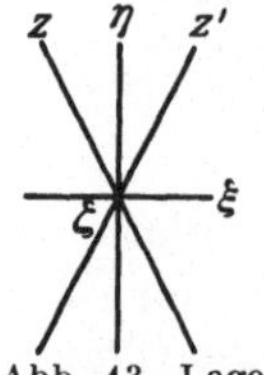

Abb. 43. Lage des neuen Koordinatensystems bei Behandlung der doppelten Translation.

Eine weitere Vereinfachung der Gleichungen ergibt sich, wenn man das neue Koordinatensystem symmetrisch in bezug auf die beiden Translationssysteme legt. Die ζ-Achse stehe senkrecht sowohl auf der z- wie der z'-Achse; sie ist also die Schnittkante der beiden Translationsebenen (der xy- mit der $x'y'$-Ebene). Die $\eta\zeta$-Ebene halbiere den Winkel beider Translationsflächen. Es liegen dann die z-, z'-, η- und ξ-Achsen in einer zu ζ senkrechten Ebene (Abb. 43). Aus diesen Bedingungen folgen für die Richtungskosinus die Beziehungen:

$$c_3 = c'_3 = 0 \qquad (\zeta \perp z,\ \zeta \perp z')$$
$$c_2 = c'_2 \qquad (\sphericalangle\, \eta z = \sphericalangle\, \eta z')$$
$$c_1 = -c'_1 \qquad (\sphericalangle\, \xi z = \sphericalangle\, \xi z')$$

$b_1 = -b'_1$, $b_2 = b'_2$, $b_3 = b'_3$ (y-Achsen symmetrisch zur $\eta\zeta$-Ebene).

Damit wird

$$\begin{cases} \Delta\,\xi = b_1\,(\Delta\,y - \Delta\,y') = b_1\,(a\,z_0 - a'\,z_0') \\ \Delta\,\eta = b_2\,(\Delta\,y + \Delta\,y') = b_2\,(a\,z_0 + a'\,z_0') \\ \Delta\,\zeta = b_3\,(\Delta\,y + \Delta\,y') = b_3\,(a\,z_0 + a'\,z_0'). \end{cases}$$

Setzt man nun noch voraus, daß die Abgleitungen auf beiden Systemen gleich groß sind ($a = a'$), so wird:

$$\begin{cases} \Delta\,\xi = a\,b_1\,(z_0 - z_0') \\ \Delta\,\eta = a\,b_2\,(z_0 + z_0') \\ \Delta\,\zeta = a\,b_3\,(z_0 + z_0'), \end{cases}$$

worin noch z_0 und z_0' durch ξ, η, ζ auszudrücken sind. Wegen der obigen Gleichungen ($c_3 = c_3' = 0$) ergeben sich dafür

$$z_0 = c_1\,\xi + c_2\,\eta$$

und entsprechend

$$z_0' = -\,c_1\,\xi + c_2\,\eta,$$

so daß wir als Endformel für die gleichzeitige Translation mit der Abgleitung a
auf jedem der Systeme erhalten:

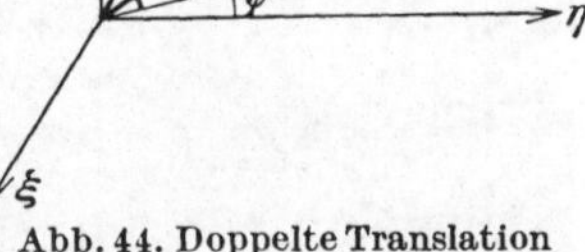

$$\left.\begin{aligned} \Delta\,\xi &= 2\,a\,b_1\,c_2\cdot\xi \\ \Delta\,\eta &= 2\,a\,b_2\,c_2\cdot\eta \\ \Delta\,\zeta &= 2\,a\,b_3\,c_2\cdot\eta. \end{aligned}\right\} \qquad (28/1)$$

Befindet sich nun die Drehachse beim
Einsetzen der doppelten Gleitung in der

Abb. 44. Doppelte Translation
im neuen Koordinatensystem.

zu beiden Translationssystemen symmetrischen $\eta\zeta$-Ebene, so wird
mit ξ auch $\Delta\,\xi = 0$. Das heißt aber, daß für den hier betrachteten
Fall gleicher Abgleitung auf beiden Systemen die Drahtachse stets
in der $\eta\zeta$-Ebene bleibt[1].

Die resultierende Bewegung kann nun wieder wie eine einfache
Translation beschrieben werden, wenn man noch die resultierende
Gleitrichtung τ (Abb. 44), deren Winkel ψ zur η-Achse durch den
Ausdruck

$$\operatorname{tg}\psi = \frac{\Delta\,\zeta}{\Delta\,\eta} = \frac{b_3}{b_2}$$

gegeben ist, einführt. Sei nun noch ε der Winkel zwischen der
Stabachse und der resultierenden Translationsrichtung τ, so folgt
aus Abb. 44:

$$\frac{l_1}{l_0} = \frac{\sin\varepsilon_0}{\sin\varepsilon_1}. \qquad (28/2)$$

---

[1] Befindet sich jedoch die Drahtachse ursprünglich nicht in der Symmetrieebene, so bewegt sie sich in einer zu ihr geneigten Ebene.

Aus dieser Dehnungsformel für doppelte Translation sieht man wieder, daß die resultierende Gitterdrehung, wenn nur die Drahtachse bei ihrer Drehung in einer Ebene bleibt, demselben Gesetz folgt wie bei der einfachen Translation, wobei die resultierende Gleitrichtung die Rolle der Translationsrichtung übernimmt. Ebenso wie die Translationsrichtung erst bei unendlicher Dehnung durch einfache Translation erreicht wird, so stellt auch die resultierende Gleitrichtung bei doppelter Translation die Endlage für unendliche Dehnung dar. Daß diese Analogie jedoch nur formal ist, erkennt man daraus, daß ein Kristall, dessen Längsachse parallel der Translationsrichtung liegt, keinerlei Dehnung fähig ist, dagegen durch doppelte Translation bei Übereinstimmung von Längsachse und resultierender Gleitrichtung ohne Orientierungsänderung beliebig dehnbar sein kann.

Auf die Herleitung und Wiedergabe der Formel, welche hier die Abgleitung mit der Dehnung verbindet, sei verzichtet [vgl. hierzu (99) und (107)]. Auch bezüglich der Erörterung der Doppeltranslation im Falle der *Stauchung* sei auf die Originalliteratur verwiesen (100, 101).

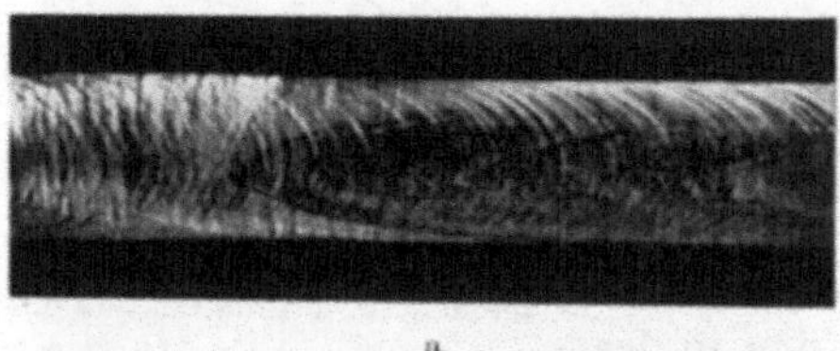

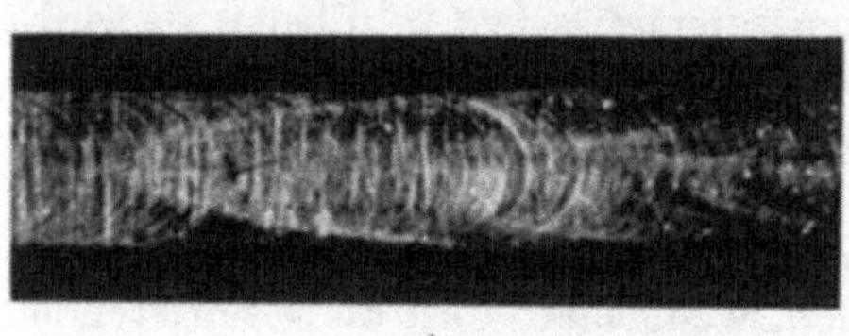

Abb. 45a und b. Gedehnte Zn-Kristalle mit zusätzlicher Streifung.

29. Ausbildung einer zusätzlichen Streifung.

Auf der Oberfläche gedehnter Kristalle beobachtet man bisweilen außer der typischen Translationsstreifung eine weitere elliptische Streifung, deren Ebene in der Regel entgegengesetzt zum Kristallband geneigt ist wie die Translationsebene (Abb. 45). Daß es sich bei dieser zweiten Streifung nicht um die Spuren kristallographischer Ebenen handelt, erkennt man daraus, daß — im Gegensatz zu den Translationsellipsen — die Exzentrizität dieser Ellipsen mit zunehmender Dehnung ansteigt. Wie eine geometrische Betrachtung sofort erkennen läßt, entsteht diese zusätzliche Streifung durch Verzerrung von ursprünglich quer zum Kristall verlaufenden Rillen (Wachstumsfehlern) (94).

Für den der Allgemeinheit der Überlegung keinen Abbruch tuenden Spezialfall $\chi = \lambda$ ($\varkappa = 0$) dient Abb. 46 als Erläuterung. Sie stellt die Ebene durch Längsachse des Kristalls (l_0 bzw. l_1) und Translationsrichtung (AB) dar. Die ursprünglich quer zur Längsrichtung verlaufende Ebene BC der Rille gelangt durch die Translation in die Stellung BC_1, die mit der Längsachse des gedehnten Kristalls den Winkel ω_1 einschließt. Aus den Dreiecken ABC und ABC_1 erhält man

$$\frac{l_1}{l_0} = d = \frac{\sin(\chi_1 + \omega_1)}{\cos \chi_0} \cdot \frac{1}{\sin \omega_1}.$$

Hieraus folgt mit Hilfe der Dehnungsformel entweder

$$\cotg \omega_1 = \frac{\sin 2\chi_0 - \sin 2\chi_1}{2 \sin^2 \chi_1} \qquad (29/1)$$

oder

$$\cotg \omega_1 = \frac{d^2 \cos \chi_0 - \sqrt{d^2 - \sin^2 \chi_0}}{\sin \chi_0}. \qquad (29/1\,a)$$

Diese beiden Formeln stellen den Winkel zwischen der Rillenebene und der Längsachse des Kristalls als Funktion von Ausgangslage der Translationselemente und Endlage bzw. Dehnung dar. Der Formel (29/1) und der Abb. 46 ist zu entnehmen, daß für χ_0-Werte $> 45^0$ die Rillenebene im Verlauf der Dehnung noch einmal quer zur Längsrichtung des Kristalls zu liegen kommt, nämlich wenn χ_1 (das stets $< \chi_0$

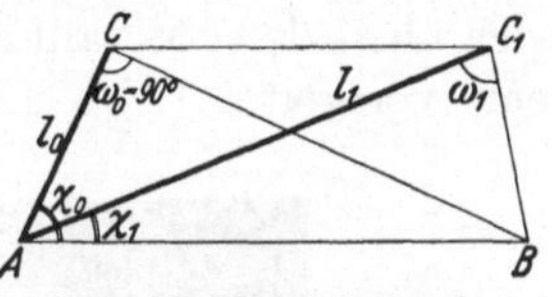

Abb. 46. Entstehung der zusätzlichen Streifung.

ist) gleich ($90^0 - \chi_0$) wird. Für Ausgangslagen $\chi_0 > 45^0$ verlaufen somit im Beginn der Dehnung die Spuren von Rillenebene und Translationsellipsen gleichsinnig; während jedoch bei der weiteren Dehnung die Neigung der Translationsellipsen stets im gleichen Sinne erfolgt, richtet sich die Rillenebene wieder auf, sie gelangt erneut in Querlage und neigt sich sodann in entgegengesetzter Richtung. Bei Ausgangslagen $\chi_0 < 45^0$ nähert sich schon von Beginn der Dehnung ab die Rillenebene in entgegengesetztem Sinne wie die Translationsebene der Längsachse.

B. Mechanische Zwillingsbildung (einfache Schiebung).

30. Modellmäßige Darstellung.

Die mechanische Zwillingsbildung stellt eine äußerlich von der Translation völlig verschiedene Art der plastischen Kristallverformung dar. Sie ist ein Vorgang, bei dem unstetig Teile des beanspruchten Kristalls in eine in bezug auf eine Ebene oder Richtung symmetrische Stellung zu dem übrigen Kristall gelangen.

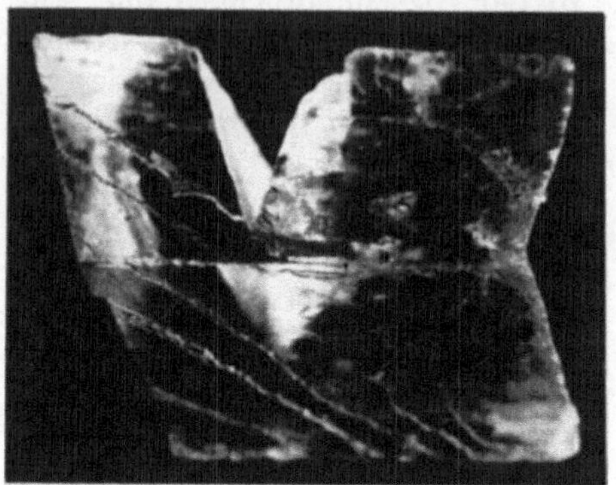

Das Wesentliche dabei ist symmetrische Lage der beiden Gitter im undeformierten und deformierten Teil und nicht Symmetrie der äußeren Form. Diese tritt nur bei bestimmter kristallographischer Natur der Begrenzungsflächen ein.

Das bekannteste Beispiel für die mechanische Zwillingsbildung sind die Druckzwillinge von Kalkspat (Abb. 47). Aber

Abb. 47. Kalkspatzwilling, hergestellt durch Eindrücken einer Messerschneide (nach BAUMHAUER).

auch bei den Metallkristallen ist diese Art der Verformung sehr verbreitet (Abb. 48).

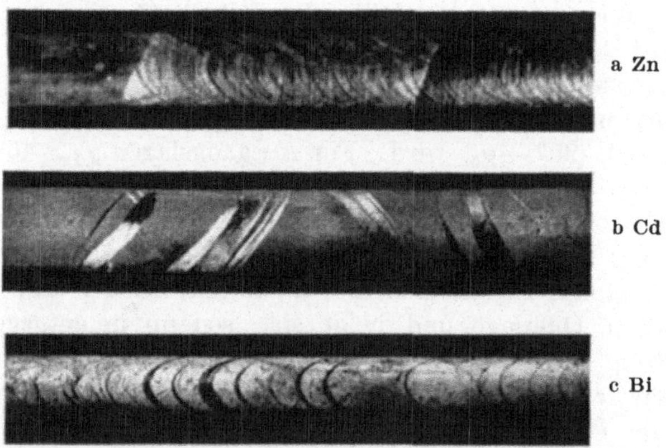

Abb. 48 a—c. Mechanische Zwillingsbildung von Metallkristallen.

Modellmäßig besteht die Bildung von Deformationszwillingen in einer einfachen Schiebung: Abgleitung von ebenen Schichten um einen Betrag, der proportional ist dem Abstand der Schicht von der Trennungsebene zwischen undeformiertem und deformiertem Teil, der Zwillingsebene. Abb. 49 zeigt diesen Mechanismus mit Hilfe eines Holzmodells.

Die Unterschiede dieser Zwillingsgleitung von der Translation treten aus den Abb. 50 und 51 deutlich zutage. Die Abbildungen stellen jeweils die Gitterebene dar, die durch die Gleitrichtung

a Modell vor   b nach der einfachen Schiebung.

Abb. 49. Schema der Zwillingsbildung (nach MÜGGE).

geht und auf der Gleitfläche senkrecht steht (Ebene der Schiebung). Während bei der Translation die kleinste Abschiebung eine Gitterperiode in der Translationsrichtung beträgt (Schiebung zur Identität), ist das Ausmaß der Abschiebung bei der Zwillingsgleitung in der Regel nur ein kleiner Bruchteil eines Gitterschrittes. Bei

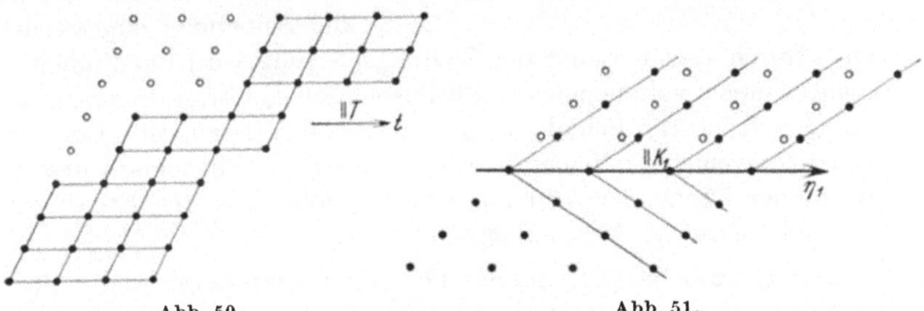

Abb. 50.   Abb. 51.

Abb. 50 und 51. Bewegung der Gitterpunkte bei Translation und mechanischer Zwillingsbildung (103).

der Translation ist, wie das Auftreten von Gleitlinien zeigt, im allgemeinen die Abgleitung keineswegs gleichmäßig auf der ganzen Länge des Kristalls vorhanden. Bei der mechanischen Zwillingsbildung dagegen sind im verformten Teil alle der Gleitebene parallelen Ebenen um den gleichen Betrag gegenüber ihrer Nachbarebene verschoben. Streifungen innerhalb einer Zwillingslamelle treten daher nicht auf. Die Abgleitung kann bei der Translation in beiden Richtungen erfolgen (entsprechend einer Dehnung oder Stauchung des Kristalls), bei der Zwillingsgleitung dagegen ist die Gleitrichtung polar. Dieser Deformationsvorgang ist mit einer Formänderung von bestimmtem Sinn und Ausmaß verknüpft, die durch die kristallographische Natur der Zwillingselemente gegeben ist.

31. Geometrische Behandlung der mechanischen Zwillingsbildung.

Die geometrischen Beziehungen zwischen der durch Zwillingsbildung erzielbaren Formänderung und den Zwillingselementen

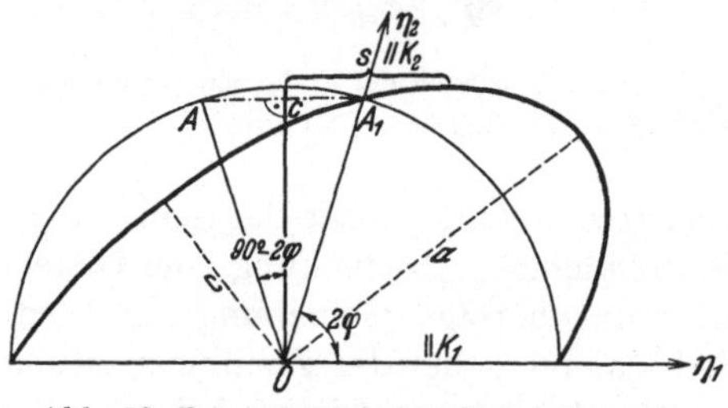

Abb. 52. Zur geometrischen Behandlung der mechanischen Zwillingsbildung.

sollen mit Hilfe der Abb. 52 besprochen werden. Die Zeichenebene ist wieder die Ebene der Schiebung, die darauf senkrecht stehende Zwillingsebene (K_1) schneidet sie in der Gleitrichtung η_1. Als Kreis ist ferner der Schnitt der Einheitskugel mit der Ebene der Schiebung eingezeichnet. Durch den Vorgang der Zwillingsgleitung wird die Einheitskugel zu einem volumengleichen Ellipsoid deformiert, dessen Schnitt mit der Ebene der Schiebung gleichfalls eingetragen ist. Für die beiden extremen Halbachsen des Deformationsellipsoids a und c, die in der Ebene der Schiebung liegen, folgt aus der Erhaltung des Volumens die Beziehung $a \cdot c = 1$.

Die Gleitebene (K_1) ändert bei der Deformation weder ihre Gestalt (1. Kreisschnittsebene) noch ihre Lage. Alle übrigen Ebenen und die nicht in K_1 liegenden Richtungen erfahren dagegen eine Kippung. Eine unter den Ebenen, die senkrecht zur Ebene der Schiebung stehen, bleibt dabei ebenso wie K_1 als Kreis erhalten (2. Kreisschnittsebene K_2). η_2 ist ihr Schnitt mit der Ebene der Schiebung (Grundzone, Gegenrichtung). Der Betrag der Verschiebung, den ein Punkt im Abstand 1 von der Zwillingsebene erleidet, heißt *Größe der Schiebung* oder kurz *Schiebung s*. Sie hängt in einfacher Weise mit dem Winkel 2φ zwischen den beiden Kreisschnittsebenen zusammen. Aus dem Dreieck OAC und der

Proportionalität der Abgleitung mit dem Abstand von K_1 ($A A_1 = s \cdot OC$) folgt

$$\operatorname{tg} 2\,\varphi = \frac{2}{s}\,. \tag{31/1}$$

Der Betrag der Schiebung ist also kristallographisch durch die Natur der beiden Kreisschnittsebenen festgelegt.

Die Längenänderungen von Kristallen bei der mechanischen Zwillingsbildung sind ihrer Auffassung als Gleitvorgang entsprechend wieder durch die oben abgeleitete Formel (26/5) gegeben (108, 109). χ^* und λ^* bedeuten jetzt die Winkel der untersuchten Richtung zu K_1 und η_1, die Abgleitung a ist durch die Schiebung s zu ersetzen. Die Formel für den Fall der Zwillingsbildung lautet sonach:

$$\frac{l_1}{l_0} = d = \sqrt{1 + 2\,s \cdot \sin \chi^* \cos \lambda^* + s^2 \cdot \sin^2 \chi^*}\,. \tag{31/2}$$

Die Bedingung
$2\,s \sin\chi^* \times \cos\lambda^* + s^2 \sin^2\chi^* = 0$
liefert den geometrischen Ort der Richtungen, die bei der Zwillingsbildung keinerlei Längenänderung erleiden. Man erhält hierfür erstens $\sin \chi^* = 0$, d. h. die 1. Kreisschnittsebene. Die zweite Lösung ergibt $-\dfrac{\sin \chi^*}{\cos \chi^*} = \dfrac{2}{s}$ oder unter Benutzung von Gleichung (31/1) $-\dfrac{\sin \chi^*}{\cos \chi^*} = \operatorname{tg} 2\,\varphi$. Dies ist aber, wie sich mit Hilfe von Abb. 53 leicht zeigen läßt,

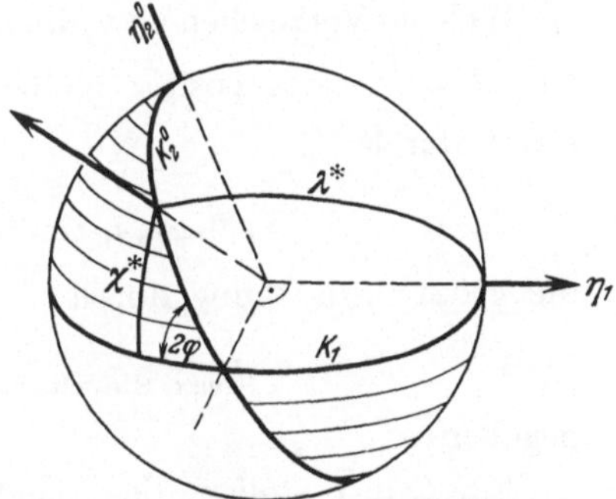

Abb. 53. Längenänderung bei der mechanischen Zwillingsbildung: Dehnung im nicht schraffierten, Stauchung im schraffierten Gebiet.

die Bestimmungsgleichung der 2. Kreisschnittsebene in ihrer ursprünglichen Lage.

Durch die beiden Kreisschnittsebenen wird die Gesamtheit der Orientierungen auf der Lagenkugel in vier Gebiete geteilt, von denen je zwei einander gegenüberliegende *nur* zu Dehnung oder *nur* zu Stauchung bei der Verzwillingung führen. Eine Dehnung erfahren alle jene Richtungen, die im stumpfen Winkel zwischen K_1 und der Ausgangslage von K_2 (K_2^0) liegen, eine Stauchung die Richtungen aus dem spitzen Winkel zwischen den beiden Ebenen (vgl. auch Abb. 52).

Die Extremwerte der Längenänderung werden für Orientierungen in der Ebene der Schiebung erreicht ($\chi^* = \lambda^*$), da außerhalb dieser Ebene stets $\lambda^* > \chi^*$ ist. Aus der Differentiation der Gleichung (31/2) für den Fall $\chi^* = \lambda^*$ ergibt sich die zur maximalen Dehnung bzw. Stauchung führende Orientierung zu

$$\operatorname{tg} \chi_{1,2}^* = \frac{s}{2} \pm \sqrt{\frac{s^2}{4} + 1} \, . \qquad (31/3)$$

Das Maß der maximalen Dehnung bzw. Stauchung erhält man nun durch Einsetzen von (31/3) in (31/2). Hierzu wird Gleichung (31/2) umgeformt in

$$d = \frac{1}{\sqrt{1 + \operatorname{tg}^2 \chi^*}} \sqrt{1 + 2\,s \cdot \operatorname{tg} \chi^* + \operatorname{tg}^2 \chi^* + s^2 \operatorname{tg}^2 \chi^*} \, .$$

Aus (31/3) folgt $s \cdot \operatorname{tg} \chi^* = \operatorname{tg}^2 \chi^* - 1$ und somit schließlich

$$d_{1,2} = \pm \operatorname{tg} \chi^* \, . \qquad (31/4)$$

Welches Vorzeichen zu wählen ist, ergibt sich aus der Bedingung, daß $d = \dfrac{l_1}{l_0}$ stets positiv bleiben muß. Die größte Dehnung ist somit durch

$$d_{\text{max, Dehn.}} = \frac{s}{2} + \sqrt{\frac{s^2}{4} + 1} \, , \qquad (31/4\,\mathrm{a})$$

die größte Stauchung durch

$$d_{\text{max, Stauch.}} = -\frac{s}{2} + \sqrt{\frac{s^2}{4} + 1} \qquad (31/4\,\mathrm{b})$$

gegeben.

Für $l_0 = 1$ stellen diese beiden Werte die Achsen a und c des Deformationsellipsoids dar. Ihr Produkt gibt den oben für Konstanz des Volumens vorgeschriebenen Wert 1.

Wegen der allgemein beobachteten Kleinheit der Schiebungswerte (s) ist, wie man aus diesen Formeln erkennt, im Gegensatz zu der durch Translation erzielbaren Verformung das Ausmaß der durch Zwillingsbildung erzielbaren in der Regel nur gering.

32. Schiebungsfähigkeit und Indizestransformation.

Während ein durch ein Parallelogrammnetz dargestelltes, ebenes Gitter stets durch einfache Schiebung verzwillingt werden kann, ist dies bei räumlichen Gittern nicht immer der Fall. Die Bedingung für die „Schiebungsfähigkeit" eines Raumgitters läßt sich auf Grund folgender Überlegungen ableiten (110, 111). Wenn nach der Verzwillingung zu jedem Gitterpunkt des deformierten Teiles ein spiegelbildlich zur Gleitfläche (HKL) liegender Punkt des Ausgangsgitters vorhanden sein soll, so muß es möglich sein, im Gitter vor der Schiebung je zwei Punkte durch Strecken parallel der Grundzone $[UVW]$ miteinander zu verbinden, die durch die Gleitfläche halbiert werden. Seien $[[mnp]]$ und $[[m_1n_1p_1]]$ die beiden Punkte in einem einfach primitiven Raumgitter, so lautet die Bedingung dafür, daß ihre Verbindungslinie parallel $[UVW]$ liegt:

$$(m_1 - m) : (n_1 - n) : (p_1 - p) = U : V : W.$$

Ferner drückt die Gleichung

$$Hm_1 + Kn_1 + Lp_1 = -(Hm + Kn + Lp)$$

aus, daß die Punkte auf verschiedenen Seiten in gleichem Abstand von K_1 liegen. Auflösung beider Gleichungen nach m, n und p führt auf

$$m = m_1 - 2U\frac{Hm_1 + Kn_1 + Lp_1}{HU + KV + LW}$$

und zwei analoge Gleichungen für n und p.

Da mnp und $m_1n_1p_1$ definitionsgemäß ganze Zahlen sein müssen und UVW als Indizes einer Richtung teilerfremd sind, muß der Nenner $HU + KV + LW = \pm 1$ oder ± 2 sein. Diese Beziehung zwischen den Indizes von Gleitfläche und Grundzone stellt also die Bedingung für die Schiebungsfähigkeit einfach primitiver Gitter dar; für mehrfach zentrierte Gitter ist sie entsprechend zu erweitern (111).

Schließlich sei hier noch die Indizestransformation für Richtungen und Ebenen bei der mechanischen Zwillingsbildung angegeben (112). Seien $[UVW]$ und (HKL) die Indizes von η_2 und K_1, bzw. η_1 und K_2, so gelten, wenn ϱ ein Proportionalitätsfaktor ist, folgende Transformationsformeln:

Die Richtung $[uvw]$ wird in $[u'v'w']$ übergeführt durch

$$\left. \begin{aligned} \varrho u' &= u - 2U\frac{Hu + Kv + Lw}{HU + KV + LW} \\[1mm] \varrho v' &= v - 2V\frac{Hu + Kv + Lw}{HU + KV + LW} \\[1mm] \varrho w' &= w - 2W\frac{Hu + Kv + Lw}{HU + KV + LW} \end{aligned} \right\} \qquad (32/2)$$

Die Ebene (hkl) wird in $(h'k'l')$ übergeführt durch

$$\left. \begin{aligned} \varrho h' &= h(UH + VK + WL) - 2H(Uh + Vk + Wl) \\ \varrho k' &= k(UH + VK + WL) - 2K(Uh + Vk + Wl) \\ \varrho l' &= l(UH + VK + WL) - 2L(Uh + Vk + Wl) \end{aligned} \right\} (32/3)$$

Aus diesen Gleichungen ersieht man, daß im allgemeinen Richtungen und Ebenen bei der Zwillingsbildung ihre Indizes verändern. Erhalten bleiben die Indizes jener Richtungen, die in der Gleitfläche liegen ($Hu + Kv + Lw = 0$), und jener Ebenen, die der Zone von η_2 angehören ($Uh + Vk + Wl = 0$). Bei der Schiebung 2. Art (vgl. Punkt 33) bewahren die Richtungen in K_2 und die Ebenen der Zone von η_1 ihre Indizes.

33. Kristallographische Erfahrungssätze.

Bisher ist das Modell und die Geometrie der einfachen Schiebung besprochen worden. Das Kristallographische der mechanischen Zwillingsbildung, die Erfahrungen über die Auswahl der Zwillingselemente, sollen hier kurz zusammengestellt sein.

Gleitfläche K_1 oder Gleitrichtung η_1 (oder in Fällen hoher Symmetrie beide) sind einfache, rationale Gitterelemente. Von rationalen Flächen begrenzte Polyeder werden auch nach der Verzwillingung von Flächen begrenzt, die dem Rationalitätsgesetz folgen.

Ist K_1 rational, so spricht man von Schiebungen 1. Art. Der deformierte Kristallteil steht hier in bezug auf die Gleitfläche spiegelbildlich zum unverformten. Außer K_1 ist in diesem Fall auch η_2, die Schnittkante der 2. Kreisschnittsebene mit der Ebene der Schiebung, ein rationales Gitterelement. K_1 und η_2 dienen hier zur kristallographischen Kennzeichnung der Zwillingsbildung. Durch sie sind bereits die Ebene der Schiebung, die Gleitrichtung, der Betrag der Schiebung und die 2. Kreisschnittsebene mitbestimmt.

Ist η_1 rational, so spricht man von Schiebungen 2. Art. Der deformierte Kristallteil ist jetzt in bezug auf die Gleitrichtung um 180^0 gegenüber dem Ausgangskristall gedreht. Außer η_1 ist hier auch noch K_2 rational. Diese beiden Elemente werden demgemäß zur kristallographischen Kennzeichnung der Schiebungen 2. Art, die nur bei niedrig symmetrischen Kristallen beobachtet werden, benutzt. Ebenso wie oben sind dann auch die übrigen Elemente der Schiebung bestimmt.

Eine Einschränkung bezüglich der Auswahl der Zwillingselemente ergibt sich noch dadurch, daß bei Schiebungen 1. Art K_1 keine Symmetrieebene sein kann (und auch nicht senkrecht auf einer geradzähligen Drehungsachse stehen darf), daß bei Schiebungen 2. Art η_1 keine digonale Achse sein kann, da das betreffende Gitterelement ja erst durch die einfache Schiebung seine Eigenschaft als Symmetrieelement gewinnen soll.

VI. Plastizität und Festigkeit von Metallkristallen.

In Kapitel V sind die allgemeinen Gesetzmäßigkeiten dargestellt worden, denen die Gestaltsänderung von Kristallen bei der plastischen Verformung und die dabei eintretenden Änderungen der Orientierung folgen. Es sind dabei beide Verformungsmechanismen von Kristallen, die Translation und die mechanische Zwillingsbildung, erörtert worden. Im weiteren wenden wir uns nun der Durchführung und den Ergebnissen von Versuchen über plastische Kristalldeformation zu, wobei wir uns zunächst auf Metallkristalle, die ihrer außerordentlichen Verformbarkeit wegen ein vorzügliches Versuchsmaterial darstellen, beschränken. Die Ergebnisse der Plastizitäts- und Festigkeitsuntersuchungen an Salzkristallen werden im nächsten Kapitel zusammengefaßt.

A. Translations- und Zwillingselemente.

34. Bestimmung der Translationselemente.

Die Bestimmung der zur kristallographischen Kennzeichnung der Translation benutzten Elemente, der Translationsfläche (T) und der Translationsrichtung (t), kann auf mannigfache Art erfolgen.

Auf die bei ebenflächigen Polyedern anwendbaren goniometrischen und mikroskopischen Methoden soll hier nicht näher eingegangen werden. Hier sollen vor allem die neuen Verfahren dargestellt werden, die bei undurchsichtigen, nicht von ebenen Flächen begrenzten Kristallen zur Anwendung gelangen. Diese Verfahren lassen sich je nach den experimentellen Voraussetzungen in mehrere Gruppen einteilen. Allerdings erweisen sich bei ihrer Anwendung häufig gewisse Abweichungen oder Verbindungen als notwendig.

Zunächst behandeln wir den einfachsten Fall, nämlich den eines Kristallmaterials, das weitgehende plastische Dehnung zuläßt, wobei sichtbare, auf die Betätigung eines einzigen Gleitsystems hinweisende Translationsstreifung auftritt (vgl. beispielsweise Abb. 35). Die Translations*fläche* wird man dann häufig mit Hilfe eines LAUE-Bildes (Einfallsstrahl senkrecht zur Ebene der

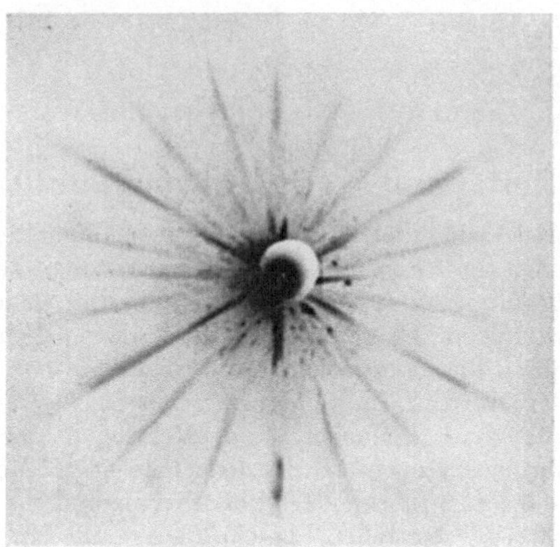

a Zn-Kristall; 6-zähliges Bild: $T = (0001)$; (113).

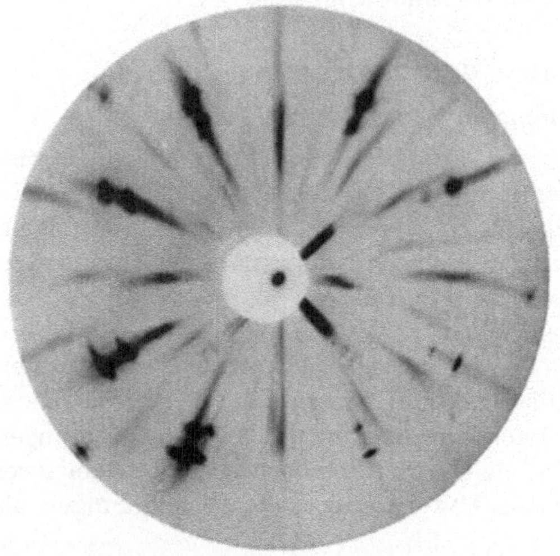

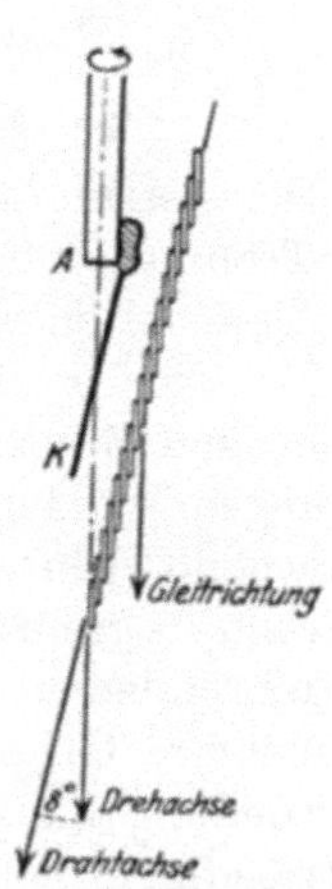

b bei hoher Temperatur gedehnter Al-Kristall;
4-zähliges Bild: $T = (001)$; (117).

Abb. 54a und b. Bestimmung der Translationsfläche (T)
aus Symmetrie von Laue-Aufnahmen.

Abb. 55. Kristalljustierung
zur Bestimmung der Trans-
lationsrichtung aus Dreh-
kristallaufnahmen (132).

Streifung) ermitteln können. Steht sie senkrecht zu einer Symmetrieachse des Kristalls, so reicht in der Regel bereits die dadurch

bedingte Symmetrie des LAUE-Bildes zur Indizierung der Translationsfläche hin (Abb. 54). Schwieriger gestaltet sich die Erken-

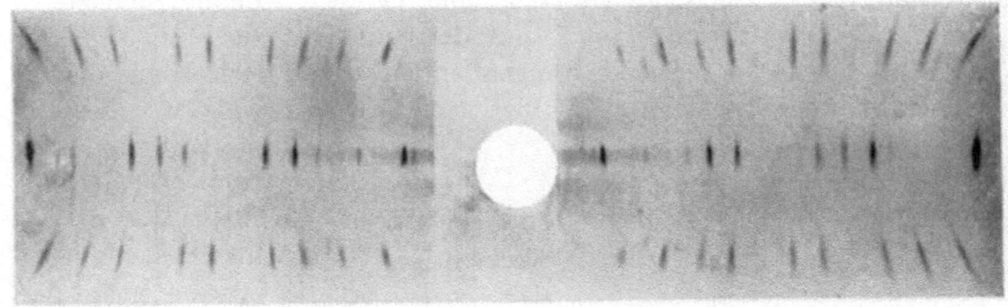

a Sn-Kristall; $t = [001]$; (114).

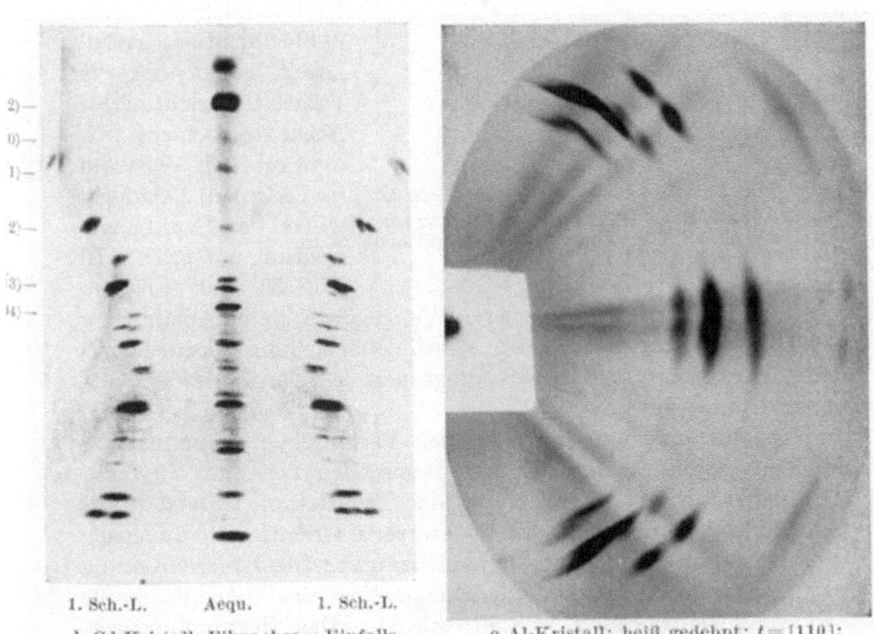

1. Sch.-L.   Aequ.   1. Sch.-L.

b Cd-Kristall; Filmachse = Einfallsstrahl; $t = [11\overline{2}0]$; (131).

c Al-Kristall; heiß gedehnt; $t = [110]$; (117).

Abb. 56 a—c. Bestimmung der Translationsrichtung (t) aus Drehkristallaufnahmen.

nung von T, wenn ihr Lot mit keiner Symmetrieachse zusammenfällt, da eine genaue Auswertung der LAUE-Aufnahmen wegen des starken, durch die vorangehende Dehnung bedingten Asterismus (vgl. Punkt 59) häufig sehr erschwert ist.

6*

Die Translations*richtung* (t) kann in weitgehend gedehnten Kristallen meistens durch eine Drehkristallaufnahme ermittelt werden (132). Die Lage von t ist hier ja (vgl. Abb. 34) nahezu durch die Schnittkante von T mit der senkrecht zur Bandebene stehenden, die Längsachse enthaltenden Symmetrieebene des Kristallbandes gegeben. Die Justierung des Kristalls für diese Drehkristallaufnahme erfolgt also derart, daß die Schnittkante der Translationsfläche mit der eben erwähnten Mittelebene des Bandes zur Drehungsachse wird (Abb. 55). Der Kristall kegelt somit um die Translationsrichtung als Achse mit einem Öffnungswinkel, der dem (nur kleinen) Neigungswinkel von T zur Längsrichtung entspricht. In Abb. 56 sind einige so

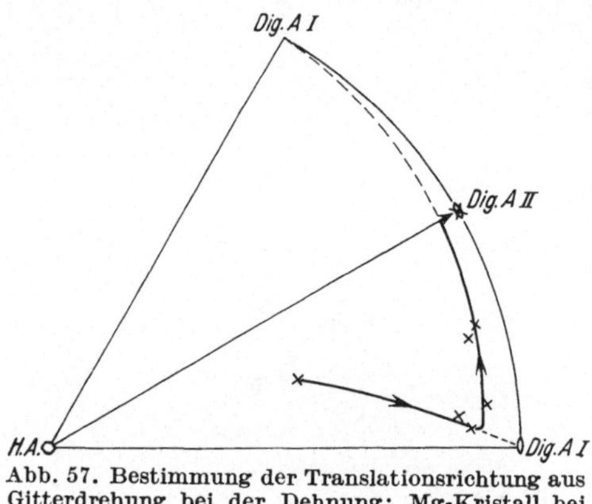

Abb. 57. Bestimmung der Translationsrichtung aus Gitterdrehung bei der Dehnung; Mg-Kristall bei über 225° C (nach 129).

erhaltene Drehkristalldiagramme wiedergegeben, deren Auswertung mit Hilfe der POLANYIschen Schichtlinienbeziehung (Formel 21/2) sofort zur Erkennung der kristallographischen Natur der Translationsrichtung führt.

Nach diesem röntgenographischen Verfahren, das unmittelbar die Translationselemente liefert, besprechen wir nun ein mehr mittelbares, das zur Feststellung der Translations*richtung* führt. Es wird dabei die in Punkt 26 erörterte Orientierungsänderung bei der Dehnung durch Translation benutzt. Die Umorientierung war ja als ein „Umfallen" der Längsachse des Kristalls in die wirksame Gleitrichtung erkannt worden. Das Bestimmungsverfahren für t beruht demnach darauf, durch Feststellung der Kristallorientierung in verschiedenen Stufen der Dehnung jene Richtung zu bestimmen, der sich die Längsachse mit zunehmender Dehnung nähert. Eine Überprüfung erfährt die erhaltene Translationsrichtung durch Anwendung der Dehnungsformel (26/1), welche das am Kristall feststellbare Ausmaß der Dehnung mit der Änderung des Winkels der Längsachse zur Translationsrichtung verknüpft.

Abb. 57 zeigt die Anwendung dieses Verfahrens auf das Beispiel des bei erhöhten Temperaturen gedehnten Magnesiumkristalls. Sowohl bei der ersten Translation (nach der Basis) als auch bei der neu hinzukommenden (nach einer Pyramidenfläche) erweist sich eine digonale Achse I. Art als wirksame Translationsrichtung.

Ganz entsprechend ist eine Bestimmung der Translations*fläche* aus der Gitterdrehung bei Stauchung möglich, da hier die Umorientierung in einem Umfallen der Längsrichtung in das Translationsflächenlot besteht (Nachprüfung des Stauchgrades mit Formel 26/7). Aus Dehnungsversuchen gewinnt man über T zunächst keine Angabe, außer der, daß sie die Translationsrichtung enthalten, also der Zone von t angehören muß. Nimmt man jedoch die physikalisch einleuchtende Voraussetzung hinzu, daß bei kristallographisch gleichwertigen Translationssystemen dasjenige sich betätigt, in dem in Translationsfläche und -richtung die größte Schubspannung herrscht[1], so ist unter Umständen doch aus der Verfolgung der Gitterdrehung allein auch ein Schluß auf die Translationsfläche möglich. Unter der weiteren Annahme, daß der Translationsfläche niedrige Indizes zukommen, kann man nämlich die Gesamtheit der Orientierungen so unterteilen, daß innerhalb jeden Teilgebietes die Schubspannung in einem bestimmten Translationssystem größer ist als die Schubspannung in den übrigen, kristallographisch gleichwertigen Systemen. Betätigt sich, der obigen Voraussetzung entsprechend, stets das mechanisch durch größte Schubspannung hervorgehobene Translationssystem, so ist die mit der Dehnung einhergehende Gitterdrehung in jedem Teilgebiet und damit im gesamten Orientierungsgebiet festgelegt. Der Vergleich der experimentell gefundenen Gitterdrehung mit den unter verschiedenen Annahmen über T berechneten Umorientierungen kann zur Ermittlung der Translationsfläche führen.

Ein Beispiel für die Anwendung dieses Verfahrens ist in Abb. 58 gegeben, welche die Gitterdrehung bei der Dehnung von hexagonalen Kristallen dichtester Kugelpackung $\left(\dfrac{c}{a} = 2\sqrt{\dfrac{2}{3}} = 1{,}633 \right)$ darstellt. Als Translationsrichtung ist die digonale Achse I. Art, als Translationsfläche die Basis (0001), Prisme I. Art (10$\bar{1}$0), Pyramide I. Art 1. und 2. Ordnung — (10$\bar{1}$1) und (10$\bar{1}$2) — der Darstellung zugrunde gelegt. Der Fall der Basistranslation ist von den drei übrigen Fällen sofort dadurch zu unterscheiden, daß dabei

---

[1] Es wird in Punkt 40 gezeigt werden, daß die Annahme voll zu Recht besteht.

im ganzen Orientierungsdreieck die Drahtachse auf die in einem Eckpunkt des Orientierungsdreiecks liegende digonale Achse I. Art (A) „umfällt" (Abb. 58a). Bei Wirksamkeit einer der drei anderen Translationsflächen neigt sich die Drahtachse dagegen, zum mindesten für den größten Teil der Ausgangsorientierungen, einer außerhalb liegenden digonalen Achse I. Art (B) zu. Für Prismentranslation geschieht dies im ganzen Orientierungsdreieck, während bei Pyramidentranslation (Abb. 58b) Teilgebiete in der Nähe der hexagonalen Achse zunächst Drehung auf (A) zu bedingen. Durch Untersuchung des Verhaltens von Kristallen aus dem Gebiet F kann auch noch zwischen den beiden Pyramidentranslationen entschieden werden. Während bei der Basistranslation eine digonale Achse I. Art (A) als Endlage bei weitgehender Dehnung angenähert wird, stellt sowohl bei Prismen- wie Pyramidentranslation eine digonale Achse II. Art (C) die Endorientierung der Längsachse gedehnter

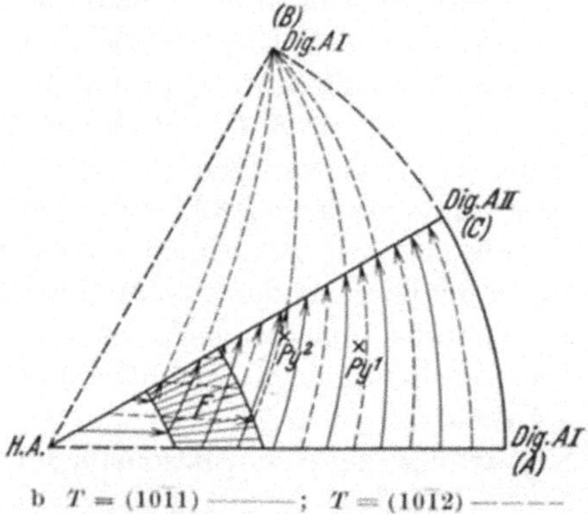

Abb. 58 a und b. Zur indirekten Bestimmung der Translationselemente hexagonaler Kristalle aus der Gitterdrehung bei der Dehnung.

Kristalle dar. Sie wird hier durch doppelte Translation nach zwei gleichwertigen Systemen erreicht.

Auf eine weitere Möglichkeit zur Bestimmung der Translationsfläche aus der Orientierungsabhängigkeit der Streckgrenze werden wir später (Punkt 40) hinweisen. Die in Abb. 58 eingezeichneten Punkte Ba, Pr, Py^1 und Py^2, welche die Ausgangsorientierungen niedrigster Streckgrenze darstellen, beziehen sich darauf.

In völlig anderer Weise als bisher beschrieben untersuchen TAYLOR und seine Mitarbeiter die plastische Verformung von Metallkristallen (116). Bei dem von ihnen benutzten Verfahren wird keineswegs vorausgesetzt, daß die Verformung auf kristallographischer Translation beruht; vielmehr wird der Verformungsmechanismus aus der Gestaltsänderung des Probekörpers bzw. auf ihm angebrachter Liniensysteme berechnet. Das Beispiel des Stauchversuches mit einem zylindrischen Kristallplättchen sei zur Erläuterung des Verfahrens kurz angegeben (115)[1]. Auf der Stirnfläche des Plättchens werden zwei Scharen von Streifen eingeritzt und ihre Verzerrung durch die Stauchung verfolgt. Das dabei benutzte Koordinatenkreuz sei so gewählt, daß die x-Achse stets parallel der einen Streifung verläuft, die y-Achse senkrecht dazu in der Stirnfläche und die z-Achse normal zur Stirnfläche (parallel der Druckrichtung) liegt. Die Koordinaten eines bestimmten Teilchens vor und nach der Deformation seien $(x_0\,y_0\,z_0)$ und $(x_1\,y_1\,z_1)$. Die Transformationsgleichungen lauten[2]

$$x_1 = \alpha\,x_0 + l\,y_0 + \mu\,z_0$$
$$y_1 = m\,y_0 + \nu\,z_0$$
$$z_1 = \gamma\,z_0$$

α, l, μ, m, ν und γ sind Konstanten, die sich aus der Gestaltsänderung der Probe und der Verzerrung der Streifungen berechnen lassen.

Die weitere Aufgabe besteht nun darin, den geometrischen Ort aller jener Richtungen zu suchen, die bei der Deformation ihre Länge nicht geändert haben. Die Bedingung dafür ist:

$$x_0^2 + y_0^2 + z_0^2 = x_1^2 + y_1^2 + z_1^2\,.$$

Durch Einsetzen der obigen Transformationsformeln ergibt sich die Gleichung des ,,unstreched cone'' in der Ausgangslage (Kegelfläche 2. Ordnung). Nach Einführung von Polarkoordinaten (Θ = Winkel zwischen der betrachteten Richtung und der z-Achse, Φ = Winkel zwischen Projektion dieser Richtung auf xy-Ebene und der x-Achse) erhält man die Gleichung der ungedehnten Kegelfläche in der Form $f\,(\Theta,\,\Phi) = 0$. Mit ihrer Hilfe kann man nun die den einzelnen Φ-Werten zugehörigen Θ-Werte berechnen

---

[1] Die Anwendung auf den Zugversuch ist in (121) gegeben.

[2] Wegen der besonderen Wahl der x-Richtung ist y_1 von x_0 unabhängig. Ebenen parallel zur Stirnfläche bewahren diese parallele Lage; z_1 ist also nur von z_0 und dem Maß der Stauchung abhängig.

und die ungedehnte Kegelfläche in eine stereographische Darstellung mit der xy-Ebene als Projektionsebene eintragen. Es zeigt sich dabei, daß in der Regel die ungedehnte Kegelfläche in zwei Ebenen entartet ist, daß es sich also wirklich um eine ebene Deformation handelt[1].

Welche der beiden Ebenen die Translations*fläche* (T) darstellt, kann auf verschiedene Art festgestellt werden. 1. Die Bestimmung der Lage des Kristallgitters in bezug auf die beiden Ebenen vor und nach der Deformation ergibt, daß nur eine der Ebenen (eben jene, die mit T übereinstimmt) relativ zu den Kristallachsen ihre Orientierung beibehält. 2. Tritt bei der Verformung Translationsstreifung auf, so läßt sich auch bei undeutlicher Ausbildung der Streifung mit ihrer Hilfe in der Regel die Entscheidung zwischen den beiden Ebenen treffen. 3. Es werden der Ausgangszustand und *zwei* Stufen der Deformation untersucht. Die ungedehnt gebliebenen Ebenen werden nach der ersten und zweiten Verformung ermittelt. Eine derselben, nämlich T, behält dabei ihren kristallographischen Charakter bei.

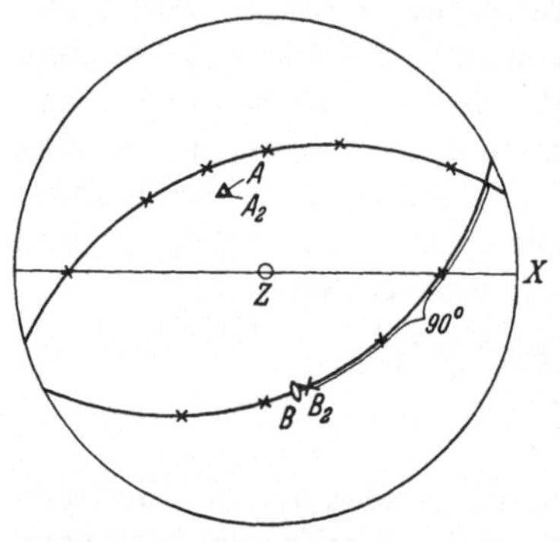

Abb. 59. Stereographische Darstellung der ungedehnten Kegelfläche eines gestauchten Al-Kristalls (115).

Die Translations*richtung* (t) ergibt sich bei diesem Verfahren als jene Richtung, die senkrecht zur Schnittkante der beiden Ebenen in T liegt (vgl. hierzu die völlig analogen geometrischen Erörterungen bezüglich der beiden Kreisschnittebenen der mechanischen Zwillingsbildung in Punkt 31).

Als Beispiel der Anwendung dieser Methode ist in Abb. 59 die stereographische Darstellung der ungedehnten Kegelfläche eines gestauchten Aluminiumkristalls gegeben, die aufs deutlichste die Entartung in zwei Ebenen erkennen läßt. Eine von beiden fällt mit einer (111)-Ebene des Kristalls zusammen, wie aus der Koinzidenz ihres Lotes (A_2) mit einer [111]-Richtung (A) hervorgeht. Die in ihr liegende, von der Schnittkante beider Ebenen um 90°

---

[1] Eliminiert man nicht x_1, y_1 und z_1, sondern x_0, y_0 und z_0 in der obigen Bedingung, so erhält man die Gleichung der ungedehnten Kegelfläche nach der Deformation.

entfernte Richtung (B_2) fällt nahezu mit einer [101]- Richtung (B) zusammen. Diese beiden Gitterelemente, Oktaederfläche (111) und Flächendiagonale [10$\bar{1}$] sind so als Translationselemente des Aluminiumkristalls erkannt.

Auch der bereits in Punkt 28 besprochene Fall der Kristallverformung bei gleich günstiger Lage zweier Translationssysteme zur Kraftrichtung läßt sich mit Hilfe der ungedehnten Kegelfläche, die hier im allgemeinen nicht mehr in zwei Ebenen entartet ist, analysieren. Es zeigt sich so, daß die Verformung in der Tat in einer doppelten Translation entlang der beiden gleichberechtigten Translationssysteme besteht.

35. Translationselemente von Metallkristallen.

Die Ergebnisse der bisherigen Bestimmungen der Translationselemente von Metallkristallen sind in Tabelle 6 zusammengestellt. Die letzte Spalte der Tabelle enthält auch noch die an den Kristallen beobachteten Spalt- bzw. Reißebenen.

Bei den *kubisch-flächenzentrierten* Metallen tritt bei Raumtemperatur stets nur Oktaedertranslation ein. Noch nicht völlig geklärt sind die Verhältnisse bei den *kubisch-raumzentrierten* Metallen. Insbesondere war beim α-Eisen auf das Bestehen einer „Stäbchengleitung" geschlossen worden, bei welcher nur die *Richtung* der Abgleitung kristallographisch gegeben sein sollte (121)[1]. Spätere Arbeiten (122, 123) machen es indessen sehr wahrscheinlich, daß auch hier die Auswahl *beider* Translationselemente streng kristallographisch erfolgt. Bei den *hexagonalen* Metallen wurde bisher stets die Basis als singuläre Translationsfläche mit den drei digonalen Achsen I. Art als Translationsrichtungen beobachtet.

Beim *tetragonalen* β-Zinnkristall treten schon bei Raumtemperatur kristallographisch ungleichwertige Translationssysteme auf. Allerdings ist die Translation mit $T = (110)$, $t = [001]$ sehr begünstigt. Von den *rhomboedrischen* Metallen zeigt nur Wismut ausgiebige Translation. Beste Translationsfläche ist hier die Basis, aber auch die drei gleichwertigen (111)-Flächen scheinen als Translationsflächen aufzutreten. Ob außer den [10$\bar{1}$]-Richtungen auch noch die [101]-Richtungen gleitfähig sind, ist noch nicht mit Sicherheit entschieden. Die Plastizität der *Tellur*kristalle äußert sich

---

[1] Auch am gleichfalls kubisch-raumzentrischen β-Messing soll in einem gewissen Orientierungsbereich dieser Mechanismus wirksam sein. Die übrigen Orientierungen geben Translation mit $T = (101)$, $t = [111]$ (125).

Tabelle 6. Translationselemente und Spaltflächen von

| Metall | Gittertypus, Kristallklasse | Translationselemente | | | | Dichtest b… | |
| | | bei 20° C | | bei erhöhter Temperatur kommen hinzu | | Netz-ebenen | (k |
		T	t	T	t		
Aluminium .	kubisch-flächenzentriert O_h	(111)	[10$\bar{1}$]	ab 450° C (100)	[011]	1. (111) 2. (100) 3. (110)	1. 2. 3.
Kupfer . . .							
Silber . . .							
Gold							
Blei		(111)					
α-Eisen . . .	kubisch-raumzentriert O_h	— (101) (112) (123)	[111] [11$\bar{1}$]			1. (101) 2. (100) 3. (111)	1. 2. 3.
Wolfram . .		(123) (112)	[11$\bar{1}$] [11$\bar{1}$]				
Magnesium .	hexagonal, dichteste Kugelpackung D_{6h}	(0001)	[11$\bar{2}$0]	ab 225° C (10$\bar{1}$1) oder (10$\bar{1}$2)	[11$\bar{2}$0]	(0001)	[
Zink				—	—		
Kadmium .				—	—		
β-Zinn (weiß)	tetragonal D_{4h}	(110) (100) (101) (121)	[001] [001] [10$\bar{1}$]	ab 150° C (110)	[$\bar{1}$11]	1. (100) 2. (110) 3. (101)	1. 2. 3. 4.
Arsen . . .	rhomboedrisch D_{3d}	(111) (11$\bar{1}$)	[10$\bar{1}$] evtl. auch [101]			1. (1$\bar{1}$0) 2. (11$\bar{1}$)	1. 2.
Antimon . .							
Wismut . .							
Tellur . . .	hexagonal D_3	(10$\bar{1}$0)	[11$\bar{2}$0] ?			(10$\bar{1}$1)	

lediglich in einer geringen Biegsamkeit, die durch Translation nach der auch als Spaltfläche auftretenden $(11\bar{2})$-Fläche (Prismenfläche I. Art bei hexagonaler Auffassung) bedingt wird.

Bei Betrachtung des in Tabelle 6 enthaltenen Versuchsmaterials tritt eine schon frühzeitig erkannte Beziehung zwischen Gleitfähigkeit und Belegungsdichte deutlich hervor (137). Stets sind es die dichtest belegten Gitterkanten, die als Translationsrichtungen wirksam sind, und in der Regel sind auch die Translationsflächen besonders dicht belegte Netzebenen. Versuche einer gittermäßigen Ableitung der Translationselemente sind bisher noch nicht erfolgreich gewesen: Betrachtung der Translation im Kugelhaufen mit kubisch-flächenzentrierter und kubisch-raumzentrierter Symmetrie führte nicht zum Verständnis der an diesen Kristallen beobachteten Translationselemente (138); Bestimmung der Gleitmoduln verschiedener Ebenen zeigte, daß die wirksamen Translationselemente keineswegs durch einen Mindestwert ausgezeichnet sind (139).

Erhöhung der Versuchstemperatur führte bisher in keinem Falle zum Verschwinden von bei Raumtemperatur wirksamen Translationselementen, wohl aber treten in mehreren Fällen neue Gleitmöglichkeiten hinzu. Es ist anzunehmen, daß eingehende Untersuchung der plastischen Verformung bei Temperaturen bis in die Nähe des Schmelzpunktes auch noch in zahlreichen weiteren Fällen zur Feststellung neuer Translationen führen wird.

Wenn auch die Mehrzahl der Translationselemente von Metallkristallen auf Grund statischer Zugversuche ermittelt worden ist, so sei doch besonders betont, daß auch bei allen anderen Beanspruchungsarten [Druck, Torsion, dynamische und Wechselbeanspruchung, vgl. z. B. (140)] stets dieselben, durch die Natur des Gitters bedingten Translationselemente wirksam sind.

Schließlich sei noch hervorgehoben, daß die an Kristallen reiner Metalle beobachteten Translationselemente auch immer bei den α-Mischkristallen der betreffenden Metalle wieder gefunden wurden.

36. Auswirkung der Translation.

Nach der Aufzählung der bei Metallkristallen beobachteten Translationselemente beschreiben wir nun die Auswahl unter ihnen bei den verschiedenen Beanspruchungsarten und die durch ihre Betätigung bewirkten Gitterdrehungen.

Für den Fall der Kristalldehnung bei Vorhandensein einer singulären Translationsfläche (hexagonale Metalle) ist die eintretende Gitterdrehung bereits in Abb. 58a dargestellt. Als Ergänzung ist nur hinzuzufügen, daß für Ausgangslagen in der Nachbarschaft einer Prismenfläche II. Art auch eine zweite, dann nur wenig ungünstiger liegende digonale Achse I. Art als Translationsrichtung wirksam wird, also zunächst Abgleitung entlang derselben Fläche in zwei Richtungen erfolgt (vgl. Punkt 28). Liegt die Längsachse exakt in einer Prismenfläche II. Art, so

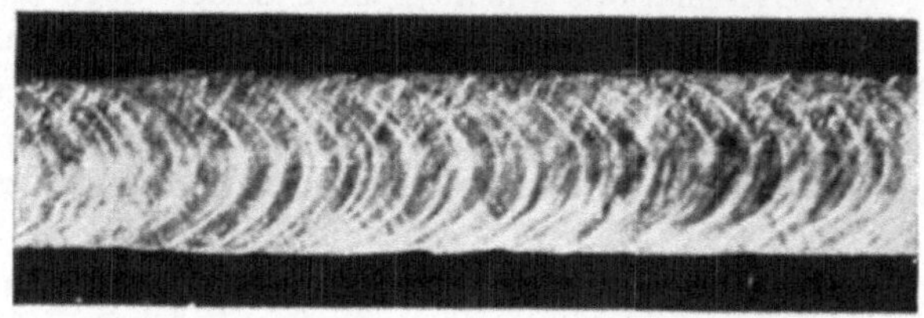

a Außer der derben Basistranslationsstreifung auch zwei durch Pyramidentranslation bedingte Streifungssysteme erkennbar.

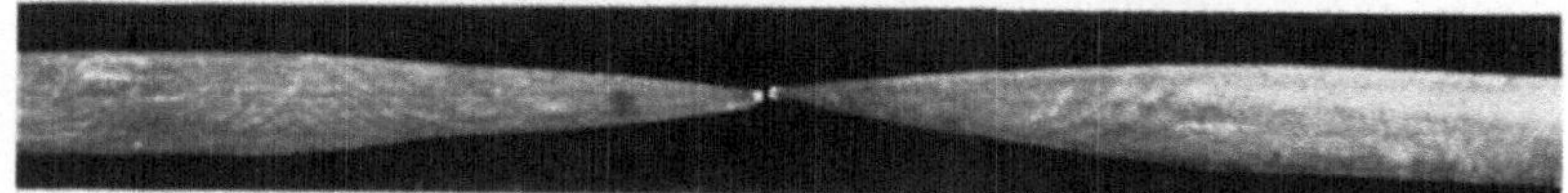

b Seitliche Einschnürung durch Pyramidentranslation.
Abb. 60a und b. Heißgedehnte Mg-Kristalle (129).

bleiben beide Translationen bestehen, und die Längsachse des Kristalls nähert sich immer mehr einer digonalen Achse II. Art, der Symmetralen der beiden wirksamen Gleitrichtungen; dagegen gewinnt bei nicht völliger Gleichberechtigung der beiden Translationsrichtungen die geometrisch günstiger liegende sehr bald die Oberhand, und die weitere Orientierungsänderung verläuft wie in Abb. 58a dargestellt (129). Die Umorientierung durch die bei höherer Temperatur im Falle des Magnesiums beobachtete Pyramidentranslation ist ebenfalls schon früher (Abb. 57) zur Darstellung gebracht. Die von der neuen Translation herrührende Streifung an der Oberfläche des Kristalls und seine Formänderung (seitliche Einschnürung des Bandes) zeigt Abb. 60.

Bei den kubisch-flächenzentrierten Metallen sind zwölf kristallographisch gleichwertige Systeme (vier Oktaederebenen mit je drei Flächendiagonalen) vorhanden. Welches davon bei der Dehnung in Tätigkeit tritt, hängt von der Richtung der wirksamen Kraft zu den kristallographischen Achsen ab. Wie besonders im Falle des Aluminiums ausführlich gezeigt worden ist (116), tritt die Translation stets nach dem durch höchste Schubspannung ausgezeichneten System ein[1]. Abb. 61 gibt die Auswahl des bei verschiedenen Orientierungen der Kraftrichtung wirksamen Translationssystems an. Jedes der eingezeichneten Dreiecke, das durch Anwendung der dem Kristall zugehörigen Symmetrieoperationen zu einer Überdeckung des gesamten Orientierungsbereiches führt, ist durch ein bestimmtes, günstigstes Translationssystem ausgezeichnet.

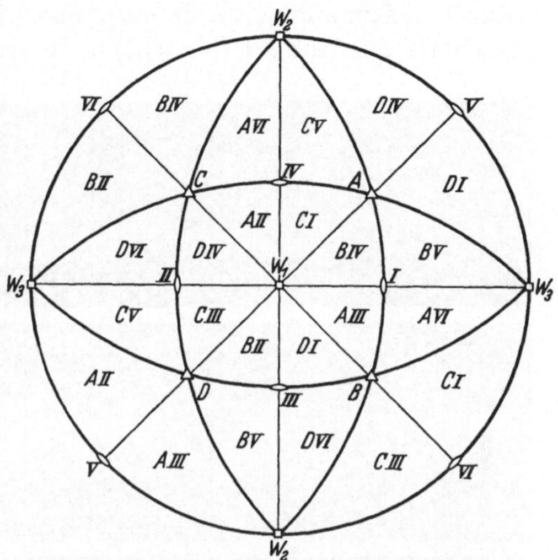

Abb. 61. Auswahl des bei Dehnung von kubisch-flächenzentrierten Kristallen wirksamen Oktaedertranslationssystems (116). $A-D$ Translationsflächenpole, $I-VI$ Translationsrichtungen.

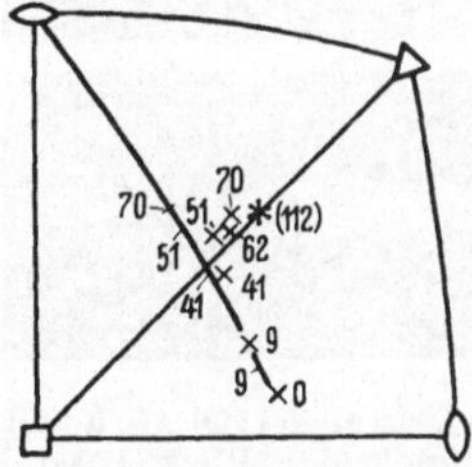

Abb. 62. Umorientierung bei der Dehnung eines Al-Kristalls (116). × Nach den angeschriebenen Dehnungen (in %) beobachtete Orientierungen der Längsachse. / Unter der Annahme einfacher Translation berechnete Orientierungen [Formel (26/1)].

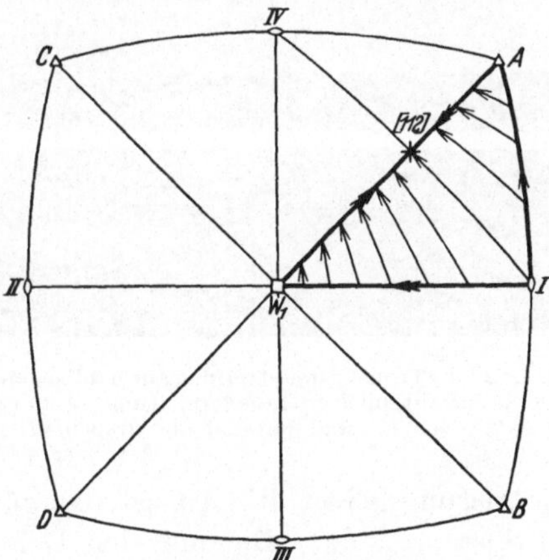

Abb. 63. Gitterdrehung bei Dehnung durch Oktaedertranslation.

---

[1] Auf die Berechnung der Schubspannung wird in Punkt 40 ausführlich eingegangen.

Die mit der plastischen Verformung einhergehenden Gitter-
drehungen sind für die Dehnung an Hand eines experimentellen
Beispiels [Aluminium (Abb. 62)] und der Abb. 63 (die einen
Ausschnitt aus Abb. 61 darstellt) erläutert. Im stark umrandeten

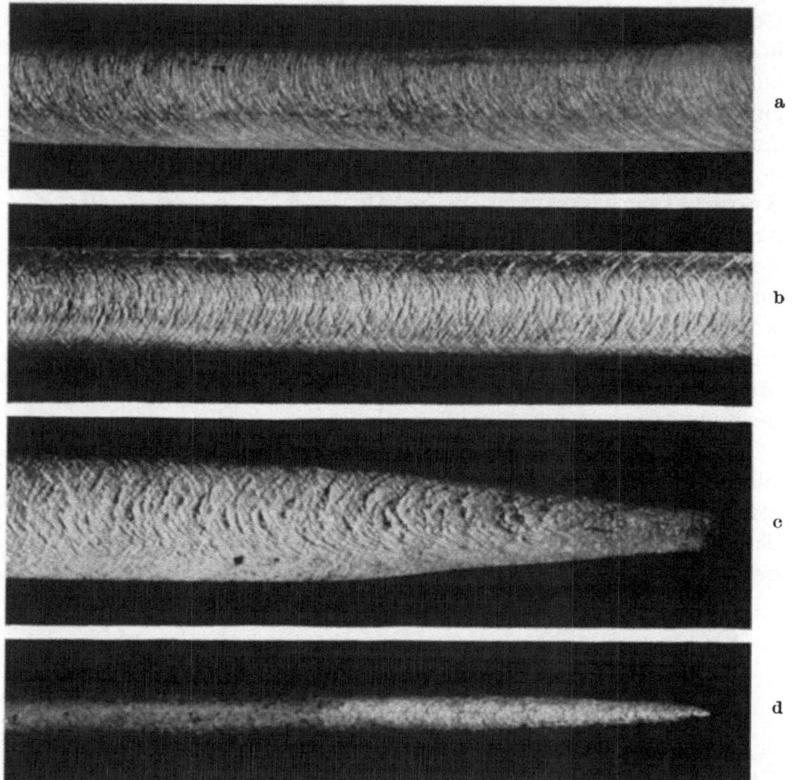

Abb. 64 a—d. Translationsstreifung auf heiß gedehnten Al-Kristallen (400 °C). a und b
Einfache und doppelte Oktaedergleitung, c und d Würfelgleitung; Blick senkrecht
und parallel der ursprünglichen Bandebene.

Orientierungsgebiet $W_1\,A\,I$ ist das günstigste Translationssystem
das System $B\,IV$. Die mit der Dehnung einhergehende Gitterdrehung ist demnach durch die auf IV weisenden Pfeile gegeben.
Die Translationsrichtung IV wird jedoch keineswegs erreicht;
gelangt nämlich die Längsachse auf ihrem Weg in die Dodeka-
ederebene $W_1\,A$, so wird ein zweites Translationssystem $(C\,I)$

geometrisch mit dem zuerst wirksam gewordenen gleich begünstigt. Die nun einsetzende doppelte Translation nach den beiden Systemen bedingt eine Bewegung der Längsachse in der Symmetrieebene $W_1 A$ auf die Winkelhalbierende [112] der wirksamen Translationsrichtungen zu. Dieser Richtung nähert sich die Längsachse der bei Raumtemperatur gedehnten Kristalle.

Abweichungen von dem hier geschilderten Normalfall treten erstens auf, wenn die Längsachse der Kristalle schon ursprünglich in einer Symmetrieebene lag und demgemäß von Haus aus zwei oder mehrere Systeme gleichwertig waren (141, 142). Zweitens werden bei hohen Temperaturen Abweichungen beobachtet. In diesem Fall tritt bei Aluminium bei Ausgangsorientierungen aus dem Gebiet $A I$ [112] des Orientierungsdreiecks (Abb. 63) außer der Oktaedertranslation auch Würfeltranslation nach dem hier günstigsten System $W_1 V$ auf. Unter gemeinsamer Wirkung der beiden Gleitungen strebt die Längsachse einer Endlage parallel der Raumdiagonalen (A) zu. Die der Reihe nach auftretenden Translationsstreifungen sind in Abb. 64 a bis d dargestellt. Auch Kristalle aus dem Orientierungsgebiet $W_1 I$ [112] zeigen bei hohen Temperaturen abweichendes Verhalten. Hier scheinen schon vor Errei-

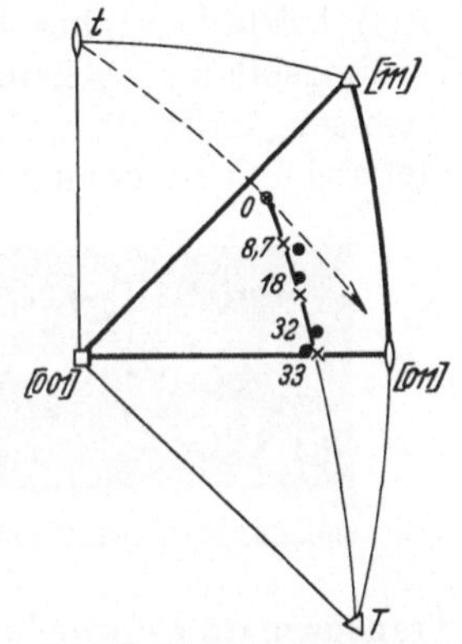

Abb. 65. Umorientierung bei der Stauchung eines Al-Kristalls (144). Beobachtung (●) und nach Formel 26/7 erfolgte Berechnung (×) nach den angegebenen Stauchgraden (in %).

chung der Symmetralen mehrere Oktaedertranslationen wirksam zu werden, die eine Annäherung an die Würfelkante W_1 herbeiführen [(117), vgl. auch (141) und (143)].

Auch bei der Stauchung von Aluminiumkristallen tritt zunächst das durch höchste Schubspannung mechanisch hervorgehobene Oktaedertranslationssystem in Tätigkeit (144). Die Unterteilung des gesamten Orientierungsgebietes in Bereiche gleichen günstigsten Translationssystems ist dieselbe wie beim Zugversuch (Abb. 61), da ja nur das Vorzeichen der Kraft sich geändert hat. Die mit Betätigung eines Oktaedersystems einhergehende Gitterdrehung geht jedoch, wie bereits in Punkt 26 dargelegt, nicht aus der für Dehnung gültigen durch Umkehrung des Sinnes hervor. Sie besteht vielmehr in einem Umfallen der „Längsrichtung" in das Lot auf die wirksame Translationsfläche. Abb. 65 gibt ein entsprechendes Beispiel.

37. Bestimmung der Zwillingselemente.

Wie die Bestimmung der Translationselemente kann auch die der Zwillingselemente (Gleitfläche K_1 und Gegenrichtung η_2 für Schiebungen 1. Art; 2. Kreisschnittsebene K_2 und Gleitrichtung η_1 für Schiebungen 2. Art) auf mannigfache Art durchgeführt werden. Grundsätzlich ist die Aufgabe gelöst, wenn für mehrere (mindestens zwei) kristallographische Ebenen die Indizes vor und nach der Zwillingsbildung bekannt sind. Ihre Ermittlung wird bei ebenflächiger Kristallbegrenzung durch mikroskopische und goniometrische Vermessung der Zwillingslamellen durchgeführt. Die

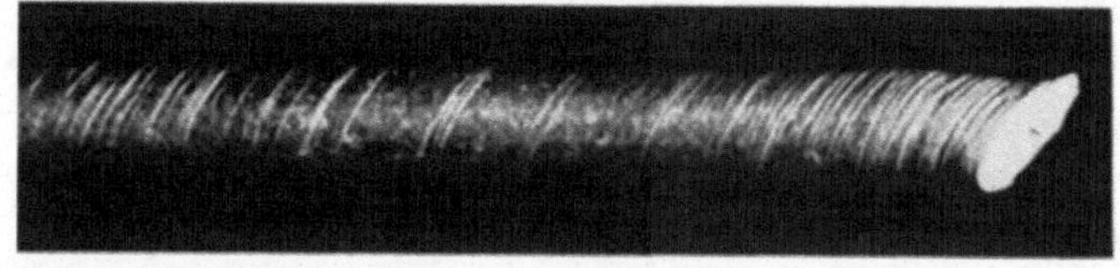

Abb. 66. Mg-Kristall mit Deformationszwillingen nach $K_1 = (10\bar{1}1)$; (149).

Transformationsformeln (32/3) liefern, nach (HKL) und $[UVW]$ aufgelöst, sodann die kristallographischen Indizes der Zwillingselemente [1].

Bei den hier bevorzugt behandelten Metallkristallen liegen indessen in der Regel keine kristallographisch begrenzten Polyeder vor. Wir beschreiben daher im folgenden die Verfahren, die besonders bei Fehlen von Kristalltracht anwendbar sind und allerdings zunächst nur auf die 1. Kreisschnittsebene K_1 führen.

Unmittelbar erhält man K_1, wenn es gelingt, eine LAUE-Aufnahme senkrecht zur Zwillingsebene anzufertigen. Hierzu ist erforderlich, daß die Lage der Ebene durch die Zwillingsstreifung genügend definiert ist. Die Abb. 66 und 67 zeigen die Anwendung dieses Verfahrens bei Feststellung der $(10\bar{1}1)$-Ebene als Zwillingsebene des Magnesiums. Schwierigkeiten können dieser Methode vor allem durch starke Verzerrung der Interferenzflecken (Asterismus, s. Punkt 59) erwachsen, die bisweilen die Diagramme unauswertbar macht.

---

[1] Voraussetzung hierfür ist allerdings, daß nicht auch die zweite Ebene in der durch die erste Ebene in Ausgangs- und Zwillingsstellung bestimmten Zone liegt.

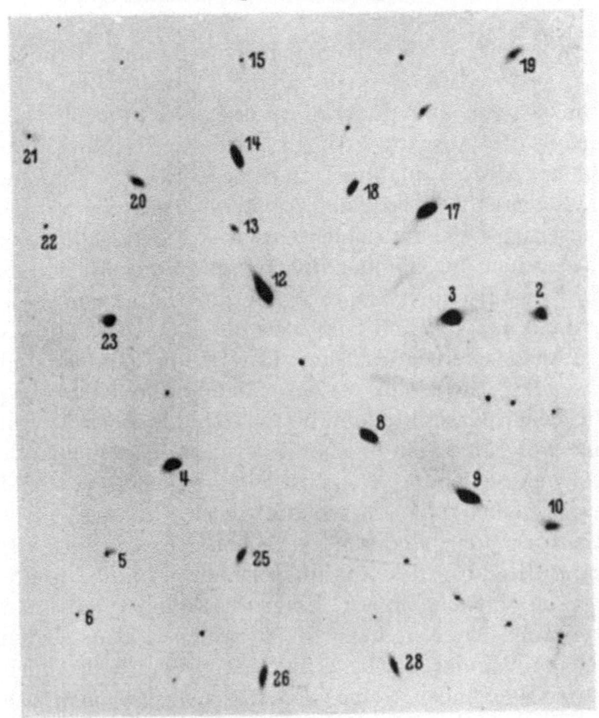

a Laue-Bild senkrecht K_1.

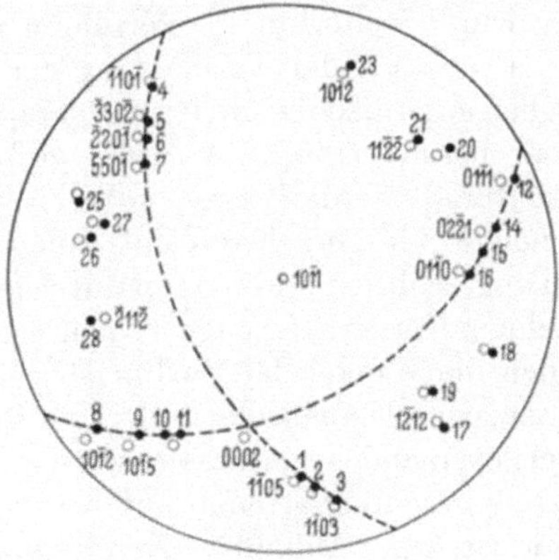

b Polfigur der reflektierenden Ebenen; nahe Übereinstimmung mit der Polfigur um (1011).

Abb. 67 a und b. Bestimmung von Zwillingsebenen aus Laue-Aufnahmen; Mg-Kristall (149).

Schmid-Boas, Kristallplastizität.   7

Ein zweiter Weg zur röntgenographischen Ermittlung von K_1 (bzw. η_1) ist gangbar, wenn es gelingt, eine so breite Zwillingslamelle im untersuchten Kristall zu erzeugen, daß ebenso wie die Orientierung des Ausgangskristalls auch die des Zwillings (durch Laue-Bilder oder Aufnahmen in einem Röntgengoniometer) in bezug auf dasselbe Koordinatensystem ermittelt werden kann. Die gegenseitige Lage der beiden Orientierungen ist ja ganz gesetzmäßig; sie gehen auseinander durch Spiegelung an der Zwillingsebene K_1 (bzw. Drehung um 180^0 um die Gleitrichtung η_1) hervor. Zeichnet man also die Polfiguren für die Ausgangs- und Zwillingslage in dieselbe stereographische Darstellung ein, so findet man im Falle einer Schiebung 1. Art übereinstimmende Lage *einer* Ebene in beiden Kristallteilen, die mit K_1 identisch ist. Spiegelung an ihrem Pol führt entsprechende Richtungen ineinander über. Im Falle einer Schiebung 2. Art ist eine rationale Kristallrichtung, nämlich η_1, beiden Gitterlagen, die durch Drehung um 180^0 um diese Richtung auseinander hervorgehen, gemeinsam. Erleichtert wird die Auffindung des Zwillingselementes dann, wenn es sich um Kristalle mit singulären Ebenen handelt; in diesen Fällen wird von ihm der Neigungswinkel zwischen den beiden Lagen einer solchen singulären Ebene halbiert. Wenn auch nach diesem Verfahren bisher noch keine neuen Zwillingselemente ermittelt worden sind, so konnten doch in mehreren Fällen frühere Ergebnisse bestätigt werden (145, 146, 147).

Mit viel Erfolg wurde weiterhin ein Verfahren zur Bestimmung von K_1 angewendet, das auf der Vermessung der Neigungswinkel von Zwillingslamellen gegenüber einem kristallographisch bekannten Koordinatensystem beruht (148). An sehr grobkörnigem (oder einkristallinem) Material werden zwei unter bekanntem Winkel gegeneinander geneigte (im einfachsten Fall aufeinander senkrecht stehende) Flächen angeschliffen und sodann durch leichte Stauchung Zwillinge in einzelnen Körnern erzeugt. Nach erneuter Polierung der Flächen können die Winkel der Zwillingsebenen sowohl gegen die beiden Bezugsebenen als auch, bei Auftreten mehrerer Scharen von Zwillingen, gegeneinander vermessen werden. Voraussetzung dazu ist, daß derselbe Zwillingsstreifen auf beiden angeschliffenen Flächen erkennbar ist (vgl. Abb. 68). Kennt man nun die Lage der Bezugsebenen zu den kristallographischen Achsen, so ist auch die Lage der Zwillingsebenen in bezug auf diese Achsen bestimmt. Bei mehreren Scharen gleichwertiger Zwillingsebenen ergibt sich ihre kristallographische Natur auch schon aus den gegenseitigen Neigungswinkeln.

Diese drei für kristallographisch gesetzlose Kristallbegrenzung beschriebenen Verfahren führen nur auf die 1. Kreisschnittsebene K_1. Lediglich die an zweiter Stelle besprochene Methode kann darüber hinaus auch noch die Gleitrichtung η_1 und damit auch die Ebene der Schiebung liefern. Aber auch in den anderen Fällen führt, wenn es sich, wie bei den Metallen, um höher symmetrische Kristalle handelt, folgende Überlegung zur Bestimmung von η_1. Existiert nämlich eine senkrecht zu K_1 stehende Symmetrieebene, so muß diese Ebene mit der Ebene der Schiebung, ihr Schnitt mit K_1 also mit η_1 zusammenfallen. Andernfalls würde nämlich im verzwillingten Teil die ursprünglich vorhandene Symmetrieebene diese Eigenschaft verlieren. Man erkennt das unmittelbar dadurch, daß in Ebenen senkrecht zur Ebene der Schiebung nur jene

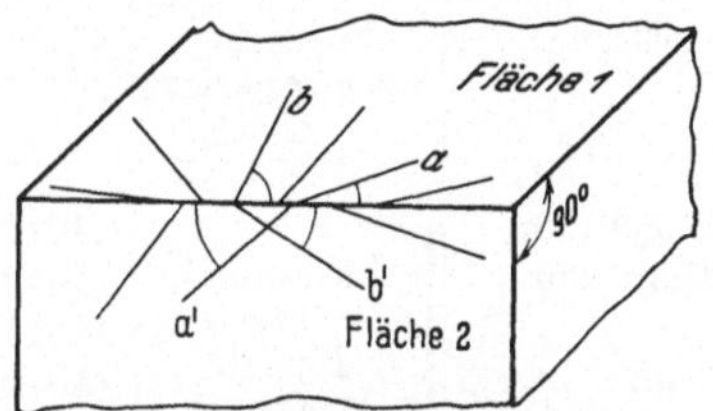

Abb. 68. Bestimmung von K_1 durch Vermessung der Spuren von Zwillingslamellen auf zwei am Kristall angeschliffenen Flächen (148). Be-Kristall.

Richtungen gleiche Verzerrung bei der Verzwillingung erleiden, die gleiche Winkel mit der Ebene der Schiebung bilden. Besteht nun aber noch eine ebenfalls auf K_1 senkrechte, zur Ebene der Schiebung *geneigte* Spiegelebene, so müßten auch in bezug auf diese Ebene symmetrisch liegende Richtungen gleiche Verzerrungen erleiden, was mit dem Mechanismus der einfachen Schiebung unverträglich ist.

Kennt man außer K_1 auch noch die Indizes einer Richtung oder Ebene vor und nach der Verzwillingung, so kann man mit Hilfe der Gleichungen (32/2) oder (32/3) die Indizes $[U V W]$ der Grundzone η_2 und damit weiterhin die 2. Kreisschnittsebene und den Betrag der Schiebung ermitteln.

In den einfachsten Fällen wird man auf Grund der Kenntnis von K_1 und η_1 auch bereits durch Betrachtung der Bewegung der Gitterpunkte in der Ebene der Schiebung die 2. Kreisschnittsebene K_2 und η_2 erschließen können (vgl. den folgenden Punkt).

38. Zwillingselemente von Metallkristallen.

Eine Übersicht über die bisher bei der mechanischen Verzwillingung von Metallkristallen beobachteten Schiebungselemente ist in Tabelle 7 gegeben. Außer den beiden Kreisschnittsebenen

Tabelle 7. Schiebungselemente von Metallkristallen.

Metall	Gittertypus, Kristallklasse	1. Kreisschnittsebene K_1	2. Kreisschnittsebene K_2	Betrag der Schiebung s	Literatur
α-Eisen . . .	kubisch-raumzentriert O_h	(112)	(11$\bar{2}$)	0,7071 $(= 1/2\,\sqrt{2})$	(150)
Beryllium . .	hexagonal, dichteste Kugelpackung D_{6h}	(10$\bar{1}$2)	(10$\bar{1}$2)[1]	0,186	(148)
Magnesium .		(10$\bar{1}$2)	(10$\bar{1}$2)[1]	0,131	(148)
		(10$\bar{1}$1)			(151)
Zink		(10$\bar{1}$2)	(10$\bar{1}$2)	0,143 $\left(= \dfrac{(c/a)^2 - 3}{c/a\,\sqrt{3}}\right)$*	(148), (152)
Kadmium .		(10$\bar{1}$2)	(10$\bar{1}$2)[1]	0,175	(148)
β-Zinn (weiß)	tetragonal D_{4h}	(331)	(1$\bar{1}$$\bar{1}$)	0,120	(153)
Arsen . . .	rhomboedrisch D_{3d}	? (011)	(100)	0,256	(154)
Antimon . .		(011)	(100)	0,146	(155), (156)
Wismut . .		(011)	(100)	0,118 $\left(= \dfrac{2\cos\alpha}{\sin\alpha/2}\right)$**	(156)

ist auch noch der Betrag der Schiebung verzeichnet. Nicht enthalten sind in der Tabelle die zahlreichen Beobachtungen über *Wachstums*zwillinge von Metallen, die besonders bei Rekristallisation nach vorangehender Kaltbearbeitung in vielen Fällen auftreten.

Quantitative Untersuchungen an kubischen Metallen liegen bisher nur für *raumzentriertes α-Eisen* vor. Beide Kreisschnitts-

---

[1] In diesen Fällen liegt eine Bestimmung von K_2 noch nicht vor. Entsprechend dem Verhalten des Zinkkristalls wurde zunächst ebenfalls (10$\bar{1}$2) als 2. Kreisschnittsebene angenommen und zur Berechnung von s herangezogen.

* c und a = Achsenlängen.

** α = Rhomboederwinkel.

ebenen sind hier kristallographisch gleichwertig und demgemäß sind es auch Gleitrichtung und Grundzone ([111]-Richtungen). Man spricht, wenn sich K_1 und K_2, bzw. η_2 und η_1 wechselseitig ersetzen können, von reziproken Schiebungen. Für den Fall der Betätigung mehrerer Zwillingsebenen tritt durch Bildung innerer Hohlräume — RosEsche Hohlkanäle (157, 158) — eine Volumenvermehrung auf, die bisweilen erhebliches Ausmaß annimmt und beispielsweise beim Eisen theoretisch bis auf 50% steigen kann (159). Trotzdem mechanische Verzwillingung auch bei *kubisch-flächenzentrierten* Metallen wiederholt beobachtet worden ist [vgl. z. B. (159a)], liegen systematische Untersuchungen darüber noch nicht vor. Immerhin kann vermutet werden, daß K_1 hier mit der bei Wachstumszwillingen stets beobachteten Zwillingsebene (111) identisch ist. Diese Annahme führt dann auf $(1\bar{1}0)$ als Ebene der Schiebung, auf $\eta_1 = [11\bar{2}]$ und, auf Grund der in Abb. 69 dargestellten Bewegung der Gitterpunkte in der Ebene

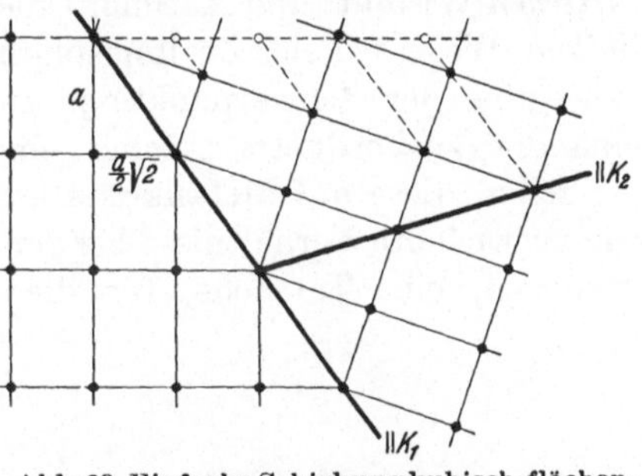

Abb. 69. Einfache Schiebung kubisch-flächenzentrierter Kristalle mit $K_1 = (111)$ (Ebene der Schiebung).

der Schiebung, auf $K_2 = (111)$, $\eta_2 = [112]$ und $s = 1/2\,\sqrt{2} = 0{,}7071^1$ [vgl. (138)].

Bei den *hexagonalen* Metallen wurde bisher stets die Pyramidenfläche I. Art, 2. Ordn. als Zwillingsebene beobachtet. *Einer* Translationsfläche stehen hier also *sechs* Gleitflächen für einfache Schiebung gegenüber. Eine exakte Bestimmung von K_2 ist nur für den Zinkkristall durchgeführt, für den außer der direkten Bestimmung von K_1 auch die Indizes einer Fläche (der Basis) vor und nach der Zwillingsbildung ermittelt werden konnten. Die Angaben für K_2 und s in den übrigen Fällen werden bisher bloß aus Analogiegründen nahegelegt. Eine Betrachtung der Bewegung der Gitterpunkte in der Ebene der Schiebung zeigt, daß es sich im Falle der hexagonalen Metalle keineswegs um eine strenge einfache Schiebung mit dem angegebenen Betrage (s) handelt.

---

¹ Diese zunächst hypothetischen Schiebungselemente kubisch-flächenzentrierter Metallkristalle genügen der Bedingung für die Schiebungsfähigkeit derartiger Gitter.

Lediglich ein Viertel der Gitterpunkte wird durch diese Bewegung in die Zwillingsstellung übergeführt. Die übrigen haben noch zusätzliche gemeinsame Parallelverschiebungen auf K_1 zu, bzw. parallel zu K_1 auszuführen (160, 152). Bei Magnesiumkristallen wurde außer der Pyramide I. Art, 2. Ordn. auch noch in seltenen Fällen die Pyramide 1. Ordn. als Zwillingsebene beobachtet. Das *tetragonale* Gitter des weißen Zinns ist keiner Gitterschiebung mit den angegebenen Elementen fähig (161), so daß also auch hier die wirkliche Bewegung der Gitterpunkte erheblich von einer einfachen Schiebung abweichen muß. Desgleichen beschreiben beim *rhombo-edrischen* Wismut (und Antimon) die einzelnen Atome keine gerad-linigen Wege bei der Zwillingsbildung. Wohl aber entspricht die Bewegung der Schwerpunkte je zweier auf der trigonalen Achse einander zugeordneter Atome einer einfachen Schiebung (162).

Schon diese auf Metallkristalle beschränkte Schilderung zeigt, wie verwickelte Verhältnisse bei der mechanischen Zwillingsbildung vorliegen, eine Tatsache, für die besonders auch das große an Salzkristallen vorliegende Beobachtungsmaterial eindringliche Belege liefert.

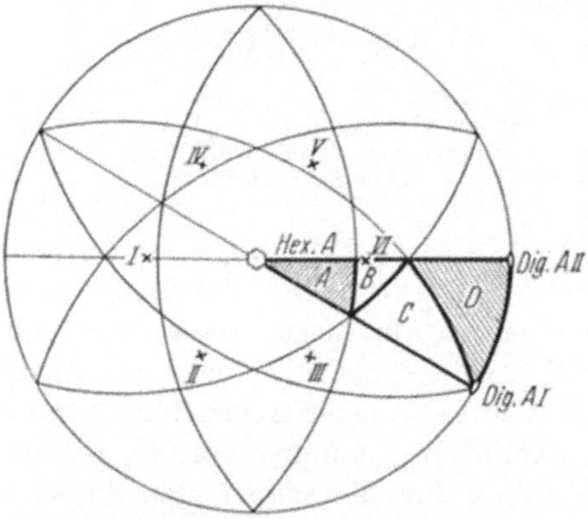

39. Betätigung der mechanischen Zwillingsbildung.

Nach der Aufzählung der bei den verschiedenen Metallen beobachteten Zwillingselemente gehen wir zur Schilderung ihrer Betätigung bei den verschiedenen Beanspruchungsarten über.

Wir müssen hier zunächst auf das Vorzeichen der Längenänderung durch Zwillingsbildung eingehen, da ja wegen der Polarität

Abb. 70. Orientierungsabhängigkeit der Längen-änderung bei der mechanischen Zwillingsbildung von Zinkkristallen (163); *I–VI* Pole der Zwillingsebenen. A: *I–VI* Stauchung, B: *II*, *III*, *V* und *VI* Stauchung, *I* und *IV* Dehnung. C: *II* und *V* Stauchung, *I*, *III*, *IV* und *VI* Dehnung, D: *I–VI* Dehnung.

der Gleitrichtung je nach der Orientierung entweder nur Dehnung oder nur Stauchung in der betrachteten Richtung eintreten kann (vgl. Abb. 53). Für den *Zinkkristall* gibt Abb. 70 eine Unterteilung der Orientierungsmannigfaltigkeit auf Grund seiner sechs (1012)-

Zwillingsebenen an. Richtungen, die mit der hexagonalen Achse Winkel zwischen 0 und etwa 50° einschließen, werden durch Zwillingsbildung nach jeder der sechs Ebenen verkürzt; Richtungen, die ungefähr senkrecht auf der hexagonalen Achse stehen, erfahren hingegen Verlängerungen. Den Übergang vermitteln Orientierungsgebiete, in denen die Betätigung einiger Zwillingsebenen zu Verlängerung, die anderer zu Stauchung führt. Eine völlig analoge Darstellung gilt auch für Kadmiumkristalle.

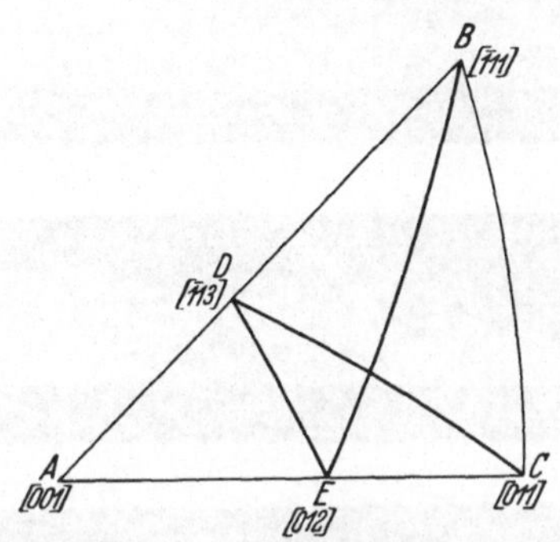

Abb. 71. Mechanische Zwillingsbildung von α Fe. Orientierungsgebiete von Dehnung und Stauchung. K_1-Ebenen durch 1 bis 12 nach Abb. 11 bezeichnet. Wirksame K_1-Ebene:
1, 2, 7, 8 im ganzen Orientierungsgebiet Dehnung;
3, 4 im ganzen Gebiet Stauchung;
5, 11 in EBC Dehnung, in ABE Stauchung;
6, 12 in $EDBC$ „ , in ADE „ ;
9, 10 in BCD „ , in ACD „ .

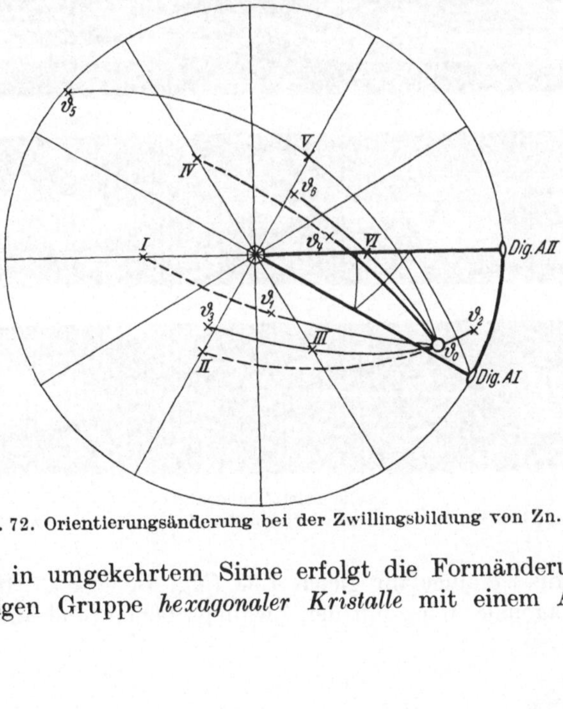

Abb. 72. Orientierungsänderung bei der Zwillingsbildung von Zn.

Gerade in umgekehrtem Sinne erfolgt die Formänderung bei der wichtigen Gruppe *hexagonaler Kristalle* mit einem Achsen-

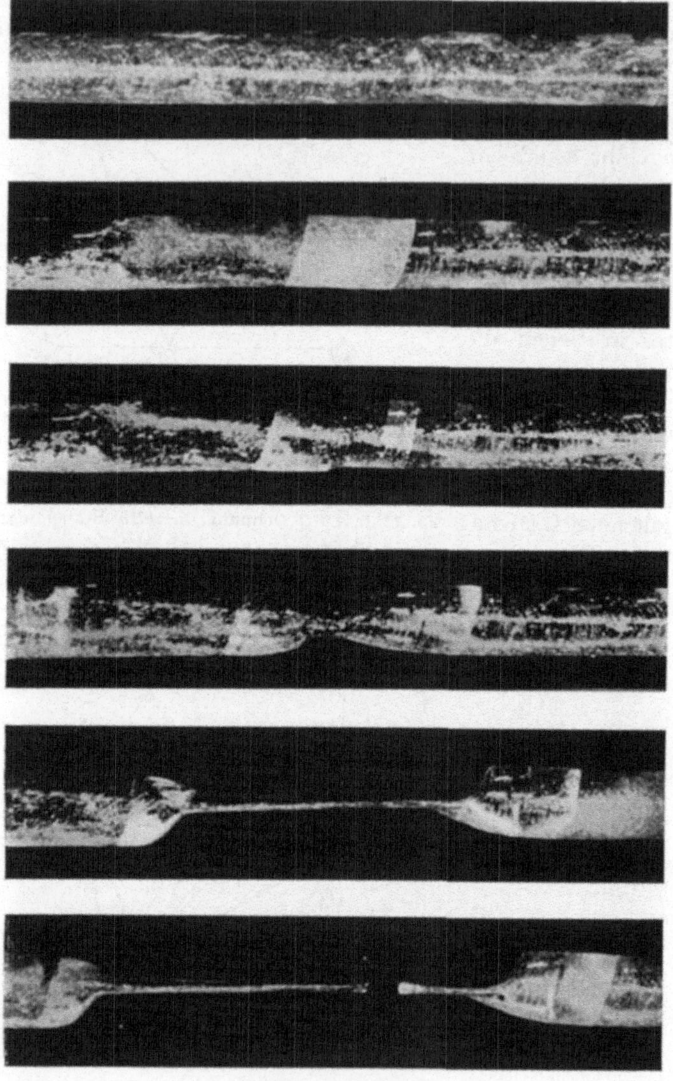

a Kristall ungeätzt

Abb. 73a und b. Sekundäre Basistranslation in Zwillingslamellen von Zn-Kristallen (152).

Kristall-
verhältnis c/a ungefähr gleich 1,63 (Mg, Be usw.). Hier schließt
die hexagonale Achse mit den Zwillingsebenen (und unter der sehr

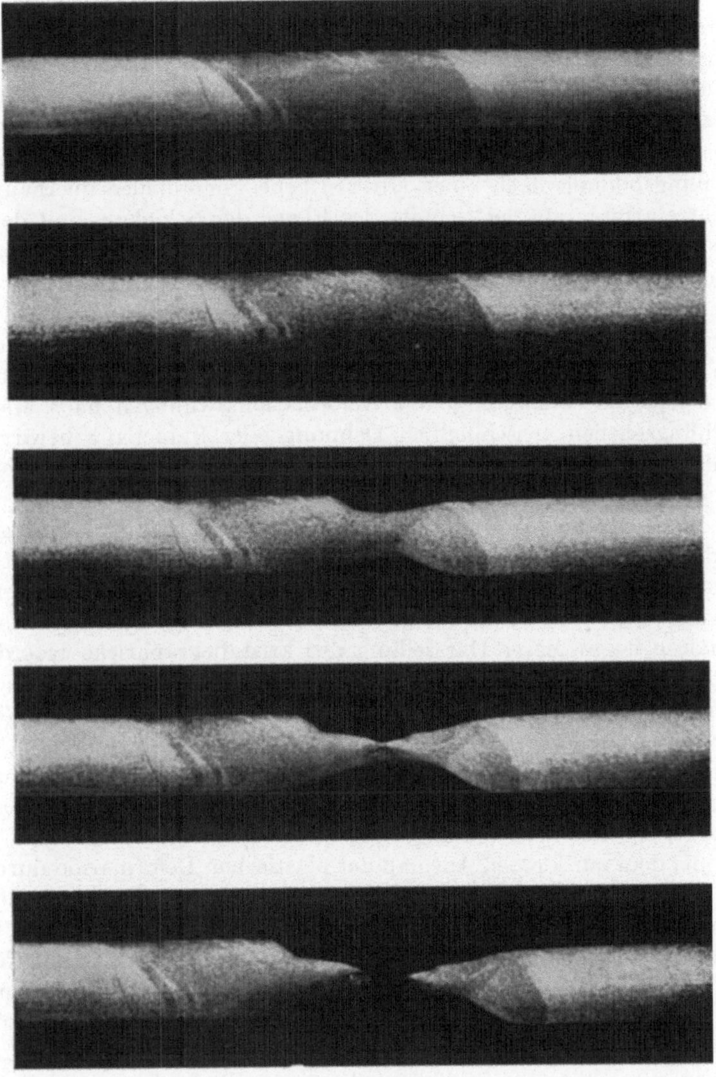

b Kristall geätzt

Blick senkrecht zur Ebene des durch primäre Basistranslation entstandenen bandes.

wahrscheinlichen Annahme reziproker Schiebung auch mit den 2. Kreisschnittsebenen) einen Winkel größer als 45^0 ein, d. h. also, daß die hexagonale Achse und die ihr benachbarten Richtungen durch Zwillingsbildung nach $(10\bar{1}2)$ *verlängert* werden. Allgemein führt jede Zwillingsbildung, die im Falle des Zinks (und Kadmiums) Dehnung ergibt, zu Stauchung und umgekehrt. Die Grenze zwischen diesen beiden Gruppen mit entgegengesetztem Verhalten würden Kristalle mit einem Achsenverhältnis von $c/a = \sqrt{3}$ bilden. Eine Zwillingsbildung nach einer $(10\bar{1}2)$-Ebene könnte hier überhaupt nicht eintreten, da der Schnitt der Ebene der Schiebung mit dem hexagonalen Elementarkörper ein *Quadrat* von der Seitenlänge $a\sqrt{3} = c$ mit einer Diagonale als Gleitrichtung wäre.

Beim raumzentrierten α-*Eisen* mit $K_1 = (112)$ und $K_2 = (112)$ ergibt sich in bezug auf die zwölf vorhandenen Zwillingsebenen die in Abb. 71 dargestellte Einteilung des Grunddreiecks. Gebiete, in denen die Ausbildung von Deformationszwillingen nach allen Zwillingsebenen ausschließlich Dehnung oder Stauchung bewirkt, fehlen hier. Als Ecken der erhaltenen Teilgebiete treten die Richtungen [012] und [113] auf.

Im Gegensatz zur Translation bewirkt die mechanische Zwillingsbildung *keine stetige Änderung der Orientierung*; sie führt das Gitter unstetig in eine neue Lage über. Abb. 72 erläutert die Umorientierung wieder am Beispiel des Zink-(Kadmium-)Kristalls. Festgehalten ist in dieser Darstellung das kristallographische Koordinatensystem. Die Orientierung der betrachteten Richtung im Ausgangszustand sei ϑ_0; ihre Lage *nach* der Zwillingsbildung $(\vartheta_1,\ldots\vartheta_6)$ wird durch Spiegelung an den sechs $(10\bar{1}2)$-Ebenen erhalten. Die angenommene Ausganglage ϑ_0 bewirkt, daß in zweien der Deformationszwillinge (ϑ_2 und ϑ_5) eine Verkürzung der betrachteten Richtung, in vieren eine Verlängerung eintritt.

Bei dem nur kleinen Ausmaß der plastischen Deformation durch Zwillingsbildung ist ihre unmittelbare Bedeutung für die großen Kristallverformungen gering. In mittelbarer Weise kann ihr jedoch, besonders bei hexagonalen Kristallen, eine große Wichtigkeit für die Plastizität zukommen. Durch die mit ihr einhergehende Umklappung des Gitters kann nämlich eine ungünstig zur Zugrichtung liegende Translationsfläche plötzlich in eine für weitere Translation sehr günstig liegende Stellung gelangen (z. B. ϑ_1, ϑ_3, ϑ_4 und ϑ_6 in Abb. 72). Die mechanische Zwillingsbildung schafft so die Voraussetzung für eine vorher unmögliche, sehr erhebliche weitere plastische Dehnung durch Translation. Als Beispiel seien Zink- und Kadmiumkristalle erwähnt, bei denen dieser Fall sehr deutlich auftritt (148, 152). Die Nachdehnung, eine nach erschöpfter Hauptdehnung durch Basistranslation erfolgende, neuerliche Translation, stellt eine sekundäre Basistranslation in einem Zwillingsstreifen dar, in dem die Basis durch Umklappen des Gitters unter etwa 60° zur Zugrichtung, also in „sehr gut dehnbarer" Stellung liegt (vgl. Abb. 73a und b).

B. Dynamik der Translation.

Nach der *kristallographischen* Kennzeichnung der Verformungsmechanismen wenden wir uns nun der *mechanischen* Charakterisierung dieser Vorgänge zu. Wir beschreiben die Gesetzmäßigkeiten, welche für die Einleitung und Aufrechterhaltung der Translation gelten, wobei wir besonders auch den Einfluß der Legierung (des Reinheitsgrades) und der Zeit berücksichtigen.

In der Hauptsache werden wir uns auf den gewöhnlichen Zugversuch, einen besonders einfachen Beanspruchungsfall, beschränken und nur kurz das Verhalten der Kristalle auch in komplizierteren Spannungsfeldern behandeln.

Zwei Apparate, die zur Ausführung von Dehnungsversuchen mit drahtförmigen Metallkristallen vielfach Ver

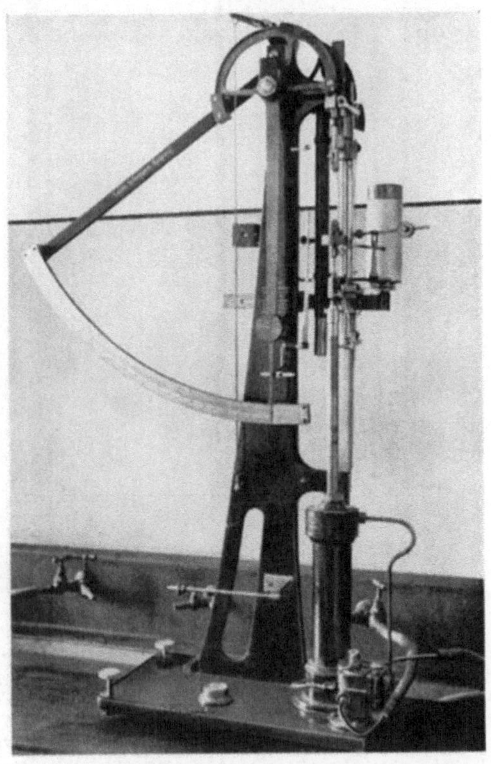

Abb. 74. Schoppersche Zerreißmaschine mit Vorrichtung zur automatischen Aufzeichnung der Dehnungskurve.

wendung finden, sind in den Abb. 74 und 75 dargestellt. Beim Schopperschen Festigkeitsprüfer erfolgt die Aufzeichnung des

Last-Dehnungsdiagramms automatisch mit Hilfe eines Schaulinienzeichners. Beim Fadendehnungsapparat wird die Belastung aus der Durchbiegung eines die obere Einspannklemme tragenden Stahlblechs (Spiegelablesung), die Dehnung aus der Senkung einer

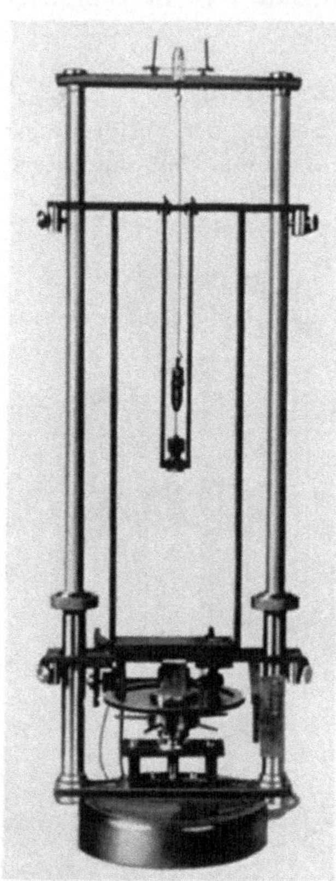

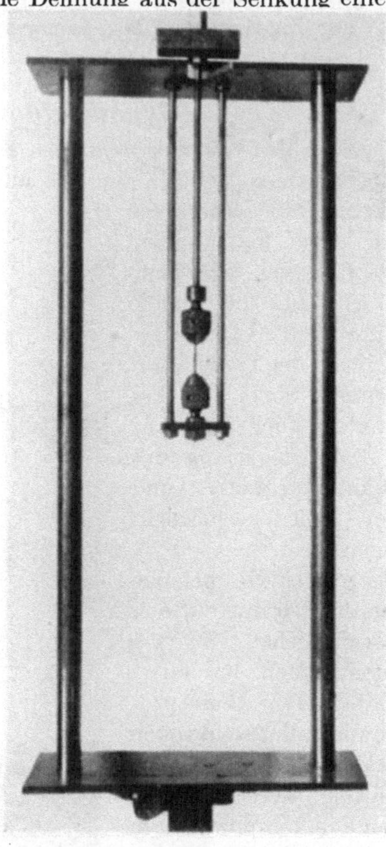

Abb. 75. Fadendehnungsapparat
nach POLANYI (164).

Abb. 76. Zusatzvorrichtung zur Dehnung
in Temperaturbädern im SCHOPPERschen
Festigkeitsprüfer (165).

mit der unteren Fassung fest verbundenen Mikrometerschraube bestimmt. In der in Abb. 75 dargestellten Form ist der Apparat auch zur Durchführung von Versuchen bei von Raumtemperatur abweichenden Temperaturen geeignet. Durch Einschaltung einer in Abb. 76 dargestellten Zusatzvorrichtung kann auch im SCHOPPERschen Festigkeitsprüfer die zu dehnende Probe völlig in das gewünschte Temperaturbad gebracht werden.

a) Grundlegende Gesetzmäßigkeiten.

In Abb. 77 ist eine Dehnungskurve in den üblichen Koordinaten — Spannung pro mm² Ausgangsquerschnitt und Dehnung — dargestellt, wie man sie bei der Dehnung von Metallkristallen durch Translation erhält. Der Ablauf der Verformung zerfällt deutlich in zwei getrennte Gebiete. Im ersten steigt die Spannung mit zunehmender Dehnung, die zunächst vorwiegend elastischer Natur ist, steil an; zumeist recht unvermittelt schließt sich hieran im zweiten Gebiet die Ausbildung *großer* plastischer Verformungen bei verhältnismäßig geringer weiterer Spannungszunahme, bis schließlich der Kristall durchreißt.

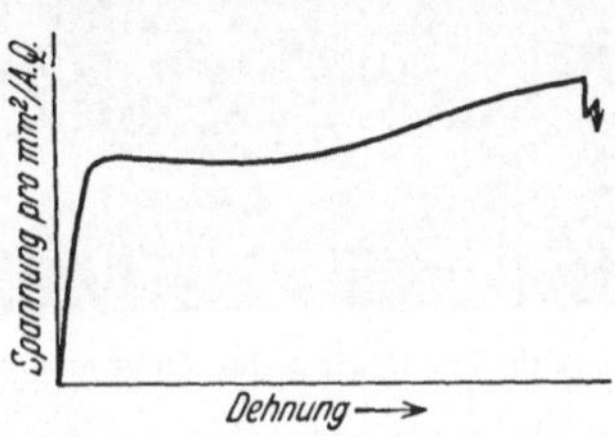

Abb. 77. Allgemeine Form der Dehnungskurve von Metallkristallen.

40. Beginn der Translation im Zugversuch (Streckgrenze). Schubspannungsgesetz.

Mit sehr großem Dehnungsmaßstab sind die Anfänge zweier Dehnungskurven von Kadmiumkristallen in Abb. 78 wiedergegeben. Auf ein Gebiet sehr starker Verfestigung (steiler Spannungsanstieg bei geringer Dehnung) folgt plötzlich ein Gebiet ausgiebiger Dehnung mit nur geringem Spannungsanstieg. Der Übergang ist so schroff, daß der Spannung, bei welcher die ausgiebige Translation einsetzt, wohl eine physikalische Bedeutung zuzuschreiben ist (166); sie wird als „*Streckgrenze des Kristalls*" bezeichnet. Die Streckgrenze eines Metallkristalls ist also nicht, wie die des Vielkristalls, durch Übereinkunft festgelegt (0,2%

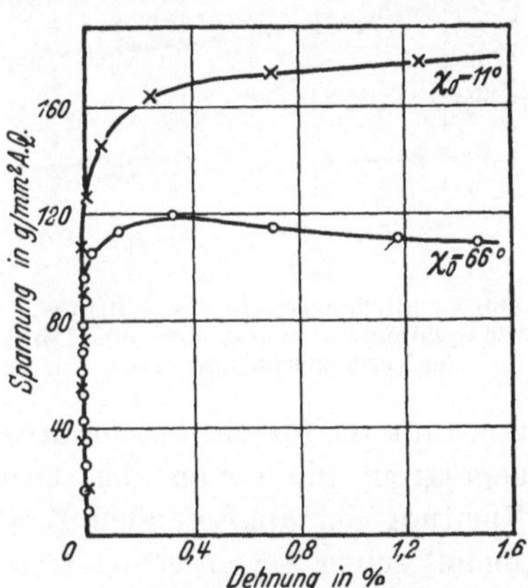

Abb. 78. Anfangsteile der Dehnungskurven zweier Cd-Kristalle (170).

plastische Dehnung), sondern liegt in der Natur des Verformungsvorganges begründet. Über die bis zu ihrer Erreichung erzielten plastischen Dehnungen können heute noch keine sicheren Angaben gemacht werden. Die hauptsächliche Ursache hierfür liegt darin, daß die Dehnung im allgemeinen nicht gleichmäßig auf der ganzen Länge des Versuchskristalls einsetzt, sondern mit der Ausbildung von örtlichen Einschnürungen beginnt, wie in Abb. 79 an einem Beispiel gezeigt wird.

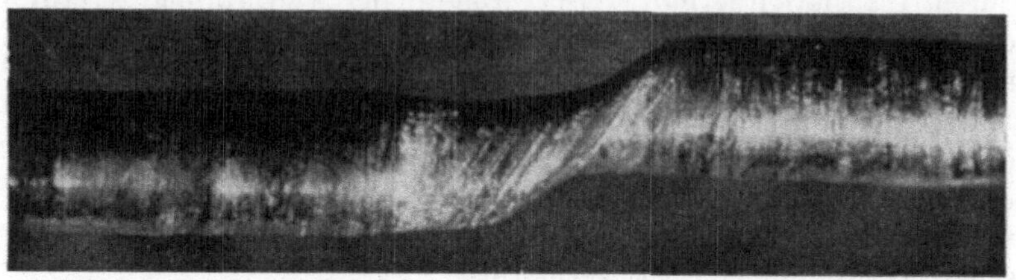

Abb. 79. Beginn der Dehnung eines Cd-Kristalls durch örtliche Einschnürung.

Die Streckgrenze von Metallkristallen hebt sich auch noch in anderer Weise deutlich hervor. Abb. 80 zeigt dies mit Hilfe von Fließkurven, die von einem Kadmiumkristall unter verschiedenen Ausgangsspannungen im Fadendehnungsapparat erhalten worden sind. Es ergibt sich, daß die Fließgeschwindigkeit bei Erreichung einer gewissen Spannung plötzlich stark ansteigt, ein erhebliches Überschreiten dieser Spannung also gar nicht möglich ist. Tabelle 8 zeigt, daß die so erhaltene Streckgrenze gut mit der aus der Dehnungskurve ermittelten übereinstimmt.

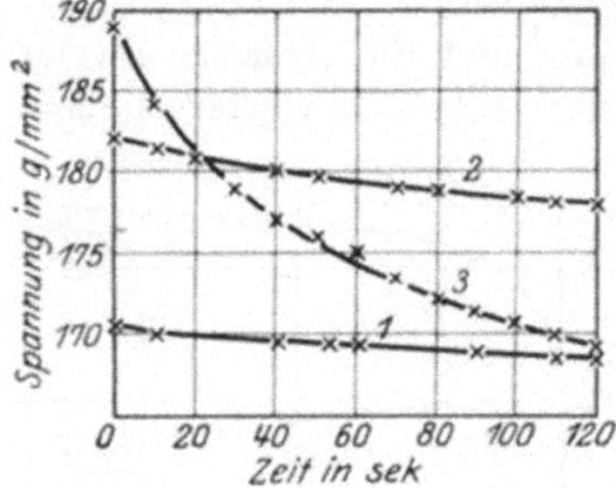

Abb. 80. Fließkurven eines Cd-Kristalls. Die Spannungsabnahme stellt ein Maß der Verlängerung dar (170).

Es hat sich nun gezeigt, daß diese Streckgrenze keineswegs konstant ist für ein bestimmtes Kristallmaterial, sondern in ausgeprägtem Maße von der Orientierung des Kristallgitters zur Richtung der angreifenden Kraft abhängt. Die Streckgrenze des gemäß seiner Orientierung festesten Kristalls erreicht z. B. beim hexagonalen Magnesium den etwa 40fachen Wert der Streckgrenze des schwächsten Kristalls. Sehr viel geringer, doch immer noch außerordentlich deutlich, sind die Unterschiede bei kubischen Metallkristallen.

Zerlegt man, entsprechend dem Verformungsvorgang, die an der Streckgrenze herrschende Spannung (σ_0) in zwei Komponenten,

eine in der Translationsrichtung (t) wirkende, auf die Translationsfläche (T) bezogene Schubspannung (S_0) und eine Normalspannung (N_0) auf T, so erhält man (vgl. Abb. 39, S. 66) die beiden
Ausdrücke:

$$S_0 = \sigma_0 \sin \chi_0 \cos \lambda_0 \qquad (40/1)$$

$$N_0 = \sigma_0 \sin^2 \chi_0, \qquad (40/2)$$

worin χ_0 bzw. λ_0 die Winkel zwischen Zugrichtung und Translationsfläche bzw. -richtung darstellen.

Die experimentelle Verfolgung der Abhängigkeit der Streckgrenze von der Lage der Translationselemente hat nun zu dem Ergebnis geführt, daß *die Erreichung einer bestimmten kritischen Schubspannung maßgebend ist für das Einsetzen ausgiebiger Translation* [Schubspannungsgesetz (166)]. Die auf die Trans-

Tabelle 8. Vergleich der aus Fließ- und Dehnungskurven ermittelten Streckgrenzen von Kadmiumkristallen (170).

Winkel zwischen Translationsfläche und Zugrichtung	Streckgrenze (g/mm²) aus	
	Fließkurve	Dehnungskurve[1]
21,3⁰	155	159
23,5⁰	189	178
28,8⁰	158	136
43,3⁰	{ 106 { 114	115
44,8⁰	{ 87 { 83	99

lationsfläche wirkende Normalspannung, für welche Unterschiede
bis zu 1 : 2500 beobachtet wurden, hat sich als unwesentlich heraus-
gestellt, ein Ergebnis, das auch bereits auf direktem Wege durch
Dehnungsversuche unter allseitigem Druck (bis 40 at) erhalten
worden war (167).

Abb. 81 enthält die Ergebnisse der Versuche über die Orientierungsabhängigkeit der Streckgrenze von hexagonalen Metallkristallen. Bei diesen sind wegen der Singularität der Basistranslationsfläche die Unterschiede besonders groß. Die Streckgrenze
ist in diesen Diagrammen über dem Produkt $\sin \chi_0 \cos \lambda_0$ aufgetragen, das die Orientierung der Translationselemente gibt. Die
linke Hälfte der Diagramme bezieht sich auf Winkel zwischen
Translationsfläche und Zugrichtung von 0^0 bis 45^0, die rechte auf
die χ_0-Werte von 45^0 bis 90^0. Das Minimum der Streckgrenze
tritt bei Lagen der Translationselemente unter 45^0 zur Zugrichtung ein. Als glatte Kurve ist gemäß Formel (40/1) der unter

---

[1] Die hier angegebenen Zahlen stellen das Mittel aus 2 bis 4 an Stücken
desselben Kristalls erhaltenen Einzelwerten dar.

Annahme einer konstanten kritischen Schubspannung berechnete
Verlauf der Streckgrenze eingezeichnet. Diese theoretische Kurve
ist eine gleichseitige Hyperbel, welche unserer Darstellung entsprechend an der durch den Abszissenwert 0,5 gezogenen Ordi-
nalen gespiegelt ist. In allen Fällen ist die Übereinstimmung mit
den Beobachtungen ausreichend.

Bei kubischen Kristallen ist die Orientierungsmannigfaltigkeit
des wirkenden Translationssystems sehr viel kleiner. Hier bestehen

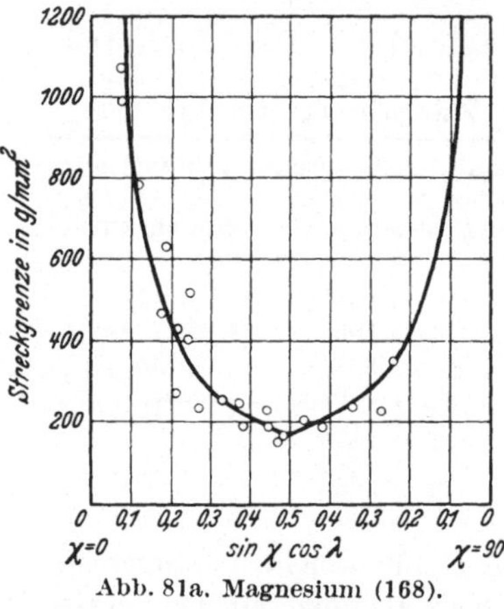

Abb. 81a. Magnesium (168).

ja keine singulären Flächen, so
daß bei geometrisch ungünstiger
Lage eines Translationssystems
stets ein kristallographisch gleich-
wertiges, in günstigerer Lage be-
findliches zur Verfügung steht.
Die Auswahl des bei Oktaedertranslation ($T = (111)$, $t = [101]$)
für verschiedene Orientierung der
Kraftrichtung wirksamen Translationssystems ist bereits in Abb. 61
gegeben worden. Die experimentellen Ergebnisse, die an kubisch-
flächenzentrierten Metallen [einer
Kupfer-Aluminiumlegierung (172),
α-Messing (mit 72% Kupfer) (173),

Silber, Gold und deren Legierungen (174) und Nickel und
Nickel-Kupferlegierungen (175)] erhalten worden sind, stehen
ebenfalls in guter Übereinstimmung mit dem Schubspannungsgesetz. Abweichungen werden lediglich bei Orientierungen beobachtet, bei denen Störungen des einfachen Translationsverlaufs
durch die gleichzeitige Betätigung mehrerer Translationssysteme
bewirkt werden. Bei Kristallen aus Reinaluminium wurde zumeist
ein sehr allmähliches Einsetzen bleibender Dehnung beobachtet;
neuerdings ist jedoch auch hier eine ausgeprägte Streckgrenze
gefunden worden. Dies bezieht sich aber nur auf Kristalle, die durch
Rekristallisation hergestellt waren. Aluminiumgußkristalle zeigten
schon von Beginn der Beanspruchung ab das Einsetzen bleibender
Dehnung (171).

Für *kubisch-raumzentrierte* α-*Eisen*-Kristalle zeigt Abb. 82
die experimentell ermittelte Orientierungsabhängigkeit der Streckgrenze. Die beobachteten Unterschiede sind mit der Gültigkeit

des Schubspannungsgesetzes für das als wahrscheinlichst geltende Translationssystem ($T = (123)$, $t = [11\bar{1}]$) verträglich.

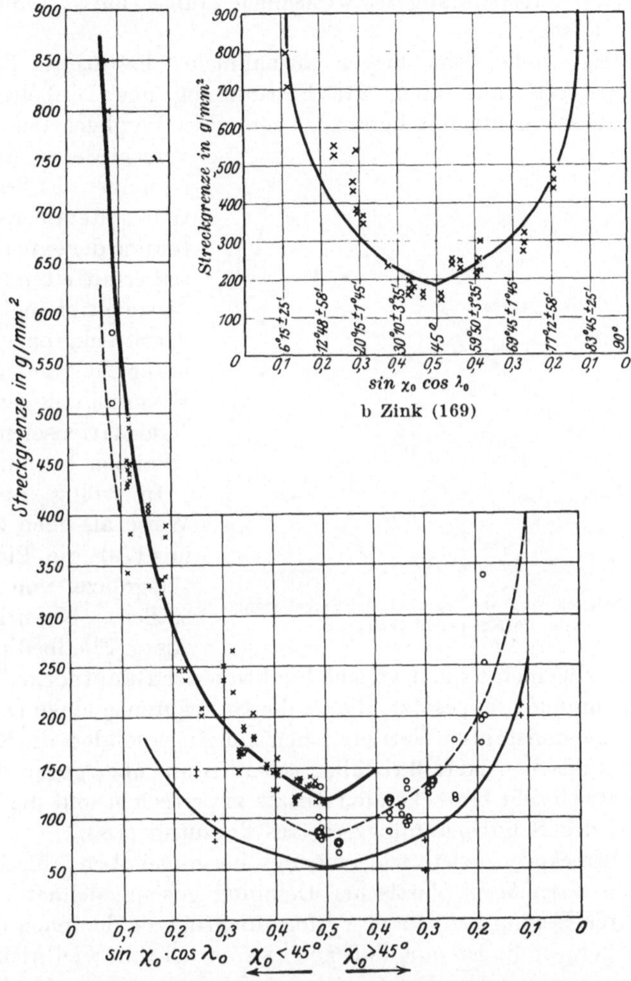

c Kadmium (170). Hier wurden 3 Gruppen von Kristallen untersucht, die mit verschiedener Geschwindigkeit aus der Schmelze gezogen worden waren (vgl. Punkt 42).

Abb. 81 a—c. Orientierungsabhängigkeit der Streckgrenze hexagonaler Metallkristalle.

Quantitative Untersuchungen an Metallkristallen niedrigerer Symmetrie liegen bisher erst für Wismut (177) und Zinn (178)

vor. Auch diese Versuche bestätigen das Vorhandensein einer
deutlichen Streckgrenze, die durch einen konstanten Wert der
kritischen Schubspannung des wirksamen Translationssystems ausgezeichnet ist.

Es liegt nahe, das bisher ausnahmslos bestätigte Schubspannungsgesetz nun auch zur Bestimmung noch unbekannter
Translationselemente mit heranzuziehen. Ein Vergleich der unter
verschiedenen Annah-
men über das Transla-
tionssystem berechne-
ten und der experimen-
tell ermittelten Orien-
tierungsabhängigkeit
der Streckgrenze kann
unter Umständen eine
Bevorzugung gewisser
Translationselemente
erkennen lassen.

In völlig anderer
Weise als eben wurde
in (179) die Plastizi-
tätsgrenze von Kri-
stallen beschrieben.

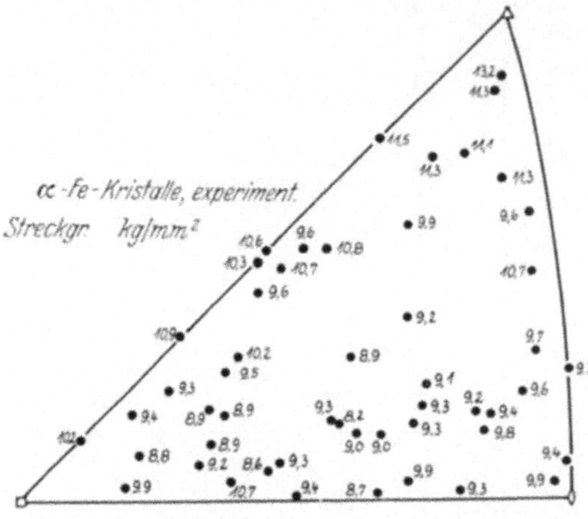

Abb. 82. Orientierungsabhängigkeit der Streckgrenze
von Fe-Kristallen (176).

Als Fließbedingung
wird eine allgemeine quadratische Funktion der Hauptnormal- und
Schubspannungen angesetzt, die an der Streckgrenze einen charakteristischen, konstanten Wert erreichen soll. Insbesonders die Ergebnisse an kubischen Metallkristallen scheinen uns aber gegen diesen
mathematisch sehr bestechenden Ansatz zu sprechen und die Überlegenheit des Schubspannungsgesetzes darzutun (180).

Die Streckgrenze ist, wie eingangs hervorgehoben, durch das
Einsetzen *ausgiebiger* plastischer Dehnung gekennzeichnet. Über
den wahren Beginn bleibender Verformung sagt sie demnach nichts
aus. Sichergestellt ist nur, daß auch schon bei sehr viel kleineren
Spannungen plastische Dehnung beobachtbar ist, deren Mechanismus mit der später zu großen Verformungen führenden Translation
identisch ist. Eine experimentelle Festlegung des wahren Plastizitätsbeginns begegnet bei der außerordentlichen Kleinheit der in
Frage kommenden Spannungswerte und der ganz allmählich einsetzenden Verformung großen Schwierigkeiten. Immerhin zeigten

entsprechende Versuche an Zinkkristallen (Fadendehnungsapparat),
daß auch für eine Plastizitätsgrenze, die einer bleibenden Verlängerung von etwa 0,002% entsprach, angenähert eine konstante
Schubspannung maßgebend war, deren Wert weniger als die Hälfte
des für die Streckgrenze gültigen betrug (181). Auch die mit dem
MARTENSschen Spiegelgerät durchgeführten Bestimmungen der
Elastizitätsgrenze (0,001% bleibende Dehnung) von Aluminiumkristallen (182) führen auf eine ungefähr konstante Schubspannung
im wirksamen Oktaedertranslationssystem (183). Die Aufnahme
der ersten Teile der Dehnungskurven mit Feinmessung hat
weiterhin zu dem Ergebnis geführt, daß hier ein Einfluß des
Kristallquerschnitts vorhanden ist, derart, daß mit steigendem
Kristalldurchmesser die zur Erzielung einer bestimmten Abgleitung
erforderliche Schubspannung abnimmt. Im Bereich der Grob-
messung tritt dieser Einfluß weitgehend zurück (184).

41. Torsion von Kristallen.

Quantitative Versuche über den Beginn der plastischen Torsion
von Kristallen liegen an einer vergüteten Kupfer-Aluminiumlegierung (5% Cu) vor (185). Auch dabei tritt eine sehr ausgeprägte
Orientierungsabhängigkeit zutage. Es liegt somit nahe, auch hier
die angelegte Spannung in Komponenten zu zerlegen, die in den
wirksamen Oktaedertranslationssystemen auftreten.

Im folgenden werden zunächst aus dem angelegten Torsionsmoment (M) die in einem Translationssystem wirkende Schub-
und Normalspannung $(S$ und $N)$ berechnet (186). χ und λ seien
wieder die Winkel der betrachteten Translationsfläche (T) und
-richtung (t) zur Längsrichtung, r sei der Halbmesser des zylindrischen Kristalls. Die an der Oberfläche in einem Element des
Querschnittes herrschende, tangential gerichtete Schubspannung
$\tau_{\max}$ ist durch die Gleichung

$$\tau_{\max} = \frac{2\,M}{\pi\,r^3} \tag{41/1}$$

gegeben.

Den Punkt (Mantelstrahl) der Oberfläche, für den wir die Komponentenzerlegung durchführen, legen wir in den Ursprung eines
rechtwinkeligen Koordinatenkreuzes, dessen z-Achse parallel der
Zylinderachse und dessen x-Achse radial nach außen verläuft.

In diesem Achsenkreuz gilt dann für die Spannungskomponenten

$$\sigma_x = \sigma_y = \sigma_z = 0,$$
$$\tau_{xy} = \tau_{zx} = 0,$$
$$\tau_{yz} = \tau_{\max} = \frac{2\,M}{\pi\,r^3}.$$

Translationsrichtung bzw. Translationsflächenlot sind in diesem Achsenkreuz durch die Winkel λ bzw. $90-\chi$ zur z-Achse und durch die Winkel ψ_t bzw. ψ_T zwischen der x-Achse und der Projektion von t bzw. des Lotes von T auf die xy-Ebene gegeben.

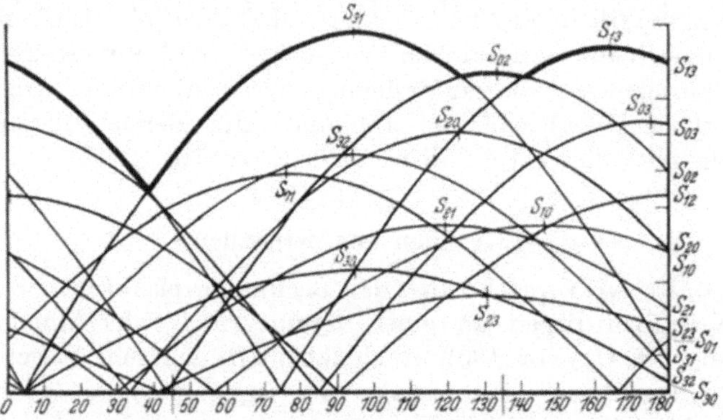

Abb. 83. Torsion eines Al-Kristalls. Relative Schubspannung in den 12 Oktaedertranslationssystemen entlang dem Stabumfang (186).

Die Bedingung, daß t in T liegt (auf dem Translationsflächenlot senkrecht steht), ist durch die Gleichung

$$\operatorname{tg}\chi = -\operatorname{tg}\lambda \cdot \cos(\psi_t - \psi_T) \tag{41/2}$$

ausgedrückt. Zur Berechnung der gesuchten, auf das Translationssystem bezüglichen Spannungskomponenten wird nun das Koordinatenkreuz auf ein neues transformiert, dessen z'-Achse mit der Translationsflächennormalen und dessen y'-Achse mit der Translationsrichtung zusammenfällt. $\sigma_{z'}$ und $\tau_{y'z'}$ sind dann die gesuchten Komponenten. Sie ergeben sich zu

$$\sigma_{z'} = \tau_{\max} \cdot \sin 2\chi \sin \psi_T \tag{41/3}$$

$$\tau_{y'z'} = \tau_{\max} \cdot (\cos\chi \cos\lambda \sin\psi_T + \sin\chi \sin\lambda \sin\psi_t). \tag{41/4}$$

Die Normalspannung ändert sich nach einer sinus-Funktion entlang dem Umfang des Kristallzylinders. Aber auch für die Schubspannung im Translationssystem gilt eine derartige Abhängigkeit, wie man erkennen kann, wenn man in Formel (41/4) ψ_t gemäß Gleichung (41/2) eliminiert. Ein Beispiel für die Änderung der Schubspannung für die zwölf Translationssysteme eines Aluminiumkristalls gibt Abb. 83.

Zahlreiche Versuchsreihen an Aluminium- (186), Silber- (187), Eisen- (188) und Zinkkristallen (189) haben nun ergeben, daß bei der Torsion (Wechseltorsion) jeweils das durch maximale Schubspannung hervorgehobene Translationssystem inTätigkeit gerät. Ob darüber hinaus auch eine durch Konstanz der kritischen Schubspannung ($S_0 = \tau_{y'z'}$) im wirksamen System ausgezeichnete Torsionsstreckgrenze besteht, wurde in der eingangs erwähnten Arbeit (185) untersucht. Für die Orientierungsabhängigkeit des Torsionsmoments an einer solchen Streckgrenze ergibt sich (186, 190)

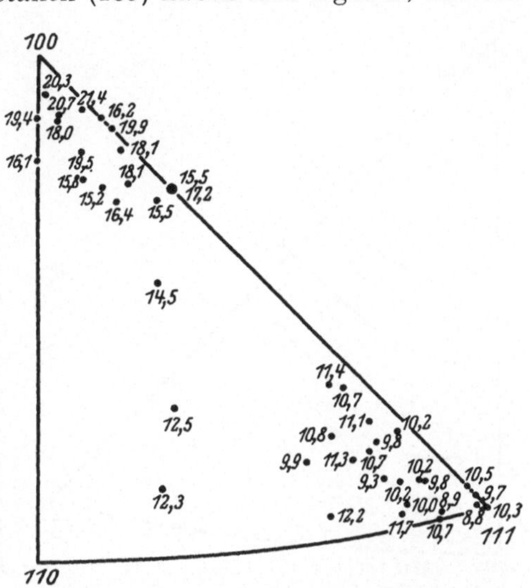

Abb. 84. Orientierungsabhängigkeit der Torsionsstreckgrenze (kg/mm²) von Al-Kristallen (mit 5 % Cu) (185).

$$M = \frac{\pi}{2} r^3 \tau_{\max} = \frac{\pi}{2} r^3 \frac{S_0}{\sqrt{\cos^2 \chi \cos^2 \lambda + \sin^2 \chi \sin^2 \lambda - 2 \sin^2 \chi \cos^2 \lambda}} \qquad (41/5)$$

Für den Fall kubisch-flächenzentrierter Kristalle (Oktaedertranslation) folgen als Extremwerte von M:

$$M_{\min} = \frac{\pi}{2} r^3 S_0$$

für $\chi = \lambda = 0$, d. h. [110] parallel der Längsachse und $\chi = \lambda = 90^0$, d. h. [111] parallel der Längsachse,

$$M_{\max} = \frac{\pi}{2} r^3 S_0 \frac{1}{0{,}577} = 1{,}73 \, M_{\min}$$

für $\chi = 35^0 \, 16'$, $\lambda = 90^0$, d. h. [100] parallel der Längsachse.

Das höchste Torsionsmoment an der Streckgrenze sollten also Kristalle aufweisen, deren Längsrichtung mit einer Würfelkante

zusammenfällt; es sollte das für Orientierungen parallel der Flächen-
oder Raumdiagonale gültige um 73% übertreffen.

Die Versuche ergaben nun in der Tat angenähert dieses elasti-
zitätstheoretisch auf Grund einer konstanten kritischen Schubspannung berechnete Verhalten (vgl. Abb. 84, welche τ_{max} für
eine spezifische Schiebung von 0,2% darstellt). Allerdings ist die
experimentell erhaltene
Orientierungsabhängig-
keit deutlich stärker als
die theoretisch ermittelte.
Die Torsionsstreckgrenze
in der Würfelkante ist
etwa 2,2mal so groß wie
in der Raumdiagonalen.
Zur Überbrückung dieses
Unterschiedes wurde die
Annahme herangezogen,
daß sich beim Beginn der
plastischen Torsion nicht
nur die durch ihre Orien-
tierung zur angelegten
Spannung am meisten be-
günstigten Kristallteile
verformen, sondern daß
die Verformung sich auf
die ganze Oberflächen-

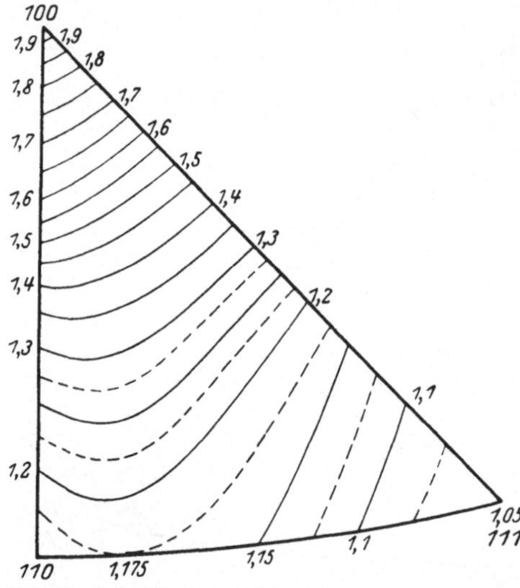

Abb. 85. Orientierungsabhängigkeit des „mittleren
Fließwiderstands" eines Al-Kristallrohres gegen
Torsion (185).

schicht erstreckt. Eine Darstellung des „mittleren Fließwiderstandes"
eines dünnwandigen Kristallrohres in Abhängigkeit von der Orientierung seiner Längsachse gibt Abb. 85. Man erkennt, daß durch
diese Annahme eine bessere Annäherung an den experimentellen Befund gelungen ist. Allerdings bleibt auch jetzt noch die theoretische
Orientierungsabhängigkeit etwas hinter der beobachteten zurück.

Der numerische Wert der kritischen Schubspannung im Torsionsversuch (9—11 kg/mm²) steht in naher Übereinstimmung mit dem
am gleichen Kristallmaterial im Zugversuch ermittelten Wert von
9,0 kg/mm².

Bei weitgehender Torsion von Kristallen (Aluminium) treten
sehr auffällige Gestaltsänderungen ein (191), die gleichfalls von
der Orientierung des Kristalls abhängen, deren nähere Untersuchung jedoch noch aussteht.

42. Kritische Schubspannung von Metallkristallen.

Eine Zusammenstellung der bisherigen Bestimmungen der kritischen Schubspannung der Haupttranslationssysteme von reinen Metallen ist in Tabelle 9 enthalten. Die angegebenen Zahlenwerte, welche stets in der Größenordnung von ~ 100 g/mm² liegen (einer

Tabelle 9. Kritische Schubspannung von Metallkristallen.

Metall	Reinheitsgrad des Ausgangsmaterials	Art der Kristallherstellung	Translationselemente		Kritische Schubspannung an der Streckgrenze kg/mm²	Schubmodul kg/mm²	Elastische Schiebung an der Streckgrenze	Literatur
			T	t				
Kupfer . .	> 99,9	Im Vakuum erstarrt	(111)	[10$\bar{1}$]	0,10			(174)
Silber . .	99,99				0,060			
Gold . . .	99,99				0,092			
Nickel . .	99,8				0,58			(175)
Magnesium	99,95	Rekristallisation	(0001)	[11$\bar{2}$0]	0,083	1700	$4,9_5 \cdot 10^{-5}$	(168)
Zink . . .	99,96[1]				0,094	4080	2,3	(169)
Kadmium.	99,996[1]				0,058	1730	$3,3_5$	(170)
β-Zinn . .	99,99[1]	Aus der Schmelze gezogen	(100)	[001]	0,189	1790	10,6	(178)
			(110)		0,133	1790	$7,4_3$	
Wismut .	$\sim$99,9[1]		(111)	[10$\bar{1}$]	0,221	970	22,8	(177)

Streckgrenze des Kristalls bei 45°-Lage des Translationssystems von ~ 200 g/mm² entsprechend), zeigen, wie außerordentlich gering die Formfestigkeit reiner Metalle ist [vgl. hierzu auch Punkt 45 und (192a)].

In der Tabelle sind für die nichtkubischen Metalle auch die an der Streckgrenze herrschenden elastischen Schiebungen parallel den Translationselementen angegeben. Sie liegen sämtlich in der Größenordnung von 10^{-5}. Auf die Bedeutung dieser so außerordentlichen Kleinheit der Werte für das theoretische Verständnis der Kristallplastizität wird in Punkt 74 eingegangen. Die Berechnung der Schiebung erfolgt mit Hilfe der Gleichungen (7/2). Diese Gleichungen, die sich auf das kristallographische Hauptkoordinatensystem beziehen, müssen für den vorliegenden Fall auf ein System transformiert werden, in dem die z-Achse senkrecht auf der

---

[1] Marke „Kahlbaum".

wirksamen Translationsfläche steht und die y-Achse mit der Translationsrichtung zusammenfällt. γ_{yz} gibt dann die gesuchte elastische Schiebung im Translationssystem an. Die in dem Ausdruck für γ_{yz} vorkommenden sechs Spannungskomponenten sind, wenn σ die angelegte Zugspannung und χ und λ wieder die Winkel zwischen Zugrichtung und den Translationselementen sind, gegeben durch:

$$\left.\begin{aligned}
\sigma_x &= \sigma \cdot (\sin^2 \lambda - \sin^2 \chi); \quad \tau_{yz} = \sigma \cdot \sin \chi \cos \lambda \\
\sigma_y &= \sigma \cdot \cos^2 \lambda \qquad\qquad \tau_{zx} = \sigma \cdot \sin \chi \sqrt{\sin^2 \lambda - \sin^2 \chi} \\
\sigma_z &= \sigma \cdot \sin^2 \chi \qquad\qquad \tau_{xy} = \sigma \cdot \cos \lambda \sqrt{\sin^2 \lambda - \sin^2 \chi}
\end{aligned}\right\} \quad (42/1)$$

Die Transformation der Elastizitätskoeffizienten (s_{ik}) vom kristallographischen Hauptkoordinatensystem auf das neue Achsenkreuz (s'_{ik}) erfolgt nach den üblichen Transformationsformeln (192).

Tabelle 10. Schubkoeffizient s'_{44} im Translationssystem.

Gitterart	Kristallklasse	Translationselemente		s'_{44}
		T	t	
NaCl—Gitter	O_h	(101)	$[10\bar{1}]$	$2\,(s_{11} - s_{12})$
Hexagonal, dichteste Kugelpackung . . .	D_{6h}	(0001)	$[11\bar{2}0]$	s_{44}
Tetragonal (β-Sn) . .	D_{4h}	(100) (110)	[001] [001]	s_{44} s_{44}
Rhomboedrisch . . .	D_{3d}	(111)	[101]	s_{44}

Führt man diese Rechnungen für die in Tabelle 10 enthaltenen Kristallklassen und Translationssysteme durch[1] (180), so ergibt sich, daß von den sechs Elastizitätskoeffizienten fünf verschwinden und nur s'_{44} von Null verschieden ist. Das bedeutet, daß in allen diesen Fällen die Schiebung γ_{yz} im Translationssystem proportional der Schubspannung τ_{yz} ist. Konstanz der Schubspannung und Konstanz der Schiebung sind hier also identische Aussagen. Naturgemäß ist damit auch die elastische Schiebungsenergie an der Streckgrenze eine orientierungsunabhängige Konstante; sie liegt für die in der Tabelle 9 verzeichneten reinen Metalle in der Größenordnung von 10^{-6} cal/g.

---

[1] Außer auf Metallkristalle bezügliche Translationen ist in der Tabelle auch die Dodekaedertranslation kubischer Kristalle des Steinsalzgitters enthalten.

Die Proportionalität zwischen Schubspannung und Schiebung besteht jedoch nicht für die Oktaedertranslation kubischer Kristalle. Eine Entscheidung zwischen den Bedingungen konstanter Schubspannung oder konstanter Schiebung an der Streckgrenze kann somit auf Grund von Versuchen an kubisch-flächenzentrierten Metallkristallen herbeigeführt werden. Die Schiebung wird hier durch

$$\gamma_{yz} = \left[\frac{4}{3}(s_{11} - s_{12}) + \frac{1}{3} s_{44}\right] \cdot \tau_{yz} + \frac{\sqrt{2}}{3}[s_{44} - 2(s_{11} - s_{12})] \cdot \tau_{xy} \quad (42/2)$$

berechnet. Merkliche Abweichungen von der Proportionalität zwischen Schubspannung und Schiebung treten also dann ein, wenn das zweite Glied im Ausdruck für γ_{yz} gegenüber dem ersten nicht mehr zu vernachlässigen ist. Das ist der Fall bei stark anisotropem Kristallmaterial [für Isotropie gilt $s_{44} = 2(s_{11} - s_{12})$] und für Kristalle solcher Orientierungsgebiete, in denen λ erheblich größer als χ ist (starke Abweichung der Translationsrichtung von der Projektion der Zugrichtung auf die Translationsfläche).

Für die vier Beispiele, in denen die Orientierungsabhängigkeit der Streckgrenze untersucht ist, sind die mittleren Fehler der Mittelwerte von Schubspannung und Schiebung in Tabelle 11

Tabelle 11. Mittlere Schubspannung und elastische Schiebung an der Streckgrenze von kubisch-flächenzentrierten Metallkristallen mit Oktaedertranslation.

Metall	Kritische Schubspannung kg/mm²	Elastische Schiebung	Maß der Anisotropie $s_{44} - 2(s_{11} - s_{12})$ cm²/Dyn
Silber (174) . .	$0{,}060 \pm 5{,}8\%$	$2{,}69 \cdot 10^{-5} \pm 8{,}5\%$	$-43{,}4 \cdot 10^{-13}$
Gold (174) . . .	$0{,}092 \pm 2{,}4\%$	$4{,}12 \cdot 10^{-5} \pm 7{,}0\%$	$-43{,}2 \cdot 10^{-13}$
α-Messing (173).	$1{,}44 \pm 1{,}9\%$	$43{,}3 \cdot 10^{-5} \pm 10{,}8\%$	$-41{,}6 \cdot 10^{-13}$
Al-Cu-Legierung (veredelt)(172)	$9{,}2 \pm 2{,}1\%$	$355 \cdot 10^{-5} \pm 2{,}0\%$	$-6{,}8 \cdot 10^{-13}$

zusammengestellt. Für die elastisch stark anisotropen Metalle Silber, Gold, α-Messing ist der Unterschied der mittleren Fehler groß: stets übertrifft der mittlere Fehler der Schiebung erheblich den der Schubspannung. Beim fast isotropen Aluminium tritt ein Unterschied nicht zutage. Auf Grund dieser Tabelle scheint somit die Annahme wohl berechtigt, daß Konstanz der Schubspannung und nicht Konstanz der elastischen Schiebung die Streckgrenze bei Kristalltranslation kennzeichnet.

Der numerische Wert der kritischen Schubspannung ist in sehr starkem Maß von den verschiedensten Umständen abhängig. Auf die Bedeutung von Fremdmetallgehalt (Legierung), Temperatur, Deformationsgeschwindigkeit und mechanischer Vorreckung gehen wir in späteren Punkten ein. Hier sei der Einfluß der *Herstellungsart*, der *Wachstumsgeschwindigkeit* bei der Kristallzüchtung und der von *Temperung* kurz erläutert.

Magnesium-Kristalle, die aus der Schmelze gezogen waren und die gleichen Verunreinigungen aufwiesen wie die in Tabelle 9 aufgeführten Rekristallisationskristalle, ergaben gegenüber diesen die deutlich höhere kritische Schubspannung von 103,3 g/mm² (193). In Tabelle 12 finden sich die kritischen Schubspannungen

Tabelle 12. **Einfluß von Ziehgeschwindigkeit und Temperung auf die kritische Schubspannung von Kadmiumkristallen (170).**

Ziehgeschwindigkeit	Kritische Schubspannung	Glühbehandlung der rasch (20 cm/Std.) gezogenen Kristalle		Kritische Schubspannung
20 cm/Std.	$58{,}_4$ g/mm²	0 Std.	275 ⁰ C	$58{,}_4$ g/mm²
5—10 „	$39{,}_7$ „	16 „	275 „	$43{,}_5$ „
1,5 „	$25{,}_5$ „	24 „	275 „	$27{,}_4$ „

von *Kadmium*-Kristallen, die mit verschiedenen Geschwindigkeiten aus der Schmelze gezogen worden sind: je langsamer der Kristall gewachsen ist, um so niedriger ist die Schubfestigkeit[1]. Auch nachträgliche Glühbehandlung kann die Schubfestigkeit der Basisfläche außerordentlich herabsetzen, sofern es sich um rasch gezogene Kristalle handelt. Anlassen bei höherer Temperatur (300⁰ C) bewirkt hingegen einen Anstieg der kritischen Schubspannung mit zunehmender Glühdauer, der nach 6stündiger Glühung etwa 75% erreicht. Es liegt nahe, zur Erklärung dieser Erscheinungen Kristallerholung (Punkt 49), bzw. temperaturabhängige Löslichkeit der Verunreinigungen heranzuziehen (195).

Die in Tabelle 9 enthaltenen kritischen Schubspannungen beziehen sich auf das *Haupttranslationssystem* des betreffenden Metallkristalls bei Zimmertemperatur. Die Schubfestigkeiten der nächst besten (kristallographisch ungleichwertigen) Translationssysteme sind heute erst für den *Zinn*-Kristall quantitativ bestimmt (Tabelle 13). Vier kristallographisch ungleichartige Translations-

---

[1] Ähnliches Verhalten zeigen auch *Zink*-Kristalle (194).

Tabelle 13. Kritische Schubspannung und Belegungsdichte der Translationselemente von Zinnkristallen (178).

Translations-system		Kritische Schubspannung	Belegungs-dichte		Netzebenen-abstand von T
T	t	g/mm²	T	t	A
(100)	[001]	189	1	1	2,91
(110)	[001]	133	0,706	1	2,06
(101)	[101]	160	0,478	0,478	2,09 und 0,70
(121)	[101]	170	0,346	0,478	1,84 ,, 0,61

systeme sind hier in ihrer Schubfestigkeit nur wenig verschieden. Für den früher erwähnten, im großen und ganzen bestätigten Zusammenhang zwischen Gleitfähigkeit und Belegungsdichte zeigt das Beispiel des Zinns, daß es sich dabei wohl nur um eine allererste Näherung handeln kann. Für andere Kristalle läßt sich für die Schubfestigkeit weiterer Translationssysteme nur eine untere Grenze angeben. Diese kann beispielsweise aus dem Orientierungsbereich erschlossen werden, in dem das Haupttranslationssystem wirksam bleibt. So ergibt sich, daß die Schubfestigkeit der allerdings als Translationsfläche bisher noch nicht beobachteten Pyramidenfläche I. Art 1. Ordn. beim Kadmiumkristall mindestens 4,7mal so groß ist wie die der Basis. Für das Beispiel des Aluminiumkristalls werden wir später (Punkt 48) bei Besprechung der Dehnung bei erhöhter Temperatur eine genauere Abschätzung der Gleitfähigkeit des zweitbesten Translationssystems geben können.

Abb. 86. Fließgefahrkörper kubischer Kristalle mit Oktaedertranslation (183).

Eine anschauliche Darstellung der Orientierungsabhängigkeit der Streckgrenze von Kristallen, wie sie auf Grund des Schubspannungsgesetzes folgt, soll schließlich noch mit Hilfe zweier Abbildungen gegeben werden. Abb. 86 stellt den Fließgefahrkörper

kubischer Kristalle mit Oktaedertranslation (oder Dodekaedertranslation mit der Raumdiagonalen als Translationsrichtung)
dar. Der Radiusvektor vom Mittelpunkt des Körpers aus gibt
ein Maß der Größe der Streckgrenze in der betreffenden Richtung.
Das Modell läßt die Richtungsabhängigkeit der Formfestigkeit deutlich erkennen. Das Minimum der Streckgrenze findet sich in Richtungen, die mit den drei Würfelachsen die Winkel 20⁰ 46′, 65⁰ 52′

und 84⁰ 44′ einschließen (Translationsfläche und -rich-
tung schließen in diesem Fall 45⁰ mit der Beanspruchungsrichtung ein); das Maximum der Streckgrenze liegt in der Raumdiagonalen. Das Verhältnis
der Streckgrenze des festesten Kristalls zu der des
schwächsten beträgt 1,84.

Ein Beispiel für die Orientierungsabhängigkeit der
Streckgrenze hexagonaler Kristalle mit Basistranslation gibt Abb. 87 durch den Schnitt des Fließgefahrkörpers mit den Prismenflächen I. und II. Art.
Die hier außerordentlich großen Unterschiede in den
verschiedenen Richtungen treten klar hervor. Der
Schnitt des Fließgefahrkörpers mit der Basis ist in
der Abbildung nicht an-
gegeben. Das Eintreten
plastischer Dehnung er-
folgt hier durch mecha-
nische Zwillingsbildung,
für die das Initialgesetz
noch unbekannt ist (vgl.

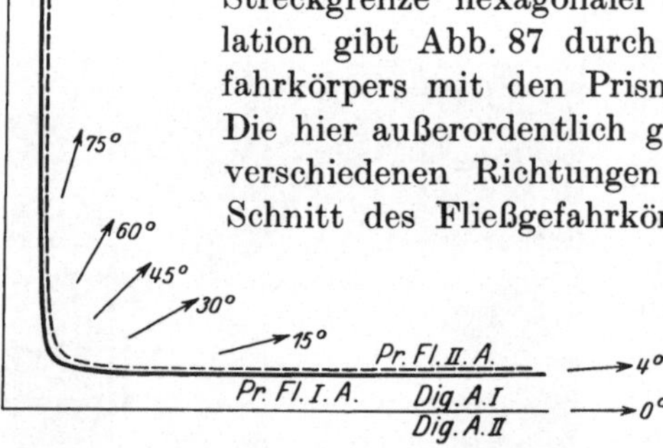

Abb. 87. Schnitte des Fließgefahrkörpers
hexagonaler Kristalle mit Basistranslation (170).

Punkt 51). Aus dem gleichen Grunde fehlt auch der Abschluß
des Körpers für die mit der Basis nahe zusammenfallenden Richtungen. Auch parallel der hexagonalen Achse ist der Körper noch
offen. Für solche Orientierungen treten bei den einzelnen Metallen
verschiedene Mechanismen ins Spiel (Zwillingsbildung beim Magnesium, Basisspaltung beim Zink, Pyramidentranslation beim
Kadmium).

43. Verlauf der Translation. Verfestigungskurve.

Nach der Feststellung, daß die Streckgrenze von Metallkristallen
an die Erreichung einer ganz bestimmten Schubspannung im
Translationssystem gebunden ist, erhebt sich sofort die Frage, ob
diese Schubspannung nun auch für den weiteren Verlauf der

Dehnung maßgeblich ist, oder ob die Schubfestigkeit des Translationssystems sich mit zunehmender Verformung ändert. Zu einer unmittelbaren Beantwortung dieser Frage gelangt man durch Vergleich experimentell ermittelter Dehnungskurven mit Kurven, die unter der Annahme konstanter Schubfestigkeit des wirkenden Translationssystems berechnet sind (196). Diese Berechnung geschieht in folgender Weise. Zunächst ergibt die nach σ aufgelöste Gleichung (40/1)

$$\sigma = \frac{S_0}{\sin \chi_0 \cos \lambda_0}.$$

$\frac{1}{\sin \chi_0}$ stellt den Flächeninhalt einer Translationsellipse dar, der bei der Dehnung konstant bleibt. In erster Näherung ist auch der *beanspruchte* Teil der Translationsellipse durch diesen Ausdruck gegeben, da das im Verlauf der Translation freigelegte, sichelartige Flächenstück gegenüber der Gesamtfläche zu vernachlässigen ist. Mit Hilfe des Faktors $\cos \lambda_0$ ergibt sich aus der Zugspannung die Komponente in der Translationsrichtung. Zufolge der die Translation begleitenden Gitterdrehung bleibt *dieser* Faktor nun keineswegs konstant. Seine Änderung ist durch die Dehnungsformel (26/1) gegeben, und wir erhalten somit schließlich:

$$\sigma = \frac{S_0}{\sin \chi_0} \cdot \frac{1}{\cos \lambda} = \frac{S_0}{\sin \chi_0} \frac{1}{\sqrt{1 - \frac{\sin^2 \lambda_0}{d^2}}}. \tag{43/1}$$

Diese Formel stellt also die Gleichung der Dehnungskurve für verschiedene, durch die Winkel χ_0 und λ_0 gegebene Ausgangsorientierungen der Translationselemente dar. In Abb. 88 sind für eine Reihe von Orientierungen diese theoretischen, durch Konstanz der Schubspannung ausgezeichneten Dehnungskurven dargestellt. Man sieht, daß *in allen Fällen* die Dehnung unter dauernd sinkender Spannung vor sich geht; der Spannungsabfall erfolgt um so steiler, je querer die Translationselemente ursprünglich im Kristall lagen.

Die in Abb. 89 dargestellten, experimentell an Kadmiumkristallen erhaltenen Dehnungskurven zeigen wieder die große Bedeutung der Ausgangslage der Translationselemente; die zur Erzielung einer bestimmten Dehnung zuzuführende Deformationsenergie (Fläche unterhalb der Kurve) ist stark von der Orientierung abhängig. Die Kurven zeigen weiterhin, daß in der Mehrzahl der Fälle die Spannung im Verlauf der Dehnung stark *ansteigt*. Bei querer Ausgangslage der Basisfläche wird allerdings anfänglich

ein Spannungsabfall beobachtet, aber auch hier steigt die Spannung
im weiteren Verlauf der Dehnung wieder an. Der Vergleich der
Abb. 88 und 89 lehrt somit, daß bei der Dehnung von Kadmiumkristallen die Schubspannung im wirksamen Translationssystem

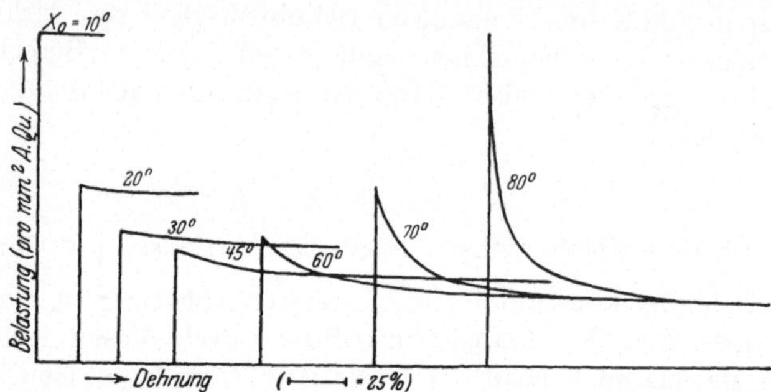

Abb. 88. Theoretische Dehnungskurven bei Konstanz der Schubfestigkeit des Translationssystems (197). (λ_0 ist hier in erlaubter Vereinfachung gleich χ_0 angenommen.)

keineswegs konstant bleibt, sondern einen (erheblichen) Anstieg
mit zunehmender Verformung aufweist.

Auch alle an anderen Metallkristallen beobachteten Dehnungskurven führten zu den beiden hier am Beispiel des Kadmium-

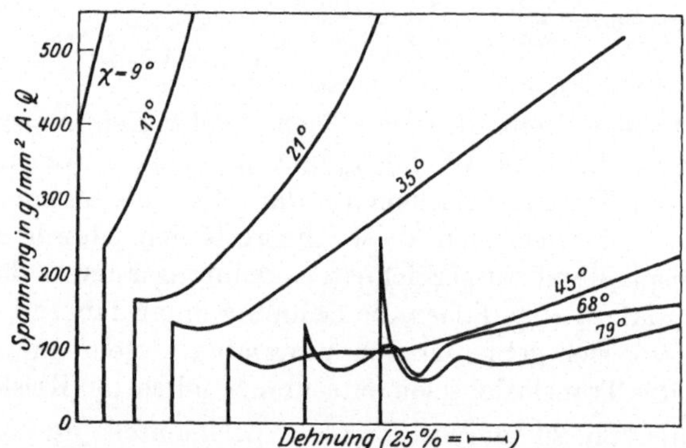

Abb. 89. Experimentelle Dehnungskurven von Cd-Kristallen (170).

kristalls gezeigten Feststellungen: der ausgeprägten Orientierungsabhängigkeit der Kurvenform und der Tatsache des Anstieges der
wirksamen Schubspannung mit zunehmender Verformung. Es tritt
uns hier zum erstenmal die technologisch so bedeutsame *Verfestigung* von Metallkristallen durch plastische Verformung ent-

gegen (198, 199). Und zwar handelt es sich hier um eine *Schubverfestigung*, ausgedrückt durch die Erhöhung der zur Fortführung der Verformung notwendigen Schubspannung im wirksamen Translationssystem.

Vor der eingehenderen Analyse der Gesamtdehnungskurven sollen noch zwei Bemerkungen eingeschaltet sein. Die erste bezieht sich auf gewisse *Unstetigkeiten im Verlauf der Dehnung*. Bei Zinkkristallen wurde, insbesondere nach vorangehender Verformung durch Hin- und

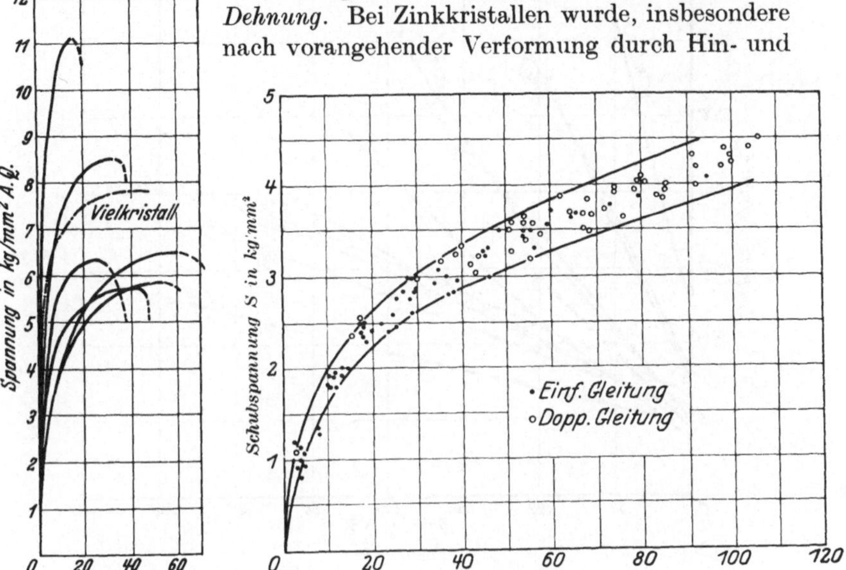

Abb. 90 a und b. a Dehnungs- und b Verfestigungskurven von Al-Kristallen (203).

Herbiegen, im Fließversuch regelmäßige, sprungartige Verlängerung festgestellt, solange man nur im Bereich geringer Dehnung blieb (200). Die Größe der Sprünge betrug etwa 1 μ. Bei Zinkkristallen großer Reinheit (99,998%) wurde diese sprunghafte Verformung auch im normalen Dehnungsversuch festgestellt (201). Das Ausmaß der Verlängerung bei diesen Sprüngen hängt weitgehend von der Orientierung des Kristalls ab. Während bei schräger Lage der Translationselemente die Unstetigkeiten überhaupt fehlen, wurden bei queren Orientierungen sprunghafte Verlängerungen bis um 80 μ beobachtet. Unverändertes Auftreten der Sprünge unter gleichzeitiger Ablösung der Kristalloberfläche zeigt, daß es sich nicht um einen Oberflächeneffekt handelt. Bei einer Versuchstemperatur von — 185⁰ C fehlt die Erscheinung. Gemeinsam allen Fällen, in denen sprunghafte Translation von deutlichem Ausmaß auftritt, ist, daß man sich in einem Bereich der Dehnungskurve mit sinkender oder wenigstens konstant

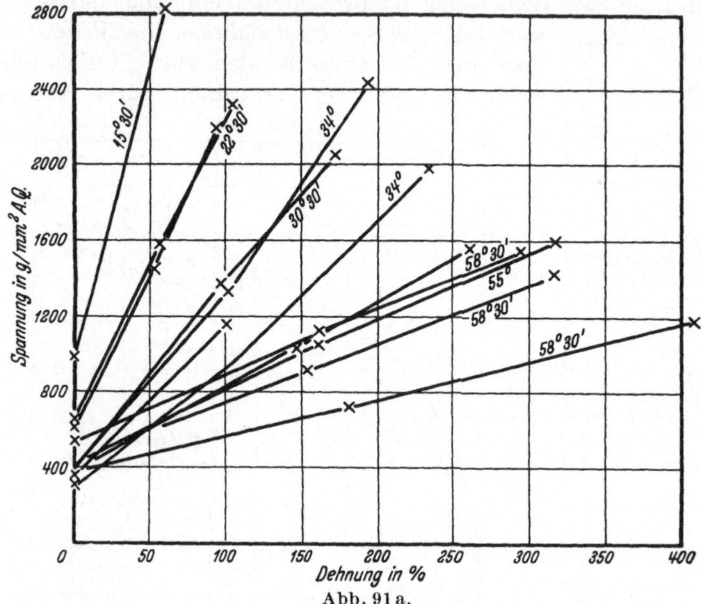

Abb. 91 a.

bleibender Spannung befindet. Schräge Ausgangslage der Translationsfläche, Erniedrigung der Temperatur und große Verformungsbeträge, die sämtlich zu einem mehr oder minder steilen Spannungs*anstieg* führen, unterdrücken die Sprünge. Allerdings ist der Spannungsabfall mit zunehmender Verformung keine hinreichende Voraussetzung für das Auftreten von deutlich sprunghafter Translation. Es zeigt dies das Beispiel von Kadmium- (Zinn-) Kristallen, die trotz außerordentlich großer Lastabnahme im Anfang der Dehnung nur sehr kleine Sprünge ergaben.

Die zweite Bemerkung betrifft *lokale Einschnürungen* beim Dehnungsbeginn von Kristallen querer Orientierung (Abb. 79 u. 121). Bei ihnen bleibt wegen des anfänglichen Spannungsabfalls die Dehnung zunächst auf die zuerst verformten Kristallteile beschränkt; erst im weiteren Verlauf des Zerreißversuchs nimmt die ganze Kristall-

länge an der Verformung teil. Es kann jedoch auch vorkommen, daß
bei sehr geringer Verfestigung eine Ausbreitung der Dehnung nicht

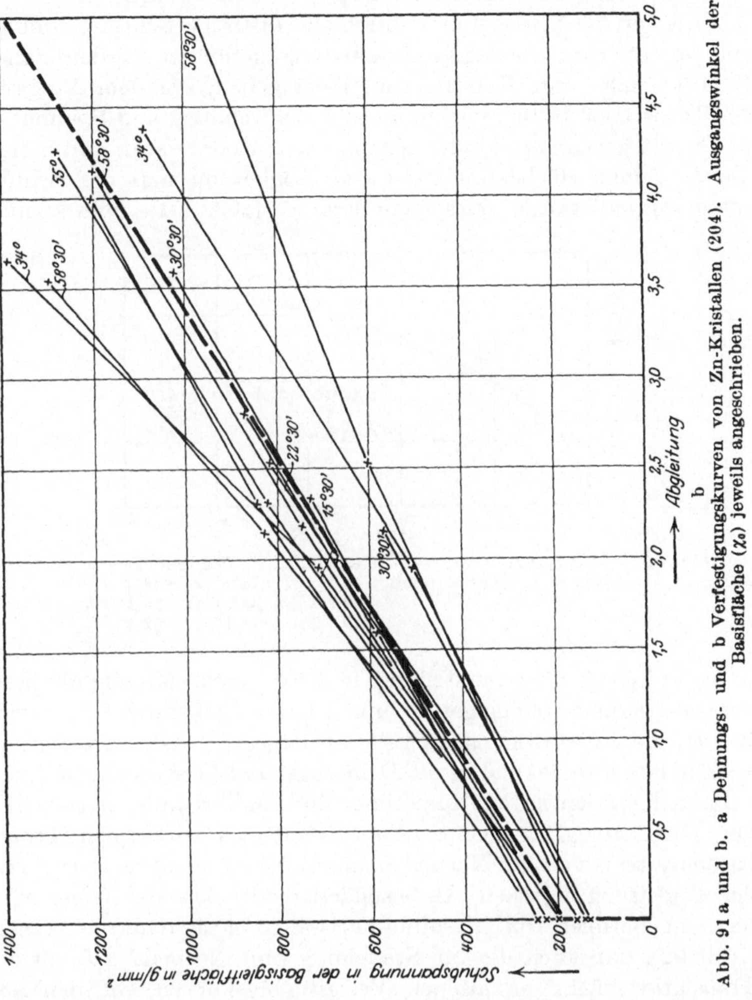

Abb. 91 a und b. a Dehnungs- und b Verfestigungskurven von Zn-Kristallen (204). Ausgangswinkel der Basisfläche (χ_0) jeweils angeschrieben.

mehr stattfindet und der Bruch durch vollkommenes Abgleiten in
der ersten Einschnürung stattfindet (202) (vgl. auch Abb. 123). Bei
schräger Ausgangslage der Translationselemente erfolgt in der
Regel schon von Anfang an gleichmäßige Streckung des Kristalls.

Nachdem nun feststeht, daß am Metallkristall auch die Dehnungskurve (wie die Streckgrenze) von der Lage der Translationselemente maßgeblich abhängt, fragt es sich, ob nicht auch für sie (wie für die Streckgrenze durch die kritische Schubspannung) eine orientierungsabhängige Darstellung gefunden werden kann. Es liegt nahe, auf Koordinaten überzugehen, die dem Vorgang der Translation besser gerecht werden als Dehnung und Spannung. Als hierzu geeignete „kristallographische" Koordinaten haben sich die in Punkt 26 bereits erläuterte Abgleitung und die Schubspannung im Translationssystem erwiesen (203, 204). Man kommt

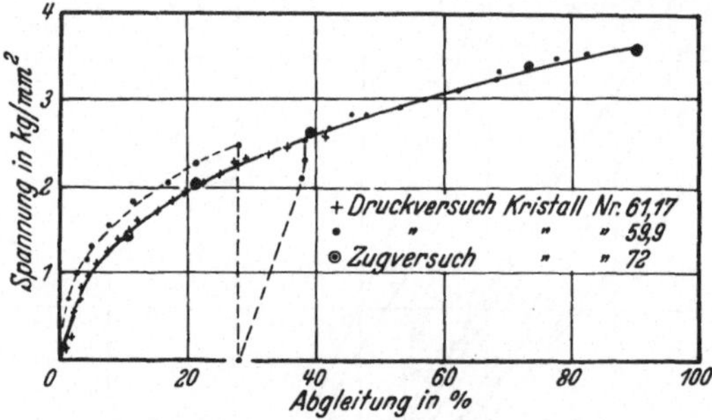

Abb. 92. Verfestigungskurven von Al-Kristallen für Zug und Druck (205).
Orientierung der Kristalle: 61,17 : $\chi_0 = 44°$, $\lambda_0 = 46,5°$
59,9 33°, 35,2°
72 48,1°, 52,1°

so in der Tat zu einer Darstellung, in der die ganze Mannigfaltigkeit der orientierungsabhängigen Dehnungskurven gut durch *eine einzige* Kurve, die „Verfestigungskurve", wiedergegeben ist. Als Beispiel seien in den Abb. 90 und 91 die Dehnungs- und Verfestigungskurven verschieden orientierter Aluminium- und Zinkkristalle dargestellt[1]. Die Unabhängigkeit der Schubfestigkeit des wirksamen Translationssystems von der Normalspannung bleibt somit auch *während* der Abgleitung bestehen. In besonders eindrucksvoller Weise wird dies am Beispiel von Aluminiumkristallen noch dadurch gezeigt (Abb. 92), daß auch die für Stauchung (mit Normal*druck* auf die Translationsfläche) erhaltenen Verfestigungskurven mit den aus

---

[1] Die Berechnung der Schubspannung aus Spannung, Dehnung und Ausgangslage der Translationselemente ist sofort durch Auflösung der Gleichung (43/1) nach S gegeben: $S = \sigma \cdot \sin \chi_0 \sqrt{1 - \dfrac{\sin^2 \lambda_0}{d^2}}$. Die Abgleitung wird nach Formel (26/3) berechnet.

Zugversuchen (mit Normal*zug*) gewonnenen übereinstimmen. Wie aus Abb. 90 noch zu erkennen ist, setzt sich die Verfestigungskurve auch nach Eintritt doppelter Translation stetig fort.

Systematische Abweichungen von der mittleren Kurve treten bei kubischen Kristallen nur für Ausgangsorientierungen ein, in denen mehr als zwei Translationssysteme ungefähr gleichberechtigt sind und demgemäß Störungen im Dehnungsablauf erwartet werden können. Bei den hexagonalen Metallkristallen spielt für die Streuungen der Einzelkurven um die mittlere Verfestigungskurve auch die Ausbildung von Deformationszwillingen eine gewisse Rolle, auf die wir später nochmals zurückkommen werden.

Eine Zusammenstellung der bisher an Kristallen reiner Metalle erhaltenen Verfestigungskurven ist in Abb. 93 enthalten. Die erheblich bessere Gleitfähigkeit der singulären Translationsfläche der hexagonalen Kristalle und der Haupttranslationssysteme des tetragonalen Zinns tritt überaus deutlich in Erscheinung[1].

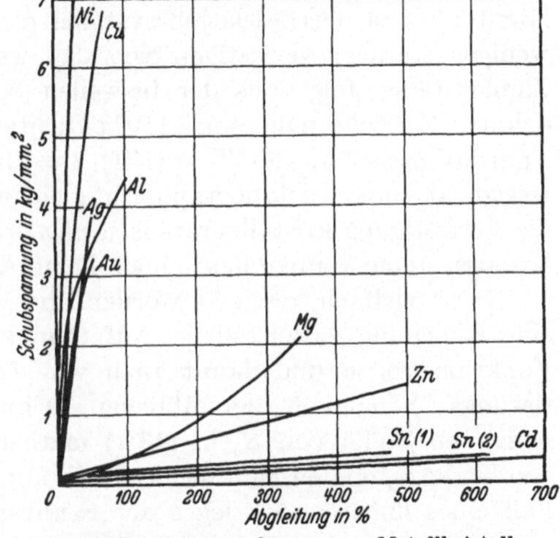

Abb. 93. Verfestigungskurven von Metallkristallen.

Cu (207); s. a. (206, 208)		Mg (210)
Ag (207)		Zn (211)
Au (207)		Cd (212)
Al (209)	Sn (1): $T = (100)$; $t = [001]$	
Ni (208)	Sn (2): $T = (110)$; $t = [001]$	(213)

Die Verfestigungskurve beschreibt den Anstieg der Schubfestigkeit des bei der Dehnung *wirksamen* Translationssystems. Über das Maß der Schubverfestigung kristallographisch gleichwertiger, *latenter* Systeme gibt die genaue Verfolgung der Gitterdrehung im Verlauf der Dehnung Aufschluß. Tritt die dem neuen System zugehörige Gitterdrehung *vor* Erreichung einer geometrisch gleich günstigen Lage ein, so hat sich dieses System *weniger*

---

[1] Ein Versuch, diesen so auffälligen Unterschied im Verhalten von Kristallen der beiden dichtesten Kugelpackungen auf Grund der Atomverschiebungen zu deuten, findet sich in (214).

verfestigt als das wirksame; wird hingegen die symmetrische Stellung unter ausschließlicher Betätigung des ersten Systems *überschritten*, so hat sich das latente System *stärker* verfestigt. Die an den kubischen Metallen (Aluminium, Nickel, Kupfer, Silber, Gold) erhaltenen Ergebnisse zeigen nun, daß das zweite Translationssystem stets bei Erreichung der symmetrischen Stellung oder nach nur geringer Überschreitung der Symmetralen (vgl. Abb. 62 und 63) ins Spiel kommt. Das besagt somit, daß sich in diesen Fällen die latenten Oktaedertranslationssysteme gleich stark (oder um nur weniges stärker) verfestigen wie das wirksame (215, 216). Bei Zinnkristallen folgt aus der bisweilen beobachteten Endlage gedehnter Kristalle nahe einer [101]-Richtung, daß sich ein latentes Translationssystem mit $T = (101)$, $t = [1\bar{0}1]$ *erheblich* stärker verfestigt als das kristallographisch gleichwertige wirksame. Über die Verfestigung kristallographisch *ungleichwertiger*, latenter Translationssysteme können heute noch keine Angaben gemacht werden.

Es ist vielfach versucht worden, die Verfestigungskurve durch eine Gleichung darzustellen. Auf Grund einer solchen, die S als Funktion von a und damit auch von d angibt, wäre die Orientierungsabhängigkeit der üblichen Dehnungskurven durch Einsetzen an Stelle von S_0 in (43/1) mathematisch dargestellt. Für den bei hexagonalen Metallen vielfach mit guter Näherung gültigen Fall eines linearen Anstieges der Schubspannung

$$(S = S_0 + ka) \tag{43/2}$$

ergibt sich hierfür (197)

$$\sigma = \frac{d}{\sin^2 \chi_0} \left(k + \frac{S_0 \sin \chi_0 - k \cos \lambda_0}{\sqrt{d^2 - \sin^2 \lambda_0}} \right) ; \tag{43/3}$$

k, die Tangente des Neigungswinkels der Verfestigungskurve, wird als Verfestigungskoeffizient bezeichnet.

Die in Abb. 90 dargestellte Verfestigungskurve von Aluminiumkristallen wurde durch die Gleichung

$$S = 4{,}2_8 \, a^{\,0{,}33} \tag{43/4}$$

angenähert (217); weitere formelmäßige Darstellungen der Verfestigungskurve von Aluminiumkristallen finden sich in (218), (219) und insbesondere (220), worin auch eine theoretische Ableitung gegeben wird (vgl. Punkt 76).

44. Ende der Translation.

Ebenso allgemeine und einfache Gesetzmäßigkeiten wie Schubspannungsgesetz und Verfestigungskurve für Beginn und Verlauf der Translation bestehen für ihre Beendigung nicht, da ja sehr verschiedene Vorgänge zum Abschluß der Translation führen können. Wir besprechen zunächst das einfachere Verhalten der hexagonalen Metalle und anschließend daran das der kubischen, die unter Ausbildung einer Einschnürung zerreißen.

Bei *Magnesium*-Kristallen wird die Translation durch einen Bruch des Kristalls beendet, der je nach der Orientierung der Basis zur Zugrichtung in verschiedener Weise erfolgt. Für Ausgangswinkel größer als $\sim 12^0$ tritt ein Abschiebungsbruch nach der Basistranslationsfläche auf, der meist treppenförmig ausgebildet ist,

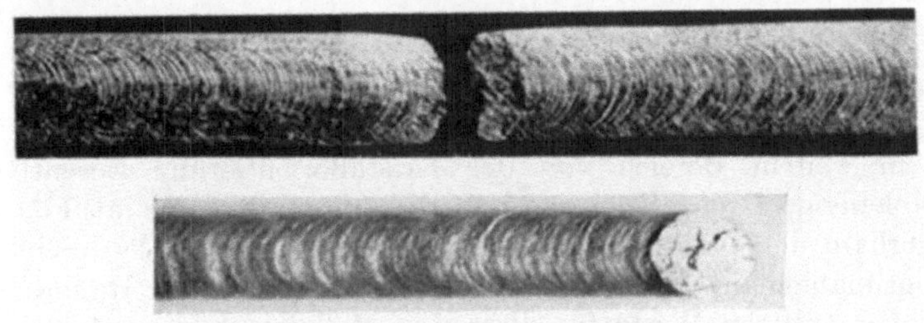

Abb. 94. Bruch von Mg-Kristallen (221, 210).

wodurch die Reißfläche dann querer im Kristall liegt als die Basis (Abb. 94). Bei sehr schräger Lage der Basis reißt der Kristall entweder ungefähr quer durch oder der Bruch folgt einer Zwillingsebene. Bei *Zink*- und *Kadmium*-Kristallen wird bei Raumtemperatur die Basistranslation ausschließlich durch Auftreten des zweiten kristallographischen Verformungsmechanismus, der mechanischen Zwillingsbildung, begrenzt. In beiden Fällen treten Deformationszwillinge nach der (1012)-Ebene auf, in denen sich eine neuerliche, sekundäre Basistranslation ausbildet, die nun unter *Lastabnahme* zu einer starken Einschnürung des Kristallbandes und zum Reißen führt (vgl. Fig. 73; näheres hierzu s. Punkt 52).

Diesen Kristallen und dem unter Ausbildung eines Abschiebungsbruchs zerreißenden *Magnesium*-Kristall ist gemeinsam, daß in erster Näherung die primäre Basistranslation ihr Ende findet, wenn eine das Metall kennzeichnende Grenzschubspannung im Translationssystem erreicht wird. Diese Aussage besteht allerdings nur für solche Kristalle zu Recht, bei denen die Basisfläche ursprünglich unter größerem Winkel als etwa 15—20⁰ zur Längsrichtung liegt. Sie stützt sich nicht nur auf Versuche bei Raumtemperatur, sondern auch auf eine große Zahl von Versuchen zur Temperaturabhängigkeit der Kristallplastizität (Punkt 48).

Charakteristisch für die Verfestigungskurve sind somit bei diesen hexagonalen Metallen nicht nur ihr Anfangspunkt (Streckgrenze) und ihre Neigung (Verfestigungskoeffizient); auch ihr Endpunkt

Tabelle 14. Ende der Basistranslation hexagonaler Metallkristalle.

Metall	Schubfestigkeit der Basis in g/mm²		Grenz-abgleitung	Deforma-tionsenergie
	am Beginn	am Ende der Translation	%	cal/g
Magnesium (210)	83	2100	350	4,09
Zink (222) . . .	73	1220	380	0,84
Kadmium (223) . .	58	420	500	0,26

ist in weitem Bereich von der Kristallorientierung wesentlich unabhängig. Grenzabgleitung und Deformationsenergie (als Fläche unterhalb der Verfestigungskurve) sind somit gleichfalls orientierungsunabhängige Konstanten. Tabelle 14 gibt die für Raumtemperatur gültigen Werte für diese drei Metalle.

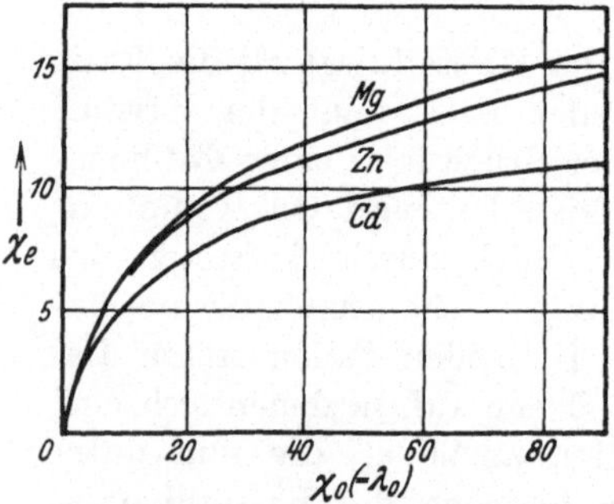

Abb. 95. Endwinkel der Basis als Funktion ihres Ausgangswinkels bei Dehnung hexagonaler Kristalle.

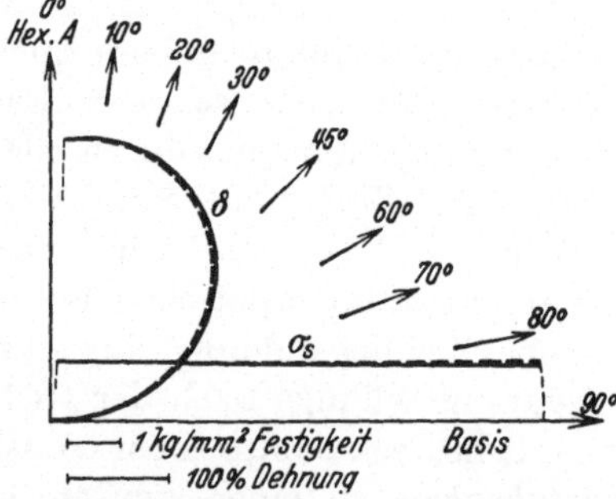

Abb. 96. Schnitte des Zugfestigkeits- und Dehnungskörpers von Zn-Kristallen mit Prismenfläche I. Art (voll gezeichnet) und Prisme II. Art (strichliert) (224).

Auf Grund dieser Werte ist man nun in der Lage, in einfacher Weise die Abhängigkeit der Endorientierung, der Höchstlast und der Dehnung von der Ausgangslage des Gitters zu berechnen. Für den Endwinkel der Basis ergibt sich unter der die Allgemeinheit nicht wesentlich beschränkenden Vereinfachung $\lambda_0 = \chi_0$ nach Formel (26/4a) das in Abb. 95 dargestellte, den experimentellen Befunden

weitgehend entsprechende Verhalten. Die Dehnung ist aus Anfangs-
und Endorientierung nach der Dehnungsformel (26/1,2) gegeben,
die Höchstlast (pro Quadratmillimeter Ausgangsquerschnitt) — die
„Zugfestigkeit" — durch Einsetzen der Grenzschubspannung S_t in
Gleichung (43/1). Als Beispiel sind in Abb. 96
Schnitte des Dehnungs- und Zugfestigkeits-
körpers von Zinkkristallen gegeben, Abb. 97
stellt überdies ein Modell des Dehnungskörpers
(Kadmium) dar.

Die der Höchstlast zugehörige (auf den
augenblicklichen Querschnitt bezogene) Effektivspannung ist im Gegensatz zur Zugfestigkeit wegen der konstanten Endschubfestig-
keit der Basis und der sehr ähnlichen Endorientierung gedehnter Kristalle weitgehend
unabhängig von der Ausgangsorientierung.

Auf eine Beendigung der primären Basistranslation von Zinkkristallen durch *Spaltung*
nach der Basis, wie sie bei tiefen Temperaturen auftritt, gehen wir erst später in den
Punkten 53 und 54 ein.

Abb. 97. Modell
des Dehnungskörpers
von Cd (212).

Die Dehnung *kubischer* Metallkristalle ist keineswegs durch eine
Bedingung konstanter, orientierungsunabhängiger Endschubfestig-
keit des Translationssystems begrenzt. Hier tritt stets früher oder
später doppelte Translation
nach zwei kristallographisch
gleichwertigen, geometrisch
gleich günstig liegenden
Translationssystemen auf, die
schließlich zur Ausbildung
einer örtlichen Einschnürung
und damit zum Reißen führt.
Das Ende der gleichmäßigen
Dehnung ist bei diesen
Kristallen durch die Erreichung einer Höchstlast gegeben, da die
Ausbildung der Einschnürung von einer Lastabnahme begleitet
ist. Ein Bild von der Orientierungsabhängigkeit der (durch Höchstlast und Ausgangsquerschnitt gegebenen) Zugfestigkeit und der
gleichmäßigen Dehnung gibt Tabelle 15. Für Kupferkristalle sind
außerdem in Abb. 98 die experimentellen Ergebnisse von Zerreiß-

Tabelle 15. Zugfestigkeit und
Bruchdehnung kubischer
Metallkristalle.

Metall	Zug-festigkeit in kg/mm²	Bruch-dehnung in %
Aluminium (226)	5,9—11,5	19—68
Kupfer (227) . .	12,9—35,0	10—55
α-Eisen (228) . .	16—23	20—80
Wolfram (229) .	105—120	—

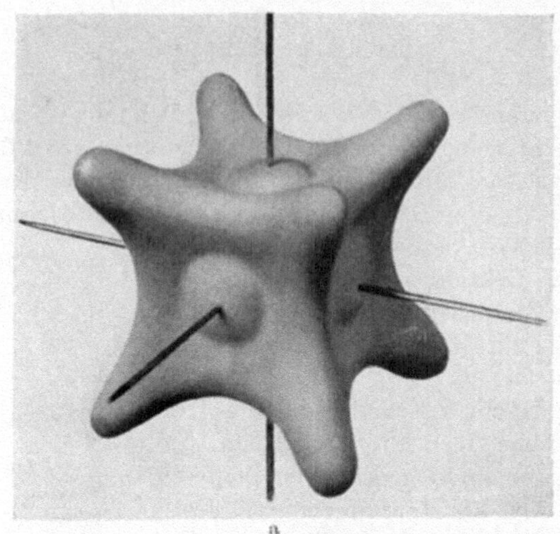

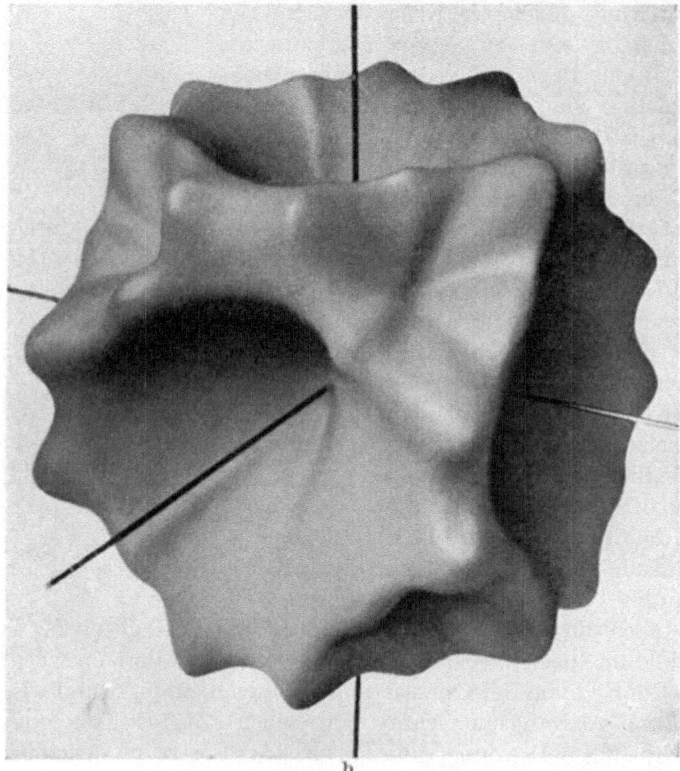

Abb. 98a und b. Zugfestigkeits- (a) und Dehnungskörper (b) von Cu-Kristallen;
nach Beobachtungen (225).

Abb. 99a und b. Zugfestigkeits- (a) und Dehnungskörper (b) von Al-Kristallen; Berechnung (217).

versuchen verschieden orientierter Kristalle mit Hilfe räumlicher Modelle dargestellt.

Eine mathematische Bestimmung des Höchstlastpunktes kann in der Weise versucht werden, daß man die Gleichung der Last-Dehnungskurven:

$$\sigma = f(d) = \frac{S(a)}{\sin \chi_0 \sqrt{1 - \dfrac{\sin^2 \lambda_0}{d^2}}}$$

[vgl. (43/1); $S(a)$ Gleichung der Verfestigungskurve des wirksamen Translationssystems] nach der Dehnung differenziert und $\dfrac{d\sigma}{dd} = 0$ setzt. Man erhält so:

$$\frac{dS}{da} = S(a) \cdot \frac{\sin \chi_0 \sin^2 \lambda_0}{(\cos \lambda_0 + a \sin \chi_0)(1 + 2a \sin \chi_0 \cos \lambda_0 + a^2 \sin^2 \chi_0)}.$$

Ist die Gleichung der Verfestigungskurve bekannt, so verknüpft dieser Ausdruck die zu Extremwerten der Spannung gehörigen Abgleitungen mit der Ausgangslage der Translationselemente. Ob die so bestimmten Werte wirklich einem Maximum der Dehnungskurve entsprechen, ergibt sich aus dem Vorzeichen von $\dfrac{d^2\sigma}{dd^2}$. An der Extremalstelle gilt

$$\left.\begin{aligned}\frac{d^2\sigma}{dd^2} &= \frac{d^2 S}{da^2} \cdot \frac{1 + 2a \sin \chi_0 \cos \lambda_0 + a^2 \sin^2 \chi_0}{(\cos \lambda_0 + a \sin \chi_0)^2} + \\ &\quad + 3S \cdot \frac{\sin^2 \chi_0 \sin^2 \lambda_0}{(\cos \lambda_0 + a \sin \chi_0)^2 (1 + 2a \sin \chi_0 \cos \lambda_0 + a^2 \sin^2 \chi_0)}\end{aligned}\right\}$$

Dieser Ausdruck, der für den Fall einer Höchstlast *negativ* sein müßte, hat nun für jeden linearen oder nach höheren Potenzen der Abgleitung erfolgenden Anstieg der Schubfestigkeit *stets positives* Vorzeichen. Eine Höchstlast kann also, in Übereinstimmung mit den Befunden an hexagonalen Kristallen, für derartige Verfestigungskurven bei einfacher Gleitung niemals erreicht werden; der mit $\dfrac{d\sigma}{dd} = 0$ erhaltene Extremwert stellt ein Minimum in der Dehnungskurve dar. Eine Höchstlast kann nur dann erwartet werden, wenn die Schubfestigkeit schwächer als linear mit der Abgleitung ansteigt.

Aber auch mit der oben für Aluminiumkristalle angegebenen Verfestigungskurve wird bei einfacher Translation ein Maximum in der Dehnungskurve noch nicht erreicht. Wohl aber tritt eine Höchstlast im Gebiete doppelter Translation auf. Das Ergebnis der nicht immer streng durchführbaren Rechnungen, auf die wir hier nicht näher eingehen, ist durch die in Abb. 99 wiedergegebenen

Zugfestigkeits- und Dehnungskörper von Aluminiumkristallen dargestellt. Im allgemeinen besteht eine befriedigende Übereinstimmung mit der Erfahrung; bei der Dehnung reichen die Abweichungen allerdings bis 50%.

b) Einfluß von Legierung.

In den bisherigen Erörterungen über Beginn, Verlauf und Ende der Translation haben wir uns auf „reine" Metalle beschränkt. Über die Größenordnung der in ihnen noch enthaltenen Verunreinigungen gibt Tabelle 9 Aufschluß. Ein völlig sicherer Schluß auf die plastischen Eigenschaften *absolut* reiner Metallkristalle kann aus dem oben geschilderten Beobachtungsmaterial nicht gezogen werden, da sich gerade sehr geringe Verunreinigungen außerordentlich stark auswirken können. Der Einfluß beabsichtigter Legierung auf die Plastizität von Metallkristallen wird in den folgenden zwei Punkten geschildert.

45. Beginn der Translation legierter Metallkristalle.

Die Untersuchung des Beginns der Translation legierter Metallkristalle wird durch die bisher stets bestätigte Beobachtung, daß die Streckgrenze bei ihnen sehr viel schärfer ausgeprägt ist als bei gleich orientierten Kristallen des reinen Grundmetalls, sehr erleichtert.

Wie sehr gerade kleine Mengen von Zusätzen das plastische Verhalten von Metallkristallen beeinflussen können, zeigt Abb. 100 am Beispiel der kritischen Schubspannung von *Zink*kristallen, die mit Kadmium legiert sind. Ein Gehalt von 0,60 At.-% Kadmium (1,03 Gew.-%) erhöht S_0 von dem für das Ausgangsmaterial Zink- „Kahlbaum" (mit 0,03 Gew.-% Cd) gültigen Wert von 94 g/mm² auf

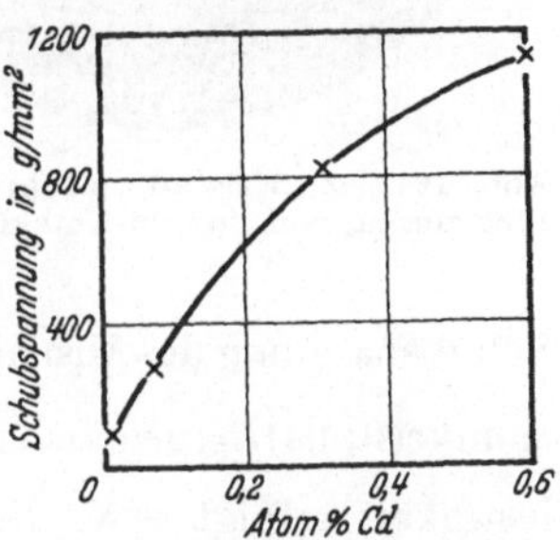

Abb. 100. Konzentrationsabhängigkeit der kritischen Schubspannung von Cd—Zn-Mischkristallen (230).

1150 g/mm², bedingt also eine Verfestigung auf über das 12fache[1]. Geradlinige Extrapolation auf den Cd-Gehalt 0% führt

---

[1] Daß in den aus der Schmelze gezogenen Legierungskristallen das Kadmium gelöst vorhanden ist, wurde durch röntgenographische Versuche festgestellt (244). Es handelt sich hier um übersättigte Mischkristalle, da bis zu 100° C die Löslichkeit des Kadmium im Zink praktisch gleich Null ist.

auf eine Schubspannung von 40 g/mm² an der Streckgrenze des Cd-freien (jedoch noch Spuren von Blei und Eisen enthaltenden) Zinkkristalls. Dieser Wert wurde neuerdings fast erreicht (49 g/mm²) mit einem Kristallmaterial, das aus einem durch Destillation gereinigtem Zink-„Kahlbaum" hergestellt war und einen Cd-Gehalt von weniger als $5 \cdot 10^{-4}$ At.-% aufwies (201).

Sehr viel weniger verfestigend wirkt Legierung mit einem Zusatzmetall, das sich als neue Kristallart einlagert. Abb. 101 zeigt den Schliff eines mit 2 % Sn legierten Zinkkristalls, in dem Schichten von Zink-Zinn-Eutektikum parallel der Basisfläche eingelagert sind. Die Ausgangsschubfestigkeit der Basis wird hierdurch nur auf etwa das 4fache erhöht.

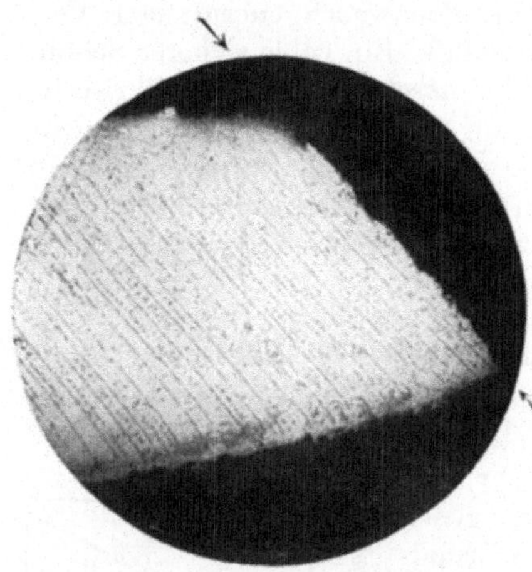

Abb. 101. Zn-Kristall mit gesetzmäßiger Einlagerung von Zn—Sn-Eutektikum (230).

Auf die binären Mischkristallsysteme Aluminium-*Magnesium* und Zink-*Magnesium* bezieht sich Abb. 102. Sie gibt als Funktion der Konzentration des Zusatzmetalls die durch Legierung bewirkte Verfestigung (v_{Leg}), die durch den Quotienten aus kritischer Schubspannung des Mischkristalls ($S_{0,\,\mathrm{Leg}}$) und der des reinen Magnesiumkristalls (S_0) gegeben ist $\left(v_{\mathrm{Leg}} = \dfrac{S_{0,\,\mathrm{Leg}}}{S_0} \right)$. Der Anstieg der Schubfestigkeit erfolgt etwa linear mit steigendem Fremdmetallgehalt. Die spezifische Wirkung des Zinks übersteigt dabei erheblich die des Aluminiums. In die Abbildung ist auch die Konzentrationsabhängigkeit der Achsenlängen c und a für die beiden Mischkristallreihen eingezeichnet. Dem kleineren Atomradius der Zusatzmetalle entsprechend (Mg: 1,62 Å, Al: 1,43 Å und Zn: 1,33 Å), tritt in beiden Fällen eine Schrumpfung des Gitters ein. Ob die stärker verfestigende Wirkung des Zinks mit der stärkeren Abnahme von c (also der Netzebenendistanz der Translationsfläche) bei den Zink-Magnesiummischkristallen zusammenhängt, kann noch nicht entschieden werden.

Ternäre Aluminium-Zink-*Magnesium*-Mischkristalle (232) ergaben bei einer Konzentration von 2,5$_4$ At.-% Al und 0,36 At.-% Zn ein $S_0 = 766$ g/mm², bei einer Konzentration von 5,0$_2$ At.-% Al und 0,38 At.-% Zn ein $S_0 = 1153$ g/mm²*. Diese Werte ergeben

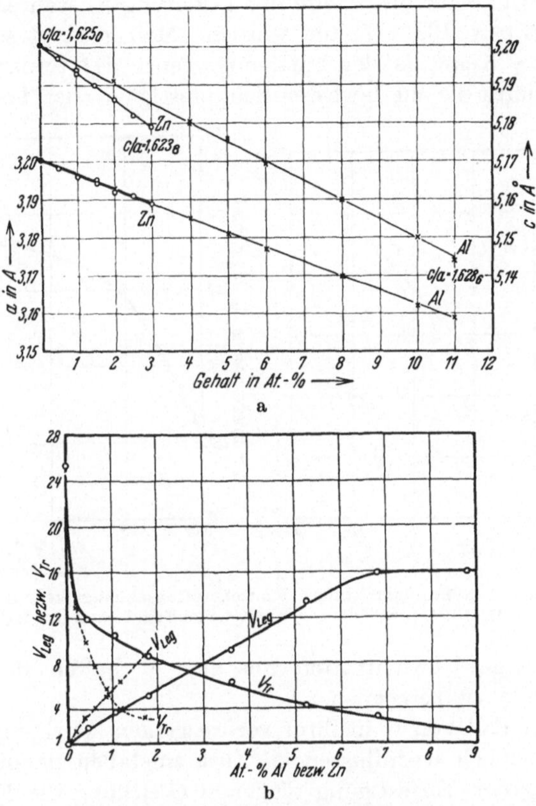

Abb. 102 a und b. Al—Mg- und Zn—Mg-Mischkristalle. Konzentrationsabhängigkeit der Gitterkonstanten (a) und der Verfestigung (b) (231). $S_0 = 82{,}9$ g/mm².

sich mit guter Näherung aus dem Verhalten der beiden binären Mischkristallreihen unter der Annahme, daß die durch die beiden Zusatzmetalle bewirkten Erhöhungen der kritischen Schubspannung sich addieren, eine gegenseitige Beeinflussung also nicht stattfindet.

* Es sind dies die technischen Legierungen AZ 31 (mit 2,8 Gew.-% Al und 0,9 Gew.-% Zn) und AZM (mit 5,6 Gew.-% Al und 1,0 Gew.-% Zn).

und daher
$$S_{0,\text{tern}} - S_0 = (S_{0,\text{Al}} - S_0) + (S_{0,\text{Zn}} - S_0)$$

$$v_{\text{Leg,tern}} = v_{\text{Leg,Al}} + v_{\text{Leg,Zn}} - 1.$$

Diese Formel führt auf ein $v_{\text{Leg,tern}} = 8{,}8$ für die erste, auf $v_{\text{Leg,tern}} = 14{,}5$ für die zweite der Legierungen, während experimentell 9,2 bzw. 13,9 erhalten wurden. Man gewinnt so die Möglichkeit, bei Kenntnis der Sättigungsgrenze des ternären Mischkristallgebietes die zu höchster Schubfestigkeit der Translations-

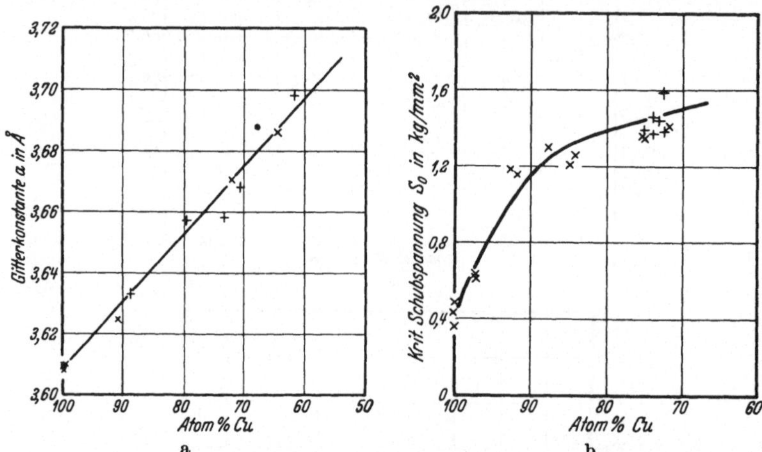

Abb. 103 a und b. α-Messingkristalle. Konzentrationsabhängigkeit a der Gitterkonstanten × (234), + (245), ● (246); b der kritischen Schubspannung × (234), + (233).

fläche gehörige Konzentration aus dem Verhalten der binären Mischkristalle zu berechnen.

Für den Fall von N in ihrer verfestigenden Wirkung einander nicht maßgeblich beeinflussenden Zusatzmetallen nähme die zur Berechnung der Verfestigung dienende Gleichung die Form

$$v_{\text{Leg}} = v_{\text{Leg,A}} + v_{\text{Leg,B}} \cdots + v_{\text{Leg,N}} - (N-1)$$

an, worin $v_{\text{Leg,A}}, \ldots v_{\text{Leg,N}}$ die dem Gehalt an Zusatzmetall A, $\ldots$ N entsprechende Verfestigung in der jeweiligen binären Reihe bedeutet.

Die Verfestigung kubischer Mischkristalle geht für den Fall des α-*Messings* aus Abb. 103 hervor. Der Anstieg der kritischen Schubspannung erfolgt hier nicht linear mit zunehmender Konzentration des Zusatzmetalls; je höher der Zinkgehalt, um so geringer die weitere Erhöhung der Schubfestigkeit. Die in die Abbildung ebenfalls eingezeichnete Gitterkonstante zeigt entsprechend dem größeren

Atomradius des Zinks (Cu: 1,27 Å, Zn: 1,33 Å) eine Aufweitung bei der Mischkristallbildung. Diese erfolgt auch hier linear mit der Atomkonzentration. Die Verfestigung ist also im Falle des α-Messings mit einer Zunahme des Netzebenenabstands der wirksamen Translationsfläche verbunden. Bei einem Zinkgehalt von 18 At.-% wird eine Verfestigung auf etwa das 3fache erreicht.

In Abb. 104 sind für die lückenlose Mischkristallreihe *Silber-Gold* die kritische Schubspannung und die Gitterkonstante wiedergegeben. An die Werte für die reinen Metalle schließt sich an beiden Seiten ein steiler Anstieg der Schubfestigkeit des Oktaedertranslationssystems an; das Maximum wird bei etwa gleicher Atomkonzentration beider Metalle erreicht. Die Gitterkonstante zeigt ein Minimum im Bereiche mittlerer Konzentration. Ein ähnlicher Verlauf der kritischen Schubspannung wie ihn Abb. 104 zeigt, wurde

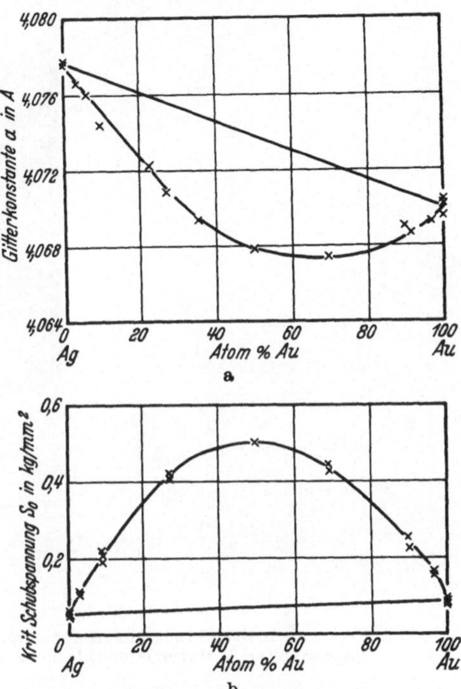

Abb. 104 a und b. Ag–Au-Mischkristalle. Konzentrationsabhängigkeit a der Gitterkonstanten (247), b der kritischen Schubspannung (235).

auch für die Mischkristallreihe *Kupfer - Nickel* beobachtet (236).

Ein lehrreiches Beispiel, aus dem die Bedeutung der *Atomanordnung* im Kristall für sein plastisches Verhalten klar hervorgeht, bilden Gold-Kupferkristalle, deren Zusammensetzung der Formel $AuCu_3$ entspricht (237). Die bei hoher Temperatur ungeordneten Atome ordnen sich bei langsamer Abkühlung gesetzmäßig an, wobei jedoch das kubisch-flächenzentrierte Gitter erhalten bleibt (248). Das der geordneten Verteilung entsprechende Auftreten von Überstrukturlinien geht aus Abb. 105 sehr deutlich hervor. Die kritische Schubspannung dieser Kristalle fällt beim

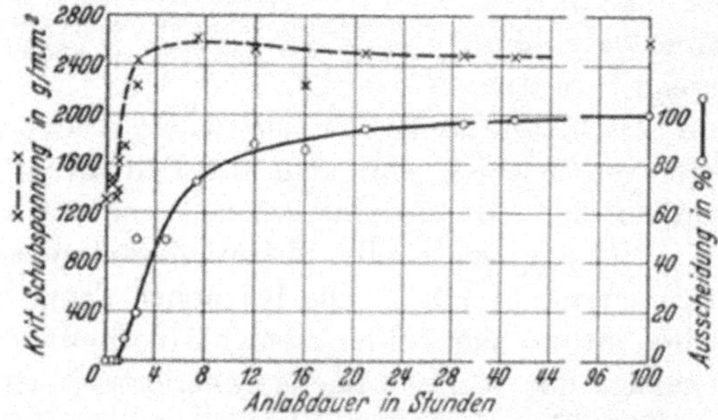

a   b

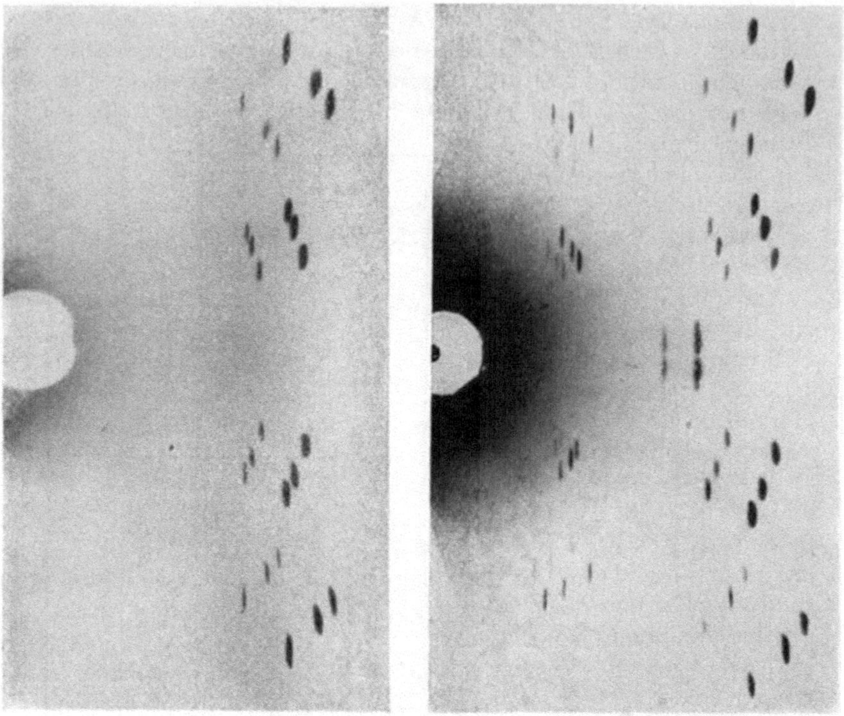

Abb. 105 a und b. Drehkristalldiagramme eines AuCu₃-Kristalls (237); a mit
ungeordneter Atomverteilung, b mit geordneter Atomverteilung.

Abb. 106. Schubverfestigung und Ausscheidung (242). — Übersättigter Al—Mg-Misch-
kristall (10 % Al) bei 218° C angelassen. Als „Ausscheidung" ist die (durch Gitter-
konstantenbestimmung ermittelte) tatsächlich ausgeschiedene Al-Menge in Prozent
der zum Gleichgewichtszustand führenden aufgetragen.

Übergang vom ungeordneten in den geordneten Zustand von 4,4 kg/mm² auf 2,3 kg/mm².

Die Bedeutung *thermischer Vergütung* für die kritische Schubfestigkeit geht aus Versuchen an Kristallen einer Aluminium-Legierung mit 5% Kupfer hervor (238), die im ausgeglühten Zustand (von 525° C langsam auf 300° erkaltet und bei dieser Temperatur noch 1 Stunde gehalten) ein $S_0 = 1,9$ kg/mm² aufweisen, im vergüteten Zustand (abgeschreckt von 525° C und hierauf $^1/_2$ Stunde bei 100° C angelassen) ein $S_0 = 9,3$ kg/mm². Für einen abgeschreckten Al-Mg-Mischkristall mit 10% Al zeigt Abb. 106 die Änderung der kritischen Schubfestigkeit der Basis als Funktion der Anlaßdauer bei 218° C. Aus dem in die Abbildung gleichfalls aufgenommenen zeitlichen Verlauf der Entmischung ergibt sich, daß hier Verfestigung und Entmischung konform gehen.

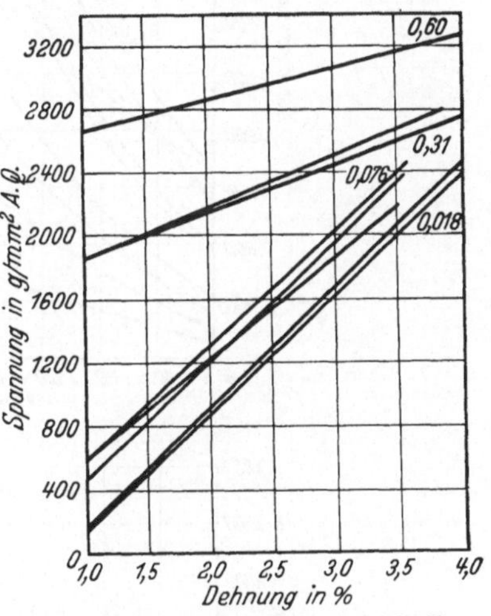

Abb. 107. Dehnungskurven von Cd—Zn-Mischkristallen fast gleicher Orientierung. Cd-Gehalt in Atom-% jeweils angegeben (230).

46. Verlauf der Translation und Bruch von Legierungskristallen.

In Abb. 107 sind einige Dehnungskurven von mit verschiedenem Kadmiumgehalt legierten *Zink*kristallen fast gleicher Orientierung schematisch wiedergegeben. Sie zeigen zunächst wieder die außerordentlich starke Abhängigkeit der kritischen Schubspannung vom Cd-Gehalt; sie zeigen weiterhin, daß der durch Dehnung bewirkte Anstieg der Last (Schubfestigkeit der Basis) um so geringer ausfällt, je größer die Erhöhung der Ausgangsschubspannung durch Legierung ist. Diese Abnahme der Verfestigbarkeit durch Deformation mit zunehmender Ausgangsverfestigung hat sich auch bei allen weiteren Dehnungsversuchen an Legierungskristallen bestätigt [vgl. hierzu die mit $v_{\mathrm{Tr}} \left(= \dfrac{S_{e,\,\mathrm{Leg}}}{S_{0,\,\mathrm{Leg}}} \right)$ bezeichneten Kurven in Abb. 102 b].

Das Verhalten von *Magnesium*-Mischkristallen ist in der Abb. 108 dargestellt. Die mittlere Grenzabgleitung nimmt hier mit zunehmendem Legierungsgehalt deutlich ab, was durch eine immer

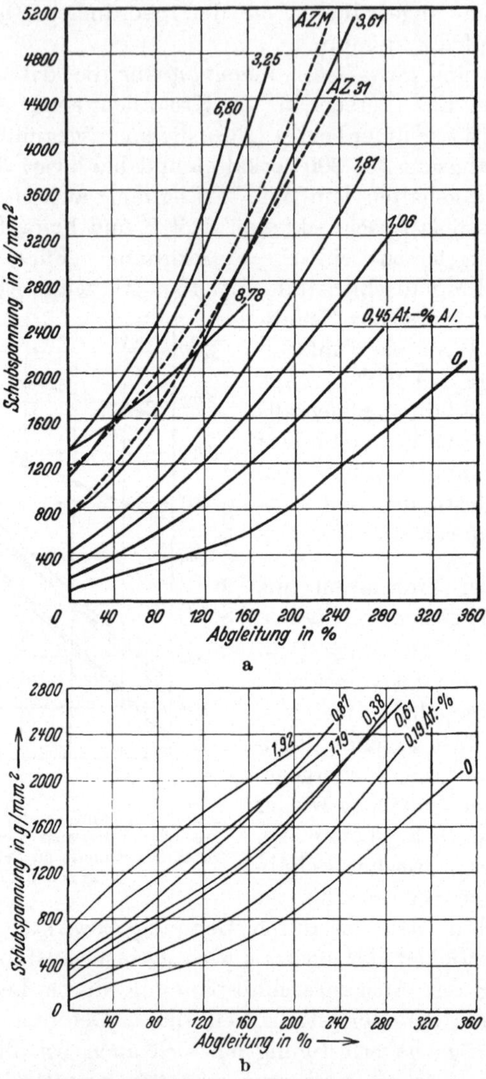

Abb. 108 a und b. Verfestigungskurven von Mg-Mischkristallen. a Binäre Al—Mg-und ternäre Al—Zn—Mg-Legierungen (231, 232); b binäre Zn—Mg-Legierungen (231).

ausgeprägtere Neigung zum Gleitungsbruch entlang der Basisfläche bedingt ist. Zur technologischen Beurteilung der Legierungswirkung wird man außer der Erhöhung der kritischen Schubspannung des reinen Metalles (v_{Leg}) auch die weitere Verfestigbarkeit durch Verformung ins Auge fassen. Demgemäß ist in Abb. 109 als $v_{\text{Leg}} \cdot v_{\text{Tr}}$ die gesamte, durch Legierung *und* Translation bis zum Bruch erzielbare Verfestigung als Funktion der Konzentration eingetragen $\left(v_{\text{Leg}} \cdot v_{\text{Tr}} = \dfrac{S_{0,\,\text{Leg}}}{S_0} \cdot \dfrac{S_{e,\,\text{Leg}}}{S_{0,\,\text{Leg}}} = \dfrac{S_{e,\,\text{Leg}}}{S_0} \right)$. Man sieht, daß in beiden Mischkristallreihen nicht der höchsten Konzentration auch der Höchstwert dieser Gesamtverfestigung zukommt, daß das Maximum vielmehr bei mittleren Konzentrationen auftritt. Die Ursache

hierfür dürfte in der oben erwähnten Zunahme der Sprödigkeit mit steigendem Gehalt an Fremdmetall liegen. Ein ähnliches Verhalten wie das Produkt $v_{\text{Leg}} \cdot v_{\text{Tr}}$ zeigt übrigens auch die Deformationsenergie.

Die Konzentrationsabhängigkeit der Verfestigungskurven kubisch-flächenzentrierter Zink-*Aluminium*-Mischkristalle zeigt Abb. 110.

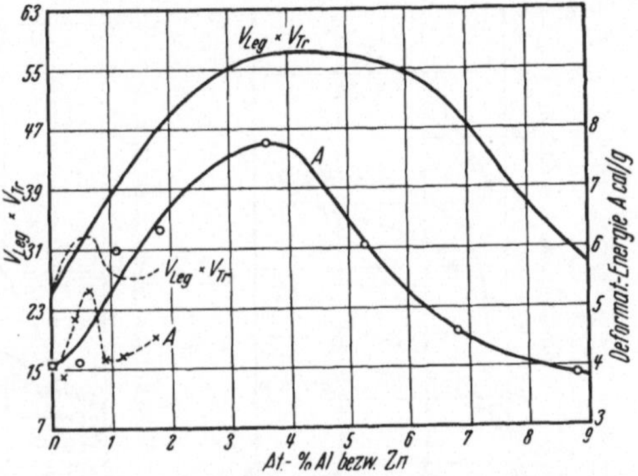

Abb. 109. Verfestigbarkeit von Mg-Mischkristallen (231). ——— Al—Mg, – – – – Zn—Mg.

Die sich besonders am Beginn der Dehnung stark auswirkende Verfestigung durch zulegiertes Zink geht aus diesen Kurven deutlich hervor. Die mit der Kristalldehnung einhergehende Gitterdrehung entspricht dem in Punkt 36 geschilderten Normalfall für Oktaedertranslation. Bei den höheren Zinkgehalten wird allerdings die zur doppelten Translation führende symmetrische Stellung der Kristallachse nicht erreicht, da bereits vorher, im Gebiete einfacher Translation, ohne Ausbildung einer Einschnürung der Bruch der Kristalle erfolgt. Dabei scheint es sich wie bei den Magnesiummischkristallen um eine Art Abschiebungsbruch nach der wirksamen Gleitfläche zu handeln.

Die Verfestigungskurven von α-*Messing*-Kristallen verschiedener Zinkkonzentration sind in Abb. 111 dargestellt. Hier bleibt trotz erhöhter Ausgangsschubfestigkeit im Verlauf der Dehnung die Schubfestigkeit des wirksamen Oktaedersystems hinter der des reinen Kupferkristalls zurück, und zwar um so mehr, je höher der Zinkgehalt ist. Die Gitterdrehung bei der Translation entspricht wieder im wesentlichen dem Normalfall für Oktaedertranslation. Die Unterschiede betreffen lediglich die Wechselwirkung zwischen den beiden wirksamen Translationssystemen. Die symmetrische Lage wird unter alleiniger Betätigung des ersten Systems um so weiter überschritten, je höher der Zinkgehalt ist (Abb. 112). Dies besagt, daß die Verfestigung des zunächst latenten Oktaedersystems um so mehr die des wirksamen übertrifft, je mehr Zink die Kristalle enthalten. Ein Beispiel für den Verlauf der

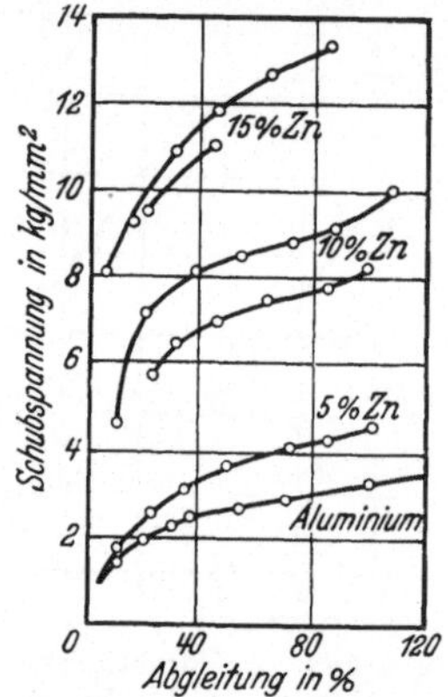

Abb. 110. Verfestigungskurven von
Zn—Al-Mischkristallen (239).

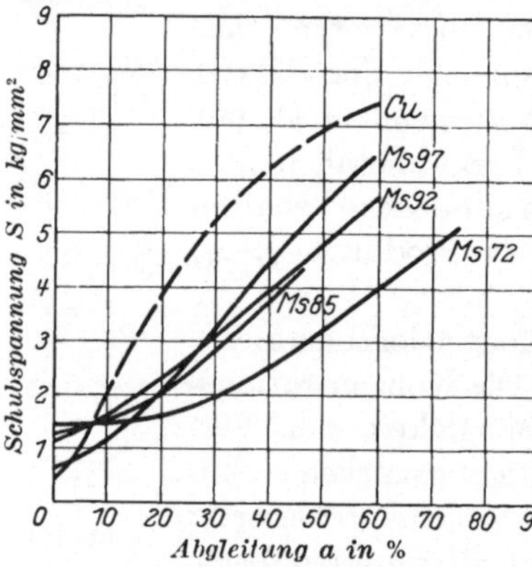

Abb. 111. Verfestigungskurven von
α-Messingkristallen (234).

Schubspannung in den beiden in Frage kommenden Translationssystemen gibt Abb. 113. Das zweite System gerät erst in Tätigkeit, wenn die in ihm herrschende Schubspannung die im ersten wirksame um 30% übertrifft. Bei der weiteren Dehnung wird die Symmetrale (Gleichheit beider Schubspannungen) nochmals, nun in entgegengesetzter Richtung, überschritten, da sich nun das erste, jetzt latente System, stärker verfestigt. Erst unter Wirkung einer gegenüber dem wirksamen um 10% höheren Schubspannung tritt es erneut in Tätigkeit. Die weitere Verfestigung mit zunehmender Dehnung erfolgt um so weniger stark, je höher die Schubspannung jeweils am Beginn der Abgleitung ist. Die mit jedem Wechsel des Translationssystems neu hinzukommende Streifung zeigt Abb. 114. Die Zugfestigkeit von Kristallen mit 72% Cu liegt je nach ihrer Ausgangsorientierung zwischen 12,9 und 32,9 kg/mm², die Bruchdehnung zwischen 67 und ~ 122% (233).

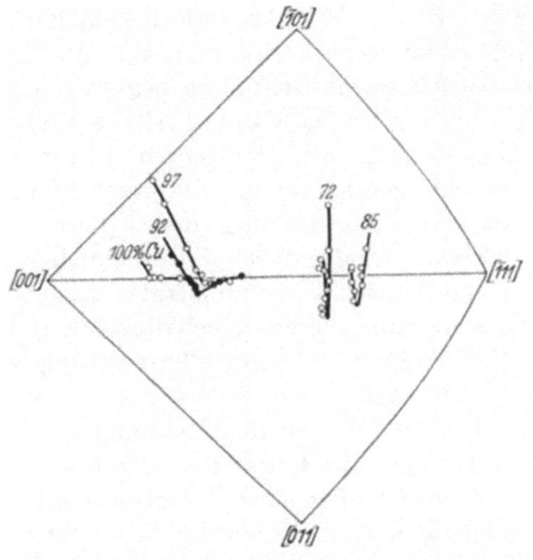

Abb. 112. Konzentrationsabhängigkeit der Ungleichartigkeit der Verfestigung von wirksamem
und latentem Oktaedersystem bei der Dehnung
von α-Messingkristallen (234).

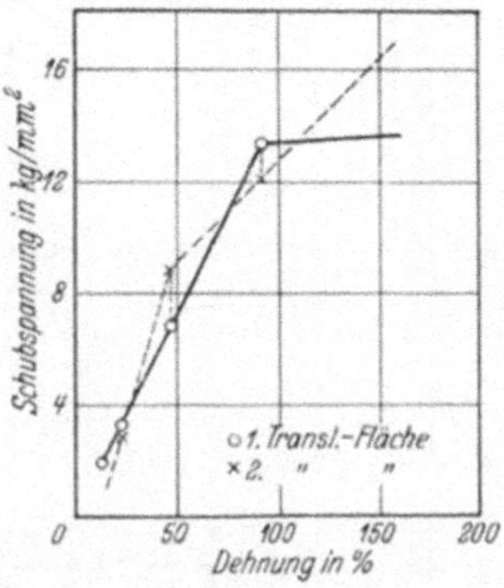

Abb. 113. Verlauf der Schubspannung bei der doppelten
Translation von α-Messingkristallen mit 70% Cu (240);
vgl. auch (233).

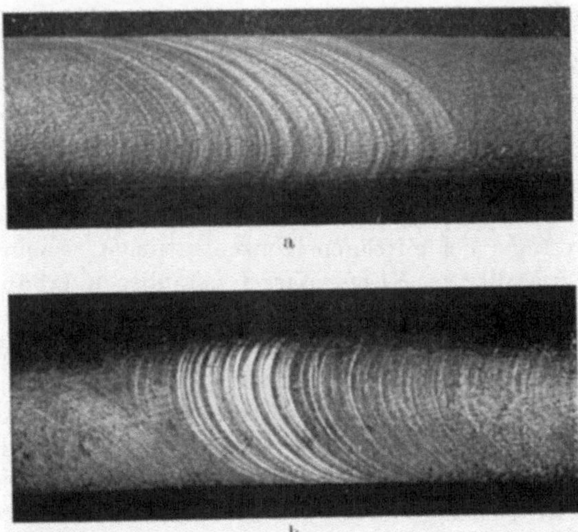

Abb. 114a und b. Wechsel des wirksamen Translationssystems bei der Dehnung
von α-Messingkristallen (234). Neue Translationsstreifung a nach erstem Wechsel,
b nach zweitem Wechsel.

Auch mit *Aluminium* legierte *Kupfer*-Mischkristalle zeigen ein den α-Messingkristallen weitgehend analoges Verhalten (241). Auch hier schneidet die bei höherer Ausgangsschubspannung beginnende Verfestigungskurve sehr bald die des reinen Kupferkristalls und verläuft für die höheren Abgleitungen bei niedrigeren Schubspannungen als diese. Und auch hier ist die Gitterdrehung der legierten Kristalle wieder durch ein erhebliches Überschreiten der Symmetralen ausgezeichnet und zeigt dadurch die stärkere Verfestigung latenter Translationssysteme an.

Die Verfolgung der Dehnung von *Silber-Gold*-Mischkristallen ergab nur verhältnismäßig geringe Unterschiede gegenüber dem Verhalten der reinen Metalle (235). Lediglich bei kleinen Verformungsbeträgen bleibt die Verfestigung der Mischkristalle deutlich hinter der der Grundmetalle zurück. Auch in bezug auf die Gitterdrehung werden nur geringe Unterschiede durch die Mischkristallbildung bedingt. Das Überwiegen der Verfestigung des latenten Oktaedersystems erreicht hier höchstens 12% (bei mittleren Konzentrationen). Gleiches Verhalten, d. h. stärkere Verfestigung des latenten Oktaedersystems bei mittleren Konzentrationen, scheint auch bei der Mischkristallreihe *Kupfer-Nickel* vorzuliegen (236).

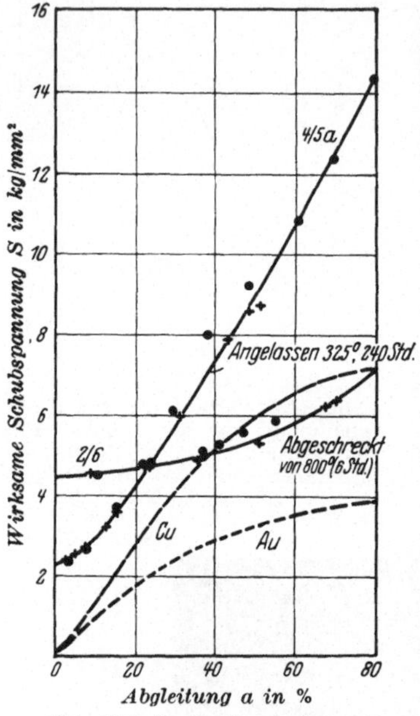

Abb. 115. Verfestigungskurven von AuCu₃-Kristallen (237).

Die Bedeutung der *Atomanordnung* für die Schubverfestigung bei plastischer Dehnung geht aus Abb. 115 hervor. Während der kubisch-flächenzentrierte AuCu₃-Kristall mit regelloser Atomverteilung (von 800° C abgeschreckt) eine Verfestigungskurve ergibt, wie man sie bei Mischkristallen gewohnt ist (hohe Ausgangsschubfestigkeit und nicht allzu starker Schubspannungsanstieg mit zunehmender Abgleitung), steigt bei geordneter Atomverteilung (bei 325° C angelassener Kristall) die Verfestigungskurve ähnlich wie bei reinen Metallen von einem niedrigen Ausgangswert steil mit zunehmender Abgleitung an. Auch die Weite der Überschreitung

der Symmetralen entspricht diesem Verhalten: sie erreicht bei
ungeordneter Atomverteilung etwa den doppelten Betrag wie bei
geordneter.

Die Dehnung *thermisch vergüteter* Kupfer-*Aluminium*-Misch-
kristalle (mit 5% Cu) kann ebenfalls durch eine mittlere Verfestigungskurve dargestellt werden (238). Der Bruch dieser Kristalle
ist jedoch nicht wie bei Reinaluminium durch eine Höchstlast-
bedingung erfaßbar. Es tritt nämlich hier (ähnlich wie bei den
Zink-Aluminium-Mischkristallen) in gewissen Orientierungsbereichen
ohne vorhergehende Einschnürung ein Bruch nach einer oder auch
nach mehreren fast ebenen Flächen auf. Die Mechanik dieses
Bruches ist noch nicht geklärt. Die Werte der Zugfestigkeit liegen
je nach der Ausgangsorientierung zwischen 33,0 und 45,5 kg/mm²,
die Bruchdehnungen zwischen 7 und 26%.

c) Einfluß von Temperatur und Zeit.

Nach der Schilderung des Einflusses, den Zusammensetzung
und Struktur auf die Translation von Metallkristallen ausüben,
soll nun die Bedeutung von Temperatur und Verformungsgeschwindigkeit zur Darstellung gelangen. Die bisherigen dynamischen
Angaben bezogen sich ja alle auf Zimmertemperatur und eine in
nicht zu weiten Grenzen schwankende, mittlere Verformungsgeschwindigkeit. Gerade die Versuche mit sehr weitgehender Veränderung von Temperatur und Zeit waren es aber, die, wenn auch
bisher nicht zu einer Erklärung, so doch wenigstens einigermaßen
zu einer physikalischen Kennzeichnung der Kristalltranslation
geführt haben.

47. Temperatur- und Geschwindigkeitsabhängigkeit des Translationsbeginnes.

Der Einfluß der Versuchstemperatur auf die Translation ist
bisher vorwiegend an *hexagonalen* Metallen in weitem Bereich
untersucht worden. Allgemein läßt sich sagen, daß sich bei ihnen
der der Streckgrenze entsprechende Knick in der Dehnungskurve
mit steigender Temperatur immer schärfer ausprägt. Daß die
Schärfe dieses Knickes maßgeblich auch von der Lage der Translationselemente beeinflußt wird, geht bereits aus der in Punkt 43
besprochenen Abhängigkeit der Dehnungskurvenform von der

Kristallorientierung hervor. Für ziemlich quere Winkel der Translationselemente zur Zugrichtung ist ja trotz Schub*verfestigung* bei der Abgleitung ein anfänglicher Abfall der Last mit zunehmender Dehnung möglich, während bei sehr schräger Ausgangslage der Translationselemente dieselbe Verfestigungskurve sofort zu steilem Lastanstieg führt.

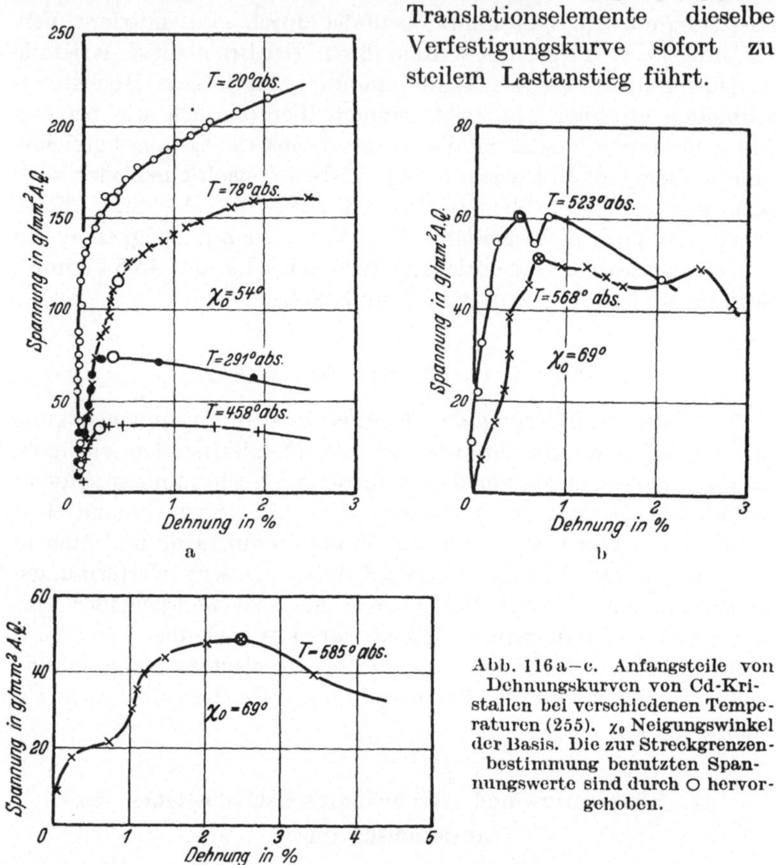

Abb. 116 a—c. Anfangsteile von Dehnungskurven von Cd-Kristallen bei verschiedenen Temperaturen (255). χ_0 Neigungswinkel der Basis. Die zur Streckgrenzenbestimmung benutzten Spannungswerte sind durch O hervorgehoben.

Ein charakteristisches Beispiel für Anfänge von Dehnungskurven von mehreren Stücken desselben Kadmiumkristalls, wie sie bei verschiedenen Temperaturen erhalten werden, gibt Abb. 116 a bzw. b und c. Die Versuchstemperatur wurde dabei von 20° abs. bis 585° abs., das ist bis 9° unterhalb des Schmelzpunktes variiert. Eine Dehnungskurve, die in einem besonderen Gerät bei noch tieferer Tem-

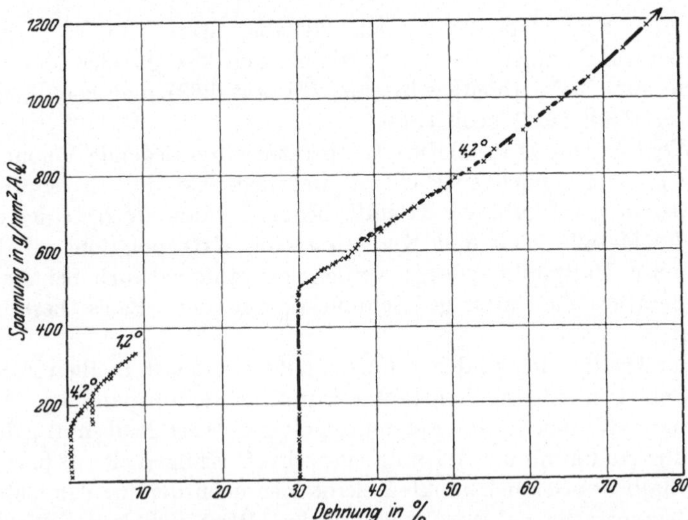

Abb. 117. Dehnungskurve eines Cd-Kristalls bei tiefsten Temperaturen (254).

peratur, bis zu 1,2° abs., erhalten worden ist, zeigt Abb. 117. Man
sieht, daß auch bei diesen Temperaturen noch eine außerordentlich
große Plastizität vorhanden
ist, und vor allen Dingen,
daß die kritische Schubspannung auch hier in derselben
Größenordnung liegt wie bei
den übrigen Temperaturen.
Auch für Zinkkristalle ist diese
Tatsache sichergestellt (251,
253).

Eine graphische Darstel-
lung der bisherigen Beobachtungen über die Temperaturabhängigkeit der kritischen
Schubspannung gibt Abb.118.
Man erkennt, daß die Schubfestigkeit des Basistranslationssystems hexagonaler

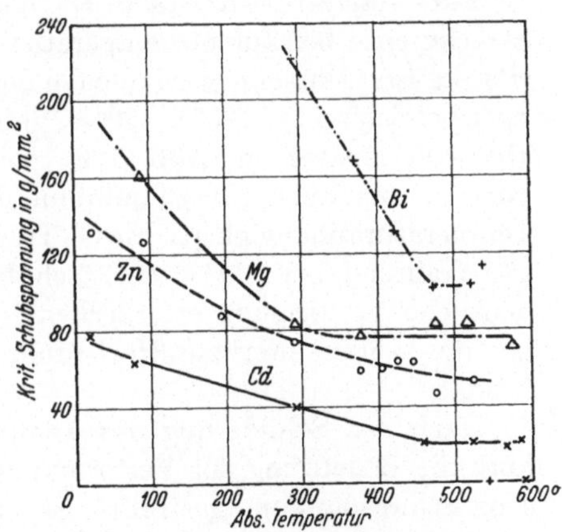

Abb. 118. Temperaturabhängigkeit der
kritischen Schubspannung.

Metalle nur in sehr geringem Maße von der Temperatur beeinflußt wird. Für Kadmium steigt beispielsweise diese Schubfestigkeit
nicht ganz auf das Vierfache bei einer Temperaturerniedrigung von

fast dem Schmelzpunkt bis auf 20^0 abs. Eine ähnlich geringe Temperaturabhängigkeit von S_0 wie bei den hexagonalen Metallen wurde auch beim rhomboedrischen *Wismut* (263) und beim tetragonalen *Zinn* (262) beobachtet.

Wenn auch das für tiefste Temperaturen vorliegende Versuchsmaterial heute noch spärlich ist und dringend der Erweiterung insbesondere auf kubische Kristalle bedarf, so kann doch wenigstens für die Metalle Zink und Kadmium eine Extrapolation auf den absoluten Nullpunkt gewagt werden, der zufolge auch bei dieser Temperatur die niedrige Schubfestigkeit der Basis bestehen bleibt.

Bei Annäherung an den Schmelzpunkt ergab sich in allen Fällen ein Gebiet annähernd konstanter kritischer Schubspannung. Das Absinken auf den für die Schmelze gültigen Wert Null muß jedenfalls für Kadmium und Wismut sehr schroff erfolgen; bis 9^0 bzw. 6^0 unterhalb des Schmelzpunktes bleibt hier noch der für das Gebiet der Temperaturunabhängigkeit gültige Wert erhalten. Welche Bedeutung den Verunreinigungen zufolge einer temperaturabhängigen Löslichkeit für dieses Verhalten zukommt, kann vorläufig noch nicht entschieden werden.

Für *Aluminium*-Kristalle ist das Fehlen einer ausgeprägten Streckgrenze bei Zimmertemperatur bereits hervorgehoben worden (Punkt 40). Dasselbe wird auch in dem bisher untersuchten Temperaturbereich von -185^0 bis 600^0 C gefunden (257). Jedenfalls zeigen aber die später in Abb. 128 wiedergegebenen Verfestigungskurven, daß auch für Aluminium die oben geschilderte geringe Temperaturabhängigkeit des Translationsbeginnes vorhanden ist. Während bei 600^0 C eine Schubspannung von 100 g/mm² für deutliche Verformung erforderlich ist, genügen auch bei -185^0 C bereits ~ 800 g/mm² zur Herbeiführung deutlicher Oktaedertranslation.

Nach der Schilderung des Temperatureinflusses sei hier noch kurz die Bedeutung der Verformungsgeschwindigkeit für die kritische Schubspannung gestreift. Es wird nämlich später (Punkt 50) gezeigt werden, daß mit großer Wahrscheinlichkeit der Einfluß von Temperatur und Zeit durch ihre ursächliche Verknüpfung in sehr engem Zusammenhang miteinander stehen. Im allgemeinen wird beobachtet, daß mit steigender Versuchsgeschwindigkeit die Streckgrenze ansteigt. Maßgeblich hierfür dürfte nicht die Erhöhung der Anspannungsgeschwindigkeit in einem Gebiet rein

elastischer Formänderung sein, sondern die erhöhte Verformungs-
geschwindigkeit in dem vor der Streckgrenze liegenden, schmalen
Gebiet bleibender Dehnung. Für die Größe dieses Geschwindig-
keitseinflusses bei Kadmiumkristallen gibt Abb. 119 einen Anhalt.
Erhöhung der Versuchsgeschwindigkeit auf das Hundertfache be-
dingt in weitem Temperaturbereich eine Erhöhung der kritischen
Schubspannung um 20—30%. In der Abb. 119 ist auch die in
Abb. 118 enthaltene Kadmiumkurve strichliert eingezeichnet; sie

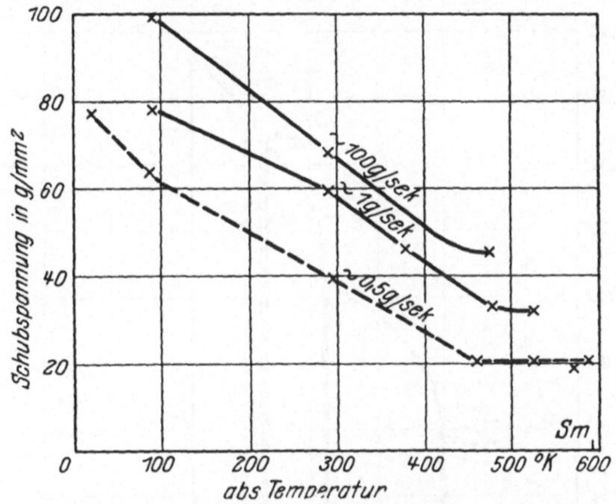

Abb. 119. Abhängigkeit der kritischen Schubspannung von Cd-Kristallen von der
Anspannungs-(Verformungs-)geschwindigkeit (252).

bezieht sich auf Kristalle, die mit erheblich geringerer Geschwindigkeit aus der Schmelze gezogen waren und ist daher mit den beiden
anderen Kurven nicht unmittelbar vergleichbar.

Für Aluminiumkristalle ist mangels einer ausgeprägten Streckgrenze eine quantitative Angabe sehr erschwert. Aus den vorliegenden Untersuchungen, in denen die Versuchsgeschwindigkeit
wie 1:23000 variiert wurde, geht hervor, daß trotz dieses
großen Unterschiedes die Translation bei ungefähr gleichen
Spannungen beginnt (256).

48. Temperatur- und Geschwindigkeitsabhängigkeit des Verlaufs und des Endes der Translation.

Für den zur Aufrechterhaltung der Dehnung bei verschiedenen
Temperaturen notwendigen Kraftbedarf gibt Abb. 120 ein Beispiel.
Sie stellt die bei verschiedenen Temperaturen durchgeführte stufen-

weise Dehnung eines Kadmiumskristalls dar. Die Temperaturwechsel wurden stets bei entlastetem Kristall vorgenommen. Man
erkennt zunächst, daß die verhältnismäßig geringe Temperaturabhängigkeit der kritischen Schubspannung im unverformten Ausgangszustand auch im gedehnten Zustande erhalten bleibt. Im
Gegensatz hierzu erweist sich der zur Weiterführung der Dehnung
erforderliche Kraftbedarf als in sehr starkem Maß temperaturabhängig. Während die Dehnung bei Raumtemperatur und um

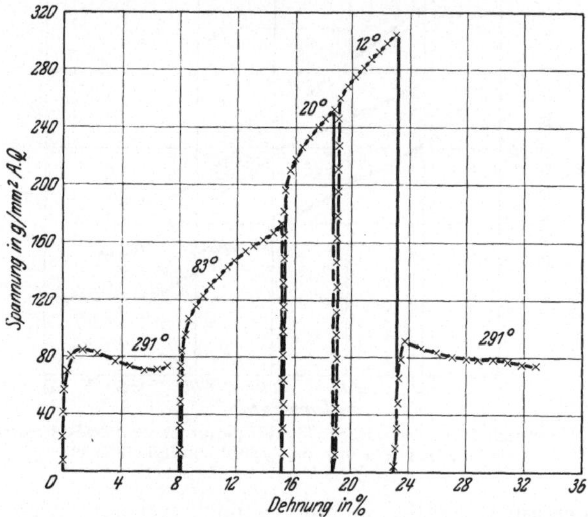

Abb. 120. Dehnungskurven eines Cd-Kristalls bei verschiedenen
(abs.) Temperaturen (254).

so mehr bei höheren Temperaturen sogar anfänglich unter sinkender
Last vor sich geht (die Schubfestigkeit des wirkenden Basistranslationssystems steigt allerdings auch hier an), ist bei den tiefen
Temperaturen eine sehr beträchtliche Laststeigerung erforderlich.
Demgemäß erfolgt bei tiefen Temperaturen die Dehnung im allgemeinen sehr viel gleichmäßiger entlang des ganzen Kristalls, als
bei Temperaturen, bei denen sie zufolge eines Spannungsabfalles
anfänglich auf die schwächsten, zuerst gedehnten Stellen beschränkt bleibt (Abb. 121).

Die Derbheit der Translationsstreifung nimmt im allgemeinen
mit steigender Temperatur zu (Abb. 122 im Vergleich mit Abb. 35a).
Quantitative Angaben über die mittlere Dicke der Gleitpakete

liegen noch kaum vor. Es besteht hier die Schwierigkeit, daß bei Betrachtung mit immer stärkerer Vergrößerung stets neue Translationslinien sichtbar werden. Bei aus dem Dampf gewachsenen,

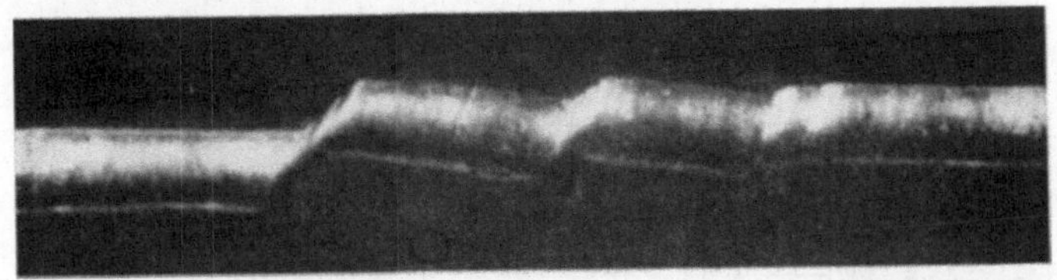

Abb. 121. Örtliche Abgleitungen eines bei 250° C gedehnten Cd-Kristalls (255).

regelmäßigen Zinkpolyedern ergaben sich um $0,8\mu$ oder ein Vielfaches davon schwankende Werte (267). Bei der Translation von Zinnkristallen werden trotz weitgehender Verformung (Dehnung bis auf

Abb. 122. Bei 300° C gedehnter Zn-Kristall (25 2).

10fache Ausgangslänge) außer gleitlinientragenden Kristallbändern gelegentlich auch völlig spiegelglatte erhalten, bei denen die Dicke

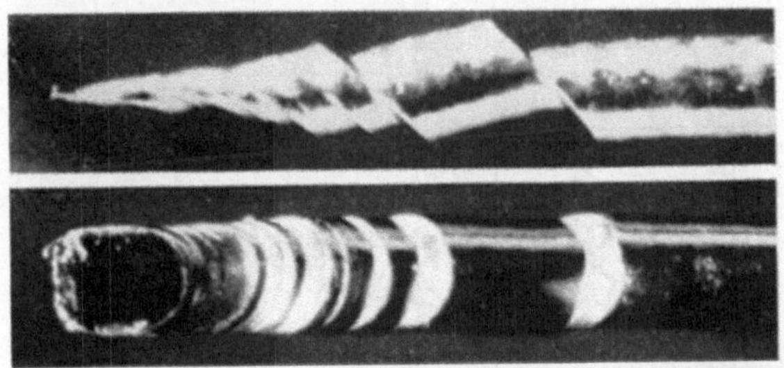

Abb. 123.   Ausbildung derber Gleitpakete und eines Abschiebungsbruchs bei sehr langsamer Dehnung eines Sn-Kristalls (aus 260).

der Gleitpakete unterhalb mikroskopischer Auflösungsfähigkeit liegt (261). In ähnlicher Weise wie Temperatursteigerung kann auch Herabsetzung der Verformungsgeschwindigkeit Derbheit der Gleitschichten bewirken. Als Beispiel sind in Abb. 123 zwei Aufnahmen eines extrem langsam gedehnten Zinnkristalls wiedergegeben.

Die für verschiedene Temperaturen erhaltenen Verfestigungskurven *hexagonaler* Metallkristalle zeigt Abb. 124. Aus ihnen geht

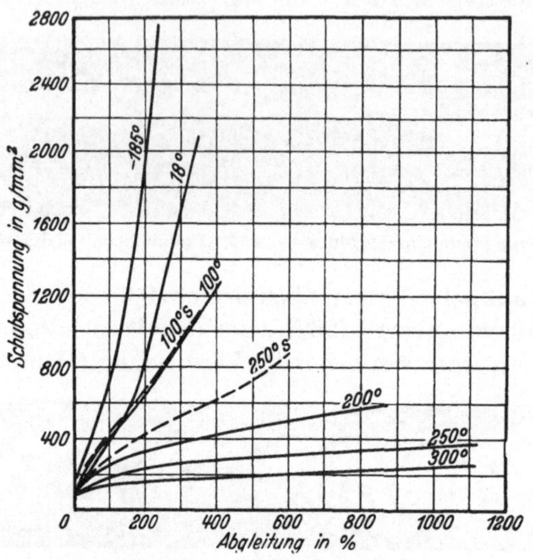

Abb. 124a. Magnesium (249).

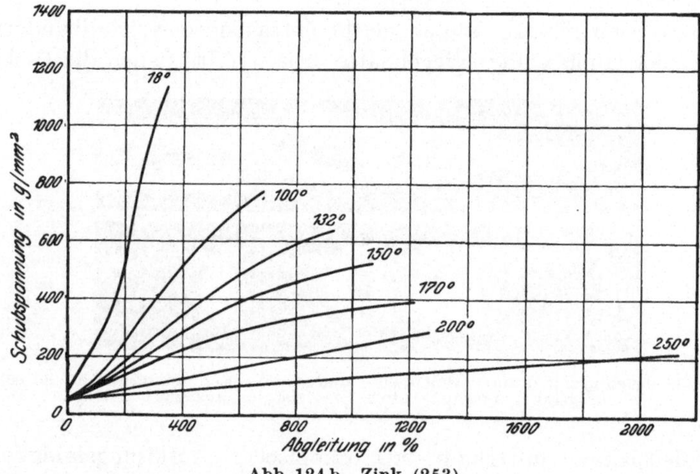

Abb. 124b. Zink (253).

ein überaus starker Einfluß der Temperatur auf die Schubverfestigung der Basisfläche klar hervor. Der als Neigung der Verfestigungskurve gegebene Verfestigungskoeffizient ändert sich im

untersuchten Temperaturgebiet bis um das 400fache. Seine Temperaturabhängigkeit ist am stärksten im Gebiete mittlerer Temperaturen; sowohl nach den hohen wie den tiefsten Temperaturen hin nimmt sie deutlich ab, um im Grenzfall unmerklich zu werden.

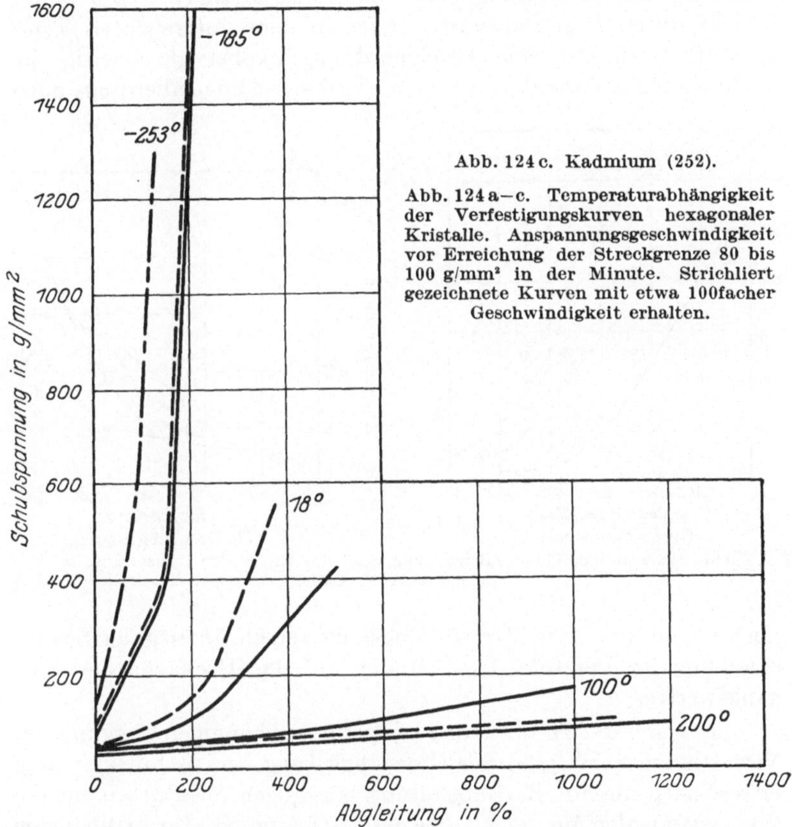

Abb. 124 c. Kadmium (252).

Abb. 124 a—c. Temperaturabhängigkeit der Verfestigungskurven hexagonaler Kristalle. Anspannungsgeschwindigkeit vor Erreichung der Streckgrenze 80 bis 100 g/mm² in der Minute. Strichliert gezeichnete Kurven mit etwa 100facher Geschwindigkeit erhalten.

Für extrem tiefe Temperaturen geht dies bereits aus den für Kadmiumkristalle gültigen Abb. 117 und 120 hervor.

Das Ausmaß der bei den verschiedenen Temperaturen erzielbaren Basistranslation, welche bei Magnesium durch einen Abgleitungsbruch nach der Basis bzw. Einsetzen von Pyramidentranslation, bei Zink und Kadmium durch sekundäre Translation in Zwillingslamellen begrenzt ist (vgl. Punkt 44), ist wieder gut durch eine orientierungsunabhängige Grenzschubfestigkeit gegeben.

Die auf Basistranslation bezüglichen mittleren Verfestigungskurven sind so in großem Temperaturbereich nicht nur durch Anfangspunkt und Neigung, sondern auch durch ihren Endpunkt gekennzeichnet. Die Temperaturabhängigkeit der Grenzwerte von Schubspannung und Abgleitung geht aus Abb. 125 hervor. Die Dehnbarkeit durch Basistranslation steigt in dem untersuchten Temperaturbereich um eine Größenordnung, wobei gleichzeitig die Verfestigung ebenso stark abnimmt. Diese bedingt allerdings auch

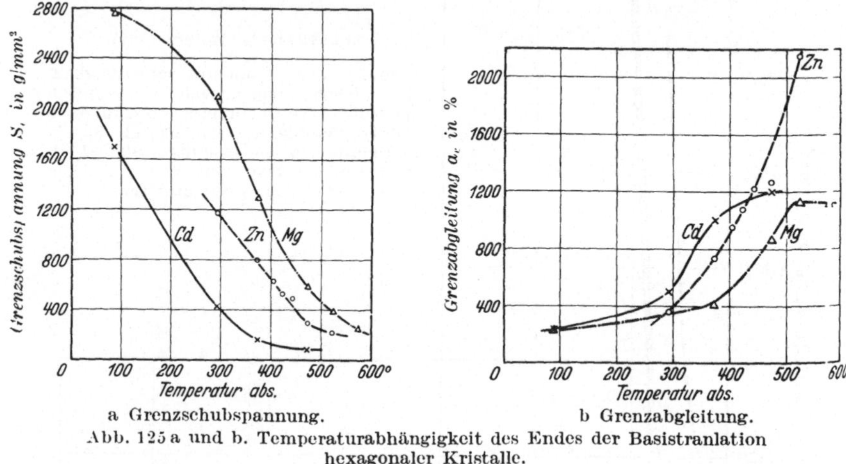

a Grenzschubspannung.   b Grenzabgleitung.

Abb. 125 a und b. Temperaturabhängigkeit des Endes der Basistranlation hexagonaler Kristalle.

noch bei der flachsten Verfestigungskurve einen Anstieg der Schubspannung im Verlaufe der Dehnung auf das Dreifache des Ausgangswertes.

Im Gegensatz zu der stark temperaturabhängigen Neigung der Verfestigungskurve und der Grenzabgleitung und -schubspannung erweist sich die auf Basisabgleitung bezügliche *Schubarbeit* für die drei hexagonalen Metalle als eine *annähernd* temperaturunabhängige Größe (Abb. 126). Für Zinkkristalle wird allerdings bei 150° C ein flaches Maximum beobachtet. Ob es mit einer in diesem Temperaturbereich auftretenden noch ungeklärten Abweichung von der reinen Basistranslation zusammenhängt, kann noch nicht mit Sicherheit angegeben werden. Die Größe der mittleren Schubarbeit beträgt für Magnesium 4,4 cal/g (das ist das 18fache der spezifischen Wärme bzw. $^1/_{10}$ der Schmelzwärme), für Zink 0,97 cal/g (das ist das 11fache der spezifischen Wärme bzw. $^1/_{24}$ der Schmelzwärme) und für Kadmium 0,24 cal/g (das ist das 4fache der spezifischen Wärme bzw. $1/_{44}$ der Schmelzwärme). Als Grenzbedingung dürfte dieser rein empirische Befund wohl deshalb nicht in dieser Form gültig sein, weil im Verlaufe der Verformung der größte Teil der zugeführten Energie in Wärme umgesetzt wird und daher bei Beendigung der Translation keineswegs mehr im Kristall vorhanden ist. Viel sinnvoller wäre es, an eine *Sättigung* mit innerer Energie zu denken, die dann allerdings in den hier beschriebenen Fällen stets ungefähr denselben Bruchteil der gesamten Deformationsarbeit ausmachen müßte (Näheres hierzu s. in Punkt 60).

In den Abb. 124a und c ist auch die Abhängigkeit der Verfestigungskurve von der Zeit bei verschiedenen Temperaturen durch einige mit 100facher Verformungsgeschwindigkeit erhaltene Kurven gekennzeichnet. Es ergibt sich, daß im Bereich starker Temperaturabhängigkeit der Verfestigungskurve auch eine starke Geschwindigkeitsabhängigkeit besteht; so

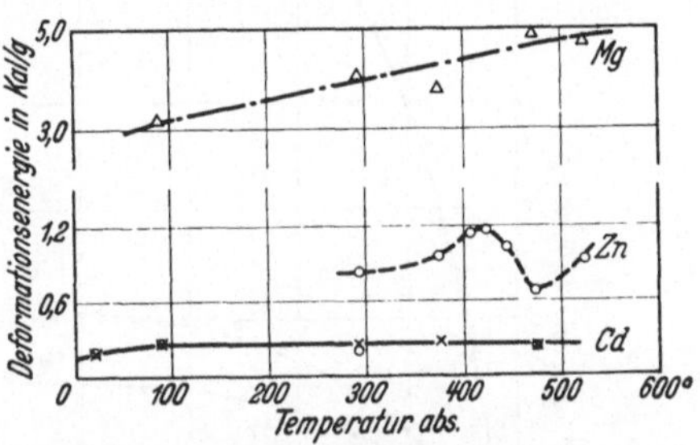

Abb. 126. Temperaturabhängigkeit der zur Basisgleitung gehörigen Deformationsenergie. (Für *Cd*: × langsam, in etwa 20 Min., ○ rasch, in etwa 10 Sek., zerrissen.)

liegt beispielsweise beim Magnesium nach 600% Abgleitung bei 250° C die Schubspannung im rasch gedehnten Kristall etwa 3mal so hoch wie im langsam gedehnten[1]. In Gebieten geringer Temperaturabhängigkeit der Verfestigungskurve ist auch die Verformungsgeschwindigkeit ohne nennenswerten Einfluß. Die temperaturunabhängige Schubarbeit ist auch von der Geschwindigkeit der Verformung weitgehend unabhängig, wie die in Abb. 126 (für Kadmium) mit eingetragenen Punkte zeigen.

Bei der durch die Abb. 124b und c dargestellten Dehnung von Zink- und Kadmiumkristallen ist die primäre Basisabgleitung begrenzt durch das Einsetzen einer neuerlichen Basisabgleitung

---

[1] Der Konstanz der Versuchsgeschwindigkeit kommt also bei miteinander zu vergleichenden Versuchen in gewissen Temperaturgebieten eine wesentliche Bedeutung zu. Dem kristallographischen Vorgang der Translation entsprechend dürfte die von Ausgangslage und der Orientierungsänderung bei der Dehnung unabhängige Abgleitungsgeschwindigkeit als die konstant zu haltende Größe anzusehen sein (256).

innerhalb von Zwillingslamellen, die sich gegen Ende der primären Translation ausgebildet haben. Liegt die Temperatur über den in den Abbildungen angegebenen Höchstwerten, so wird der normale Ablauf der Basistranslation durch Kornzerfall während der Reckung gestört. Bei Temperaturen über 300° C reißen Kadmiumkristalle

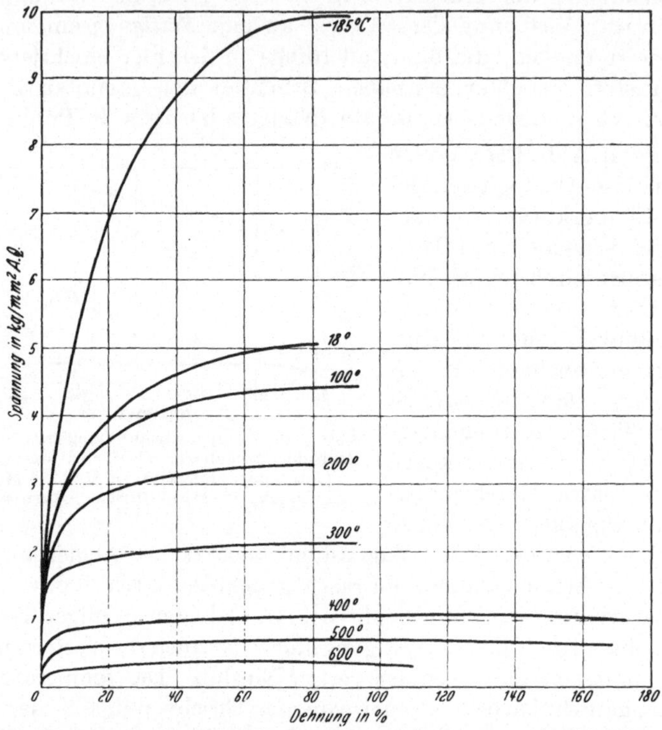

Abb. 127. Temperaturabhängigkeit der Dehnungskurven von Al-Kristallen (257).

quer durch, ohne nennenswerte Dehnung aufzuweisen. Temperaturerniedrigung führt bei Zinkkristallen schon bei — 80° C zu starker Herabsetzung der Dehnbarkeit und Auftreten von glattem Bruch nach der Basis, ein Verhalten, das auch bei allen tieferen Temperaturen bestehen bleibt (Näheres vgl. Punkt 53).

Für *Zinn*-Kristalle sind erst ungefähre Angaben möglich. Bei etwa gleicher Neigung der Verfestigungskurve nimmt die erreichte Grenzabgleitung mit steigender Temperatur (bis 200° C) deutlich ab. Hier befindet man sich somit bei 20—200° C bereits im Gebiet schwacher Temperaturabhängigkeit des Verfestigungskoeffizienten (262).

Die Temperaturabhängigkeit der Dehnungskurven von *Aluminium*-Kristallen geht aus Abb. 127 hervor. Man sieht, daß die Verfestigung mit steigender Temperatur stark abnimmt, daß aber die Gesamtdehnung zwischen —185⁰ und 300⁰ C merklich konstant bleibt. Hierin unterscheiden sich die Aluminiumkristalle deutlich von den hexagonalen Kristallen, bei denen im allgemeinen Temperaturerhöhung mit starker Vergrößerung der Dehnung verknüpft ist. Der bei 400⁰ und 500⁰ C beobachteten Dehnungszunahme der Aluminiumkristalle folgt bei 600⁰ C eine wesentliche Verminderung, bedingt durch die frühzeitige Ausschaltung der primären Oktaedertranslation durch Hinzutreten neuer (Würfel-) Translationen. Rekristallisation wurde hier lediglich bei den höchsten Temperaturen und auch dann nur in der Spitze des Fließkegels beobachtet[1].

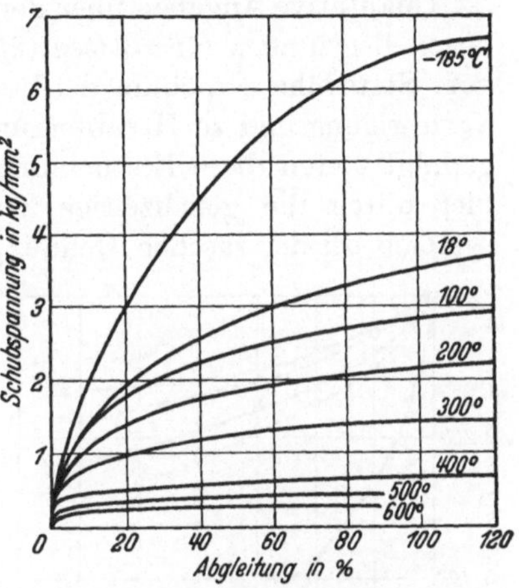

Abb. 128. Temperaturabhängigkeit der Verfestigungskurve von Al-Kristallen (257).

Die Temperaturabhängigkeit der auf die primäre Oktaedertranslation (Abgleitung auf dem zuerst wirksam gewordenen System) bezüglichen Verfestigungskurve geht aus Abb. 128 hervor. Im Gegensatz zur geringen Temperaturabhängigkeit des Translationsbeginnes tritt auch hier eine überaus starke Temperaturabhängigkeit des Anstiegs der Schubfestigkeit mit zunehmender Abgleitung zutage.

---

[1] Die Gitterlage, bei der sicher Translation nach der Würfelfläche einsetzt, gibt die Möglichkeit, die in Punkt 42 angekündigte Abschätzung ihrer Gleitfähigkeit im Verhältnis zu der eines Oktaedersystems durchzuführen. Allerdings handelt es sich dabei vorläufig noch um gedehnte Kristalle; das entsprechende Verhältnis im unversehrten Ausgangskristall braucht somit nicht notwendig dasselbe zu sein. Der Abschätzung liegt die Tatsache zugrunde, daß in der zunächst durch Oktaedertranslation erstrebten Endlage [112] Würfelgleitung einsetzt, die zur neuen Endlage [111] führt. Es ergibt sich hieraus, daß die Schubfestigkeit der Würfelfläche in Richtung einer Flächendiagonalen die eines Oktaedertranslationssystems nur um etwa 15% übertrifft.

Der Einfluß der *Versuchsgeschwindigkeit* auf die Schubverfestigung ist nur bei Raumtemperatur untersucht (256). Die dynamisch mit 23000facher Geschwindigkeit (450% Dehnung/Sek.) erhaltene mittlere Verfestigungskurve verläuft bei um ∼ 16% höheren Schubspannungswerten als die statische Kurve. Ein Versuch mit außerordentlich kleiner Belastungsgeschwindigkeit (234 Tage Versuchsdauer) ist in (258) beschrieben.

Qualitative Angaben über den Zeiteinfluß auf die Kristalltranslation liegen auch für α-*Eisen* (259), *Zinn* (261) und *Wismut* (250) vor. Stets führt Erhöhung der Versuchsgeschwindigkeit zu stärkerer Verfestigung und zu Herabsetzung der Plastizität. Besonders ausgeprägt treten diese Erscheinungen am Zinnkristall auf. Sie sind hier durch die gleichzeitige Betätigung mehrerer Translationssysteme bei der raschen Dehnung bedingt. Dieselbe Wirkung übt auch Erniedrigung der Versuchstemperatur auf — 185° C aus.

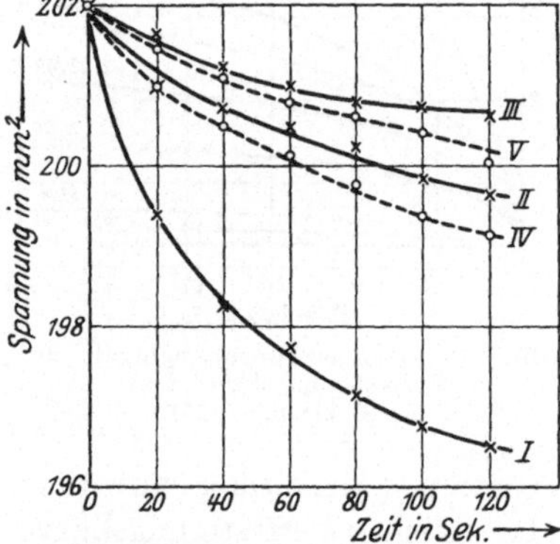

Abb.129. Fließkurven eines Sn-Kristalles nach Verfestigung und Erholung (261). Zwischen den Versuchen *III* und *IV* wurde der entlastete Kristall 1 Min. auf 60° C erhitzt.

49. Kristallerholung.

Wir haben eben die Bedeutung von Temperatur und Zeit für die Plastizität von Kristallen durch Angabe der für verschiedene Temperaturen und Verformungsgeschwindigkeiten gültigen Verfestigungskurven geschildert. Sofern ein Einfluß vorhanden ist, besteht er in einer Herabsetzung der zu derselben Verformung gehörigen Verfestigung mit steigender Temperatur bzw. Verlangsamung der Deformationsgeschwindigkeit. Noch unmittelbarer erläutern die entfestigende Wirkung von Temperatur und Zeit Versuche, die wir nachfolgend beschreiben und die zur Aufstellung des Begriffes „Kristallerholung" geführt haben (264, 266, 265). Sie lassen auch aufs Deutlichste die enge Verknüpfung der beiden Einflüsse erkennen.

In Abb. 129 sind Fließkurven eines *Zinn*-Kristalls nach wiederholter Dehnung bis zu derselben Spannung und nach Einschalten einer Ruhepause von 1 Min. bei 60° C dargestellt. Die Aufnahme der Kurven erfolgte im Fadendehnungsapparat (Abb. 75). Alle auftretenden Dehnungen liegen innerhalb der Streckgrenze des Kristalls. Die zunächst erfolgende Abnahme der mittleren Fließgeschwindigkeit zeigt die mit der Dehnung einhergehende Verfestigung, der Wiederanstieg nach der Zwischenglühung eine dadurch bewirkte Entfestigung an. Durch Veränderung der Glühbedingungen kann diese Entfestigung, die weder mit Kornzerfall noch mit einer Orientierungsänderung des Kristalls verknüpft ist, in weiten Grenzen variiert werden. Das Maß der Entfestigung (e) ist, wenn v_0 die ursprüngliche Fließgeschwindigkeit, v_e die Fließgeschwindigkeit des verfestigten Kristalls und v_0' die des erholten

bedeuten, durch $e\ (\%) = \dfrac{v_0' - v_e}{v_0 - v_e} \cdot 100$

gegeben. Als Grenzfall ergibt sich, daß für $v_0' = v_e$ Erholung fehlt; ist hingegen wieder die ursprüngliche Fließgeschwindigkeit erreicht worden $(v_0' = v_0)$, so ist die Erholung zu 100% erfolgt. Ein räumliches Diagramm, welches auf Grund solcher Versuche die Erholung von Zinnkristallen als Funktion von Zeit und Temperatur darstellt, gibt Abb. 130. Auch schon bei Raumtemperatur tritt im Verlaufe längerer Zeiten die Erholung

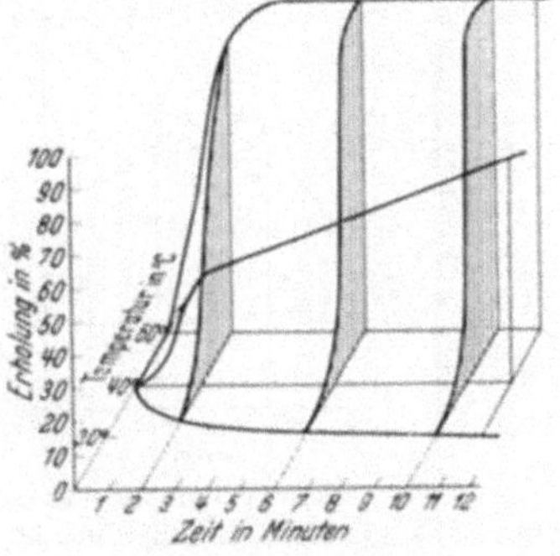

Abb. 130. Erholungsdiagramm des Sn-Kristalls (250).

sehr ausgeprägt in Erscheinung; sie wird nach einer Erholungszeit von 10 Min. merklich und erreicht nach 20 Stunden etwa 50%. Analoge Fließversuche wiesen auch an *Wismut*-Kristallen starke Erholungsfähigkeit nach (250).

Ein noch sinnfälligerer Nachweis der entfestigenden Wirkung von Zeit und Temperatur ist in Abb. 131 am Beispiel von Dehnungskurven eines *Zink*-Kristalls erbracht. Nach jeweils 50% Dehnung wurde der Kristall entlastet und eine Ruhepause von 30—40 Sek. bzw. 24 Stunden eingeschaltet. Die Entfestigung während der Ruhepause tritt durch eine Abnahme der zur Weiterdehnung notwendigen Spannung (von B nach B') in Erscheinung. In die Abbildung sind strichliert auch die theoretisch unter Annahme konstanter Schubfestigkeit des Translationssystems berechneten Dehnungskurven (Formel 43/1) eingezeichnet. Man erkennt, daß das *kurze* Ruheintervall nur eine geringfügige Entfestigung ermöglicht hat, daß dagegen in der 24stündigen Ruhepause die zunächst

stark erhöhte Schubfestigkeit der Basis wieder auf den Ausgangswert abgesunken ist. Der Kristall hat sich also in dieser Zeit
völlig erholt. Das Maß der Erholung ist bei diesen Versuchen durch
den Ausdruck $e\ (\%) = \dfrac{S_1 - S_1'}{S_1 - S_0} \cdot 100$ gegeben, worin S_0 die Ausgangsschubfestigkeit im unbeanspruchten Kristall (Punkt A), S_1 die
zu Ende der ersten Dehnungsstufe von 50% herrschende (Punkt B)
und schließlich S_1' die an der Streckgrenze des vorgereckten und
erholten Kristalls festgestellte Schubfestigkeit ist (Punkt B').

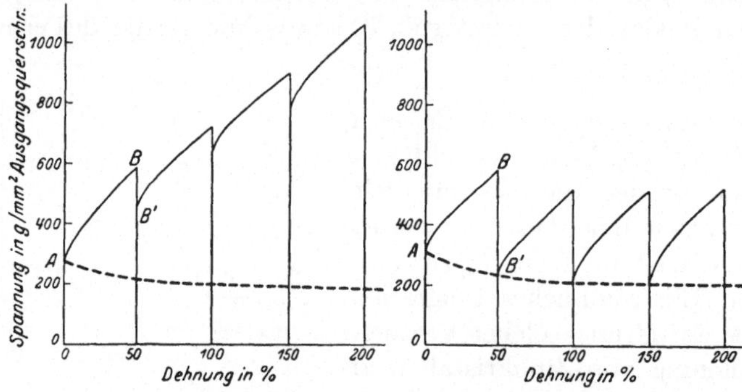

a Ruheintervall 30—40 Sek.   b Ruheintervall 24 Stunden.
Abb. 131 a und b.   Dehnung eines Zn-Kristalls mit Einschaltung von Erholung (250).

Das Vorhandensein von Erholung bei *Aluminium*-Kristallen
äußert sich deutlich bei Dauerstandsversuchen (Fließen unter
konstanter Last) bei erhöhter Temperatur (250° C). Die Dehnung
der Kristalle geht hier in drei verschiedenen Abschnitten vor sich.
Nach Aufbringung der Last fließt der Kristall zunächst rasch unter
Bildung zahlreicher Gleitlinien; hierauf folgt unter Wirkung der
eintretenden Verfestigung ein Abschnitt kleiner Verformung, in dem
nur wenige Gleitlinien neu hinzukommen, und schließlich tritt als
Folge von Kristallerholung wieder rasches Fließen ein, das zum
Bruch führt (258).

Auch bei *Wolframkristallen* tritt bei entsprechenden Glühbedingungen (mindestens 10 Min. bei 2100° C) eine sehr deutliche
Erholung ein. Sie wurde hier durch eine recht erhebliche Herabsetzung der Zerreißfestigkeit von Kristallen festgestellt, die durch
Ziehen (durch Diamantdüsen) verfestigt waren. Auch die ursprüngliche Weichheit der Kristalle kehrte durch diese Glühbehandlung
wieder, was auch hier ein Absinken der Schubfestigkeit der Translationssysteme bedeutet (266).

Wenn auch die unmittelbaren experimentellen Untersuchungen über die Kristallerholung heute noch auf wenige Metalle beschränkt sind, so ist doch nicht daran zu zweifeln, daß es sich hier um eine allgemeine Erscheinung handelt, der auch in technischer Hinsicht eine sehr namhafte Bedeutung zukommt. Als wesentliches Kennzeichen der Kristallerholung sei hier nochmals hervorgehoben, daß sie die Festigkeitseigenschaften verfestigter Kristalle unter Erhaltung der Gitterlage im Maße der Glühbehandlung *stetig* den Ausgangswerten näherbringt und schließlich auch zu völliger Entfestigung führen kann. Gegen die mit Kornneubildung verknüpfte Rekristallisation, die *sprunghaft* die Eigenschaften verfestigter Kristalle auf die Ausgangswerte erniedrigt, ist somit die Erholung scharf abgegrenzt (vgl. auch Punkt 65).

Die entfestigende Wirkung der Erholung ist bisher an Hand der *Formfestigkeit* der Kristalle besprochen worden; es wird später gezeigt werden, daß auch die *Reißfestigkeit* durch sie beeinflußt wird.

50. Die Kristalltranslation als Überlagerung eines athermischen Grundvorganges und der Kristallerholung.

In den vorangehenden Punkten ist der Einfluß von Temperatur und Zeit auf den Ablauf der Translation geschildert worden. Die vorwiegend an hexagonalen Metallkristallen erhaltenen wesentlichsten Ergebnisse lassen sich kurz so zusammenfassen: Die den Beginn deutlicher Translation kennzeichnende kritische Schubspannung ist nur in geringem Maße von der Temperatur (und der Belastungsgeschwindigkeit) abhängig. Es spricht nichts dagegen, auch noch beim absoluten Nullpunkt eine Schubfestigkeit des Translationssystems anzunehmen, die in derselben Größenordnung liegt wie bei höheren Temperaturen.

In deutlichem Gegensatz zu dieser geringen Abhängigkeit der Ausgangsschubfestigkeit steht die — wenigstens in bestimmten Temperaturgebieten — außerordentlich starke Temperaturabhängigkeit des Anstiegs der Schubfestigkeit mit der Abgleitung (Verfestigung). Im Bereiche tiefster Temperaturen ist zunächst wie der Anfangspunkt so auch die Neigung der Verfestigungskurve praktisch temperaturunabhängig. Erhöhung der Temperatur führt jedoch sodann auf ein Gebiet, in welchem die Verfestigung überaus stark mit steigender Temperatur absinkt und schließlich gelangt man in einen Temperaturbereich, in dem die nur mehr sehr wenig ansteigende Verfestigungskurve wieder weitgehend temperatur-unabhängig geworden ist.

Durchaus ähnlich ist die Bedeutung der Verformungsgeschwin-digkeit für die Verfestigungskurve: verschwindender Einfluß im Bereiche tiefster Temperaturen und bei Annäherung an den Schmelzpunkt, sehr erheblicher Einfluß in mittleren Temperatur-gebieten.

Auf Grund dieses Tatbestandes ist die folgende physikalische Kennzeichnung der Kristalltranslation nahegelegt worden (251): Der Grundvorgang ist *athermisch*, d. h. temperatur- und geschwin-digkeitsunabhängig. Er tritt bei tiefsten Temperaturen ungestört in Erscheinung und ist durch eine charakteristische Material-funktion, die Verfestigungskurve, gekennzeichnet, welche zeigt, daß die im unverformten Kristall niedrige Schubfestigkeit des Translationssystems mit zunehmender Abgleitung außerordentlich stark ansteigt. Diesem athermischen Grundvorgang überlagert sich im Maße der Temperatursteigerung ein thermisch bedingter Ent-festigungsvorgang, die *Kristallerholung*. Im allgemeinen Fall hat man es also bei der Verformung eines Kristalls durch Translation mit der gleichzeitigen Betätigung zweier grundverschiedener Vor-gänge zu tun: der eine kommt dem realen Kristall als solchem zu und ist strukturell bedingt, der andere beruht auf den Wärme-schwingungen der Gitterpunkte. Mit steigender Temperatur gleicht die thermisch bedingte Erholung die mit der Abgleitung einher-gehende Verfestigung immer mehr aus und führt schließlich im Grenzfall zu verfestigungsfreier, unter konstanter Schubfestigkeit des Translationssystems vor sich gehender Deformation.

Es ist nach dem oben Gesagten unmittelbar verständlich, daß für die Entfestigung die Erstreckung der Zeit, d. h. Verringerung der Versuchsgeschwindigkeit dieselbe Rolle spielt wie eine Tem-peraturerhöhung. So finden auch die Beobachtungen über die Geschwindigkeitsabhängigkeit der Verfestigungskurve ihre plausible Erklärung.

C. Dynamisches der Zwillingsbildung.

51. Erörterungen über die Initialbedingung.

Während die Translation durch kritische Schubspannung und Verfestigungskurve dynamisch gekennzeichnet werden konnte, liegen für die mechanische Zwillingsbildung analoge quantitative

Gesetzmäßigkeiten heute noch nicht vor. Wie bereits im Vorangegangenen ausgeführt, stellt die Ausbildung eines Deformationszwillings im Gegensatz zur Translation einen auch *makroskopisch* unstetig verlaufenden Vorgang dar. Abb. 132a zeigt dies beispielsweise durch Wiedergabe der Dehnungskurve eines Kadmiumkristalls (Fadendehnungsapparat), welche die von hörbarem Knacken begleitete Ausbildung von Zwillingslamellen durch dabei eintretende unstetige Entlastungen deutlich werden läßt. Die Zwillinge selbst sind in der Regel schmale, sehr häufig gar nicht den ganzen Kristall durchsetzende Lamellen, von denen zunächst nur vereinzelt kleine Streifen entstehen, die sich bei weiterem Spannungsanstieg bisweilen verbreitern oder durch die Ausbildung neuer Zwillinge abgelöst werden. Während der Ausbildung einer Zwillingslamelle ist ein weiterer Lastanstieg nicht erforderlich. Die dynamische Kennzeichnung der Zwillingsbildung ist somit durch Angabe der Bedingungen gegeben, die zu ihrer *Einleitung* führen. Die Gründe, warum wir heute noch keinerlei Angaben über diesen „kritischen" Zustand machen können, liegen einerseits in einer sehr ausgeprägten Empfindlichkeit der Zwillingsbildung auf Inhomogenitäten im Kristall; die Ausbildung der Deformationszwillinge erfolgt demgemäß stets in einem mehr oder minder breiten Spannungsintervall. Zum zweiten entsteht für die quantitative Ermittlung der für die Zwillingsbildung maßgebenden Bedingungen dadurch eine erhebliche Schwierigkeit, daß die Kristalle in der Regel auch Translation aufweisen, und daß daher die Zwillingsbildung nicht im unversehrten Ausgangszustand, sondern erst in einem bereits verfestigten Zustand untersucht werden kann. Ein Beispiel hierfür sind die zwei in Abb. 132 b und c dargestellten Dehnungskurven von verschieden orientierten Kadmiumkristallen.

Die wenigen Hinweise, die wir heute für das Initialgesetz besitzen, stammen von Wechseltorsionsversuchen. Diese an Zink- und Wismutkristallen ausgeführten Untersuchungen scheinen jedenfalls zu zeigen, daß ein so einfaches, auf eine Grenzspannung basiertes Initialgesetz, wie es für die Translation gültig ist, für die mechanische Zwillingsbildung nicht zu Recht besteht (268, 269). Es wird vielmehr vermutet, daß grundlegend hier eine Energiebedingung herrscht, für welche auch der Weg der Atome von der Ausgangs- zur Endlage maßgeblich ist. Eines läßt aber doch schon das bisherige, spärliche Beobachtungsmaterial an Metallkristallen mit Sicherheit erkennen, daß nämlich auch bei der mechanischen

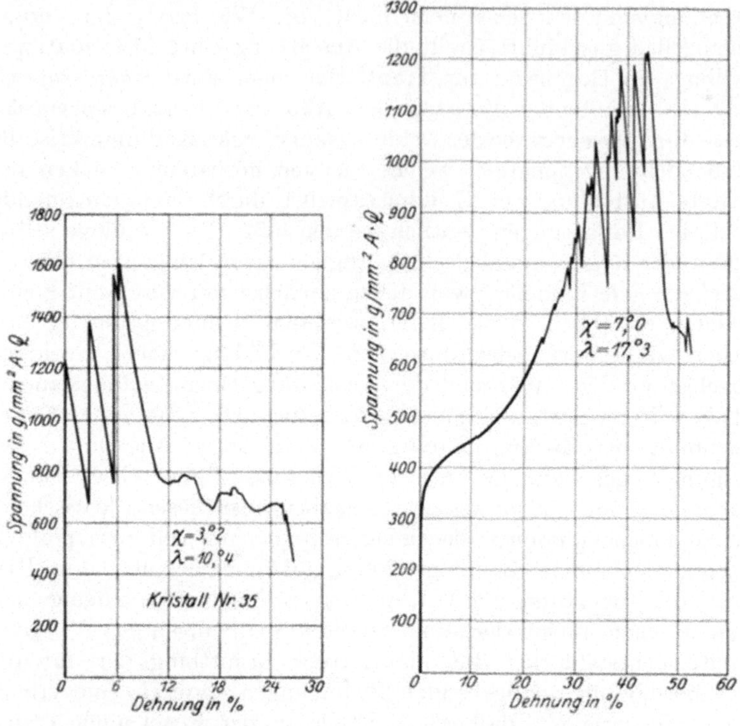

a unstetige Entlastungen bei Ausbildung von Deformationszwillingen.

b Zwillingsbildung nach weitgehender Translation.

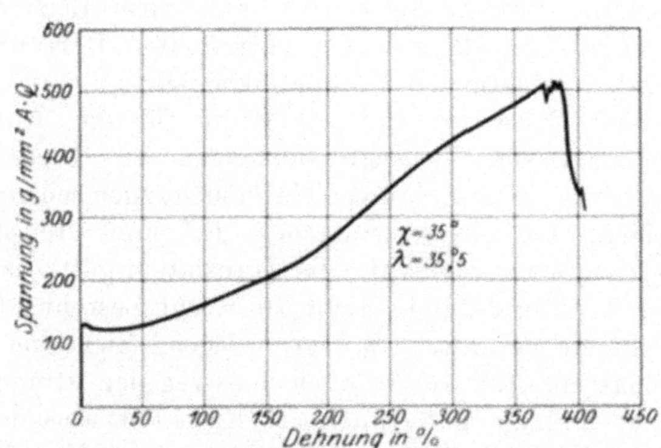

c Zwillingsbildung nach weitgehender Translation.

Abb. 132 a—c. Dehnungskurven von Cd-Kristallen (270).

Zwillingsbildung die Abschiebung zweier benachbarter Netzebenen, ebenso wie bei der Translation (vgl. Punkt 42), keineswegs elastisch erfolgt, sondern daß auch der bei Einsetzen der Zwillingsbildung erreichte elastische Schiebungsbetrag um mehrere Größenordnungen hinter der der Zwillingsbildung zugehörigen Schiebung s zurückbleibt. Zur Erläuterung diene das Beispiel des Kadmiumkristalls: Der reziproke Schubmodul im Zwillingssystem ist sicher nicht größer als $60 \cdot 10^{13}$ cm²/Dyn, der Höchstwert von $1/G$. Die zur Erzeugung von Zwillingslamellen notwendige Schubspannung im

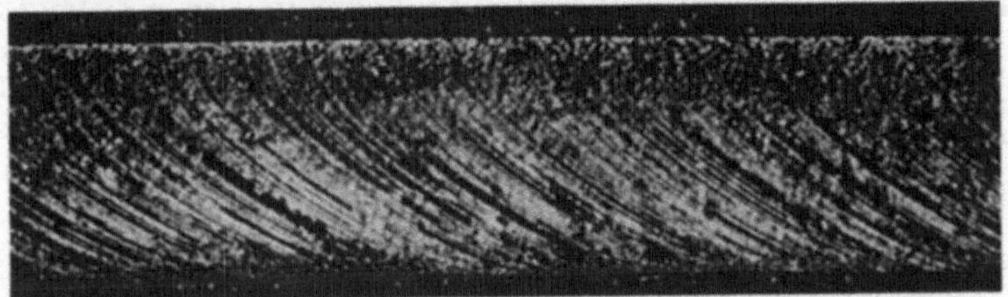

Abb. 133. Bei $-185°$ C gedehnter Fe-Kristall mit Deformationszwillingen; $K_1 = (112)$ (269 a).

Zwillingssystem ist weiterhin erheblich kleiner als 500 g/mm² $\simeq 5 \cdot 10^7$ Dyn/cm² (270), die im Augenblick der Zwillingsbildung erreichte elastische Schiebung also sicher kleiner als $3 \cdot 10^4$ gegenüber $s_{Cd} = 0{,}175$. Unterschiede von derselben Größenordnung ergeben sich auch bei den übrigen Metallen, bei denen Deformationszwillinge auftreten.

Die Bedeutung der Temperatur scheint für die Zwillingsbildung noch geringer zu sein als für das Einsetzen von Translation, wie aus ihrem Zurücktreten gegenüber der Translation bei hohen Temperaturen (Zn, Cd), aus ihrem bevorzugten Auftreten bei tiefen Temperaturen (α-Fe; Abb. 133) hervorgeht.

52. Wechselseitige Beeinflussung von Zwillingsbildung und Translation.

Die Breite des Spannungsgebietes, in dem bei statischer Zugbeanspruchung hexagonaler Kristalle mechanische Zwillingsbildung eintritt, ist in sehr ausgeprägter Weise von der Kristallorientierung oder besser von der durch die Lage der Translationselemente bedingten Form der Dehnungskurve abhängig. Es geht dies bereits aus Abb. 132 b und c hervor, die zeigt, daß bei schräger Ausgangslage der Basis und demgemäß steil ansteigender Dehnungskurve

sehr frühzeitig die Zwillingsbildung einsetzt, daß sie dagegen bei
querer Basislage und demgemäß flacher Dehnungskurve auf ein sehr
schmales Gebiet unmittelbar vor der Höchstlast beschränkt bleibt.

Eine Deutung dieser Erscheinung kann vielleicht in folgender
Weise gesucht werden: Berechnet man auf Grund der (für die
Basistranslation gültigen) Verfestigungskurve die Dehnungskurven
im Diagramm Effektivspannung—Dehnung, so erhält man für Kadmium das in Abb. 134 dargestellte Ergebnis[1].

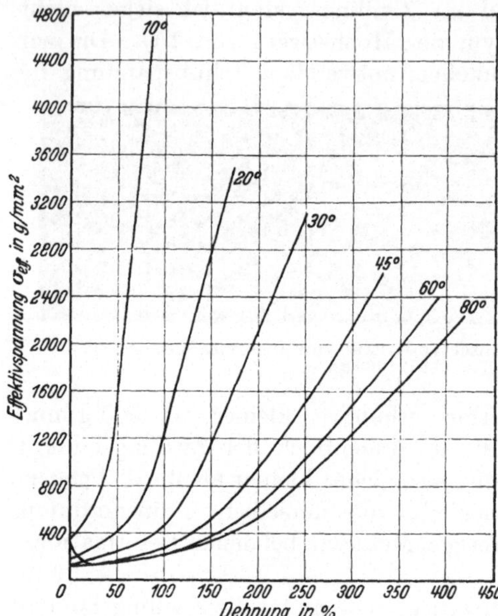

Abb. 134. Berechnete Effektivspannungskurven für
Basistranslation von Cd-Kristallen verschiedener
Orientierung.

Aus diesen Kurven kann unter Berücksichtigung der mit der Dehnung einhergehenden Orientierungsänderung auch das Verhalten der Schub- und Normalspannung auf das jeweils bevorzugte Zwillingssystem abgeleitet werden. Die für diese Spannungen erhaltenen Kurven zeigen in ihrem allgemeinen Verlauf keine wesentlichen Unterschiede gegenüber den Effektivspannungskurven. In allen drei Fällen erfolgt bei schräger Ausgangslage der Anstieg zu hohen Werten
bei sehr viel kleineren Dehnungen als bei querer Ausgangslage
der Basis. Jede der drei einfachsten Annahmen, nämlich daß
entweder die Effektivspannung oder die Schubspannung oder die
Normalspannung im Zwillingssystem für die untere Grenze des
fraglichen Spannungsgebietes verantwortlich ist, erscheint daher

---

[1] Die (auf den momentanen Querschnitt bezogene) Effektivspannung σ_{eff}
wird aus der auf den Ausgangsquerschnitt bezogenen Spannung σ durch Multiplikation mit $d = \dfrac{q_0}{q}$ erhalten. Um die Gleichung der Effektivspannungskurven zu erhalten, ist also die Gleichung (43/3) mit d zu multiplizieren.

qualitativ mit dem experimentellen Ergebnis über die Breite des zur Zwillingsbildung führenden Gebietes verträglich. Die Versuche zeigen aber auch weiter noch, daß das Gebiet der Zwillingsbildung bei zunehmendem χ_0-Winkel sehr viel stärker eingeengt wird, als aus jeder der drei Annahmen folgt. Im Sinne einer Erhöhung der unteren Spannungsgrenze kann man somit von einer *Erschwerung der Zwillingsbildung durch* vorausgehende *Translation* sprechen.

Auch über den umgekehrten Fall, über eine Beeinflussung der Translation durch Zwillingsbildung, liegen heute erst wenige Angaben vor. Die Beobachtungen an Zink- und Kadmiumkristallen sprechen dafür, daß durch die Zwillingsbildung die Schubfestigkeit der Basis unstetig beträchtlich erhöht wird (271, 272, 270, vgl. auch 273). Diese *Schubverfestigung durch Zwillingsbildung* beträgt bei Raumtemperatur bei Zinkkristallen etwa 100%, bei Kadmiumkristallen etwa 200%. Allerdings sind die entstandenen Zwillingsstreifen, besonders beim Kadmium, in der Regel sehr fein, so daß ein Einfluß der Kleinheit des untersuchten

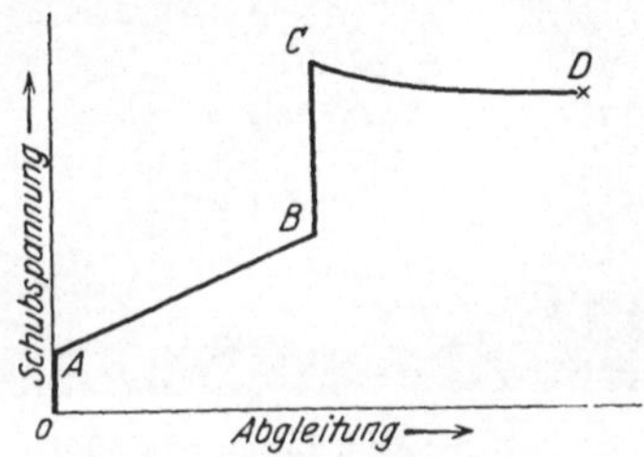

Abb. 135. Schematische Darstellung des Verlaufs der Basisschubfestigkeit bei primärer Translation (*A B*), mechanischer Zwillingsbildung (*BC*) und sekundärer Translation (*CD*) von Zn-Kristallen (272).

Kornes auf seine Festigkeitseigenschaften möglich erscheint. Die weitere Translation im Zwilling ist mit nur geringer Schubverfestigung der Basis, häufig sogar mit einer Abnahme ihrer Schubfestigkeit verknüpft (bei Zinkkristallen trat in 9 von 12 Fällen, bei Kadmiumkristallen in 4 von 23 Entfestigung während der sekundären Basistranslation auf). Eine schematische Darstellung des Verhaltens der Schubfestigkeit der Basis eines Zinkkristalls zeigt Abb. 135.

Die nur geringe Verfestigung (oder sogar leichte Entfestigung) der Basis bei der sekundären Translation stellt wieder ein Beispiel für die Begrenzung der Verfestigungsfähigkeit von Kristallen dar. Analoge Fälle waren uns bereits bei der Translation von Mischkristallen begegnet (Punkt 46). Während dort die primäre Verfestigung durch Legierung oder eine starke Verfestigung eines Translationssystems in latentem Zustand für den geringeren weiteren Schubfestigkeitsanstieg verantwortlich waren, ist im vorliegenden Fall die durch die Zwillingsbildung bedingte starke Verfestigung

der Basis die Ursache für die Abnahme ihrer weiteren Verfestigbarkeit.

Über den *Einfluß der mechanischen Zwillingsbildung auf weitere
Zwillingsbildung*, also über die Frage, ob ein Deformationszwilling
oder der Ausgangskristall fester gegen mechanische Zwillingsbildung ist, liegen heute noch kaum Anhaltspunkte vor. Hier ist vor allem maßgebend, ob
die durch die nochmalige Zwillingsbildung erzielbare plastische Deformation dem Sinne der angelegten Spannung gleich- oder entgegengerichtet ist. Ferner hat man hier zu unterscheiden zwischen Rückbildung eines Deformationszwillings und Ausbildung eines sekundären — vom Ursprungskristall verschiedenen — Zwillings. Nach Versuchen an Zinkblechen (274) gelingt es, durch Rückbiegung vorher erzeugte Deformationszwillinge zum Verschwinden zu bringen; die Rückbildung geht somit in diesem Falle leichter vor sich als die

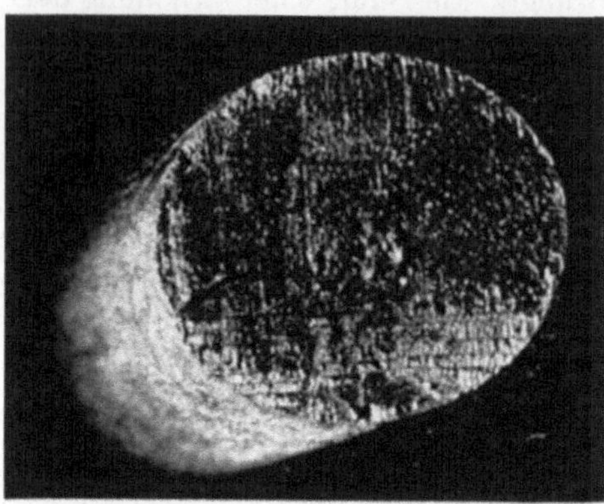

Abb. 136a. α-Fe (001).

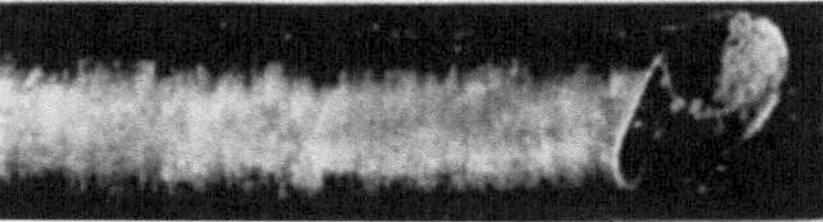

Abb. 136b. Zn (0001).

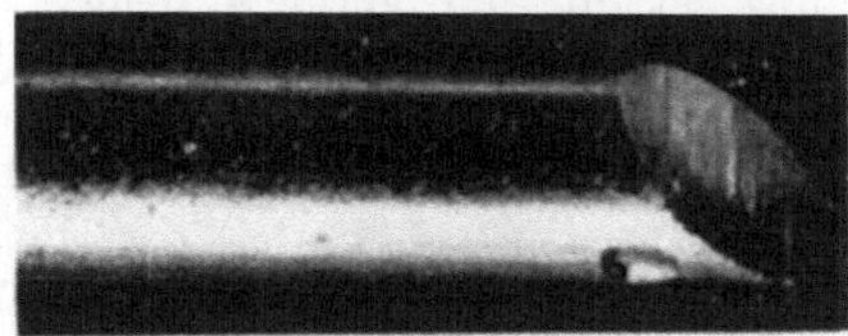

Abb. 136c. Bi (111).

weitere Verzwillingung des Mutterkristalls. Analoge Beobachtungen
wurden auch an Antimonkristallen gemacht (275). Eine mehr quantitative Verfolgung dieser Verhältnisse bestätigte diesen Befund (276).
Es gelang im Wechselbiegeversuch an grobkörnigen Zinkblechen,
dieselben Zwillingslamellen mit bis zu 20facher Wiederholung zu
erzeugen und wieder rückzubilden. Neben ruckartiger Verbreiterung
(bzw. Verschmälerung) wurde bei diesen Versuchen auch eine im
Mikroskop stetig anmutende Breitenänderung von Zwillingslamellen

bei steigendem (bzw. wieder abnehmendem) Biegungsmoment beobachtet. Das zur völligen Rückbildung einer Lamelle erforderliche Moment ist größer als das zu ihrer Erzeugung benötigte. Bei wiederholter Erzeugung derselben Lamelle wird insofern eine Entfestigungserscheinung beobachtet, als das erforderliche Moment dauernd abnimmt. Gleich große Biegungsmomente führen demgemäß bei Wiederholung des Versuchs stets zu breiteren Lamellen. Die zur Rückbildung benötigten Momente scheinen dagegen mit zunehmender Wiederholung anzusteigen.

Dieses Kapitel zeigt wohl deutlich, wie sehr wir heute bei der dynamischen Kennzeichnung der mechanischen Zwillingsbildung noch am Anfang stehen.

D. Reißen nach Kristallflächen.

Bisher haben wir uns mit den Vorgängen der Kristall-*Verformung* befaßt, denen zwanglos auch Gleit- und Abschiebungsbrüche

Abb. 136 d. Sb (111).

eingereiht werden konnten. In diesem Abschnitt soll nun jene Brucherscheinung beschrieben werden, die in einem *Zerreißen des Kristalls nach glatten Flächen*, die stets mit einer der in Tabelle 6 enthaltenen Spaltflächen zusammenfallen, besteht (vgl. Abb. 136). Dieses Zerreißen tritt entweder ohne merkliche vorangehende Deformation ein (spröde Kristalle),

Abb. 136 e. Te (1010).
Abb. 136 a—e. Reiß-(Spalt-)flächen von Metallkristallen.

oder aber es bringt mehr oder minder ausgiebige Verformungen zum Abschluß, denen dann ein erheblicher Einfluß auf den Wert der Reißfestigkeit zukommen kann.

Über die Dauer des Zerreißvorganges nach Spaltflächen können heute noch keine Angaben gemacht werden. Wenn auch der Bruch in der Regel sehr rasch erfolgt, so steht doch fest, daß es sich dabei um einen mit endlicher Geschwindigkeit verlaufenden Vorgang handelt (vgl. Punkt 69). Zeichnungen auf den Reißflächen und das gelegentliche Vorhandensein von Anrissen auf den Bruchstücken des Kristalls weisen darauf hin, daß der Vorgang des Zerreißens häufig in einem allmählichen Aufklaffen von Rissen besteht.

53. Bruchbedingung für sprödes Zerreißen. Sohnckesches Normalspannungsgesetz.

Zerreißversuche an Steinsalzkristallen verschiedener Orientierung hatten Sohncke (277) zur Aufstellung des Normalspannungsgesetzes geführt. Es besagt, daß das Zerreißen der Kristalle stets dann eintritt, wenn senkrecht zu der in allen Fällen als Reißfläche auftretenden Würfelspaltfläche eine bestimmte kritische Normalspannung erreicht ist. Die Reißfestigkeit hängt demnach in sehr ausgeprägtem Maß von dem Winkel (χ) der Reißfläche zur Zugrichtung ab. Ist N die kritische Normalspannung, so ergibt sich nach Gleichung (40/2) für die Reißfestigkeit σ der Ausdruck

$$\sigma = \frac{N}{\sin^2 \chi} \qquad (53/1)$$

(Näheres über Steinsalzversuche siehe in Kapitel VII).

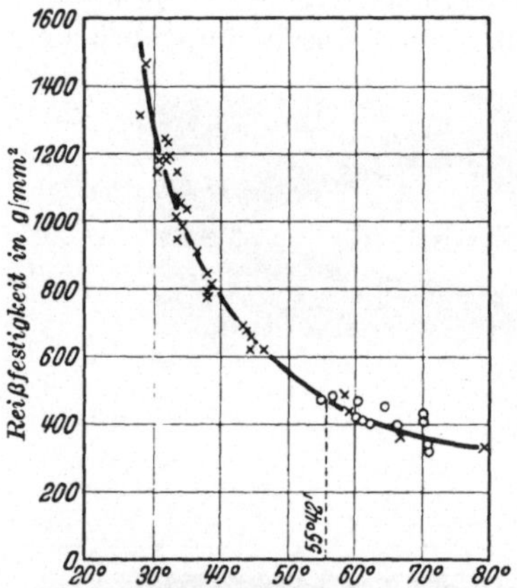

Abb. 137. Orientierungsabhängigkeit der Reißfestigkeit von Bi-Kristallen (284). × bei −80° C, o bei 20° C.

Systematische Versuche an Metallkristallen haben ergeben, daß auch hier das spröde Zerreißen nach glatten Spaltflächen gut durch das Normalspannungsgesetz beherrscht wird. Abb. 137 zeigt, wie ausgeprägt die Reißfestigkeit von *Wismut*-Kristallen, die bei tiefen Temperaturen — und in einem gewissen Orientierungsbereich auch bei Raumtemperatur — spröde zerreißen, von der Lage der als Reißfläche auftretenden (111)-Fläche (Basisfläche bei hexagonaler Auffassung) abhängt. Die unter der Annahme einer konstanten

Normalspannung auf die Reißfläche nach Gleichung (53/1) berechnete Kurve gleicht die Beobachtungen befriedigend aus. Da die (111)-Fläche auch die beste Translationsfläche des Wismutkristalls darstellt, können auf Grund ihrer kritischen Schub- und Normalspannung in einfacher Weise die Gitterlagen berechnet werden, welche bei 20° C das Gebiet spröden Zerreißens von dem eintretender Translation scheiden. Zufolge der Bedingung

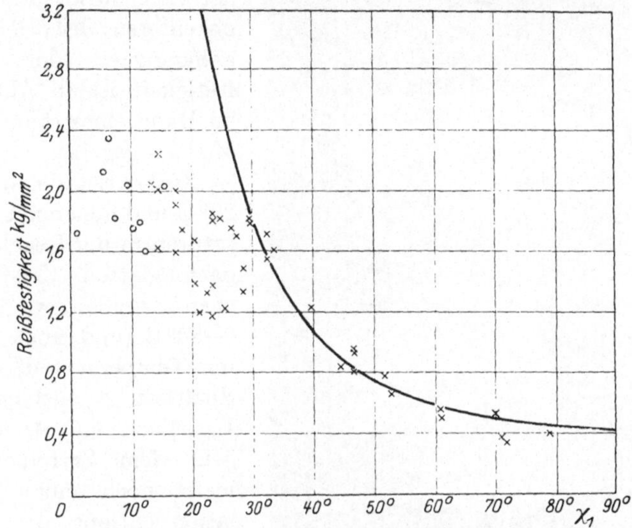

Abb. 138. Orientierungsabhängigkeit der Reißfestigkeit von Te-Kristallen (283). χ_1 Winkel zwischen Zugrichtung und querst liegender Prismenfläche I. Art.

$$\sigma = \frac{S}{\sin \chi \cdot \cos \lambda} = \frac{N}{\sin^2 \chi}$$ erhält man die Beziehung $\dfrac{\sin \chi}{\cos \lambda} = \dfrac{N}{S}$. Mit Hilfe der für Wismut gültigen Werte der kritischen Spannungen erhält man für $\chi = \lambda$ einen Grenzwinkel von 55° 40′. Bei Kristallen mit quererer Ausgangslage der (111)-Fläche wird bei Steigerung der Belastung zuerst die kritische Normalspannung, bei schräger orientierten Kristallen zuerst die kritische Schubspannung erreicht.

Ähnliche Ergebnisse wie am Wismut erbrachten Versuche an *Tellur*-Kristallen, welche Reißfestigkeitsunterschiede wie 1 : 4 aufweisen. Als Reißfläche tritt hier eine der (1010)-Flächen (Prismenflächen I. Art) auf. Die Reißfestigkeit steigt demgemäß mit Annäherung der Zugrichtung an die hexagonale Achse erheblich an.

Bis zu einem Neigungswinkel der quersten (1010)-Fläche von 29⁰
herab ist auch hier das Normalspannungsgesetz in Gültigkeit
(Abb. 138). Bei noch schrägerer Lage der Reißfläche wird offenbar
vor Erreichung der kritischen Normalspannung bereits die Materialfestigkeit überwunden. Die Reißfestigkeit bleibt in diesem Orientierungsbereich merklich konstant um etwa 1,8 kg/mm². Eine
anschauliche Darstellung der an Tellurkristallen beobachteten Orientierungsabhängigkeit der Reißfestigkeit ist in Abb. 139 an Hand eines räumlichen Modells gegeben.

Zink-Kristalle, die bei 20⁰ C und höheren Temperaturen in der Regel nicht nach glatten Kristallflächen zerreißen, weisen bei — 80⁰ C (und noch tieferen Temperaturen) glatte Spaltbrüche entlang der Basisfläche auf. Allerdings geht dem Zerreißen zumeist noch eine Translation entlang der Basis voraus, die beispielsweise bei — 185⁰ C etwa 200% Abgleitung erreichen kann.

Abb. 139. Reißfestigkeitskörper des Te-Kristalls (283).

Die experimentell für das Zerreißen ermittelte Basisnormalspannung gilt somit im allgemeinen nicht für den unversehrten Ausgangszustand. Sie kann,
worauf in Punkt 54 näher eingegangen wird, sehr erheblich
vom Ausmaß der Vorreckung abhängen. Es zeigte sich jedoch,
daß diese Abhängigkeit bei — 185⁰ C nur gering ist, so daß die
für diese Temperatur gültigen Versuche (278) schon hier besprochen sein sollen. Abb. 140 stellt die Reißfestigkeit als Funktion des Stellungswinkels der Reißfläche dar. Die Beobachtungen
werden wieder gut durch die unter Annahme des Normalspannungsgesetzes berechnete Kurve ausgeglichen. Diese Versuche
am Zink zeigen insbesonders auch die erheblichen Widersprüche,

die zwischen einer Bruchbedingung konstanter Normal*dilatation* senkrecht zur Spaltfläche und den Experimenten bestehen. Strichliert ist in Abb. 140 der Verlauf der Reißfestigkeit eingetragen, wie er sich unter dieser Annahme ergibt. Für Querlage der Basisreißfläche ist Übereinstimmung beider Aussagen vorausgesetzt.

Man erkennt, daß Konstanz der Normaldilation mit einer sehr viel stärkeren Orientierungsabhängigkeit der Reißfestigkeit verbunden ist. Für einen Stellungswinkel der Reißfläche von ∼ 26°

$$\left(\operatorname{tg}\chi = \sqrt{-\frac{s_{13}}{s_{33}}}\right)$$ ergibt sich

eine unendlich große Reißfestigkeit (Dilatation zufolge der Längsdehnung und Kontraktion zufolge der Querkontraktion des Stäbchens werden hier einander gleich), und für noch schrägere Lage der Reißfläche wird Normaldilatation nur durch Druckbeanspruchung möglich. Während im Falle der Initialbedingung für Translation Konstanz der Schubspannung heute nur als sehr viel wahrscheinlicher bezeichnet werden kann als Konstanz der Schiebung, fällt für das spröde Zerreißen von

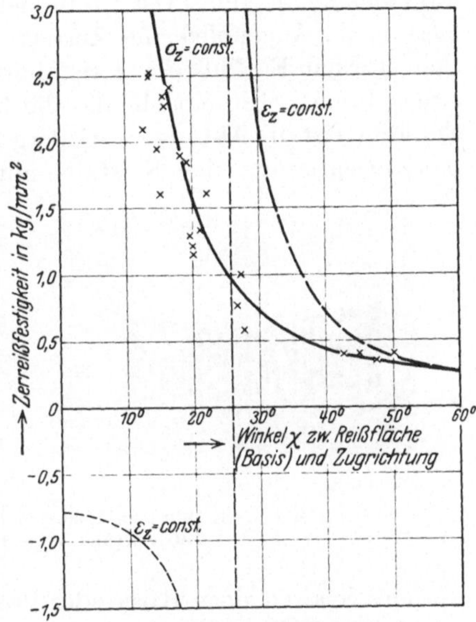

Abb. 140. Orientierungsabhängigkeit der Reißfestigkeit von Zn-Kristallen bei —185° C (278, 282).

—————— Normalspannung konstant:
$$\sigma = \frac{\varepsilon_z}{\sin^2\chi};$$

— — — — Normaldilatation konstant:
$$\sigma = \frac{\varepsilon_z}{s_{11}\cos^2\chi + s_{33}\sin^2\chi}.$$

Metallkristallen die Entscheidung klar zugunsten des Spannungsgesetzes.

Der Zinkkristall bot auch die Möglichkeit, die kritische Normalspannung der zweitbesten Spaltfläche, der Prismenfläche I. Art, zu bestimmen, die bei sehr schrägen Basislagen als Reißfläche auftritt. Es ergibt sich hierfür bei — 185° C, allerdings auch erst nach geringer Basistranslation, ein etwa 10mal größerer Wert als für die Basis. Diese ist also nicht nur in der Schubfestigkeit, sondern auch in der Normalfestigkeit größenordnungsmäßig vor den übrigen Flächen bevorzugt.

Auf Grund der kritischen Normalspannungen von Basis- und Prismenfläche I. Art ist man nun in der Lage, die gesamte Orientierungsabhängigkeit der Zerreißfestigkeit zu berechnen. Als Ergebnis stellt Abb. 141a ein Modell dar, welches zu jeder Orientierung im Augenblick des Zerreißens die Reißfestigkeit gibt und den starken Einfluß der Kristallorientierung deutlich zum Ausdruck bringt. Ein Modell, das die Bruchgefahr im weiteren Sinne darstellt, ist in Abb. 141b wiedergegeben. Es verknüpft die *Ausgangsorientierung* des Kristalls mit seiner Reißfestigkeit durch

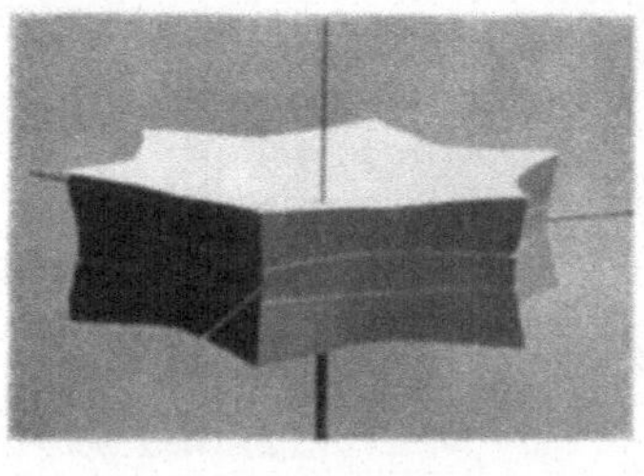
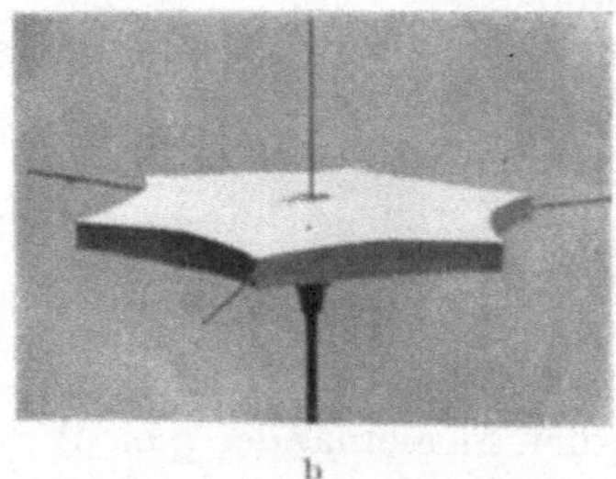

a   b

Abb. 141a und b. Reißfestigkeitskörper (a) und Bruchgefahrkörper (b) des Zn-Kristalls bei − 185° C (278).

sprödes Spalten nach Basis oder Prisme und — im weitaus überwiegenden Teil des Orientierungsgebietes — mit seiner auf Dehnung durch Basistranslation bezüglichen Streckgrenze. Diese ist (Punkt 40) durch Konstanz der Schubspannung im Translationssystem gegeben.

Auch im Fall des *Wismuts* konnte die zweitbeste Reißfläche — die Rhomboederfläche (111) — zahlenmäßig durch ihre kritische Normalspannung gekennzeichnet werden (285). Allerdings trat bei den untersuchten Orientierungen vor dem Zerreißen stets mechanische Zwillingsbildung ein, was am Auftreten schmaler Streifen in der Reißfläche erkennbar war. Der für die kritische Normalspannung der Rhomboederfläche erhaltene Wert, der den der (111)-Fläche zugehörigen um etwa das Doppelte übertrifft, kann daher nur als Näherung angesehen werden.

Über die *Temperaturabhängigkeit* der kritischen Normalspannung liegt heute erst wenig Beobachtungsmaterial vor. Es zeigte sich bisher, daß eine solche Abhängigkeit jedenfalls nur gering sein dürfte. So sind beim Wismut die Zerreißfestigkeiten bei 20° und — 80° C gut durch denselben Wert der kritischen Normalspannung der Basis darstellbar (Abb. 137). Und auch am Zinkkristall scheinen im Temperaturbereich von —80° bis —253° C nennenswerte Verschiedenheiten der Basisnormalspannung nicht vorzuliegen (vgl. Punkt 54).

Fast völlig fehlen heute auch noch Versuche über den Einfluß von *Mischkristallbildung* auf die kritische Normalfestigkeit. Im Falle von mit Kadmium legierten Zinkkristallen scheint immerhin eine recht erhebliche Erhöhung der Reißfestigkeit aufzutreten (280).

Tabelle 16. Kritische Normalspannung von Metallkristallen.

Metall	Art der Kristall- herstellung	Reiß- fläche	Tem- peratur °C	Kritische Nor- malspannung beim Zerreißen kg/mm²	Lite- ratur
Zink (0,03% Cd)	Aus der Schmelze gezogen	(0001)⎱ (1010)⎰	—185	0,18—0,20 1,80	(278) (281)
Zink + 0,13% Cd	dgl.	(0001)	—185	0,30	⎱(280)
Zink + 0,53% Cd	dgl.	(0001)	—185	1,20	⎰
Wismut	Aus der Schmelze gezogen	(111)	+20 —80	⎱ 0,324 ⎰	(284)
	Im Vakuum erstarrt	(111)⎱ (111)⎰	+20	0,29 0,69	⎱ ⎰(285)
Antimon	dgl.	(111)	+20	0,66	
Tellur	Langsam erstarrt	(1010)	+20	0,43	(283)

Eine Zusammenstellung der bisher ermittelten kritischen Normalspannungen findet sich in Tabelle 16. Außer den bereits erörterten Beispielen Zink (Zerreißen nach Basis- und Prismenfläche, Legierungswirkung), Wismut (Zerreißen nach Basis- und Rhomboederflächen, Temperatureinfluß) und Tellur ist auch noch ein ungefährer Wert für die kritische Normalspannung der Rhomboederfläche von Antimon enthalten. Es sei besonders betont, daß die Sicherheit der Normalspannungswerte hinter der der kritischen Schubspannungen zurückbleibt. Mitbedingt ist die geringere Genauigkeit durch die Schwierigkeit, bei sprödem, spaltbarem Kristallmaterial eine fehlerfreie Einspannung einer zylindrischen Probe zu gewährleisten. Dem absoluten Werte nach liegen die Normalfestigkeiten der Reißflächen in derselben Größenordnung wie die Schubfestigkeiten der Haupttranslationssysteme (Tabelle 9).

Welche Bedeutung der kritischen Normalspannung für eine quantitative Beschreibung der *Spaltbarkeit* zukommt, kann erst durch weitere Versuche geklärt werden.

54. Bedeutung vorangehender Verformung für die kritische Normalspannung. „Reißverfestigung".

Im vorangegangenen Punkt ist darauf hingewiesen worden, daß dem Zerreißen von Metallkristallen nach Spaltflächen häufig eine

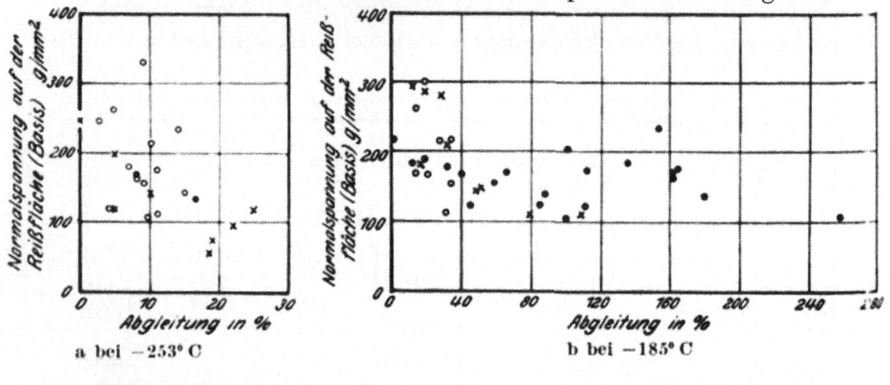

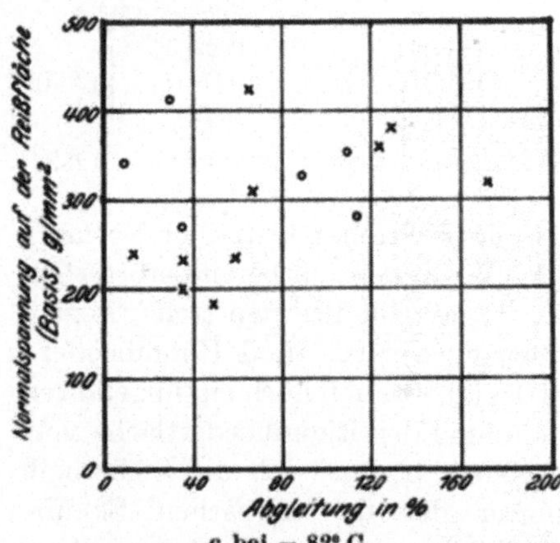

Abb. 142 a—c. Einfluß vorangehender Translation auf die kritische Normalspannung der Basisfläche von Zn-Kristallen bei verschiedenen Temperaturen (281).

plastische Verformung vorausgeht. Dieser Fall tritt besonders deutlich bei Zinkkristallen auf. Der Einfluß dieser Verformung auf die kritische Normalspannung der Basis geht aus Abb. 142 hervor. Wenn auch die einzelnen Versuchsresultate starke Streuungen aufweisen, so lassen sie doch folgenden Tatbestand erkennen: bei − 185° C ist, was auch bereits in Punkt 53 betont wurde, der Einfluß der vorausgegangenen Translation nur gering; bei − 82° C liegt ein deutlicher Anstieg, bei − 253° C ein erheblicher Abfall der kritischen Normalspannung mit zunehmender

Abgleitung vor, die hier nur bis wenig über 20% reicht. Vorausgehende Translation kann demnach die Normalfestigkeit der Translationsfläche je nach der Temperatur erhöhen oder herabsetzen. Der Einfluß der Kristallverfestigung durch Verformung auf Veränderungen der kritischen Normalspannung von Spaltflächen, die „Reißverfestigung", kann somit auch im Sinne einer Entfestigung liegen. Es steht dies in einem bemerkenswerten Gegensatz zur Wirkung der Abgleitung auf die Schubfestigkeit von Translationssystemen. Hier wird im allgemeinen ja stets eine (durch die Verfestigungskurve dargestellte) Erhöhung beobachtet, die mit sinkender Versuchstemperatur immer größer wird und schließlich einen Grenzwert erreicht (vgl. Punkt 48). Der Umstand, daß an der Streckgrenze von Zinkkristallen bei 20° C Normalspannungen auf die Basis von etwa 500 g/mm² noch nicht zum Reißen führen, ist dem obigen entsprechend vielleicht durch eine bei dieser Temperatur bereits durch die geringe Dehnung vor der Streckgrenze bewirkte Reißverfestigung zu deuten.

Ebenso wie bei der Basisfläche scheint auch bei der Prismenreißfläche von Zinkkristallen bei — 185° C kein erheblicher Einfluß der dem Bruch vorausgehenden Basistranslation vorzuliegen. Die kritischen Normalspannungen streuen für Dehnungen zwischen 11 und 48% unsystematisch zwischen 1330 und 2130 g/mm² (278). Nach weiten Basistranslationen bei Raumtemperatur wird dagegen ein sehr ausgesprochener Einfluß auf die (bei — 185° C unmittelbar nach der Dehnung bestimmte) Normalfestigkeit der Prismenfläche beobachtet. Das verschiedene Ausmaß der Dehnung wurde durch Benutzung von Kristallen verschiedener Ausgangsorientierung erreicht. Tabelle 17 gibt die erhaltenen Reißfestigkeitswerte wieder, denen wegen der sehr ähnlichen Gitterlage in gedehnten Kristallen die Normalfestigkeiten der Prismenflächen proportional sind. Die mit steigender Dehnung

Tabelle 17. Reißverfestigung und Reißerholung von Zinkkristallen (279).

| Dehnung | Reißfestigkeit der Kristallbänder bei — 185° C | | Erholung |
| | unmittelbar nach der Dehnung | nach einer Erholung von 2 Min. bei 80° C | |
%	kg/mm²	kg/mm²	%
50	2,6	—	—
100	3,2	—	—
160	5,5	3,4	38
300	7,3	—	—
350	8,2	—	—
380	8,4	6,2	26
400	9,6	5,4	44
500	9,8	—	—

zunehmende erhebliche Reißverfestigung der Prismenfläche tritt
klar hervor.

Bei Kenntnis des Verhaltens der kritischen Normalspannungen
von Basis- und Prismenflächen ist man nun in der Lage, den
Zugversuch an Zinkkristallen und vor allem die dem Bruch vorangehende Verformung auch bei den Temperaturen zu übersehen, bei
denen Zerreißen nach einer der Spaltflächen erfolgt. In Abb. 143 ist
der Anstieg der Normalspannung während des Zerreißversuchs auf

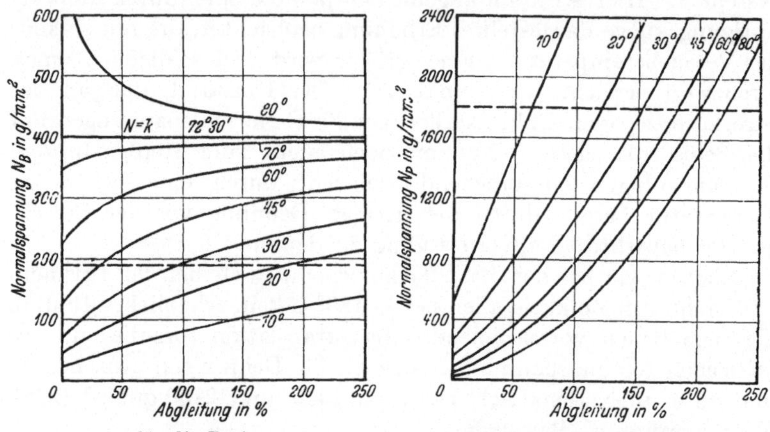

a für die Basis   b für die Prismenfläche I. Art

Abb. 143 a und b. Berechneter Verlauf der Normalspannung bei der Dehnung von
Zn-Kristallen verschiedener Orientierung bei − 185° C. Der Ausgangswinkel der
Basis zur Längsrichtung ist bei den einzelnen Kurven angeschrieben.

die Basis und die querst liegende Prismenfläche I. Art dargestellt,
wie er aus der für — 185° C gültigen Verfestigungskurve für
Kristalle verschiedener Ausgangsorientierungen folgt[1]. Sind die
kritischen Normalspannungen (N_B und N_P) auf die beiden Reißflächen unabhängig vom Ausmaß der Translation, wie dies für
diese Temperatur ungefähr zutrifft, so ergibt sich die erreichbare
Grenzabgleitung für Kristalle der verschiedenen Ausgangsorientierungen durch Verschneidung der Kurvenscharen mit den im
Abstand N_B bzw. N_P zur Abszissenachse parallelen Geraden. Man

---

[1] Die Berechnung von N_B erfolgte mit Hilfe der aus den Formeln (40/2)
und (43/3) leicht ableitbaren Beziehung $N_B = \dfrac{S_0 + k a}{a + \operatorname{cotg} \chi_0}$ ($S_0 = 126$ g/mm²,
$k = 400$ g/mm²), die Berechnung von N_P aus der Gleichung $N_P = \cos^2 30 \cdot$
$(S_0 + k a) \cdot (a + \operatorname{cotg} \chi_0)$.

erkennt, daß für schräge Ausgangslagen der *Basis* ihr kritischer Normalspannungswert (180 g/mm²) erst nach sehr großen Abgleitungen erreicht wird. Dem Bruch müßte hier also eine sehr weitgehende Verformung vorausgehen. Es zeigt sich indessen, daß hier schon nach verhältnismäßig kleinen Deformationen für die *Prismenfläche* die kritische Normalspannung (1800 g/mm²) erreicht wird. Diese Kristalle reißen somit durch Prismenspaltung. Von einem χ_0-Winkel von etwa 25⁰ ab wird diese Prismenspaltung dann durch Zerreißen nach der Basis abgelöst. Während bisher die Abgleitung mit zunehmendem χ_0-Winkel anstieg, sinkt sie von jetzt an ab. Für einen χ_0-Winkel, der durch die Gleichung $\mathrm{tg}\,\chi_0 = \dfrac{N_0}{S_0}$ gegeben ist, wird bereits an der Streckgrenze auch die kritische Normalspannung erreicht, so daß für alle χ_0-Winkel $> \mathrm{arc\,tg}\,\dfrac{N_0}{S_0}$ ($\sim 58^0$) sprödes Zerreißen der Kristalle eintritt[1]. In ähnlicher Weise wie es hier für konstant bleibende Normalfestigkeiten geschehen ist, würde auch der Fall einer Abhängigkeit der Normalfestigkeiten von der vorausgegangenen Deformation zu erörtern sein.

Wenn auch bereits das Aussehen der Bruchfläche von Zinkkristallen die Deutung des Reißvorgangs bei tiefen Temperaturen als (durch Schubbeanspruchung bedingte) Abschiebungsbrüche widerlegt, so sei hier doch noch hervorgehoben, daß diese Auffassung auch aus einem anderen Grunde nicht zu Recht bestehen kann. Würde nämlich eine Grenzschubspannung für den Eintritt des Zerreißens maßgeblich sein, so müßte dies wegen der auch bei tiefen Temperaturen gültigen Verfestigungskurve stets bei Erreichung eines bestimmten Punktes dieser Kurve, also bei einer *konstanten orientierungsunabhängigen Grenzabgleitung* erfolgen, was mit den experimentellen Ergebnissen nicht in Einklang zu bringen ist.

Außer dem hier geschilderten Fall des Zinkkristalls, an dem die Reißverfestigung einer wirkenden Translationsfläche (der Basis) und einer diese durchkreuzenden Fläche (der Prismenfläche I. Art) untersucht werden konnte, liegen an Metallkristallen keine weiteren Beispiele für Reißverfestigung durch Translation vor. Völlig

---

[1] Es sei bemerkt, daß alle Kurven der Abb. 143a die Gerade $N = k$ zur Asymptote haben. Während für Werte der kritischen Normalspannung $N < k$ bei allen Orientierungen früher oder später Zerreißen erfolgt, ist für $N > k$ ein Zerreißen nach der betrachteten Fläche nur in einem beschränkten Orientierungsbereich und dann nur ohne vorherige Translation möglich.

ungeklärt ist heute auch noch die Frage nach der Bedeutung von mechanischer Zwillingsbildung für die Normalfestigkeit von Reißflächen.

Die Herausarbeitung des Begriffes der Reißverfestigung und ihre Gegenüberstellung der Schubverfestigung verdankt man wesentlich M. POLANYI (287). Die Reißverfestigung wurde von ihm an verformten Wolfram- und Steinsalzkristallen beobachtet (286). Nur beim Steinsalz handelt es sich dabei um einen Bruch nach glatten Flächen. Beim Wolfram wird die Verfestigung auf Grund der auf den Endquerschnitt bezogenen Festigkeit beurteilt.

Schließlich sei noch erwähnt, daß in verformten Kristallen ebenso wie die Schubverfestigung auch die Reißverfestigung durch *Kristallerholung* wieder allmählich beseitigt werden kann. Darauf bezügliche Zahlen, die das Zerreißen von Zinkkristallen nach der Prismenfläche I. Art betreffen, sind in Tabelle 17 mit enthalten. Nach der Dehnung bei Zimmertemperatur und vor dem Zerreißen bei — 185⁰ C war eine Erwärmung von 2 Min. auf 80⁰ C eingeschaltet worden. Dadurch wurde, ohne Rekristallisation des Kristallbandes, eine Reißentfestigung um 30—40% erzielt. Ebenso wie die Kristallverfestigung eine Schubverfestigung und eine Reißverfestigung umfaßt, umfaßt demnach auch die Kristallerholung eine Schuberholung und eine Reißerholung.

E. Nachwirkungserscheinungen und Wechselbeanspruchung.

Bisher ist das Verhalten von Metallkristallen besprochen worden, wie es sich bei erheblichen plastischen Verformungen äußert. Es sollen jetzt die dem Bereich kleiner Verformungen angehörenden, miteinander innig verwandten Erscheinungen geschildert werden, die bei Entlastung bzw. Wechsel der Beanspruchungsrichtung auftreten. Es handelt sich dabei zunächst um die *Nachwirkung* und *Hysteresis*, die zwar als elastische Vorgänge bezeichnet werden, ihrem Wesen nach aber zweifellos als plastische Vorgänge aufzufassen sind. Durch gleiche Ursachen dürfte auch der BAUSCHINGER-*Effekt* bedingt sein, der deshalb auch in diesem Zusammenhang erörtert wird. Das über diese Erscheinungen an Metallkristallen vorliegende experimentelle Material ist heute noch auf nur wenige Versuche beschränkt. Eine eingehende Untersuchung gerade dieses Verhaltens wird indessen zweifellos für unsere Vorstellungen über

Kristallverformung und -verfestigung von erheblicher Wichtigkeit werden.

Anschließend beschreiben wir die an Metallkristallen durchgeführten Untersuchungen, welche die technisch so bedeutsame *Dauerfestigkeit* betreffen. Bei Erörterung dieser Versuche werden zunächst die durch die Wechselbeanspruchung bedingten äußeren, kristallographischen Merkmale an den Kristallen (Verformungserscheinungen, Rißbildung) und daran anschließend die mit zunehmender Beanspruchung einhergehenden Veränderungen der Festigkeitseigenschaften behandelt.

55. Nachwirkung und Hysteresis. Bauschinger-Effekt.

Die elastische *Nachwirkung* wurde als „Nachkürzung", d. h. als Einstellung des Gleichgewichtszustandes als Funktion der Zeit nach Aufhebung des Spannungszustandes, an Zink- und Wolframkristallen untersucht (288). Die Kristalldrähte wurden hierzu um bestimmte Winkel (5—10⁰ bei den 10 cm langen Zinkkristallen, 180⁰ bei den 50 cm langen Wolframkristallen) tordiert und sodann entlastet. Während sich beim Wolfram unmittelbar danach die Ausgangslage wieder einstellte, war beim Zink stets eine erhebliche bleibende Drillung zurückgeblieben. In beiden Fällen hat sich aber, im Gegensatz zu den an Vielkristallen durchgeführten Vergleichsversuchen, die Endlage bereits 1 Min. nach erfolgter Entlastung eingestellt. Die bis zu 36 Stunden reichende Beobachtung hat keinerlei Veränderungen mehr ergeben, während an den Vielkristalldrähten in demselben Zeitintervall ein Nachfließen bis um 40 Skalenteile (entsprechend $\sim 2^0$ Torsionswinkel) auftrat. Diese Versuche lehren somit, daß die Nachwirkung bei Torsion von Metallkristallen, wenn überhaupt vorhanden, jedenfalls außerordentlich viel kleiner ist, als bei vielkristallinem Material.

Die elastische *Hysteresis*, das ist die Erscheinung, daß die Form eines Körpers nicht nur von dem augenblicklich herrschenden Spannungszustand, sondern auch von dem Weg abhängig ist, der zu diesem Spannungszustand geführt hat, wurde an Metallkristallen bisher nur am Aluminium untersucht (291). Die Kristalle wurden langsamen Zugbelastungen und Wiederentlastungen unterworfen und die dabei auftretenden Längenänderungen mit dem Martens-schen Spiegelapparat verfolgt. Die Spannungen lagen stets innerhalb des Bereiches von 0,028 bis 1,43 kg/mm². Die Gesamtdehnung nach einer großen Zahl von Belastungszyklen betrug schließlich

2,2 %. Die Ergebnisse der Versuche lassen sich kurz so zusammenfassen: Auch innerhalb des niedrigsten Spannungsbereiches (0,028 bis 0,144 kg/mm²) trat bei der ersten Belastung bereits plastische Verlängerung auf; ein Gebiet rein elastischer Formänderung konnte somit nicht beobachtet werden. Wiederholte Belastung und Entlastung führte nach anfänglichem Auftreten bleibender Verlängerung schließlich zu geschlossenen „Hysteresis"schleifen, ähnlich wie sie an Vielkristallen beobachtet werden. Mit einer homogenen elastischen Verformung des Gitters ist das Bestehen der Schleifen nicht verträglich.

Der BAUSCHINGER - *Effekt* besteht darin, daß die Formfestigkeit (Elastizitäts-. Streckgrenze) eines Probestabes nach Verformung für eine weitere gleichgerichtete Verformung größer ist, als für eine entgegengesetzte (289). Unter Umständen wird sogar eine Entfestigung für eine entgegengesetzt gerichtete Verformung beobachtet. Am Einkristall wurde der BAUSCHINGER-Effekt für

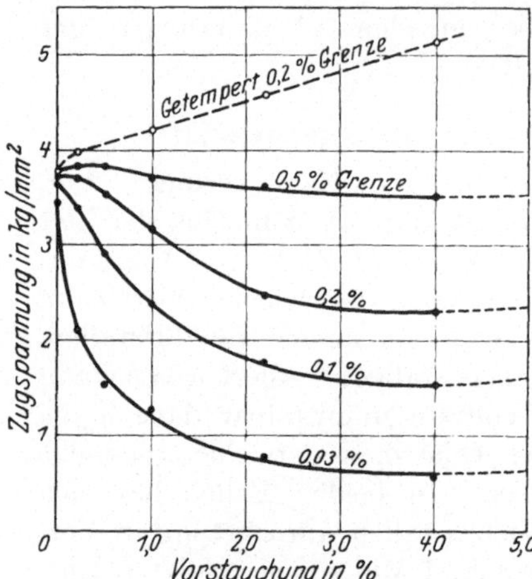

Abb. 144. Veränderung der Plastizitätsgrenzen eines α-Messingkristalls bei Zugversuchen durch vorangegangene Stauchungen (290).

α-Messing (72 % Cu) untersucht. Zylindrische Stäbe von 9,2 mm Durchmesser wurden Zug-Druckversuchen unterworfen, wobei die Änderungen der 10 mm betragenden Meßlänge durch ein entsprechendes MARTENSsches Spiegelgerät beobachtet wurden. Die am Einkristall erhaltenen Ergebnisse ähnelten weitgehend denen am Vielkristall. Abb. 144 zeigt, wie durch vorangehende Stauchung die im Zugversuch feststellbaren Plastizitätsgrenzen beeinflußt werden. Die durch zunehmende Vorstauchung bewirkte Herabsetzung dieser Grenzen bis weit unter ihre Ausgangswerte tritt klar hervor.

Es sei hier nochmals hervorgehoben, daß eine Erweiterung des experimentellen Materials über das in diesem Punkt geschilderte Verhalten von Metallkristallen von großer Wichtigkeit ist. Insbesondere bedarf es für unsere Auffassung über die zugrunde liegenden Vorgänge einer Entscheidung darüber, ob wirklich am selben Kristallmaterial die Freiheit von Nachwirkung und das Auftreten von Hysteresis miteinander verträglich sind. Auf eine Deutung der hier dargestellten Befunde wird erst später (Punkt 76) eingegangen, desgleichen auf die Besprechung dieser Eigenschaften am technischen Vielkristall (Punkt 82).

56. Kristallographische Verformungs- und Spaltvorgänge bei der Wechselbeanspruchung.

Versuche über Wechselbeanspruchung liegen heute schon an einer ganzen Reihe von Metallkristallen vor. In der Regel handelt es sich um Wechsel*torsions*versuche mit zylindrischen Stäben, wobei entweder das Drillungsmoment oder der Torsionswinkel konstant gehalten wurde. Aluminiumkristalle wurden auch bei Zug-Druck-beanspruchung untersucht. In den zahlreichen Versuchsreihen von GOUGH werden die Kristalle in technischen Dauerprüfungsmaschinen beansprucht. Die Form der Proben entspricht demgemäß auch der der üblichen Probestäbe (zylindrischer Stab von etwa 8 mm Durch-messer mit verdickten Einspannköpfen). Die Dauerbeanspruchung dünner Kristalldrähte erfolgte in entsprechend vereinfachten Appa-raten unter Konstanthaltung des Torsionswinkels während der Beanspruchung. Die Anzahl der Belastungswechsel pro Minute betrug bei den verschiedenen Versuchsreihen zwischen 400 und 2300.

Als ein wesentliches Ergebnis sei zunächst wiederholt, daß sich auch bei der Wechselbeanspruchung stets dieselben Translations- und Zwillingselemente betätigen wie im Fall statischer Bean-spruchung. Bei *Aluminium* tritt deutliche Translationsstreifung auf, die — in völliger Übereinstimmung mit statischen Zug- und Stauchversuchen — durch Translation nach dem jeweils durch maximale Schubbeanspruchung ausgezeichneten Oktaedergleit-system bedingt ist (292, 291). Bei der Wechseltorsion ist infolge-dessen keineswegs dasselbe Translationssystem an allen Stellen des Kristallumfanges tätig. Die Übergänge der wirksamen Sy-steme sind oft sehr scharf ausgeprägt (vgl. Abb. 145); ihre Lage bestätigt stets die theoretische Erwartung[1]. Der Bruch der Kristalle erfolgt durch Ausbildung von Rissen, die zum großen Teil entlang

---

[1] Für die Berechnung der Schubspannungen in den einzelnen Trans-lationssystemen vgl. Punkt 41.

wirksam gewesener Translationsflächen verlaufen (vgl. Abb. 146). Besonders klar wird dies durch einen Wechselverdrillungsversuch bei gleichzeitiger Einwirkung von Leitungswasser. Die Stellen starker Verformung werden durch die hier erheblich gesteigerte Korrosion

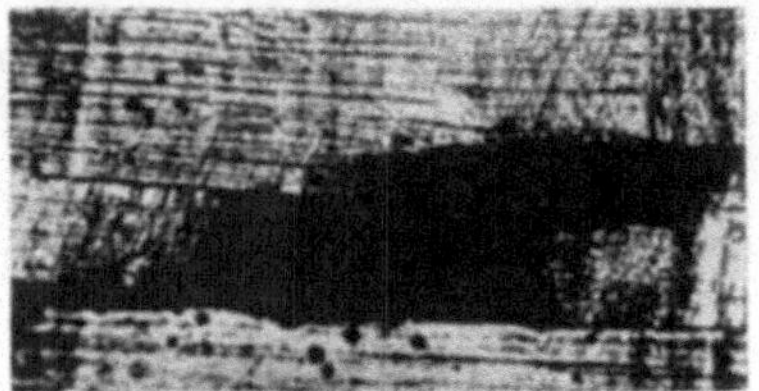

Abb. 145. Übergangsstelle wirksamer Translationssysteme auf wechseltordiertem Al-Kristall (292).

Abb. 146. Rißausbildung in wechselbeanspruchtem Al-Kristall (291).

deutlich sichtbar gemacht (vgl. Abb. 147). Die Wirkungen von Verformung und Korrosion verstärken sich bei diesem Versuch

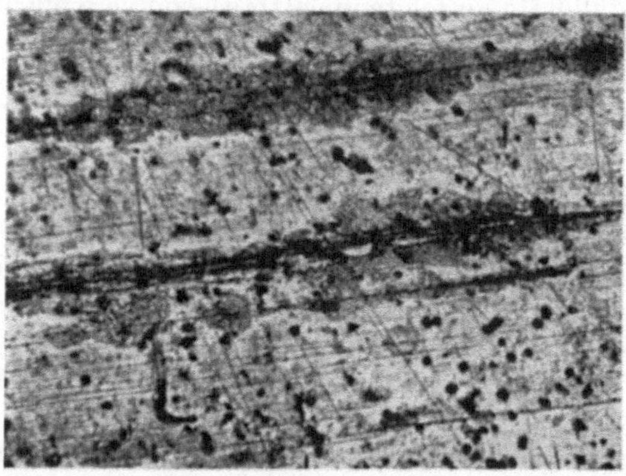

Abb. 147. Bruchausbildung in Al-Kristall nach Korrosionsermüdung (294).

gegenseitig, und es zeigt sich, daß der nun erheblich früher eingetretene Bruch fast ausschließlich den Spuren wirksamer Translationsflächen folgt. Diese Feststellung ist deshalb von allgemeiner Bedeutung, weil sie, zum mindesten für den Einkristall, zeigt, daß die Herabsetzung der Dauerfestigkeit durch gleichzeitigen korrosiven Angriff entgegen einer sehr verbreiteten Ansicht nicht durch das Vorhandensein von Spannungsüberhöhungen an den auftretenden Kerben und Löchern bedingt ist, sondern daß die Ursache des Bruches durchaus mit den sich abspielenden kristallographischen Vorgängen verknüpft ist.

Wie beim Aluminium wurde auch an einem wechseltordierten *Silber*-Kristall Oktaedertranslation beobachtet. Auch hier erfolgte die Auswahl der an verschiedenen Teilen des Kristallumfangs

Abb. 148. Wechseltordierter Zn-Kristall; Riß entlang primärer und in Zwillingslamellen verlaufender, sekundärer Basis (298).

wirksamen Translationselemente auf Grund der Bedingung maximaler Schubspannung; der auftretende Riß folgte wieder stellenweise den wirksamen Gleitflächen. Mechanische Zwillingsbildung konnte hier ebensowenig wie beim Aluminium beobachtet werden (295).

Bei der Wechselverdrillung von *Magnesium*-Kristallen wurde sowohl Basistranslation als auch Bildung von Deformationszwillingen beobachtet. Die Bruchstellen sind in der Regel zerklüftet und aus mehreren Flächen gebildet. Basisfläche, Prismenfläche (1010), Pyramidenflächen (10Ī1) und (1012) u. a. wurden als Reißflächen beobachtet (296).

Auch bei der Wechseltorsion von *Zink*-Kristallen treten im allgemeinen beide vom statischen Zugversuch her bekannten

Verformungsmechanismen, Translation nach der Basis und mechanische Zwillingsbildung mit $K_1 = (10\overline{1}2)$, auf. Zu den Spuren dieser kristallographischen Verformungen kommen je nach der Kristallorientierung noch mehrere Arten von Rissen hinzu. Sie werden bedingt durch Spaltung nach der Basis, nach der sekundären Basisfläche in Zwillingslamellen und auch nach der Zwillingsebene. Ein Teil eines Risses, der sich stückweise aus primären und sekundären Basisflächen zusammensetzt, ist in Abb. 148 dargestellt. Hierzu gesellen sich weiterhin noch Risse, die Prismenflächen folgen. Es handelt sich dabei allerdings zumeist nicht um eigentliche Spalten, sondern eher um flache, von Wülsten eingeschlossene Mulden. Nach stärkerer Verformung tritt auf dem Grunde dieser Mulden allerdings auch ein Aufspalten ein (vgl. Abb. 149). Der Bruch der Kristalle erfolgt entweder durch glatte

Abb. 149. Riß nach Prismenfläche II. Art in wechseltordiertem Zn-Kristall (298).

Spaltung nach primärer oder sekundärer Basis, oder es bilden sich treppenförmige Bruchstellen aus, an denen aber wohl immer die Basisfläche beteiligt ist (298, 297, 299). Die an wechseltordierten *Kadmium*-Kristallen beobachtete Streifung der Mantelfläche und die Querschnittsänderung dieser Kristalle (Rippenbildung) wurde mit Hilfe der Spannungsanalyse als Basistranslation erkannt (300).

Ein *Antimon*-Kristall zeigte bei Wechseltorsion keine Translationsstreifung, wies aber Deformationszwillinge nach allen drei (011)-Ebenen auf. Innerhalb der Zwillingslamellen konnte erneute, sekundäre Verzwillingung beobachtet werden. Rißbildung und Bruch folgte, wie bei der guten Spaltbarkeit des Antimons nicht anders zu erwarten war, definierten Kristallflächen. Die ersten Risse verliefen parallel der (111)-Fläche in ihrer ursprünglichen oder verzwillingten Lage. Der Bruch trat schließlich durch Spaltung nach einer Zwillingsebene ein (301).

Ebensowenig wie am Antimon konnte auch an wechseltorsierten *Wismut*-Kristallen eine Translation erkannt werden. Zahlreiche Deformationszwillinge nach den (011)-Ebenen traten in den ersten Stadien des Versuchs auf. Die Risse waren zum großen Teil parallel der verzwillingten (111)-Ebene orientiert. Der Bruch erfolgte durch Spaltung entlang der Basisfläche (111) bzw. entlang einer nicht durch einfache Indizes gekennzeichneten Ebene (302).

Als eine besonders wichtige Feststellung sei schließlich nochmals hervorgehoben, daß die Rißbildung bei der Wechselbeanspruchung nicht auf die kristallographischen Spaltebenen beschränkt ist, sondern daß hier in erheblichem Ausmaß ein Aufreißen auch entlang betätigter Translationsebenen eintritt. Es ist dies eine Erscheinung, die aufs Deutlichste den engen Zusammenhang zwischen dem Dauerbruch der Einkristalle und der vorangegangenen Verformung aufzeigt.

57. Verfestigungserscheinungen bei der Wechselbeanspruchung.

Eben sind die kristallographischen Vorgänge beschrieben worden, die man bei der Wechselbeanspruchung von Metallkristallen beobachtet. Auf die Dynamik dieser Versuche ist schon früher einmal bei der Besprechung einer Initialbedingung für Zwillingsbildung (Punkt 51) hingewiesen worden. Hier sollen die durch Wechselbeanspruchung bedingten Veränderungen in den Festigkeitseigenschaften der Kristalle geschildert werden. Es wird sich dabei zeigen, daß diese Veränderungen von sehr ausgeprägter und besonderer Art sind und einen tiefgreifenden Einfluß dieser Beanspruchungsart erkennen lassen.

Bereits aus den Beobachtungen über die zeitliche Folge des Auftretens von Translationsstreifung bei *Aluminium*-Kristallen kann der Schluß auf eine erhebliche *Schubverfestigung* im Wechselversuch gezogen werden (291). Diese Verfestigung scheint bei den hauptsächlich wirkenden, durch größte Schubspannung ausgezeichneten Oktaedersystemen geringer zu sein als bei den übrigen, da die zunächst auf mehreren Systemen in Tätigkeit gelangte Translation alsbald auf das jeweils günstigst liegende allein beschränkt wird. Der Sinn der Ungleichartigkeit der Verfestigung ist also derselbe wie bei den statischen Zugversuchen (Punkt 43).

Härtemessungen an verschiedenen Stellen des Querschnitts eines bis zum Bruch wechseltordierten *Aluminium*-Kristalls lassen ebenfalls deutlich eine Verfestigung in besonders stark verformten

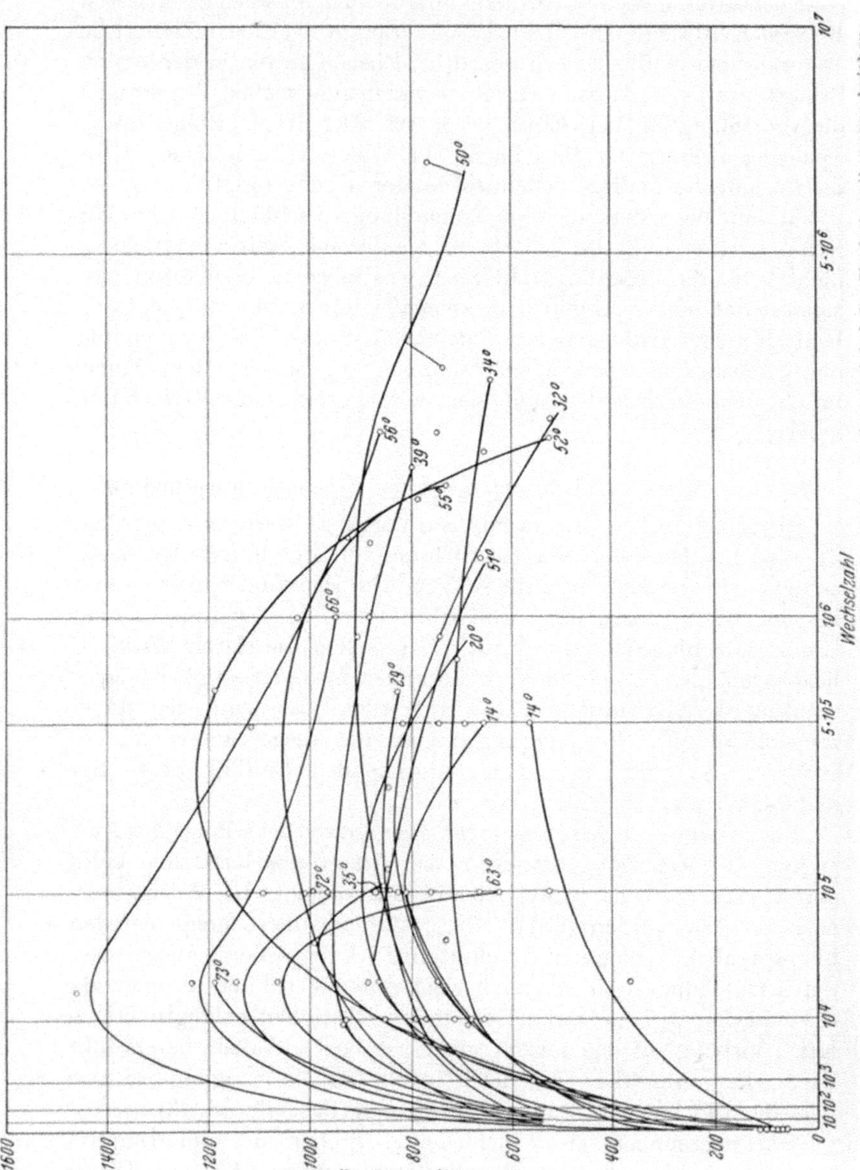

Abb. 150. Schubfestigkeit der Basis wechseltordierter Zn-Kristalle (299). Stellungswinkel der Basis jeweils angeschrieben.

Gebieten erkennen. Die aus Kugeleindrücken bestimmten Härtewerte übertrafen hier die in der unverformten Mittelzone erhaltenen um 30—40% (292).

Unmittelbar wurden die Änderungen der Festigkeitseigenschaften an *Zink*-Kristallen untersucht (297, 299). Die dünnen Kristalldrähte (~ 1 mm Durchmesser) wurden hierzu Wechseltorsionen um den gleichen Winkel bis zu verschiedenen Wechselzahlen unterworfen und sodann im statischen Zugversuch geprüft. Einem Ausgangskristall konnten bis 7 Versuchsstücke entnommen werden. Abb. 150 gibt das Verhalten der Schubfestigkeit des Basistranslationssystems nach Wechseltorsion um 4^0 nach jeder Seite (bei 40 mm Einspannlänge) in Abhängigkeit von der Wechselzahl wieder. Es zeigt sich einheitlich, daß die Schubfestigkeit schon nach geringen Wechselzahlen auf das Vielfache ihres Ausgangswertes (von ungefähr 90 g/mm²) ansteigt und *nach Erreichung eines Höchstwertes wieder abfällt*. Die Lage der Kurven zueinander streut sehr stark, doch ist zu ersehen, daß die Kurven der Kristalle „querer" Orientierung im oberen Teil des Streubereiches liegen, die der „längsorientierten" im unteren Teil. Durchaus ähnliche Ergebnisse wurden auch an Magnesiumkristallen erhalten (296). Im Gegensatz zur Orientierungsunabhängigkeit der Schubfestigkeit im unverformten Zustand scheint somit die Schubfestigkeit nach gleicher Wechselbeanspruchung mit wachsendem Winkel zwischen Basis und Drahtachse anzusteigen.

Die Abhängigkeit der kritischen Normalspannung der Basisreißfläche von der Wechselzahl wurde durch Zerreißen der beanspruchten Kristallstücke bei — 185° C ermittelt, um die beim Zerreißen bei Zimmertemperatur in der Regel noch auftretenden Dehnungen zu vermeiden. Die in Abb. 151 als Funktion der Wechselzahl dargestellte Normalspannung zeigt im allgemeinen gleiches Verhalten wie die Schubfestigkeit; sie steigt schroff bis zu einem Höchstwert an, um bei weiterer Vergrößerung der Wechselzahl wieder abzufallen. Auch die Orientierungsabhängigkeit der „Reißverfestigung" scheint der der Schubverfestigung zu entsprechen; mit steigendem Basiswinkel steigt auch die höchste erreichte Normalspannung. Bei gleichen Orientierungen treten die Höchstwerte von Schub- und Normalfestigkeit etwa bei denselben Wechselzahlen auf.

Während also anfangs die Wechselbeanspruchung eine erhebliche *Verfestigung* bedingt, tritt im weiteren Verlauf eine neue

13*

Erscheinung immer mehr in den Vordergrund, die sich in einer *Entfestigung* des Kristalls äußert. Daß auch der diese Schwächung bedingende Vorgang vorzugsweise im Gitter zu suchen ist und nicht nur im Auftreten von makroskopischen Rissen besteht, darf man wohl daraus schließen, daß die Erreichung des Maximums der Festigkeitswerte der Basis weit vor dem Auftreten sichtbarer Risse liegt. Auch die obenerwähnte Tatsache, daß bei anderen Metallen

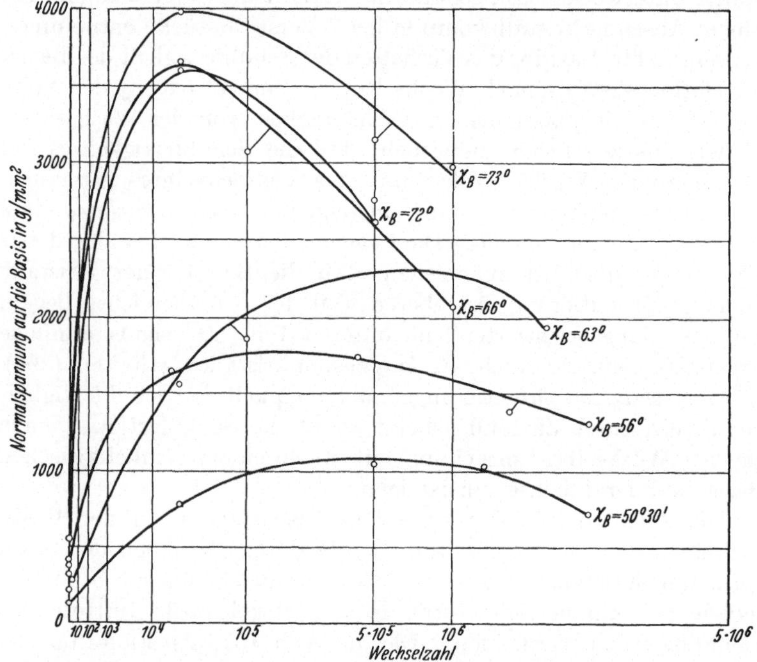

Abb. 151. Normalfestigkeit der Basis wechseltordierter Zn-Kristalle (299).

eine Rißbildung entlang betätigter Translationsebenen auftritt, denen im unverformten Kristall keine Spaltbarkeit zukommt, zeigt diese Schwächung der Gleitebenen auf (vgl. auch 293).

Zur physikalischen Definition der Dauerfestigkeit von Kristallen dürfte demnach jene Beanspruchung geeignet sein, die auch bei unendlicher Wechselzahl noch nicht zur Überschreitung des Maximums der Festigkeitswerte führt. Zahlenmäßige Angaben über diese Dauerfestigkeit von Kristallen können heute noch nicht gemacht werden. Insbesondere ist auch die Frage nach einer

Orientierungsabhängigkeit der Dauerfestigkeit noch offen (vgl. hierzu Punkt 82).

Bisher wurde der Beginn der plastischen Dehnung und das bei tiefer Temperatur erfolgende spröde Zerreißen wechselbeanspruchter Zinkkristalle besprochen. Die Untersuchung der *plastischen Verformbarkeit* bei Raumtemperatur ergab ein Verhalten, das in seinen Hauptzügen durch Abb. 152 dargestellt ist. Zunächst ist auch hier, bei etwa doppelt so großem Torsionswinkel wie in den eben beschriebenen Versuchen, die oben geschilderte Abhängigkeit der Streckgrenze von der Wechselzahl deutlich wiederzufinden. Die Dehnbarkeit des Kristalls ist ferner bis zu Wechselzahlen von 10000 keineswegs herabgesetzt; erst nach 50000 Verdrillungen ist sie, etwa auf die Hälfte, abgesunken. Bei den kleineren Torsionswinkeln wird bei nicht zu schräg liegender Basisfläche dieser Rückgang der Dehnung auch nach Wechselzahlen von mehreren Millionen nicht beobachtet. Das Maximum der Schubfestigkeit ist nach diesen Wechselzahlen schon lange überschritten. Die weitere Verfestigung durch die plastische Dehnung, die sich durch die

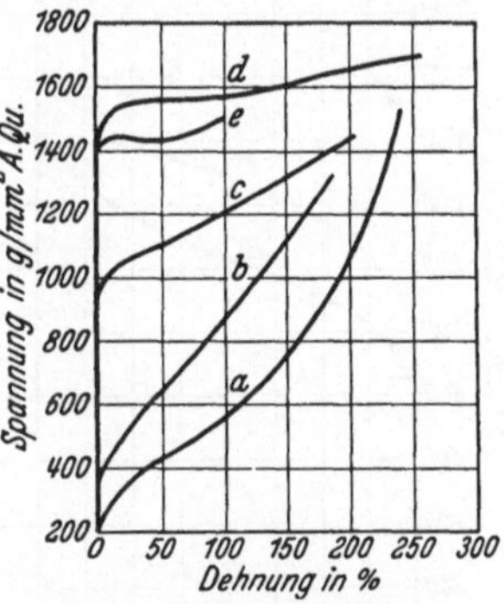

Abb. 152. Dehnungskurven eines Zn-Kristalls nach verschiedener Wechseltorsion (297). *a* nach 0, *b* nach 100, *c* nach 1000, *d* nach 10000 und *e* nach 50000 Verdrillungen (Winkelbereich 15°).

Neigung der Kurven ausdrückt, nimmt mit zunehmender vorangegangener Dauerbeanspruchung in sehr deutlicher Weise ab. Hier finden wir wieder die schon mehrmals hervorgehobene Tatsache, daß mit steigender primärer Verfestigung [Mischkristallbildung, starke Schubverfestigung eines zunächst latenten Translationssystems (Punkt 46), mechanische Zwillingsbildung (Punkt 52)] die weitere Verfestigbarkeit durch Verformung immer mehr herabgesetzt wird.

Wird die Wechselbeanspruchung der Kristalle sehr weit getrieben, so kann unter Umständen (je nach der Kristallorientierung) auch bei Zimmertemperatur Sprödigkeit im Zugversuch auftreten. Durch Kristallerholung verschwindet diese jedoch wieder und das wechseltordierte Kristallstück erreicht annähernd die Plastizität des Ausgangszustandes. Abb. 153 gibt zwei darauf bezügliche Beispiele. Auch die Tatsache der Erholungsfähigkeit spricht, wie die eben erwähnte Erhaltung der Dehnbarkeit in gewissen Fällen, wohl gegen eine Deutung der beobachteten Entfestigung in den späteren Stadien des Wechselversuches ausschließlich durch eingetretene Risse.

Zwei Bemerkungen seien hier noch angeschlossen. Die eine betrifft den Umstand, daß im Wechseltorsionsversuch ja nicht der ganze Querschnitt des Kristalls verformt wird, sondern lediglich eine mehr oder minder dünne Außenschicht. Die im statischen Zugversuch wechselbeanspruchter Kristalle ermittelten Schub- und Normalfestigkeiten stellen demgemäß, da ja nicht rohrförmige Proben benutzt wurden, nur Mittelwerte über unverformte und verformte Kristallteile dar. Die in der verformten Zone wirklich auftretenden Änderungen der Festigkeitseigenschaften sind daher noch größer als die hier aufgezeigten. Zum zweiten sei bemerkt, daß es sich bei Torsion und Dehnung desselben Zinkkristalls im allgemeinen nicht um die Betätigung derselben digonalen Achse I. Art als Translationsrichtung handelt. Durch die Wechselverformung wird demnach die Abgleitung der stets als Translationsfläche wirksamen Basis auch in zunächst latenten Richtungen sehr erschwert.

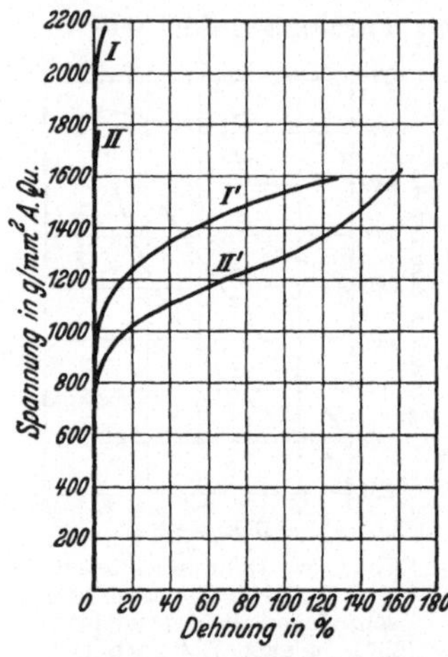

Abb. 153. Erholung wechseltordierter Zn-Kristalle (297). *I* Dehnungskurve nach etwa 80 000 Verdrillungen (Winkelbereich 20°); *I'* nach darauffolgender Erholung von 4 Tagen (20° C); *II* nach etwa 140 000 Verdrillungen; *II'* nach darauffolgender Erholung von 2 Tagen (20° C).

F. Veränderung physikalischer und chemischer Eigenschaften bei der Kaltverformung.

In den vorangegangenen Abschnitten haben wir die kristallographischen Gesetzmäßigkeiten der plastischen Verformung von Kristallen und die Dynamik dieser Vorgänge beschrieben. Hierbei sind die großen Veränderungen, welche die Festigkeitseigenschaften durch die plastische Deformation erleiden (Verfestigung), bereits ausführlich behandelt worden. Die Verformung bedingt aber auch bei den meisten anderen physikalischen und chemischen Eigenschaften der Kristalle mehr oder minder ausgeprägte Veränderungen.

Eine wichtige Trennung ist hier bei den richtungsabhängigen Eigenschaften vorzunehmen zwischen den durch die Kaltreckung als solche verursachten Veränderungen und denjenigen, die durch die Umorientierung des Kristalls im Verlauf der Verformung bedingt sind. Will man die Wirkung der Kaltreckung allein feststellen, so hat man von den beobachteten Effekten stets die durch die Gitterdrehungen verursachten Änderungen in Abzug zu bringen. Es wird deshalb zunächst geschildert, welches Ausmaß diese Orientierungseffekte erreichen können.

58. Anisotropie physikalischer Eigenschaften von Metallkristallen.

Für die elastischen Eigenschaften Elastizitätsmodul und Torsionsmodul ist bereits früher (in Punkt 10) für den Fall kubischer und hexagonaler Kristalle die Orientierungsabhängigkeit durch die Gleichungen (10/1, 2) und (10/4, 5) dargestellt worden. Für den spezifischen elektrischen Widerstand verhalten sich kubische Kristalle isotrop. Hexagonale, trigonale und tetragonale Kristalle weisen in bezug auf die Hauptachse rotationssymmetrisches Verhalten auf. Sei φ der Winkel der untersuchten Richtung zur c-Achse, so gilt für den spezifischen Widerstand ϱ der Ausdruck

$$\varrho = \varrho_\perp + (\varrho_{||} - \varrho_\perp) \cdot \cos^2 \varphi, \tag{58/1}$$

worin $\varrho_\perp$ und $\varrho_{||}$ den spezifischen Widerstand senkrecht und parallel zur Hauptachse bedeuten. Die gleiche Orientierungsabhängigkeit gilt auch für den spezifischen Widerstand w für Wärmeströmung[1], für die thermische Ausdehnung α, die Thermokraft[2] e, die Konstante σ des THOMSON-Effekts[3] und die magnetische Suszeptibilität[4] $\varkappa$. Für alle diese Eigenschaften verhalten sich kubische Kristalle isotrop; bei Kristallen mit einer Hauptachse (hexagonal, trigonal,

---

[1] $w = \dfrac{1}{\lambda}$; $\lambda =$ Wärmeleitvermögen, das ist jene Wärmemenge, die pro Sekunde durch die Querschnittseinheit des Leiters fließt bei einem Temperaturgefälle von 1^0 C pro Zentimeter.

[2] Thermoelektrische Kraft gegenüber einem Vergleichsmetall (z. B. Kupfer), die bei 1^0 Temperaturdifferenz der beiden Lötstellen herrscht.

[3] σ ist die bei Durchgang der Elektrizitätsmenge 1, bei einem Temperaturgefälle von 1^0 pro Zentimeter im Leiterstück von 1 cm entwickelte Wärmemenge.

[4] $\varkappa = \dfrac{\Im}{\mathfrak{H}}$, worin $\Im$ das durch die magnetische Feldstärke $\mathfrak{H}$ in der Volumeinheit erzeugte magnetische Moment darstellt.

Tabelle 18. Elastizitätskoeffizienten von Metallkristallen (10^{-13} cm²/Dyn).

Metall	s_{11}	s_{12}	s_{44}	s_{13}	s_{33}		Literatur
Aluminium . . .	15,9	— 5,80	35,1$_6$				(6)
Al + 5% Cu . . .	15	— 6,9	37				(303)
Kupfer	15,0	— 6,3	13,3				(7)
Silber.	23,2	— 9,93	22,9				(8)
Gold . . . . . {	24,5	— 11,3	25				(6)
	22,7	— 10,35	22,9				(8)
Ag + 25 At.-% Au	20,7	— 8,91	20,52				
Ag + 50 At.-% Au	19,7	— 8,52	19,66				} (8)
Ag + 75 At.-% Au	20,5	— 9,09	20,63				
α-Messing (72% Cu)	19,4	— 8,35	13,9				(9)
α-Eisen	7,57	— 2,82	8,62				(10)
Wolfram . . . {	2,534	— 0,726	6,55				(11)
	2,573	— 0,729	6,604				(12)
Magnesium . . {	22,3	— 7,7	59,5	— 4,5	19,8		(13)
	20,4	— 5,2	87,8	— 5,2	20,4		(14)
Zink . . . . . {	8,4	1,1	26,4	— 7,75	28,7		(15)
	8,23	0,34	25,0	— 6,64	26,38		(11)
Kadmium . . . {	12,3	— 1,5	54,0	— 9,3	35,5		(15)
	12,9	— 1,5	64,0	— 9,3	36,9		(11)
Wismut.	26,9	— 14,0	104,8	— 6,2	28,7	$s_{14} =$ 16,0	} (11)
Antimon	17,7	— 3,8	41,0	— 8,5	33,8	$s_{14} =-$ 8,0	
Quecksilber[1] . . .	154	—119	151	—21	45	$s_{14} =--100$	(304)
Tellur	48,7	— 6,9	58,1	—13,8	23,4	$s_{14} = ?$	} (11)
β-Zinn	18,5	— 9,9	57,0	— 2,5	11,8	$s_{66} = 135$	

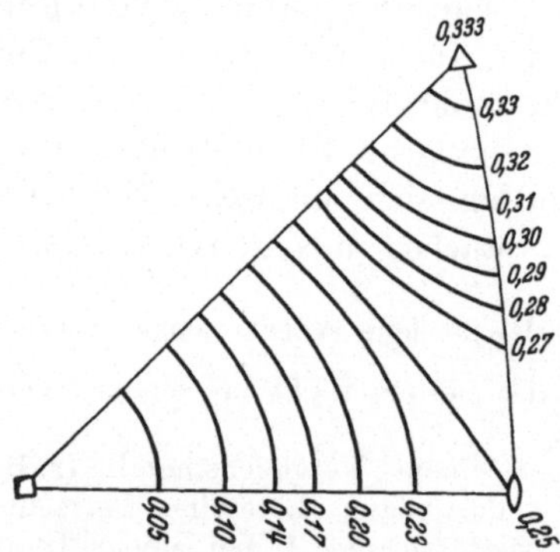

Abb. 154a. Werte der Orientierungsfunktion ($\gamma_1^2\,\gamma_2^2 + \gamma_2^2\,\gamma_3^2 + \gamma_3^2\,\gamma_1^2$) in den Gleichungen (10/1,2) für kubische Kristalle.

tetragonal) ist der Wert der betreffenden Eigenschaft in einer beliebigen Richtung durch zwei Konstante (die Werte parallel und senkrecht zur Hauptachse) und den Winkel der untersuchten Richtung zur c-Achse entsprechend der obigen Formel gegeben.

Die Tabellen 18—20 geben eine Übersicht über das bisherige Beobachtungsmaterial an Metallkristallen. Eine anschauliche

---

[1] Bei —190° C.

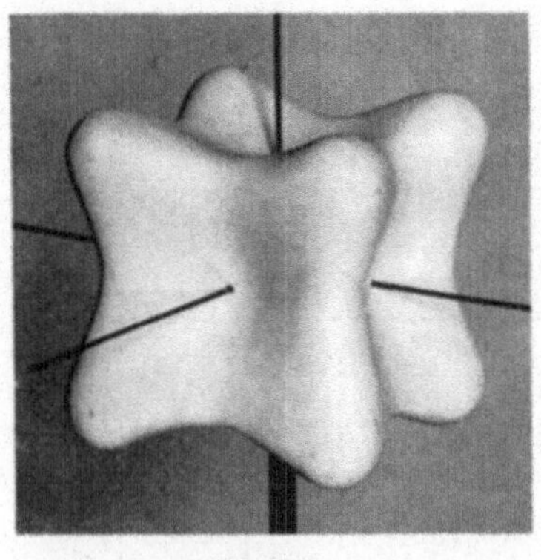

E-Modul Au

E-Modul Al

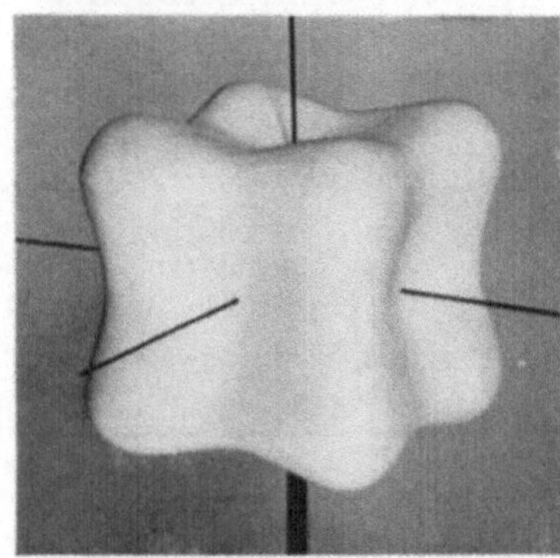

E-Modul Fe

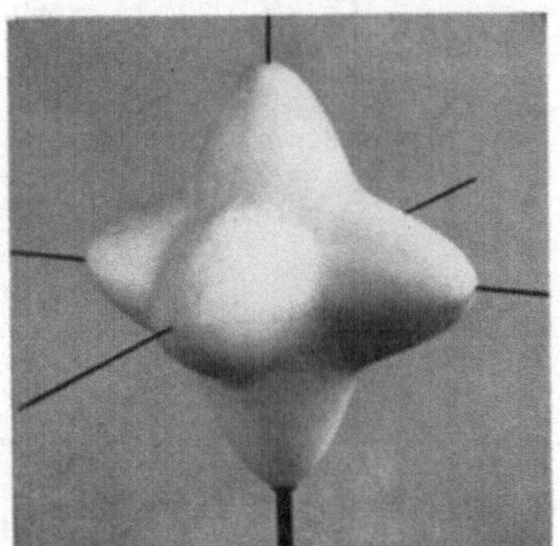

G-Modul Fe

Abb. 154 b. Elastizitäts- und Torsionsmodulkörper kubischer Kristalle (10).

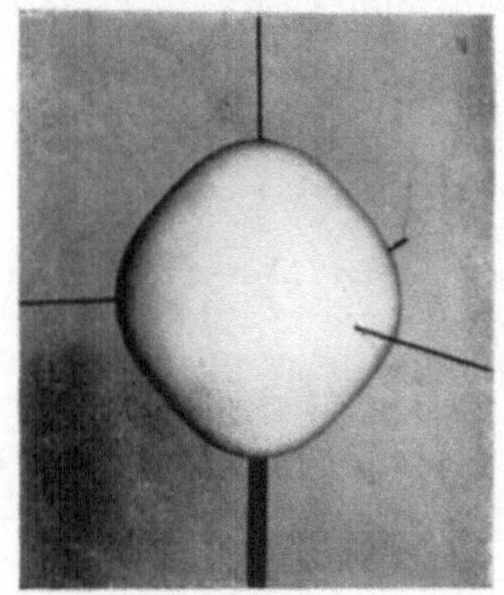

E-Modul Mg

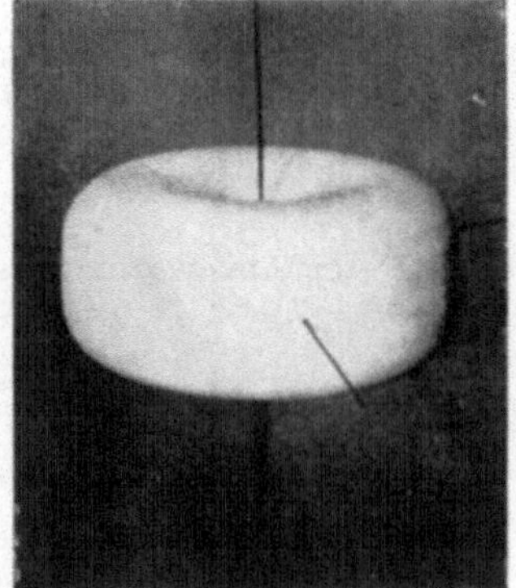

E-Modul Zn

Abb. 154 c. Elastizitätsmodulkörper hexagonaler Kristalle (305).
Abb. 154 a—c. Elastische Anisotropie von Metallkristallen.

Tabelle 19. Extremwerte des Elastizitäts- und Torsionsmoduls von Metallkristallen.

Metall	E_{max}		E_{min}		G_{max}		G_{min}	
	kg/mm²	Richtung	kg/mm²	Richtung	kg/mm²	Richtung	kg/mm²	Richtung
Aluminium .	7700		6400		2900		2500	
Kupfer . . .	19400		6800		7700		3100	
Silber . . .	11700	[111]	4400	[100]	4450	[100]	1970	[111]
Gold	11400		4200		4100		1800	
α-Eisen . . .	29000		13500		11800		6100	
Wolfram . .	40000		40000		15500		15500	
Magnesium .	5140	0⁰*	4370	53,3⁰	1840	44,5⁰	1710	90⁰
Zink	12630	70,2⁰	3560	0⁰	4970	90⁰	2780	41,8⁰
Kadmium. .	8300	90⁰	2880	0⁰	2510	90⁰	1840	30⁰
β-Zinn . . .	8640	[001]	2680	[110]	1820	45,7⁰†	1060	[100]

Tabelle 20. Anisotropie physikalischer Eigen-

Metall	Spezifischer elektrischer Widerstand 10^{-6} Ω cm			Spezifisches Wärmeleitvermögen Watt/cm Grad		
	‖	⊥	Literatur	‖	⊥	Literatur
Magnesium .	3,80	4,58	(306)			
	3,85	4,55	(307)			
Zink	6,06	5,83	(309)	1,24	1,24[1]	(309)
	6,13	5,91	(311)			
Kadmium . .	8,36	6,87	(309)	0,83	1,04	(309)
	8,30	6,80	(311)			
Quecksilber[2] . .	0,0557	0,0737	(315), (304)	0,399	0,290	(316)
Wismut	138	109	(311)			
Antimon. . . .	35,6	42,6				
Tellur	56000	154000				
β-Zinn	14,3	9,9				

Darstellung der Anisotropie des Elastizitäts- (Torsions-) Moduls geben überdies die Abb. 154 b und c.

Eine weitere in den Tabellen nicht enthaltene Eigenschaft, die ebenfalls in erheblichem Maß von der kristallographischen Richtung abhängt, ist die Lösungsgeschwindigkeit. Sie kann auch bei

---

* Winkel zur hexagonalen Achse.
† Winkel zur tetragonalen Achse in Prismenfläche II. Art.
[1] Bei — 252⁰ C: 7,09 bzw. 5,65.
[2] Sämtliche Messungen bei — 188⁰ C.

kubischen Metallen außerordentlich große Unterschiede aufweisen, wie Abb. 155 zeigt. Die Richtungen maximaler Lösungsgeschwindigkeit sind jedoch keineswegs stets dieselben; der Art des Lösungsmittels kommt hierbei ausschlaggebende Bedeutung zu [vgl. bereits (318, 319)]. Von hexagonalen Metallen ist die Anisotropie der Lösungsgeschwindigkeit bisher lediglich an Magnesium näher geprüft (320).

Werden die Untersuchungen über die Beeinflussung physikalischer Eigenschaften an vielkristallinem Material durchgeführt, so sind unmittelbar nur jene Messungen zu verwerten, die sich auf orientierungs*un*abhängige Eigenschaften beziehen. Im anderen Fall ist auf die Ausbildung von Deformationstexturen, das sind zufolge der Verformung eintretende Vorzugsorientierungen in den einzelnen

schaften von Metallkristallen (bei 20° C).

Thermische Ausdehnung 10^{-6}			Thermokraft gegen Kupfer 10^{-6} V/Grad			Thomson-Effekt 10^{-6} Cal/Coul. Grad		
Temperaturbereich °C	‖	⊥	Literatur	‖	⊥	Literatur	‖	⊥	Literatur
20—100	26,4	25,6	(306)	1,87	1,66	(308)			
bei etwa 20	27,1	24,3	(308)						
20—100	63,9	14,1	(310)	1,32	— 0,50[1]	(312)	0,34	0,86	(313)
bei etwa 20	57,4	12,6	(311)						
20—100	52,6	21,4	(310)	1,60	— 1,74		1,64[2]	1,96	(314)
—188 bis —79	47,0	37,5	(304)	—17,9[3]	—15,1	(316)			
bei etwa 20	14,0	10,4	(311)						
	15,6	8,0							
	—1,6	27,2							
	30,5	15,5							

Körnern (vgl. Punkt 78) zu achten. Ihnen zufolge überlagert sich der wirklichen Änderung der Eigenschaften durch Kaltreckung ein lediglich durch Umorientierung bedingter Effekt. Zahlreiche an Vielkristallen durchgeführte Untersuchungen über die Wirkung der Kaltverformung sind mangels Berücksichtigung dieses Umstandes,

---

[1] Das (—)-Zeichen bedeutet, daß der Strom an der kalten Lötstelle in Richtung zum Kupfer fließt.

[2] Bei 100° C gemessen.

[3] Gegen Konstantan gemessen.

der erst in den letzten 15 Jahren klar erkannt wurde, heute in ihrer Bedeutung sehr herabgemindert.

Abb. 155. Anisotropie der Lösungsgeschwindigkeit des Cu-Kristalls in Essigsäure (317).

59. Kaltverformung und Kristallgitter.

Schon die Tatsache, daß die streng kristallographische Bedingtheit der Verformung von Kristallen auch nach sehr weitgehender Reckung vollauf bestehen bleibt, ist ein deutlicher Hinweis dafür, daß der gittermäßige Aufbau bei der Kaltverformung im wesentlichen erhalten bleibt. Vermessung von Symmetrie und Größe des Gitters hat diesen Nachweis auch quantitativ erbracht. Hier seien als Beispiel in Abb. 156 DEBYE-SCHERRER-Diagramme von Kupfer als feinkörnigem Guß und als weitestgehend kaltgezogenem Draht gezeigt: die Lage der Linien stimmt in beiden Fällen völlig überein. Präzisionsbestimmungen der Gitterkonstanten haben ergeben, daß auch nach sehr erheblicher Verformung ihr Wert genauer als auf $1^0/_{00}$ erhalten bleibt (Al, Zn, Cu).

Allerdings zeigen sich sowohl in den Diagrammen kaltverformter Ein- wie Vielkristalle Veränderungen, die doch auf einen gewissen Einfluß der Reckung auf den Gitterbau schließen lassen. Diese Veränderungen betreffen in den mit einfarbigem Röntgenlicht erhaltenen Diagrammen sowohl die Länge der Interferenzflecken, wie in gewissem Maß auch ihre Breite und Intensität. In den mit „weißem" Röntgenlicht erhaltenen LAUE-Diagrammen verformter

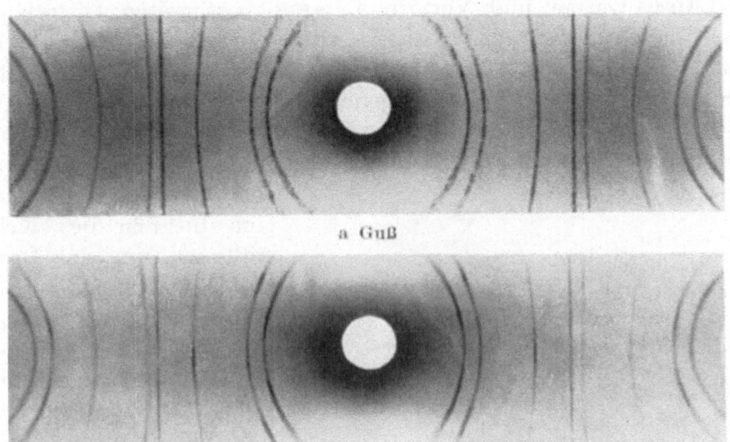

a Guß

b auf fast 2000fache Länge kaltgezogener Draht
Abb. 156a und b. Erhaltung der Gitterstruktur bei der Kaltreckung.
DEBYE-SCHERRER-Diagramme von Kupfer (nach 321).

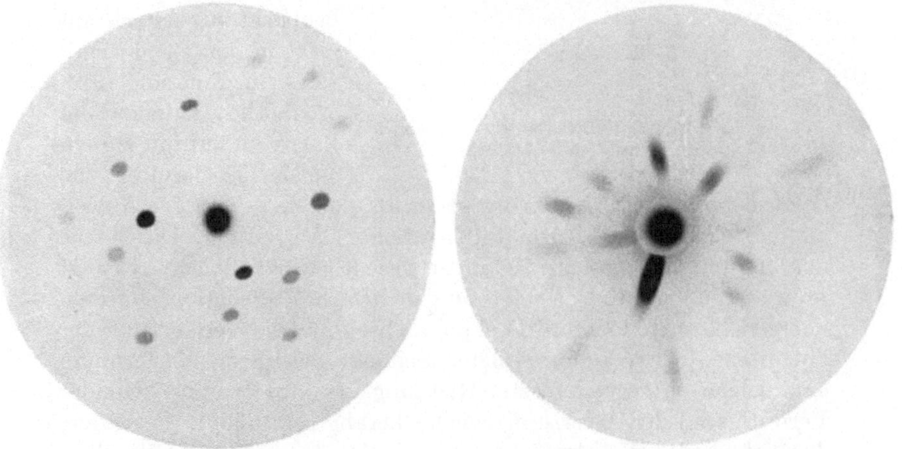

a Unbeanspruchter Al-Kristall　　b derselbe Kristall nach Dehnung (20%) und Walzung ($\sim$ 30% Höhenabnahme)
Abb. 157a und b. Asterismus im LAUE-Bild verformter Kristalle (322).

Kristalle treten langgestreckte, verzerrte Interferenzflecken zutage („Asterismus") (Abb. 157).

Die Tatsache der *Verlängerung* der Interferenzen in Drehaufnahmen verformter Einkristalle zeigt, daß außer der theoretischen, aus Ausgangslage und Verformungsgrad bestimmten Gitterlage auch davon abweichende Lagen vorhanden sind. Wie durch Untersuchungen an Aluminiumkristallen festgestellt worden ist, gehen diese abweichenden Lagen aus der theoretischen durch Drehung um eine in der wirkenden Translationsfläche senkrecht zur Translationsrichtung liegende Achse hervor (323). Es kann sich dabei sowohl um eine Biegung des Kristalls wie um eine Drehung von losgerissenen Kristallfragmenten handeln. Für das LAUE-Bild ist aus dieser „Krümmung" eine *streifenartige Verzerrung* der Interferenzflecken entlang Kurven 4. Ordnung zu erwarten (Abb. 158); der beobachtete Asterismus steht in der Tat hiermit völlig in Einklang (324, 325)[1]. Die Häufigkeit der Lagen nimmt mit zunehmender Entfernung von der theoretischen Orientierung stark ab, das Maximum der Abweichung steigt mit dem Ausmaß der erfolgten Abgleitung. Die Stärke der „Krümmung" dürfte 20⁰ nicht wesentlich übersteigen. Erfolgt im weiteren Verlauf der Verformung mehrfache Translation, so treten demgemäß auch mehrere Drehungsachsen für die Verlagerung der Gitterteile in Erscheinung (329). Schließt sich an die Verformung eine solche entgegengesetzter Richtung, so wird (trotz steigender Verfestigung) der Asterismus wieder herabgesetzt (330). Besonders deutlich werden die Abweichungen von der theoretischen Gitterlage bei Betrachtung von Interferenzen mit großen Ablenkungswinkeln[2].

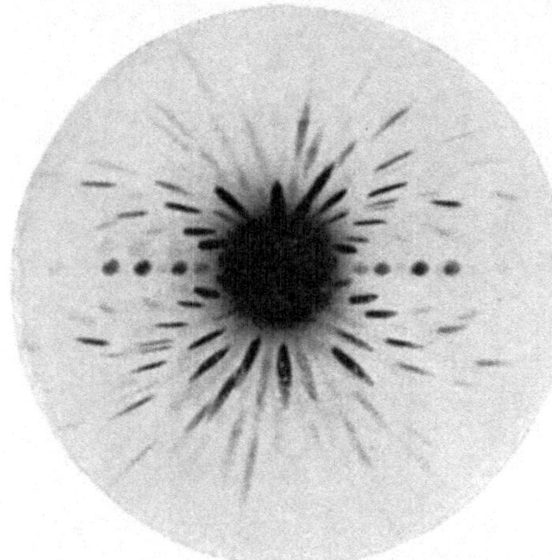

Abb. 158. LAUE-Bild eines gebogenen Gipskristalls (326).

---

[1] Für spezielle Lagén der Biegungsachse in bezug auf den einfallenden Strahl vgl. (327) und (328).

[2] Aus der Differentiation der Formel (19/1) folgt, daß bei gleichem Winkelbereich eines Flächenlotes die Länge des zugehörigen Interferenzfleckes mit zunehmendem Ablenkungswinkel ansteigt.

Abb. 159 zeigt dies am Beispiel von Drehaufnahmen eines gedehnten Aluminiumkristalls, Abb. 160 an LAUE-Aufnahmen

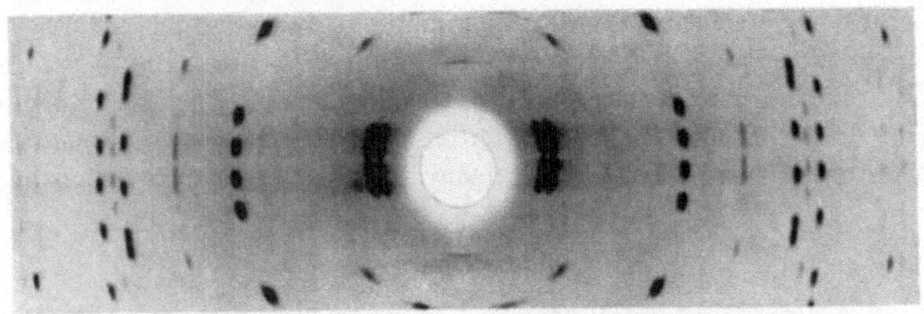

a Ausgangszustand, Interferenzen mit großen Ablenkungswinkeln ϑ

b Reißstück, Interferenzen mit kleinen ϑ-Winkeln

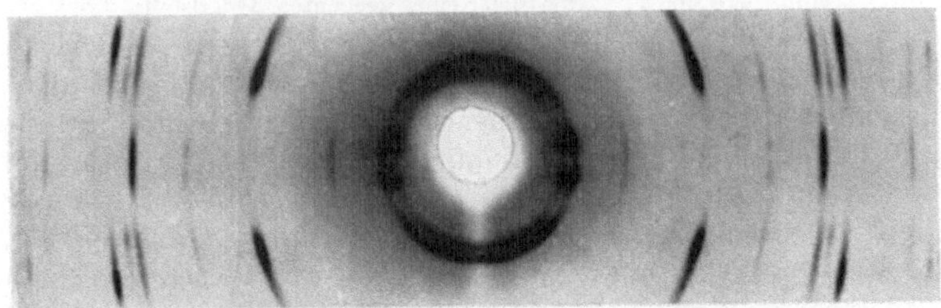

c Reißstück, Interferenzen mit großen ϑ-Winkeln

Abb. 159 a—c. Abweichungen von der theoretischen Gitterlage in einem gedehnten Al-Kristall. Drehaufnahmen, Cu-Strahlung.

desselben Kristalls: im Rückstrahlungsbild tritt die Wirkung der Krümmung stärker hervor.

Die *Verbreiterung* der Röntgeninterferenzlinien ist insbesondere an vielkristallinem Material untersucht worden (331, 332, 333); der Effekt tritt aber auch ebenso an Einkristallen auf. Er äußert sich nur bei den Interferenzlinien mit großen Ablenkungswinkeln und wird hier als eine Verschmierung des K_α-Dubletts beobachtet (vgl. Abb. 161). Diese Linienverbreiterung steigt insbesondere am Beginn der Verformung mit zunehmendem Reckgrad an (334, 335); sie erreicht jedoch keineswegs bei allen Metallen dasselbe Ausmaß. Während bei Eisen, Kupfer, Silber, Wolfram und Platin erhebliche Verschmierungen beobachtet werden, bleiben die Dublettlinien bei Aluminium und Zink auch nach starker Verformung deutlich

a Durchstrahlungsaufnahme   b Rückstrahlungsaufnahme
Abb. 160 a und b. LAUE-Bilder eines gedehnten Al-Kristalls.

getrennt. Herabsetzung der Verformungstemperatur bringt allerdings auch beim Aluminium deutliche Linienverbreiterung mit sich (336). Legierungen des Aluminiums (in abgeschrecktem und vergütetem Zustand) zeigen schon nach geringen Reckgraden sehr erhebliche Verbreiterung und Intensitätsabnahme der Linien (337). Ebenso wie die Kristallitanordnung in verschiedenen Schichten kaltverformter Werkstücke verschieden ist (vgl. hierzu Punkt 78), ist dies auch die durch Interferenz in verschiedenen Schichten erhaltene Linienverbreiterung (338).

Für eine Erklärung der Linienverbreiterung nach Kaltbearbeitung sind drei Möglichkeiten erörtert worden:

1. *Elastische Verzerrungen*, bedingt durch innere Spannungen (HEYNsche Reckspannungen), die *über größere Bereiche* eine annähernd gleichbleibende, gegenüber der ursprünglichen jedoch etwas veränderte Gitterkonstante erzeugen. Diese Abweichungen gehen

nach beiden Seiten; die Gebiete annähernder Spannungsgleichheit müssen groß genug sein, um sichtbare Interferenzen hervorrufen zu können ($\sim 0{,}5\,\mu$) (vgl. hierzu auch Punkt 82).

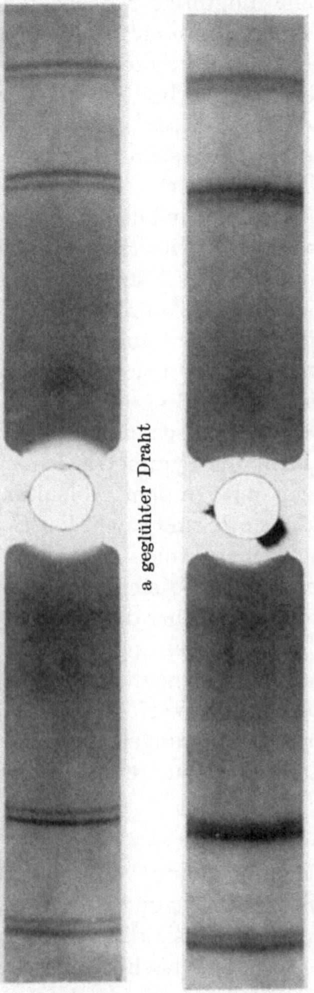

2. *Kornzerkleinerung.* Eine Linienverbreiterung fängt bei Korngrößen kleiner als etwa 10^{-5} cm an merkbar zu werden.

3. *Inhomogene Verzerrungen des Gitters* (wellenförmige Verbiegung, Verzerrungen von erheblichen Ausmaßen verteilt im unversehrten Gitter). Die Durchrechnung derartiger Modelle von Gitterstörungen ergab, daß ihre Wirkung auf die Linienbreite erheblich von der Annahme über die Art der Störung abhängt: Wellenförmige Verbiegungen bedingen Verbreiterung; sind hingegen bei teilweisen, periodischen Verzerrungen weniger als die Hälfte der Gitterpunkte aus ihrer Normallage verrückt, so ist im allgemeinen keine Veränderung der Linienschärfe zu erwarten. Das Zustandekommen der Verbreiterung nach dieser Annahme ist grundsätzlich von dem nach Annahme 1 verschieden. Während dort die Verbreiterung durch normale Kristallinterferenzen größerer Bereiche, denen nur eine etwas veränderte Gitterkonstante zukommt, bedingt ist, wird sie hier durch eine Überlagerung von „Gittergeistern“ über das normale Diagramm erklärt. Die Intensität dieser durch die Periodizität der Störungen verursachten neuen Linien ergibt sich besonders groß in der Nachbarschaft

Abb. 161 a und b. Verbreiterung der Interferenzlinien durch Kaltverformung. Beispiel Kupfer (nach 321).

a geglühter Draht

b kaltgezogener Draht

der ursprünglichen Debye-Scherrer-Linien, mit denen sie verschwimmen (333).

Eine endgültige Entscheidung zugunsten einer dieser Annahmen oder einer Kombination unter ihnen kann heute noch nicht gefällt werden. Schwierigkeiten erwachsen den beiden ersten durch das Fehlen von Verbreiterung in gewissen Fällen [vgl. auch (339)]. Gerade auf dieses verschiedenartige Verhalten der Metalle ist Annahme 3 zugeschnitten, indem sie Art und Verteilung der Gitterstörungen variiert.

Unter Zugrundelegung der Annahme 1 kann aus der Linienverbreiterung (Gitterkonstantenänderung) die Größe der elastischen Spannung abgeschätzt werden, ein Vorgehen, dem allerdings bei Gültigkeit von Annahme 3 der Boden entzogen wäre. Die so für Kupfer nach Dehnung um etwa 100% erhaltenen Werte der Eigenspannung ergaben sich beim Einkristall zu ~ 6 kg/mm², beim Vielkristall zu ~ 13 kg/mm² (334).

Da eine Verschiebung eines Teiles der Gitterpunkte aus ihrer normalen, den Symmetrieelementen entsprechenden Lage die Interferenzen mit großem Ablenkungswinkel stärker schwächt als die mit kleinem[1], sind auch *Verschiebungen des Intensitätsverhältnisses* verschiedener Linien mit zunehmender Kaltreckung zu erwarten. In der Tat ergab sich, daß die Intensität einer Reflexion höherer Ordnung gegenüber der einer niedrigeren Ordnung derselben Fläche nach Kaltbearbeitung in stärkerem Maße geschwächt ist als im unbearbeiteten (geglühten) Zustand des Metalls (Ta, Mo, W) (340). Systematische Verfolgung der mit Verformung einhergehenden Intensitätsänderungen dürfte einen geeigneten Weg zur genaueren Erfassung der auftretenden Gitterstörungen darstellen.

60. Kaltverformung und physikalische und chemische Eigenschaften.

Schon in Punkt 58 ist nachdrücklich auf die Notwendigkeit der Berücksichtigung von Orientierungsänderungen bei der Verfolgung der physikalischen und chemischen Eigenschaften kristallinen Materials nach Kaltverformung hingewiesen worden. Hier sei noch kurz an die Ausbildung innerer Hohlräume in den deformierten Metallen erinnert, wie sie beispielsweise in „überzogenen" Drähten auftreten. Naturgemäß werden auch dadurch zahlreiche

---

[1] Eine vorgegebene Abweichung aus der Normallage bedeutet für hochindizierte Ebenen (mit kleiner Netzebenendistanz) eine relativ größere Störung als für niedrig indizierte, in großem Abstand aufeinanderfolgende Ebenen.

Eigenschaften in Mitleidenschaft gezogen (Dichte, spezifischer Widerstand usw.). Daß auch streng kristallographische Vorgänge zur Ausbildung innerer Hohlräume führen können (ROSEsche Hohlkanäle bei mehrfacher Zwillingsbildung), ist bereits in Punkt 38 hervorgehoben worden.

Eine Übersicht über die nach Abzug ganz offensichtlich „banaler" Effekte übrigbleibenden Veränderungen der physikalischen und chemischen Eigenschaften von Metallen durch Kaltverformung ist in Tabelle 21 gegeben. In Übereinstimmung mit der eben beschriebenen Erhaltung der Gitterkonstanten bei Kaltreckung sind die *Dichteänderungen* nur klein. Gehen die beobachteten Abnahmen über das Maß der Gitterkonstantenänderung hinaus, so wird für eine Erklärung hierfür entweder doch an unbemerkt gebliebene Hohlräume zu denken sein oder an Ausscheidungen (zufolge Entmischung übersättigter Mischkristalle), die durch die Kaltbearbeitung eingeleitet worden sind.

Die beobachteten Änderungen von *Elastizitäts-* und *Torsionsmodul* bei Kaltreckung sind, soferne die Bestimmungen an vielkristallinem Material vorgenommen wurden, wegen der im allgemeinen erheblichen elastischen Anisotropie der Metallkristalle (vgl. Tabelle 19 und Abb. 154) nur bedingt verwertbar. Der Ausbildung von Verformungstexturen ist bei den betreffenden Versuchen bisher kaum Beachtung geschenkt worden. Jedenfalls zeigen aber schon die vorliegenden Ergebnisse, daß auch bei den elastischen Eigenschaften die durch Kaltverformung bedingten Änderungen nur klein sind.

Einige wichtige Bemerkungen sind noch zur Änderung des *Energieinhalts* kaltverformter Metalle zu machen. Über die einzelnen, hexagonalen Kristallen bis zum Zerreißen zuführbare mechanische Deformationsenergie sind bereits in den Punkten 44 und 48 einige Zahlen mitgeteilt. Sie bewegten sich in der Größenordnung des 4—18fachen der spezifischen Wärme des betreffenden Metalls. Von der zugeführten Verformungsenergie wird der größte Teil in Wärme umgewandelt; nur ein Bruchteil (1—15%) dient zur Erhöhung der inneren Energie der Versuchsproben (364, 365, 366). Ob eine Sättigung mit innerer Energie die physikalische Bruchbedingung für metallische Werkstoffe ist, wie es auf Grund von Wechselbiegeversuchen an Stählen (367) und statischen Torsions- und Stauchversuchen an Kupfer und Stahl (368) vermutet wird, stellt eine der Kernfragen der Festigkeitslehre dar. Die Versuche

Tabelle 21. Änderung physikalischer und chemischer Eigenschaften von Metallen durch Kaltbearbeitung.

Eigenschaft	Metall	Reckgrad	Änderung	Lit.
	Al Einkristall	Wechsel- beanspruchung	0	(341)
	,,	27% gedehnt	0	(342)
	,,	~40% ,,	innerhalb der Meß- fehler ($\pm 0,02\%$)	(343)
	Vielkristall	~40% gedehnt	—0,3%	(343)
	Fe Flußeisen, Kohlenstoff- stähle	> 90%	—0,4%	(344)
	Armco-Eisen, Kohlenstoff- stähle	gepreßt	bei steigendem Druck zunächst —0,1%, dann wieder leichter Anstieg	(345)
	Armco-Eisen	77% gewalzt	—0,12%	(346)
	Armco-Eisen	4% gedehnt	—0,36%	(347)
	Stahl	5% ,,	—0,51%	(347)
Dichte	Cu	60% gehämmert	—0,2%	(348)
		gezogen	0	(349)
		60% gezogen	—0,3%	(350)
		4% gedehnt	—0,13%	(347)
	W	weitgehend gehämmert und gezogen	zunächst $+0,5\%$ dann —2%	(351)
		dgl.	innerhalb der Meß- fehler ($\pm 0,3\%$)	(352)
	Bi	Spritzen der Drähte	geringe Abnahme	(353)
	α-Messing 91% Cu Einkristall, Vielkristall	70% gestaucht	$+0,13\%$ keine definierte Änderung	(342)
	85% und 72% Cu Einkristalle	einfache Gleitung mehrfache Translation	$0 (\pm 0,002\%)$ —0,03%	(354)
	63% Cu	4% gereckt	—0,16%	(347)
Elastizitäts- modul	Fe Einkristall	7,5% gedehnt	—3%	(355)
Torsions- modul	Kohlenstoff- stahl	90% gezogen	~ 0	(344)
	In mehreren Untersuchungen an vielkristallinem Material bisweilen erhebliche Zu- oder Abnahmen. Keine Berücksichtigung der Ausbildung von Verformungstexturen			(356) (357)

Tabelle 21 (Fortsetzung).

Eigenschaft	Metall	Reckgrad	Änderung	Lit.
Thermische Ausdehnung	Fe Flußeisen	50%	$\pm$ 0,1%	(358)
	W	gezogen	$+$ 11% (?)	(359)
	Bronze	50%	$\pm$ 0,1%	(358)
Spezifische Wärme	Zn	?	± 0	(360)
	Fe Flußeisen (bis 0,5% C)	bis 90%	~ 0	(361)
	Armco-Eisen und Stahl (bis 0,6% C)	geschmiedet	$+$ 3%	(362)
	Ni	99,5% gezogen	innerhalb der Versuchsfehler ($\pm 0,5\%$)	(363)
	W	94% gezogen		
	Bronze (5—6% Sn)	bis 90%	~ 0	(361)
Innere Energie	Al Einkristall	$\sim$ 55% gedehnt	$\sim$ 0,11 cal/g	(365)
	Vielkristall	$\sim$ 20% ,,	$\sim$ 0,10 cal/g	
	,,	$\sim$ 70% gezogen	$\sim$ 0,11 cal/g	(366)
	Cu Vielkristall	$\sim$ 20% gedehnt	$\sim$ 0,07 cal/g	(365)
		$\sim$ 70% gezogen	$\sim$ 0,23 cal/g	(366)
	Fe	bis zur Einschnürung gedehnt	0,02 bis 0,09 cal/g	(364)
Lösungswärme	W	groß	innerhalb der Versuchsfehler	(369)
Verbrennungswärme	W	99% gehämmert und gezogen	innerhalb der Versuchsfehler ($\pm 1\%$)	(370)
Galvanisches Potential	Cu		16 (1)[1]	(371)
	Zn		2 (4)	
	Mo	geschmirgelte Bleche	1 (0)	
	Ag		20 (9)	
	Cd		9 (1)	
	Pb		2 (0)	
Lösungsgeschwindigkeit	Zahlreiche Untersuchungen an vielkristallinen Metallen ergeben in der Regel Zunahmen, bisweilen um erhebliche Beträge; aber auch Abnahmen werden beobachtet. Einfluß des Lösungsmittels. Bisher Nichtberücksichtigung der Ausbildung von Verformungstexturen.			(372) (344) (373) (374)

[1] Die Zahlen 16 (1) bedeuten, daß bei 17 durchgeführten Versuchen 16mal die Oberfläche des geschmirgelten unedler und nur 1mal die des unbehandelten unedler war.

Tabelle 21. (Fortsetzung).

Eigenschaft	Metall	Reckgrad	Änderung	Lit.
Lösungsgeschwindigkeit	Weitgehende Veränderung der Ätzbarkeit von Kristallen durch Kaltverformung			(375)
Thermokraft (gegenüber geglühtem Ausgangsmaterial)	Al Ni Cu Ag Au	gezogen und gewalzt	$+20$ bis $+60 \cdot 10^{-8}$ V/^{0} C	(376); für Cu auch (377)
	Fe		$-35 \cdot 10^{-8}$ V/^{0} C	
Spezifischer elektrischer Widerstand	Fe	$> 90\%$ gezogen	$+2\%$	(344)
	Stähle		nicht mit Sicherheit festgestellt	
	Armco	4% gedehnt	$+0,96\%$	
		zunehmender C-Gehalt: geringere Widerstandszunahme		(347)
	$1,3\%$ C	$4,5\%$ gedehnt	$+0,29\%$	
	Ni	$> 99\%$ gezogen	$+8\%$	(378)
	Cu	82% gezogen $40{-}80\%$ gezogen 4% gedehnt	$+2\%$ $+2\%$ $+1,5\%$	(379) (380) (347)
	Mo	99% gezogen	$+18\%$	(378)
	Ag	60% gezogen	$+3\%$	(380)
	W	99% gezogen	$+50\%$	(378)
	Pt	99% gezogen	$+6\%$	(378)
	α-Messing (63% Cu)	$4,3\%$ gedehnt	$+1,6\%$	(347)
	$(\alpha+\beta)$-Messing (57% Cu)	$4,0\%$ gedehnt	$+1,0\%$	
Temperaturkoeffizient des spezifischen Widerstands	Ni Mo W Pt	$> 99\%$ gezogen	-5% -16% -35% -7%	(378)
Wärmeleitfähigkeit	Cu Kristall	gehämmert	-73%	(381)

zeigen jedenfalls, daß die Zunahme der inneren Energie mit fortschreitender Kaltbearbeitung abnimmt und ein Sättigungszustand angenähert wird. Der Betrag an gesamter Deformationsenergie, der bei Kupfer bei 15^0 C im Torsionsversuch zur Sättigung mit innerer Energie führt, beträgt etwas über 14 cal/g. Im Stauchversuch tritt nach Aufbringung einer Deformationsenergie etwa gleichen Betrages bei weiterer Verformung keine Zunahme der Druckspannung mehr auf. Ein erster Versuch zur Abschätzung jenen Anteils der inneren Energie, der in Form elastischer Spannungsenergie aufgespeichert ist, scheint zu zeigen, daß diese wieder nur einen sehr kleinen Teil ($\sim 1\%$) der Erhöhung der inneren Energie ausmacht (382).

Über den Zusammenhang zwischen Wärmeentwicklung und Verformungsmechanismus geben orientierende Versuche an Messingkristallen einen Anhalt (383). Es zeigte sich, daß bei jedem Wechsel im Gleitmechanismus erheblich mehr Wärme frei wird als während des Gleitens auf einem System (vgl. hierzu auch das aus der Tabelle 21 ersichtliche Verhalten der Dichte). Völlig analog erfolgen auch die Veränderungen des spezifischen Widerstands bei der Reckung von α-Messingkristallen in mehreren Stufen, die enge mit dem Verformungsmechanismus zusammenhängen. Im Gebiet einfacher, ungestörter Translation sind (trotz erheblicher Verfestigung) die Widerstandsänderungen gering; die Widerstandszunahmen werden erheblich ($\sim 2\%$), sobald Störungen des Gleitvorganges auftreten (384).

Wie aus den in der Tabelle angegebenen Änderungen des *spezifischen elektrischen Widerstands* (ϱ) und seines *Temperaturkoeffizienten* (α) hervorgeht, bleibt das Produkt $\varrho \cdot \alpha$ im wesentlichen konstant. Es bestätigt sich somit das ursprünglich für Mischkristallbildung ausgesprochene MATTHIESSENsche Gesetz ($\varrho \cdot \alpha = \mathrm{const}$) auch für Kaltverformung (385, 378). Hiermit ergibt sich die Möglichkeit, aus der sehr sicheren und vom Bestehen innerer Hohlräume unabhängigen Ermittlung des Temperaturkoeffizienten auf die Änderung des spezifischen Widerstands zu schließen.

Bei der Kaltbearbeitung von Legierungen können sich ferner *Farbe* und *Resistenzgrenzen* gegenüber chemischem Angriff verändern. So werden beispielsweise Au-Ag-Cu-Legierungen deutlich gelber bei Kaltbearbeitung (386, 371). Die Konzentration der Einwirkungsgrenzen wird durch Kaltbearbeitung verschoben, die Schärfe der Grenze herabgesetzt (387).

Gleichfalls nicht aufgenommen in die Tabelle sind die Veränderungen *magnetischer Eigenschaften*. Es liegen hier noch nicht genügend systematische Untersuchungen vor. Die Sättigungsmagnetisierung bleibt im wesentlichen dieselbe bei Kaltverformung,

Koerzitivkraft und Hysteresis nehmen zu (auf das 3 bis 4fache), die Maximalpermeabilität nimmt erheblich (auf etwa $1/_3$) ab (344, 388). In bezug auf das Verhalten der magnetischen Suszeptibilität lassen sich die Metalle und Legierungen in zwei Gruppen einteilen: bei denen der ersten (Cu, Ag, Bi, Pb, Messinge) nimmt die Magnetisierbarkeit mit der Kaltreckung zu, d. h. die Suszeptibilität steigt bei den para- und fällt bei den diamagnetischen Metallen. Kupfer und Messinge gehen dabei sogar vom dia- in den paramagnetischen Zustand über. Bei den Metallen der zweiten Gruppe (Al, Au, Zn, W, Mo, Neusilber) tritt praktisch keine Änderung der Suszeptibilität auf (389, 390 und insbesonders 391). Die wahrscheinlichste, durch zahlreiches experimentelles Material belegte Deutung für dieses Verhalten dürfte darin bestehen, daß zufolge der Kaltbearbeitung eine Ausscheidung ferromagnetischer Kristallarten — auch bei den sog. „reinen" Metallen — erfolgt, ein Vorgang, der im unbearbeiteten Zustand bei Raumtemperatur wegen der außerordentlich kleinen Entmischungsgeschwindigkeit nicht in Erscheinung tritt. Geringe Löslichkeit der ferromagnetischen Phase bei Raumtemperatur und starker Anstieg dieser Löslichkeit mit der Temperatur sind den zur ersten Gruppe gehörigen Fällen gemeinsam (391). Es dürfte sich also bei der Änderung der Suszeptibilität nicht um eine wahre, elektronentheoretisch zu deutende Änderung einer physikalischen Eigenschaft, sondern um einen sekundären Effekt der Kaltbearbeitung handeln, der im wesentlichen durch Platzwechselvorgänge bedingt wird.

Auch für zahlreiche andere Vorgänge, deren Mechanismus in Platzwechselvorgängen im Kristallgitter besteht, ist die Kaltreckung von großer Bedeutung. Hierher gehören *Umwandlungen*, die *Diffusion* und die *Rekristallisation*. So erfährt die Umwandlung von β- in α-Zinn und von β- in α-Kobalt eine sehr beträchtliche Beschleunigung (392, 393). Die Geschwindigkeit der Selbstdiffusion ist in bearbeitetem Blei um mehrere Größenordnungen größer als im unverformten Einkristall (394). Die Erhöhung der Diffusionsgeschwindigkeit ist ferner auch durch die zahlreichen Erfahrungen über die Vergütung von Metallegierungen belegt. Die für diesen technisch so bedeutungsvollen Prozeß verantwortlichen Entmischungen werden durch Kaltbearbeitung der übersättigten Mischkristalle erheblich beschleunigt (vgl. z. B. 395, 396). In diese Erscheinungsgruppe gehören vielleicht auch die Beobachtungen über die Änderung des Achsenverhältnisses von tetragonalen Au-Cu-Einkristallen durch Hämmern (397) und über den Einfluß von Pulverisierung auf Atomverteilung und Gitterkonstante einer Fe-Al-Legierung (398). Auf die mit zunehmendem Reckgrad steigende Fähigkeit zur Kornneubildung (Rekristallisation), welche verformtes Metall vor ungerecktem auszeichnet, wird gesondert im nächsten Abschnitt eingegangen.

Es sei schließlich noch auf eine Einteilung der Eigenschaften je nach ihrer Beeinflussung durch Kaltverformung hingewiesen, die in den letzten Jahren vielfach getroffen worden ist (399). Als *strukturempfindlich* werden jene Eigenschaften bezeichnet, die durch Kaltverformung (und Verunreinigungen) stark verändert werden (Hauptvertreter: Festigkeitseigenschaften, spezifischer Widerstand, Platzwechselvorgänge); ihnen werden die *strukturunempfindlichen* gegenübergestellt (Gitterabmessungen, thermodynamische Eigenschaften). Wenn diese Trennung auch in vieler Hinsicht den experimentellen Befunden gut gerecht wird, so zeigen doch die Angaben aus Tabelle 21, wie schwer ein eindeutiger, scharfer Trennungsstrich zu ziehen ist.

G. Rekristallisation.

Die durch Kaltreckung bedingten Veränderungen der physikalischen, chemischen und technologischen Eigenschaften von Metallkristallen und Kristallaggregaten sind im allgemeinen nicht beständig: *der verfestigte Zustand des Kristalls stellt keinen Gleichgewichtszustand dar.* In der *Erholung* haben wir bereits früher (Punkt 49, 50, 54) eine Erscheinung beschrieben, welche ohne Kornzerfall und mit Erhaltung der Gitterlage die veränderten Festigkeitseigenschaften stetig wieder ihrem Ausgangswert annähert; unter Umständen wird sogar völlige Angleichung erreicht (100%ige Erholung). Außer auf diesem allmählich ausheilenden Weg kann der verfestigte Kristall aber noch auf eine andere, radikalere Weise in den stabilen Zustand zurückkehren: nach dem durch Temperaturbewegung bedingten Zusammensturz des alten Gitterverbandes entstehen einzelne neue, unverfestigte Kristallkerne, die unter Aufzehrung der verfestigten Kristallmasse zum Aufbau eines völlig neuen Gefüges führen: „*Rekristallisation*“. Von der Kristallerholung ist diese Erscheinung durch die Unstetigkeit, mit der sie sich im Einzelkristall abspielt, unterschieden. Die wesentlichsten, physikalischen Gesetzmäßigkeiten dieser „Bearbeitungsrekristallisation“ sollen im nachstehenden geschildert werden[1]. Weiterhin wird dann nochmals kurz auf die schon einleitend in Punkt 12 hingewiesene „Sammelkristallisation" eingegangen, die ebenfalls zu einem Neuaufbau des Gefüges führt. Die Ursachen dieser Art von Rekristallisation sind völlig andere wie im Falle der Rekristallisation nach Kaltreckung. Die bei der Sammelkristallisation eintretende Kornvergrößerung wird durch die dem Minimum zustrebende Oberflächenenergie bewirkt.

61. Das Wesen der Rekristallisationskeime.

Ebenso wie nach TAMMANN (401) das bei der Erstarrung einer Schmelze entstehende Gußgefüge durch Kernzahl und Wachstums-

Abb. 162. Rekristallisation ausgehend von Translationsflächen (402),
kohlenstoffarmer Flußstahl.

geschwindigkeit bestimmt wird, ist auch für das nach Bearbeitungsrekristallisation sich bildende Gefüge die Anzahl der pro Sekunde gebildeten Kerne und die Geschwindigkeit ihres Weiterwachsens maßgeblich. In diesem Punkt wollen wir uns zunächst mit den Rekristallisationskernen bzw. mit den im verformten Kristall vorhandenen Keimen, aus denen die Kerne durch spontane Kornneubildung entstehen, befassen.

Schon die Tatsache, daß unter sonst gleichen Umständen die Zahl der Kerne mit zunehmender Kaltreckung ansteigt, weist darauf

---

[1] Für die historische Entwicklung der Rekristallisationsuntersuchungen vgl. (400).

hin, daß die Keime Stellen besonders hohen Energiegehaltes und
nicht etwa unverformt gebliebene Kristallteile sind. Deutlich geht
dies aus den Abb. 162 und 163 hervor, welche den Beginn der
Rekristallisation entlang wirksam gewesenen Translationsebenen
und in Deformationszwillingen zeigen. Die Bevorzugung der Deformationszwillinge als Keimstellen der Rekristallisation ist außer-

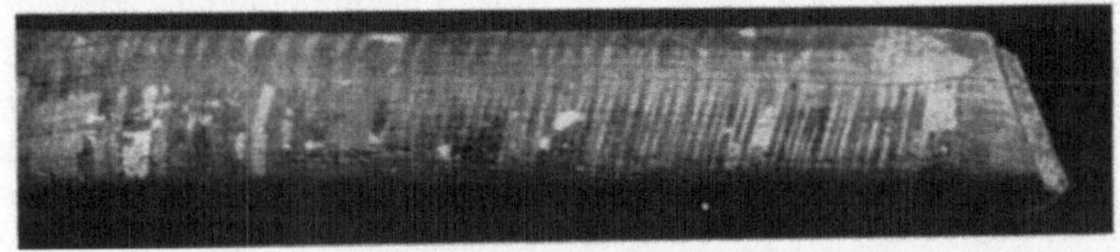

a Aluminium (vgl. auch 403)

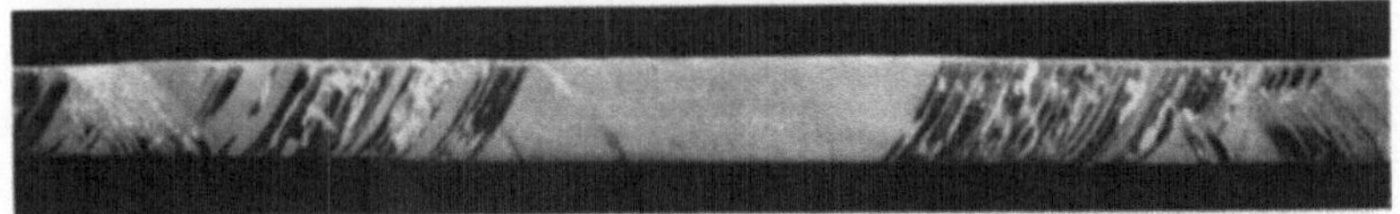

b Kadmium (417)

c Kadmium; Ausschnitt aus b
Abb. 163 a—c. Rekristallisation in Zwillingslamellen.

ordentlich ausgeprägt. Nach Glühung von 1 Min. bei Temperaturen
von 145⁰ C aufwärts ist beispielsweise in den Zwillingslamellen
gedehnter Kadmiumkristalle stets Rekristallisation eingetreten; in
den zwillingsfreien Teilen wird dagegen erst bei Glühtemperaturen
über 240⁰ C Kornneubildung beobachtet.

Dem Ausmaß der Verformung kommt nur eine sekundäre
Rolle zu; so bewirkt bei Zinnkristallen eine Pressung um
wenige Prozent eine viel lebhaftere Rekristallisation als eine
Dehnung um mehrere hundert Prozent (404). Ein Zusammenhang

der Rekristallisationsfähigkeit mit der durch die Verformung bewirkten Verfestigung lag nahe. Auch diese erreicht ja im gepreßten, von zahlreichen Zwillingslamellen durchsetzten Kristall erheblich höhere Werte als in einem unter freier Entwicklung des Translationsmechanismus gedehnten Kristall.

Eine genauere Untersuchung des Zusammenhangs zwischen Verfestigung und dem entstehenden Rekristallisationsgefüge wurde an vielkristallinem Aluminium (405) und Zinn (406) durchgeführt. Es ergab sich dabei der sehr einfache Tatbestand, daß nach Dehnung und Rekristallisation dann gleiche Korngröße in den verschiedenen Proben auftritt, wenn jeweils gleiche Verfestigung eingetreten ist. Abb. 164 zeigt dies am Beispiel des Aluminiums; Probestreifen mit weitgehend verschiedener Ausgangskorngröße waren hier vor der Glühung bis zur Erreichung derselben Effektivspannung gedehnt worden. Mit zunehmender Verfestigung steigt die Zahl der Keime an. Für einkristallines Ausgangsmaterial kann allerdings wegen der starken Orientierungsabhängigkeit von Streckgrenze und Dehnungskurve die erreichte Effektivspannung nicht als Maß der Verfestigung herangezogen werden. Hier hätte man stets bis zur gleichen Schubverfestigung der wirksamen Translationselemente, also bis zu demselben Punkt der Verfestigungskurve, zu verformen. Derartige Versuche an Aluminiumkristallen haben zu dem interessanten Ergebnis geführt, daß es nicht gleichgültig ist, ob dieselbe Verfestigung durch Abgleitung auf nur einem oder auf zwei gleichwertigen Systemen erfolgt ist. Im zweiten Fall ist das Rekristallisationsvermögen außerordentlich herabgesetzt (vgl. Abb. 165). Am Einkristall kann also im gewöhnlichen Zugversuch der Fall

Abb. 164. Gleiche Verfestigung bedingt gleiche Korngröße des Rekristallisationsgefüges. Al-Vielkristall (407).

eintreten, daß stärkere Verfestigung mit geringerer Rekristallisationsfähigkeit verknüpft ist. Die Verfestigung stellt hier also
nicht das gültige Maß der Rekristallisationsfähigkeit dar. Dasselbe

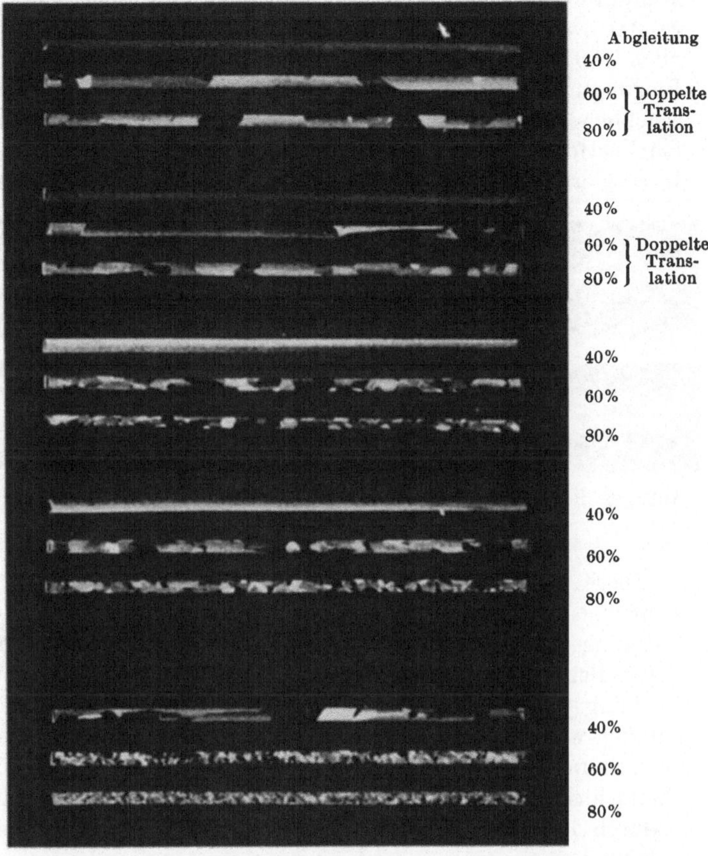

Abb. 165. Rekristallisierte Al-Kristalle. Verschiedene Korngröße nach gleicher
Verfestigung (408).

hatten auch Versuche an Zinnkristallen gezeigt. Glüht man bei
niedrigen Temperaturen (150° C) Kristalle, die aus stark gedehnten
und ungedehnt gebliebenen Teilen bestehen, so beobachtet man
die Keimbildung stets an den Übergangsstellen (Abb. 166), während
die maximale Verfestigung zweifellos den weitgehend gedehnten

Teilen zukommt[1]. An Aluminiumkristallen, die einer plastischen
Drillung und darauffolgender Rückdrillung unterworfen wurden,
ergab sich, daß ebenso wie der Röntgenasterismus auch die Rekristallisationsfähigkeit nach der Rückverformung stark herabgesetzt war, obwohl hierbei die Verfestigung aufrecht erhalten
blieb (403; vgl. auch 410). Besonders eingehend wurde der Fall der
Biegung und Rückbiegung untersucht. Auch hier ergab sich eine
erhebliche Herabsetzung der Rekristallisationsfähigkeit nach der
Rückverformung, die indessen die Verfestigung (gemessen an der
Härte der Aluminiumkristalle) weiter gesteigert hatte (411).

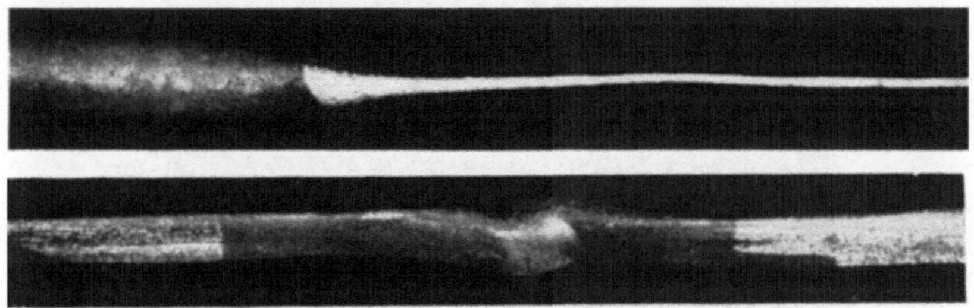

Abb. 166. Rekristallisierte Sn-Kristalle. Keimbildung an Übergangsstelle zwischen
gedehntem und ungedehntem Teil (404).

Diese an Einkristallen erhaltenen Beobachtungen widerlegen
zwar einen allgemeinen, eindeutigen Zusammenhang zwischen Verfestigung und Rekristallisationsfähigkeit, sie dürften aber eine
tiefere Beziehung des Rekristallisationsbestrebens zu der durch die
Reckung erhöhten inneren Energie nicht erschüttern. Man kann
nämlich wohl vermuten, daß diese innere Energie durch eine Rückverformung abnehmen kann, da hierbei die elastisch verkrümmten
Gleitschichten wieder weitgehend gerade gerichtet werden und
dadurch ihre elastische Spannungsenergie wiedergewonnen wird.

---

[1] Gedehnte Zinnkristalle, die keine Translationsstreifung aufweisen, sind
erheblich schwerer zur Rekristallisation zu bringen als gleitlinientragende
Kristallbänder. Sie rekristallisieren erst unmittelbar unterhalb des Schmelzpunktes, wobei kleine Unregelmäßigkeiten am Kristallband als Keime
wirken (404). An solchen „gleitlinienlosen" Kristallbändern sind offenbar
die Versuche angestellt worden, die die oben beschriebene Keimbildung an
Übergangsstellen nicht bestätigt haben (409). Die Ursachen für das verschiedenartige Verhalten der beiden Sorten von Zinnkristallen, das sich
auch im Ausmaß der erreichbaren Dehnung äußert, sind noch nicht geklärt
(eventuell kleine Unterschiede im Reinheitsgrad).

Da ferner beobachtet wurde, daß die Rückverformung nicht entlang derselben Translationsebenen vor sich geht wie die erste Verformung, sondern nach dazwischen liegenden Ebenen (412), braucht auch nicht mit lokalen, starken Energieanhäufungen auf den zuerst wirksam gewesenen Translationsebenen gerechnet zu werden. Weiterhin kann der Kristall nach der Rückverformung auch durch Erholung wieder in den stabilen Zustand zurückgelangen. Vorangehende Erholung setzt aber die Rekristallisationsfähigkeit herab, kann sie unter Umständen sogar aufheben. An Übergangs- und Knotenstellen ungleichmäßig gedehnter Kristalle, wo makroskopisch verschiedene Gitterlagen aneinanderstoßen, kann jedoch eine solche

Abb. 167. Erhöhte Keimzahl in der Umgebung der Korngrenzen. Al (405).

völlige Erholung niemals eintreten. Auch die geringere Rekristallisationsfähigkeit nach Betätigung mehrerer Translationssysteme wird so verständlich; Zunahme der Anzahl von gestörten Stellen im Gitter, aber Abnahme des Ausmaßes der Störung nach doppelter Translation bedingt zwar dieselbe Verfestigung wie die einfache Translation, aber verminderte Keimzahl (408).

Daß beim Vielkristall in zahlreichen Fällen die eingetretene Verfestigung als quantitatives Maß der Rekristallisationsfähigkeit dient[1], steht nicht in unlösbarem Widerspruch zu den Einkristallergebnissen. Wird doch bei der Glühung des verformten Vielkristalls nur eine mittlere Rekristallisationsfähigkeit gemessen, welche die Unterschiede zwischen den verschieden orientierten Körnern nicht mehr erkennen läßt. Dies um so weniger, als ja auch die Wirkung der Korngrenzen in einer Verwischung individueller Unterschiede besteht. Zufolge der Verwachsung verschieden orientierter Kristallite treten in der Umgebung der Korngrenzen

---

[1] Immerhin ist auch bei vielkristallinen, gedehnten Al-Proben nach Rückstauchung eine Abnahme der Rekristallisationsfähigkeit (Heraufsetzung der Rekristallisationstemperatur) beobachtet (413).

besonders starke Verzerrungen (Verfestigungen) auf, die hier zu einer starken Erhöhung der Keimzahl führen (Abb. 167). Demgemäß ist bei gleicher Deformation das Korn nach der Rekristallisation um so feiner, je feiner das Ausgangsgefüge war[1] (405, 414). Mit sinkender Verformungstemperatur und gleichem Reckgrad (steigender Verfestigung) wird das Rekristallisationsgefüge feinkörniger; zunehmende Glühtemperatur erhöht die Keimzahl (415). Eine Störung erleidet das hier geschilderte Verhalten, wenn es nicht gelingt, eine unter Umständen gleichzeitig erfolgende Sammelkristallisation von der hier behandelten Bearbeitungskristallisation zu trennen [Beispiel: Aluminium großer Reinheit (416)].

Das gesamte experimentelle Material legt es somit nahe, als Rekristallisationskeime die Stellen größter Energieanhäufung anzusehen. In vielen Fällen, bei Gleichartigkeit der Verformung, werden allerdings Zunahme der inneren Energie und Verfestigung parallel gehen. Dann ist auch die eingetretene Verfestigung ein Maß für das Rekristallisationsvermögen.

62. Wachstumsgeschwindigkeit der neu gebildeten Körner.

Eben haben wir die Gründe dargelegt, die es wahrscheinlich machen, daß die Keime der Kornneubildung bei der Bearbeitungsrekristallisation mit den Stellen größter Energieanhäufung zusammenfallen. Hier wollen wir uns nun mit der *Wachstumsgeschwindigkeit* der aus den Rekristallisationskeimen entstandenen Rekristallisationskernen befassen. Daß die neu gebildeten Kristalle sich weitgehend in unverfestigtem, stabilem Zustand befinden, geht aus der Untersuchung ihrer plastischen Eigenschaften, die denen unverformter Kristalle entsprechen, und aus Röntgendiagrammen, die keinerlei Anzeichen von Gitterstörungen zeigen, hervor.

Vielfach gelingt es (bei Lokalisierung der Keimbildung), einen verformten Kristall zum größten Teil wieder in einen Einkristall zu rekristallisieren. Das Gitter des neugebildeten Kristalls wächst dabei, wie Versuche an gedehnten, nachträglich verdrillten Zinnkristallen gezeigt haben, unbekümmert um die Gitterlage im verformten Kristall parallel zu sich weiter (404). Einen Anhalt über die Größe der Wachstumsgeschwindigkeit bei der Rekristallisation

---

[1] In Übereinstimmung hiermit steht die Tatsache, daß sich die Dehnung von Einkristallen auch bei Temperaturen, bei denen die Reckung des Vielkristalls bereits unter ständiger Rekristallisation vor sich geht, noch als ungestörte Translation abspielt (vgl. Punkt 48).

von Einkristallen geben die in Tabelle 22 enthaltenen Zahlen; sie beziehen sich auf weitgehend, bis zum flachen Bande gedehnte Zinnkristalle und auf blechförmige Aluminiumkristalle, die jeweils bis zu definierten Spannungswerten verformt waren. Wie man aus den Zahlen der Tabelle ersieht, nimmt die Wachstumsgeschwindigkeit in allen Fällen mit zunehmender Glühdauer ab; vielfach kommt das Wachstum des neuen Kristalls schon nach kurzer Zeit völlig zum Stillstand.

Tabelle 22. Wachstumsgeschwindigkeit neu gebildeter Körner bei der Rekristallisation gedehnter Metallkristalle.

	Glüh-Temperatur °C	Mittlere Wachstumsgeschwindigkeit (mm/Sek.) in aufeinanderfolgenden Zeitintervallen von				
		5—10	5—10	5—20	5—30	60
		Sekunden				
Zinn, um etwa 400% gedehnt (404)	160	0,46 2,7	0,32 1,7	0,15 1,1	0,1 0,13	0,1 —[1]
	220	3,2 2,1 1,7	— — 0,76	— — 0,71	— — —	— — —

	Glüh-Temperatur °C	Zeitintervalle				
		30	120	300	600	4800
		Sekunden				
Aluminium, gedehnt bis zur 4fachen Spannung an der Streckgrenze ($\sigma_{0,2}$) (417)	520	0,022	0,028	—	—	—
		0,045	0,028	—	—	—
		keine sicht-baren Keime	>0,028	0,017	0,0007	—
			>0,031	0,019	—	—
			>0,022	0,009	—	—
			>0,022	0,002	—	—
			>0,019	0,009	—	—
			>0,011	0,012	0,006	—
			>0,014	0,011	—	—
			>0,011	0,007	—	—
		0,078[2]	0,039	0,018	0,0006	—

Ähnliche Ergebnisse wurden auch an vielkristallinen Proben von Blei, Silber und Zink erhalten. Die Geschwindigkeit der Korngrenzenverschiebung als Funktion der Glühzeit ist für verschiedene Glühtemperaturen und Reckgrade in Abb. 168 dargestellt. Als

---

[1] Ein Strich bedeutet, daß in dem betreffenden Intervall kein Weiterwachsen des Kristalls mehr beobachtet wurde.

[2] Die Reckung dieses Kristalls war nur bis zu einer der 3fachen Streckgrenze entsprechenden Spannung durchgeführt worden.

Ursache der zunehmenden Behinderung des Kornwachstums wurde
die Ausscheidung von Beimengungen an den Korngrenzen angesehen[1].   Allerdings scheint uns auch die der Rekristallisation
vorangehende Erholung zu beachten zu sein, welche ohne Kornneubildung bereits zu einer (besonders im einheitlich orientierten,
verformten Einkristall sehr weitgehenden) Ausglättung der Gitterstörungen und damit Herabsetzung der Rekristallisationsfähigkeit
führt.

Messungen an vielkristallinem Aluminium ergaben im Gegensatz
zu den oben genannten Fällen, daß hier die Wachstumsgeschwindigkeit der neu gebildeten Körner konstant bleibt (420).

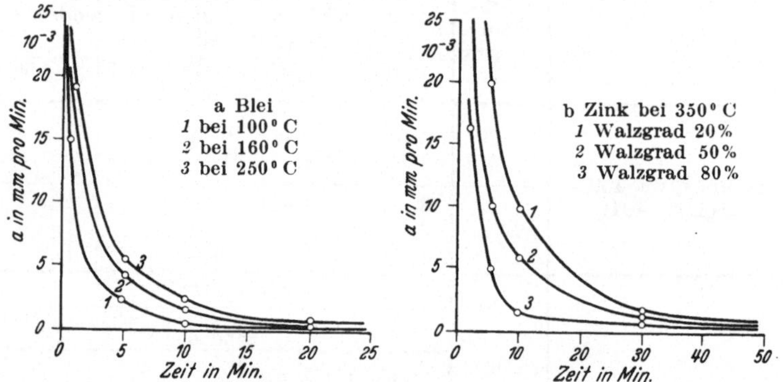

Abb. 168a und b. Rekristallisationsgeschwindigkeit (a in mm/Min.) als Funktion von
Temperatur (a) und Reckgrad (b) (418).

Die am Beginn der Glühung des deformierten Einkristalls auftretenden maximalen Wachstumsgeschwindigkeiten (vgl. Tabelle 22)
übersteigen die bei der Rekristallisation von Vielkristallen beobachteten Geschwindigkeiten um ein Vielfaches. So wird für vielkristal-
lines Zinn (Glühtemperatur über 100° C) eine lineare Wachstumsgeschwindigkeit von etwa 0,17 mm/Sek. angegeben (419), für Aluminium (Reckgrad 10%, Glühtemperatur 370° C) eine solche von
etwa 0,0007 mm/Sek. (420). Eine Aufklärung aller dieser sehr auffälligen Unterschiede im Verhalten von Ein- und Vielkristall kann
noch nicht gegeben werden; dies um so weniger, als ja auch die
Versuchsbedingungen (Reinheitsgrad des Metalls, Reckgrad, Glüh-

---

[1] Bei *Umwandlung* einer instabilen Kristallart in eine stabile ist
die Geschwindigkeit der Korngrenzenverschiebung unabhängig von der
Zeit.

temperatur) in den verschiedenen Fällen keineswegs dieselben waren. Auch die Frage, ob die am Einkristall beobachteten, großen Geschwindigkeiten mit Beziehungen zwischen den Gitterlagen im aufzehrenden und aufgezehrten Kristall zusammenhängen, kann noch nicht beantwortet werden (vgl. hierzu auch Punkt 63).

Ausführliche Untersuchungen über die Abhängigkeit der Wachstumsgeschwindigkeit von Reckgrad und Temperatur liegen nur an Vielkristallen vor. Es ergab sich dabei, daß die Geschwindigkeit sowohl mit sinkendem Reckgrad als auch mit sinkender

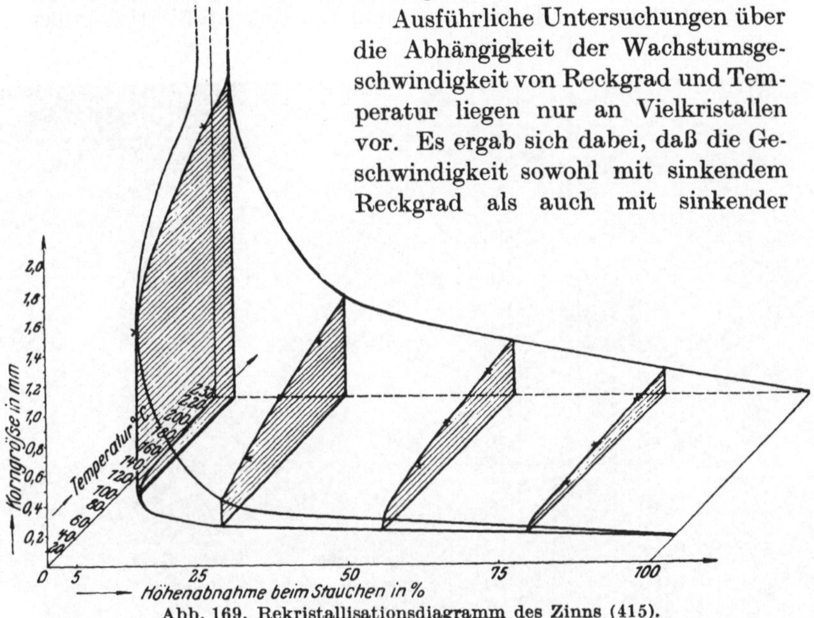

Abb. 169. Rekristallisationsdiagramm des Zinns (415).

Glühtemperatur abnimmt. Diese Abnahme führt bereits bei endlichen Deformationen auf den Wert Null, d. h. es existiert eine Deformationsschwelle, unterhalb der auch bei den höchsten erreichbaren Temperaturen keine merkliche Bearbeitungsrekristallisation mehr eintritt (415, 405, 406).

Zufolge der geschilderten Abhängigkeit der Keimzahl und der Wachstumsgeschwindigkeit von Reckgrad und Glühtemperatur besteht naturgemäß auch ein Zusammenhang der Korngröße des nach der Rekristallisation entstehenden Gefüges mit diesen beiden Größen. Diese empirisch zu ermittelnde Abhängigkeit wird durch das „*Rekristallisationsdiagramm*" [CZOCHRALSKI (419)] dargestellt. Als Beispiel ist in Abb. 169 das Rekristallisationsdiagramm des Zinns wiedergegeben. Als allgemeine Gesetzmäßigkeiten derartiger Diagramme gelten, daß die Korngröße bei gleicher Glühtemperatur mit steigendem Reckgrad abnimmt, bei gleichem Reckgrad mit steigender Glühtemperatur ansteigt. Abb. 170 zeigt die erste Gesetzmäßigkeit sehr deutlich am Beispiel eines durchschossenen und nachträglich rekristallisierten Zinnblechs (feines Korn in unmittelbarer Umgebung der Schußlöcher, Zunahme der Korngröße mit steigender Entfernung, keinerlei Rekristallisation außerhalb der Höfe grober Körner).

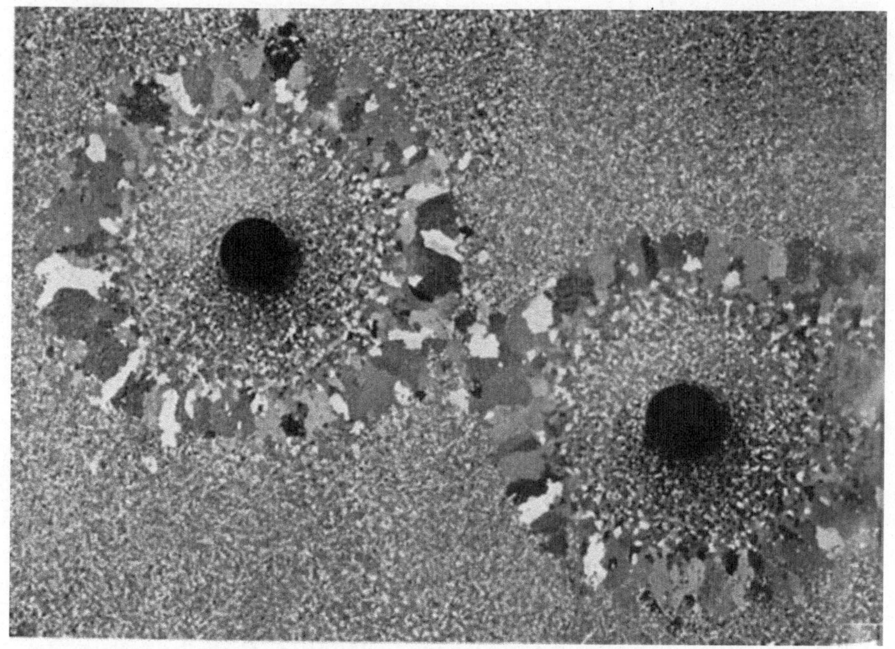

Abb. 170. Durchschossenes, geglühtes Sn-Blech (415).

Eine wichtige Bemerkung sei hier noch angeschlossen: sie besagt, daß das durch Rekristallisation neugebildete Korn seine Fähigkeit, durch Aufzehrung verformten Materials weiterzuwachsen, sofort verliert, wenn es selbst eine auch noch so geringe, bleibende Deformation erleidet (406, 405). Abb. 171 belegt dies in sehr anschaulicher Weise. Das Ausgangsblech aus Aluminium hatte zwei seitliche Einschnitte, um die nach schwacher Dehnung erfolgende Rekristallisation zu lokalisieren. Nachdem sich um den Grund der Kerben herum mehrere große Kristalle gebildet hatten, wurden weitere vier Einschnitte (auf elektrolytischem Weg, um

Verformungen zu vermeiden) angebracht, wie sie Abb. 171a erkennen läßt. Diese gestatten nun, daß ein Teil des Blechs gedehnt, andere Teile indessen unverformt bewahrt werden können. Bei neuerlicher Glühung ergibt sich (Abb. 171b), daß die Teile der Kristalle, die unverformt geblieben waren, weiter wachsen, daß die verformten Teile dagegen die Rekristallisation nicht fortsetzen können. Geringe Verformung nimmt, auch wenn sie noch unterhalb des zu Rekristallisation führenden Schwellenwertes liegt, dem neu entstandenen Kristall die Fähigkeit, auf Kosten deformierter Umgebung weiterzuwachsen.

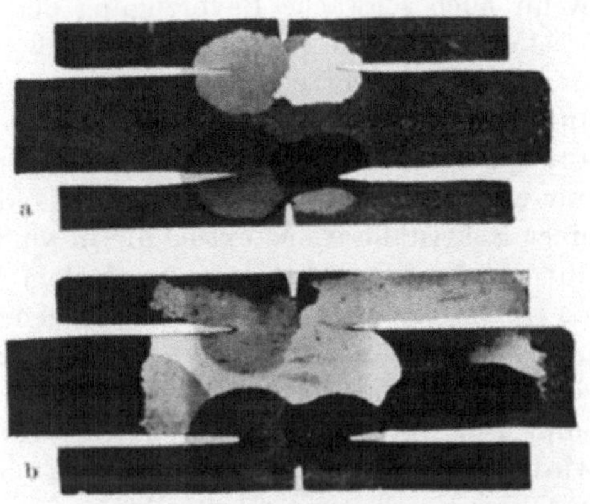

Abb. 171 a und b. Einbuße der Wachstumsfähigkeit eines neu gebildeten Korns durch (geringe) Verformung. Al (421). a In diesem Stadium wird der mittlere Teil etwas gedehnt. b Nach Erhitzung wachsen die großen Körner nur in den nicht deformierten Randstreifen weiter.

63. Orientierung der neu gebildeten Körner.

Außer durch Keimzahl und Wachstumsgeschwindigkeit ist die Bearbeitungsrekristallisation auch noch durch die Orientierung der neu gebildeten Körner zu kennzeichnen. Es ist schon früh bemerkt worden, daß bei gedehnten *Zinn*-Kristallen, die durch Rekristallisation wieder in einen Einkristall übergeführt worden waren, gewisse Beziehungen zwischen den Orientierungen vor und nach der Glühung bestehen (422, 404). Es zeigte sich dies dadurch, daß bei neuerlicher Dehnung des Kristalls bevorzugt die ursprüngliche Bandebene erhalten blieb und auch die neue Translationsstreifung eine gesetzmäßige Lage zu der von der ersten Dehnung herrührenden einnahm. Unter 19 von 35 untersuchten Fällen ergab sich eine solche „bandförmige" Weiterdehnung des Kristalls.

Sehr weitgehend ist die Frage der Orientierungsbeziehung am *Aluminium* untersucht worden. Wenn der *Dehnungsgrad* der Kristalle so *gering* war, daß bei der Rekristallisation nur einer oder ganz wenige neue Kristalle gebildet wurden, so konnte kein gesetzmäßiger Zusammenhang zwischen Ausgangsorientierung und

Orientierung der rekristallisierten Körner festgestellt werden (423, 424). Bei einer etwas größeren Anzahl der aus dem gedehnten Einkristall neu gebildeten Körner hingegen (10—30) wurde eine wenn auch schwache Bevorzugung der Orientierung des Mutterkristalls gefunden. Auch ein Einfluß der Deformationsrichtung war trotz der sehr erheblichen Streuung der Kristallitlagen noch angedeutet (425). *Starke Deformation* der Kristalle (Abwalzung auf $1/_4$ der Dicke) führt in der darauffolgenden Glühung (bei 600⁰ C; nur wenige Sekunden, um Sammelkristallisation zu vermeiden) zu einer Rekristallisationstextur, die in völlig reproduzierbarer Weise mit der Verformungstextur (nach dem Walzen) zusammenhängt. Es treten dabei sowohl Fälle auf, in denen Rekristallisationstextur und Walztextur mit einiger Streuung zusammenfallen, als auch solche, bei denen beide Texturen stark voneinander verschieden sind. Durch Änderung der Walzrichtung im ursprünglichen Kristall wird nicht nur die Walztextur, sondern auch die Kristallitanordnung nach der Bearbeitungsrekristallisation geändert (426). Ebenso wie nach dem Walzen wird auch nach erheblicher plastischer Stauchung von Aluminiumkristallen (auf etwa $1/_3$ der Dicke) ein gesetzmäßiger Zusammenhang zwischen der nach kurzer Glühung bei 600⁰ C entstehenden Rekristallisationstextur und der Stauchtextur beobachtet (427, 428). Die neu gebildeten Kristalle weisen bevorzugte Orientierungen auf, die aus der Hauptlage der Deformationstextur durch die in Punkt 59 beschriebenen, mit dem Translationsvorgang verknüpften Drehungen (um 20—60⁰) hervorgehen. Bei Wirksamkeit doppelter Oktaedertranslation entsteht auf diese Weise eine Verdoppelung der Lagenmannigfaltigkeit in der Rekristallisationstextur gegenüber der Deformationstextur nach Stauchen und Walzen. Es scheint somit, als ob die aus der Hauptlage herausgedrehten, also besonders stark verkrümmten Gitterteile bevorzugte Keimstellen bei der Rekristallisation darstellen.

Untersuchungen über die Rekristallisation anderer Metallkristalle liegen heute noch kaum vor. Und doch käme gerade solchen Versuchen eine große Bedeutung für die Aufklärung der nach Glühung verformter technischer Werkstücke beobachteten Rekristallisationstexturen (vgl. Punkt 80) zu.

64. Sammelkristallisation.

In den drei vorangegangenen Punkten haben wir das über die Rekristallisation von Einkristallen nach Kaltverformung vorliegende, heute noch recht spärliche Beobachtungsmaterial geschildert. Wenn auch einige grundlegende Gesetzmäßigkeiten der „Bearbeitungsrekristallisation" durch diese Untersuchungen aufgedeckt werden konnten, so harren doch noch zahlreiche Fragen (insbesondere die der Orientierungszusammenhänge) ihrer Lösung. Zum mindesten ebenso ungeklärt sind die Erscheinungen der „Sammelkristallisation" (zweite Rekristallisation, Oberflächenrekristallisation). Sie besteht darin, daß sich nach starker Kaltverformung an die Bearbeitungsrekristallisation bei fortgesetzter

Abb. 172. Abhängigkeit der Korngröße nach Sammelkristallisation von Ausgangskorngröße. Al (416).

Glühung ein weiterer, unregelmäßig und sehr viel langsamer verlaufender Rekristallisationsvorgang anschließt, der zu außerordentlich verschiedenen Korngrößen und -formen führen kann.

Ebenso wie für die Bearbeitungsrekristallisation diente auch für die Sammelkristallisation vorwiegend *Aluminium* als Versuchsmaterial. Eine erste bemerkenswerte Feststellung besagt, daß bei nicht zu weitgehender Kaltverformung ein deutlicher Zusammenhang zwischen Ausgangskorngröße und Korngröße nach beendigter Sammelkristallisation besteht. Abb. 172 zeigt dies am Beispiel von Probestreifen verschiedener Ausgangskorngröße, die nach Abwalzung auf ungefähr $1/4$ der Ausgangsdicke lange Zeit bei 600° C geglüht wurden. Trotz der erheblichen Kaltreckung entspricht das Korn nach der langen Glühung ungefähr dem jeweils vor der Verformung vorhandenen. Die Ursache für dieses Verhalten wird darin vermutet, daß die Sammelkristallisation durch ähnliche Orientierung der zusammenwachsenden Körner erheblich begünstigt wird. Eine solche ähnliche Gitterlage herrscht aber nach der zunächst erfolgten Bearbeitungsrekristallisation in den Teilen der Probe, die aus einem einzelnen Korn hervorgegangen sind.

Mit steigendem Reckgrad verliert das Ausgangskorn immer mehr seine Bedeutung für das nach langer Glühdauer entstehende Gefüge. Es wird ja einerseits die Parallelrichtung im einzelnen verformten Korn immer schlechter, andererseits der Unterschied gegenüber der Orientierung in den Nachbarkörnern immer kleiner. Schließlich geht der Zusammenhang der Korngröße überhaupt verloren und die Größe der nach Sammelkristallisation gebildeten Kristalle hängt nur mehr vom Reckgrad ab.

Unterwirft man also einen gewalzten Aluminiumkristall der vollständigen Rekristallisation, so treten je nach dem angewandten Reckgrad folgende Fälle ein (416): bei kleiner Verformung steigt die Zahl der Kristalle stark mit dem Ausmaß der Reckung; Sammelkristallisation kann hier wegen des verhältnismäßig groben Korns noch nicht eintreten. Bei einem bestimmten Reckgrad erhält man plötzlich wieder — durch Sammelkristallisation — einen Einkristall, und bei noch weitergehender Deformation nimmt dann die Zahl der gebildeten Körner wieder zu.

Über den Vorgang der Sammelkristallisation können noch keine sicheren Angaben gemacht werden [für zahlreiche hierher gehörige Beobachtungen vgl. (429)]. Es scheint nur die Annahme berechtigt, daß es sich nicht um eine Kornvergrößerung von einem Kern aus handelt, sondern um eine Verwachsung ähnlich orientierter Körner (426). Die Orientierungsbeziehungen zwischen Sammelkristallisationstextur und vorangehender Textur sind noch völlig ungeklärt.

Einen großen Einfluß auf den Ablauf der Sammelkristallisation übt die Gegenwart von Verunreinigungen aus. So verläuft sie an sehr reinem Aluminium etwa 1000mal so rasch wie an technischem (416, 429). Das bedingt, daß bei dem sehr reinen Metall eine Trennung von Bearbeitungsrekristallisation und Sammelkristallisation noch viel schwerer möglich ist. Der Rekristallisationsverlauf ist hier demzufolge sehr viel unübersichtlicher. Mit wachsendem Gehalt an Verunreinigungen, besonders wenn sie als neue Kristallart ausgeschieden sind, nimmt die Neigung des Aluminiums zur Ausbildung großer Kristalle zufolge Sammelkristallisation beträchtlich ab (430).

65. Rückbildung der ursprünglichen Eigenschaften bei der Glühbehandlung.

Nach der Beschreibung des Gefügeumbaues bei der Rekristallisation sollen nun die durch Glühbehandlung bedingten Veränderungen im Gitterbau und in den physikalischen Eigenschaften kaltverformter Metallkristalle kurz geschildert werden. Entsprechend den drei voneinander verschiedenen Vorgängen, Kristallerholung, Bearbeitungsrekristallisation und Sammelkristallisation wird man erwarten, daß auch die Eigenschaftsänderungen sich in drei Stufen abspielen. Allerdings wird eine reinliche Scheidung kaum durchführbar sein, da die einzelnen Vorgänge selbst sich ja zum Teil überdecken, die Bearbeitungsrekristallisation stets noch von Erholung begleitet sein wird, die Sammelkristallisation sich bereits teilweise im Gebiet der Bearbeitungsrekristallisation abspielen kann.

Die Untersuchungen über die *Beseitigung* der durch Kaltreckung erzeugten *Gitterstörungen* durch Glühen sind vorwiegend an Vielkristallen durchgeführt worden. An Wolframdrähten ergab sich, daß im Bereich der Erholung, die sich durch allmähliche Abnahme der Festigkeit kundtut, eine deutliche Aufspaltung des nach der Kaltreckung zunächst verschmierten K_α-Dubletts erfolgt. Die röntgenographisch ermittelte Temperatur des Beginns der Wiederaufspaltung liegt, auch bei Mischkristallen des Wolframs mit Molybdän und Tantal, stets etwas höher als die Temperatur beginnenden Festigkeitsabfalls der Drähte (431). Daß die Ausglättung des Gitters sich im Röntgenbild erst später als die mechanische Entfestigung bemerkbar macht, wurde auch bei der Glühung gedehnter Aluminiumkristalle beobachtet. Halbstündige Glühung bei 400^0 C eines um 15% gedehnten Kristalls hatte bereits einen erheblichen Abfall der Streckgrenze zur Folge, der Asterismus im LAUE-Bild war dagegen noch unverändert erhalten (432).

Eine quantitative Verfolgung der Aufspaltung des K_α-Dubletts bei der Erholung von Wolframdrähten ergab, daß die Schärfe des Dubletts für jede Temperatur mit zunehmender Glühdauer einem konstanten Endwert zustrebt; dieser liegt um so höher, je höher die Glühtemperatur ist (433). Als Maß der Schärfe wurde dabei der Quotient aus dem Intensitätsmaximum der α_1-Linie und dem Minimum zwischen den beiden Linien gewählt. Ein gewisses Maß von Gitterstörungen (Spannungen) bleibt bei den untersuchten vielkristallinen Wolframdrähten also bei jeder Erholungstemperatur zurück. Eine Fortführung dieser Messungen auch in das Gebiet beginnender Rekristallisation hinein gelingt nicht wegen der dann ungleichmäßigen Schwärzung entlang der DEBYE-SCHERRER-Kreise, was zu erheblichen Störungen bei der Photometrierung führt. Man wird aber wohl vermuten, daß nach beendeter Rekristallisation die Schärfe des Dubletts wieder die für unverformtes Material erreicht.

Über die *Änderungen der Festigkeitseigenschaften* verformter Kristalle durch Erholung ist schon früher (Punkt 49 und 54) berichtet worden. Diese Änderungen erfolgen stetig und allmählich und können bei geeigneten Glühbedingungen wieder bis auf die Ausgangswerte führen. Bei der Rekristallisation dagegen wird die durch plastische Verformung bedingte Verfestigung der Kristalle unstetig und völlig beseitigt. Tabelle 23 gibt einige diesbezügliche Zahlen, die sich auf die Streckgrenze von solchen Zinnkristallen beziehen, die nach der ursprünglichen Dehnung wieder durch Rekristallisation in einen Einkristall übergeführt worden sind. Nach der Erhitzung liegen die Streckgrenzen wieder in derselben Größenordnung wie in unbeanspruchten Ausgangskristallen; die große Dehnbarkeit (bis auf das etwa 4—6fache), die nach der Verformung völlig verloren war, ist nun wieder vorhanden. Führt die Bearbeitungsrekristallisation zur Ausbildung eines Vielkristalls, so hängen die mechanischen Eigenschaften weitgehend von der Korngröße des entstandenen Gefüges ab. Dasselbe gilt naturgemäß auch für die daran anschließende Sammelkristallisation, die unter Umständen ja sogar wieder zum Einkristall zurückführen kann.

Tabelle 23.
Entfestigung gedehnter Zinnkristalle durch Rekristallisation (404).

Streckgrenze in g/mm²	
vor	nach
der Glühung (∼ 10 Min. bei 140° C)	
1700	156
1480	98
1630	443
2050	137
3740	260

Außerordentlich zahlreich sind wegen ihrer technischen Wichtigkeit die Untersuchungen, die sich mit den Veränderungen mechanischer und physikalischer Eigenschaften kalt bearbeiteter Vielkristalle durch Glühbehandlung befassen. Auf die Abnahme der Festigkeit von Wolframdraht im Bereich der Erholung ist oben bereits hingewiesen worden. Ein ausführliches Eingehen auf die zahlreichen über diesen Gegenstand vorliegenden Untersuchungen soll hier vermieden sein. Wir verweisen diesbezüglich auf zusammenfassende

Darstellungen in (415) und insbesondere in (434) und (401). Allgemein ergibt sich, daß die Änderung einer Eigenschaft bei Glühbehandlung sich ungefähr so abspielt, wie es Abb. 173 für die Festigkeit und Dehnung von hartgezogenem Flußeisendraht darstellt. Nach einem Gebiet geringer Änderung, in welchem die faserige Verformungsstruktur erhalten bleibt, setzt bei einer bestimmten Temperatur eine schroffe Änderung der Eigenschaften ein. Weitere Erhöhung der Glühtemperatur bringt sodann keine nennenswerten

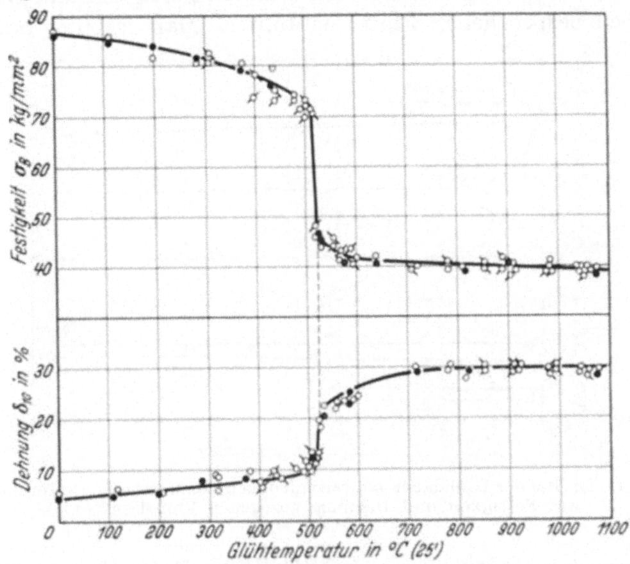

Abb. 173. Änderung von Festigkeit und Dehnung von hartgezogenem Flußeisen (0,08% C) mit steigender Glühtemperatur; Glühdauer 25 Min. (435).

Veränderungen mehr, sofern die Temperatur nicht zu hoch gewählt, die Glühdauer nicht zu lange ausgedehnt wird. Die Zuordnung zu den drei Vorgängen: Erholung, Bearbeitungsrekristallisation und Sammelkristallisation ist ohne weiteres gegeben. Das im Bereich niedriger Temperaturen liegende Gebiet geringer Eigenschaftsänderungen entspricht der Erholung; der schroffe Abfall auf die Ausgangswerte feinkörnigen, unbearbeiteten Materials entspricht, wie an der gleichzeitig erfolgenden Neubildung des Gefüges zu erkennen ist, der Bearbeitungsrekristallisation, und die bei langer und hoher Glühung einsetzenden, unregelmäßigen weiteren Veränderungen, die bei mechanischen Eigenschaften in der Regel eine

Verschlechterung bedeuten, sind der Ausbildung groben Korns durch Sammelkristallisation zuzuschreiben.

Eine Bemerkung sei noch hinsichtlich der Erholung angeschlossen. Es zeigt sich nämlich bei feinkörnigem Probenmaterial in Analogie zu dem oben für Gitterstörungen geschilderten Verhalten, daß eine völlige Beseitigung der durch die Kaltbearbeitung bedingten Eigenschaftsänderungen durch Erholung nicht erfolgen kann. Abb. 174 zeigt dies für den Fall von Festigkeit und Dehnung des eben besprochenen Flußeisendrahtes. Man erkennt, daß jeder

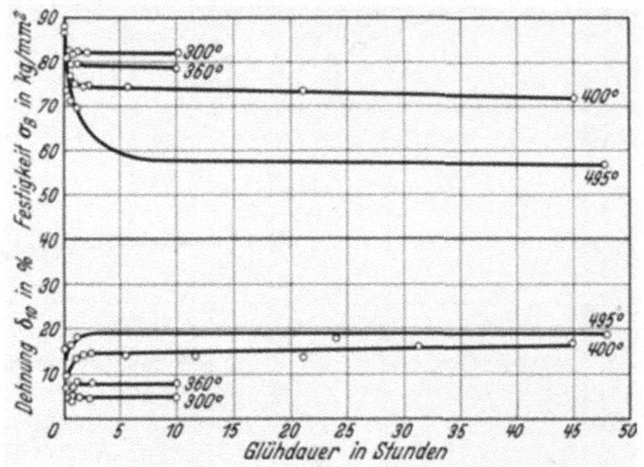

Abb. 174. Einfluß der Glühdauer bei verschiedenen Temperaturen (unterhalb 500° C) auf Festigkeit und Dehnung gezogenen Flußeisens (435).

Erholungstemperatur ein gewisser Grad der Entfestigung zukommt, der auch bei sehr weiter Erstreckung der Glühdauer nicht mehr überschritten wird. Die Erholungsfähigkeit des verformten Vielkristalls weicht dadurch sehr auffällig von der des frei gedehnten Einkristalls ab (vgl. auch Punkt 62). Dieser Unterschied wird verständlich bei Berücksichtigung des Umstandes, daß die zufolge ihrer gegenseitigen Behinderung so mannigfach verknüllten Körner des verformten Vielkristalls nicht in völlig störungsfreien Zustand zurückgelangen können, ohne daß gleichzeitig eine Neubildung des Gefüges erfolgt[1].

---

[1] Wenn sonach die Erholung beim technischen Vielkristall auch nicht zu den Ausgangseigenschaften zurückführt, so verdient doch auch hier die (beschränkte) Erholungsfähigkeit eine nähere Beachtung als ihr bisher im allgemeinen zuteil wird [vgl. hierzu auch (414)].

Wenn auch das eben am Beispiel der Festigkeitseigenschaften von Eisendraht geschilderte Verhalten im großen und ganzen bei den übrigen Eigenschaften wiederkehrt, so treten doch immerhin noch deutliche Unterschiede bei den einzelnen Metallen und Legierungen auf. Insbesondere zeigt sich, daß die wesentlichsten Änderungen der Eigenschaften nicht immer im selben Temperaturgebiet erfolgen. Dies tritt zwar bei Kupfer, Silber, Gold, nicht aber beispielsweise bei Nickel und den Metallen der Platingruppe ein. Die Rückkehr auf die Ausgangswerte erfolgt bei diesen Metallen für verschiedene Eigenschaften in verschiedenen Temperaturbereichen (436 bis 439).

Schließlich sei noch auf die (Erholung und Rekristallisation begleitende) Gasabgabe bearbeiteter Metalle bei der Glühung hingewiesen (440). Neuerdings werden Legierungen mit geringen Gehalten radioaktiver Elemente hergestellt, durch deren Emanationsabgabe eine besonders empfindliche Verfolgung der Glühwirkungen möglich ist (441).

Eine besondere Beachtung hat man bei der Untersuchung der Eigenschaftsänderungen durch Glühbehandlung, so wie dies schon früher für die Kaltreckung erörtert worden ist, einerseits banalen Ursachen, andererseits der Ausbildung orientierter Kristallitanordnungen zu schenken. Zu den ersten gehört auch hier die Bildung von Hohlräumen, die an der Stoßstelle mehrerer Körner bei Sammelkristallisation beobachtet werden (vgl. z. B. 442). Über die in vielen Fällen bei der Bearbeitungsrekristallisation entstehende gesetzmäßige Textur, die wegen der für zahlreiche Eigenschaften erheblichen Anisotropie der Metallkristalle sehr ausgeprägte, durch die Kristallitanordnung bedingte Eigenschaftsänderungen mit sich bringen kann, finden sich Angaben in den Punkten 78 und 82.

VII. Plastizität und Festigkeit von Ionenkristallen.

Die Erscheinungen der Plastizität und Festigkeit von Kristallen haben wir bisher an Hand des für Metallkristalle vorliegenden Beobachtungsmaterials erörtert. Es ist bereits mehrfach betont worden, daß diese Kristalle wegen ihrer leichten Gewinnung und ihrer sehr ausgeprägten Verformbarkeit ein besonders geeignetes

Probematerial darstellen. Es ist aber auch schon erwähnt worden, daß die bei der plastischen Kristalldeformation sich abspielenden Vorgänge, Translation und mechanische Zwillingsbildung, lange vorher an Ionenkristallen entdeckt und ausführlich untersucht worden sind. Von der Art der Bindungskräfte des Gitters — vorwiegend elektrostatische Kräfte zwischen heteropolaren Ionen bei den Salzkristallen, Einlagerung positiv geladener Atomrümpfe in ein entartetes Elektronengas bei den Metallen — scheinen die Verformungsmechanismen weitgehend unabhängig zu sein.

Die mechanischen Untersuchungen an Ionenkristallen, über die wir in diesem Abschnitt eine Übersicht geben, haben sich zunächst vorwiegend auf die kristallographische Kennzeichnung, d. h. also auf die Bestimmung von Spalt- und Reißebenen, Translations- und Zwillingselementen beschränkt. Zahlenmäßige Angaben über Festigkeitseigenschaften wurden für die auf mannigfache Art bestimmte „Härte" der verschiedenen Kristallflächen beigebracht. Systematische Untersuchungen über die zum Einsetzen von plastischer Verformung, von Spaltung und Zerreißen notwendigen Kräfte wurden lange Zeit hindurch nur vereinzelt angestellt. Erst in den letzten Jahren ist auch hier das Beobachtungsmaterial stark angewachsen, wobei insbesondere der Steinsalzkristall als Versuchskörper diente.

66. Translations- und Zwillingselemente.

Es ist hier nicht der Ort zur vollständigen Wiedergabe des großen Beobachtungsmaterials über Verformungselemente von Ionenkristallen; man vgl. hierzu etwa (443). Lediglich für einige der wichtigsten Gittertypen bringen wir in Tabelle 24 eine Zusammenstellung der Spalt- bzw. Reißebenen, der Translations- und der Zwillingselemente. Auch bei den Ionenkristallen handelt es sich hierbei stets um niedrig indizierte Ebenen und Richtungen. Die Bedeutung des Gitterbaues für die Auswahl der Verformungselemente geht aus den in der Tabelle enthaltenen Angaben klar hervor. In welcher Weise bei der *Translation* die Auswahl der Gleitelemente erfolgt, kann, wie bei den Metallkristallen, noch nicht mit Sicherheit angegeben werden. Jedenfalls spielt hier bei den Ionenkristallen der Ladungszustand der Gitterbausteine eine mitbestimmende Rolle. Für die Translation des Steinsalzes wurde hervorgehoben (444), daß sich bei der Abgleitung niemals gleichgeladene Ionen einander nähern, wodurch Abstoßungskräfte senkrecht zur Translationsfläche entstünden. Allerdings ist dieses Auswahlprinzip allein, das auch mit den Ergebnissen an den übrigen Ionenkristallen nicht im Widerspruch zu stehen scheint,

Tabelle 24. Spaltflächen, Translations- und Zwillingselemente von Ionenkristallen (aus 443).

Stoff	Gittertyp, Kristallklasse	Spalt- bzw. Reiß- flächen	Translationselemente		Zwillingselemente		
			T	t	K_1	K_2	s
	kubisch						
Natriumfluorid, NaF							
Steinsalz, NaCl							
Sylvin, KCl							
Kaliumbromid, KBr							
Kaliumjodid, KJ		(001)	(110)	[1$\bar{1}$0]			
Rubidiumchlorid, RbCl	Steinsalz O_h						
Ammoniumjodid, NH$_4$J							
Periklas, MgO		(001), (111)?					
Bleiglanz, PbS		(001)	(001)	[110], [100]			
Salmiak, NH$_4$Cl	Cäsium- chlorid	(001)	(110)	[001]			
Ammoniumbromid, NH$_4$Br	O_h						
Flußspat, CaF$_2$	Flußspat O_h	(111)	(001)	[110]			
Nantockit, CuCl	Zink- blende	(110)					
Marshit, CuJ							
Zinkblende, α-ZnS	T_d		(111)	[112]?			
	tetragonal						
Rutil, TiO$_2$	Rutil D_{4h}	(110), (100)			{ (101) { (101)	($\bar{1}$01) ($\bar{3}$01)	0,908 0,190
	hexagonal						
Bromellit, BeO		(10$\bar{1}$0), (0001)?					
Rotzinkerz, ZnO	Wurtzit C_{6v}	(0001), (10$\bar{1}$0)					
Wurtzit, β-ZnS		(10$\bar{1}$0), (0001)					
Greenockit, α-CdS							
Jodargyrit, α-AgJ		(0001)					
Millerit, NiS	Nickel- arsenid D_{6h}	(10$\bar{1}$1), (10$\bar{1}$2)			(10$\bar{1}$2)	(10$\bar{1}$0)	0,380

Tabelle 24 (Fortsetzung).

Stoff	Gittertyp, Kristallklasse	Spalt- bzw. Reißflächen	Translationselemente		Zwillingselemente		
			T	t	K_1	K_2	s
Brucit, $Mg(OH)_2$	*rhomboedrisch* Brucit D_{3d}	(111)	(111)?				
Korund, Al_2O_3	Korund D_{3d}				{ (111)	(111)	0,635
					((100)?	(011)	0,202
Magnesit, $MgCO_3$			(111)	[011]	(011)?	(100)	0,799
Kalkspat, $CaCO_3$			(111)?	—	(011)	(100)	0,694
Manganspat, $MnCO_3$	Kalkspat D_3	(100)					
Eisenspat, $FeCO_3$			(111)	[011]	(011)?	(100)	0,781
Zinkspat, $ZnCO_3$							
Natronsalpeter, $NaNO_3$					(011)	(100)	0,753

nicht hinreichend. Es genügen unendlich viele Paare von T und t der aufgestellten Forderung (445).

Wie bei den Metallkristallen bringt auch bei den Ionenkristallen Temperatur- oder Druckerhöhung keinerlei Verschwinden von unter normalen Temperatur- und Druckverhältnissen wirksamen Gleitelementen mit sich; wohl aber wird das Auftreten neuer Translationen bei erhöhten Temperaturen angegeben. Zu der normalen Dodekaedertranslation des Steinsalzes gesellt sich bei erhöhten Temperaturen Translation nach der (111)-Fläche (446); auch bei den rhombischen Kristallen Baryt ($BaSO_4$), Zölestin ($SrSO_4$) und Anglesit ($PbSO_4$) tritt eine Vermehrung der Translationsebenen bei Temperaturerhöhung ein (447). Eine Translation des Steinsalzes nach Würfelflächen (448, 449; vgl. jedoch auch 450) wurde insbesondere an bewässerten Kristallen bei speziellen Lagen der Zugrichtung beobachtet (451); Translationsrichtung bleibt auch hier die Flächendiagonale.

Wegen der Wichtigkeit der *Dodekaedertranslation* bei Kristallen des Steinsalztyps sei hierfür noch die sie begleitende *Gitterdrehung* beim Zugversuch erörtert (452). Zunächst ist zu bemerken, daß für alle Orientierungen stets in mindestens zwei Translationssystemen dieselbe Schubspannung herrscht, da t und die Normale zu T ihre Bedeutung vertauschen können. *Einfache* Translation ist somit geometrisch für keinerlei Ausgangsorientierung des Kristalls zu erwarten. Als stabile Endlagen erweisen sich die Würfelkanten; die Flächendiagonalen stellen labile Gleichgewichtslagen dar. Zug- (oder Druck-) beanspruchung parallel der Raumdiagonalen kann nicht zu Dodekaedertranslation führen, da bei dieser Richtung der wirkenden Kraft in keinem solchen Gleitsystem eine von Null verschiedene Schubspannung erzeugt wird [drei (110)-Flächen liegen parallel zur Kraftrichtung, in den übrigen dreien stehen die Translationsrichtungen quer dazu].

Bezüglich der *mechanischen Zwillingsbildung*, auf die wir später nicht mehr zurückkommen, sei zunächst betont, daß in vielen Fällen keineswegs für alle Gitterpunkte eine „einfache Schiebung" wirksam ist. Bei mehratomigen Verbindungen ist die geradlinige Bewegung für alle Atome sogar selten. Es zeigt sich jedoch, daß häufig Schwerpunkte von mehratomigen Ionen oder Molekülen eine einfache Schiebung befolgen (445). In dynamischer Hinsicht sei noch eine Angabe angeschlossen, die sich auf die elastische Schiebung parallel den Zwillingselementen im Augenblick des Anspringens von Zwillingen bezieht. Die an rechtwinkeligen Parallelepipeden von Kalkspat durchgeführten Messungen ergaben bei zwei verschiedenen Orientierungen der Druckrichtung Schiebungen von $2,4 \cdot 10^{-3}$ und $3,5 \cdot 10^{-3}$ (453). Die beim Einsetzen der Zwillingsbildung vorhandene elastische Schiebung ist somit, ebenso wie bei den Metallkristallen (vgl. Punkt 51), nur ein kleiner Bruchteil der bei der einfachen Schiebung erfolgenden Abgleitung. Die genauen Grenzbedingungen der Zwillingsbildung konnten auch hier noch nicht festgestellt werden.

Obwohl die *Spaltbarkeit* der Kristalle eine von alters her bekannte Erscheinung ist, kennt man doch auch heute das Prinzip, welches die Spaltflächen im Gitter auswählt, nicht. Jedenfalls kommen auch hier nicht ausschließlich die geometrischen Eigenschaften des Gitters in Betracht, sondern auch die Ladungsverteilung. Eine darauf zielende, ursprünglich für die Würfelspaltung des Steinsalzes geäußerte Ansicht (444) scheint auch in zahlreichen anderen Fällen zuzutreffen: durch den der Spaltung vorangehenden Schub werden gleichsinnig geladene Ionen einander gegenüber gebracht; hierdurch entstehen Abstoßungskräfte, die den Zerfall bedingen. Wie die analoge Betrachtung zur Translation ist jedoch auch für die Spaltung diese Bedingung nicht hinreichend.

Ein quantitatives Maß der Spaltbarkeit nach einer bestimmten Fläche liegt heute noch nicht vor; sie wird qualitativ als sehr vollkommen, vollkommen, deutlich und unvollkommen bezeichnet. Jedenfalls ist die Kohäsion senkrecht zu den Spaltflächen besonders gering und bedingt dadurch das Auftreten dieser Flächen auch als Reißflächen. Die Ursache für das Fehlen quantitativer Vergleiche der Spaltbarkeit liegt in den verwickelten Spannungszuständen bei den üblichen Spaltungsmethoden. Bestrebungen, der messenden Behandlung der Spaltbarkeit durch Vereinheitlichung der Versuchsausführung näher zu kommen, stammen aus der jüngsten Zeit (454). Es wird je nach der Art der Versuchsausführung eine Zugspaltung, bei der der gedrückte Teil des Kristalls hohl liegt und er von der maximal gedehnten Unterseite

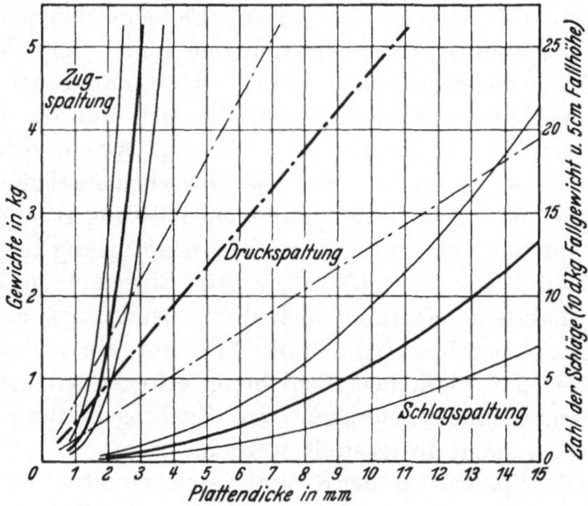

Abb. 175. Zug-, Druck- und Schlagspaltung von Steinsalzkristallen (456).

her aufreißt, eine Druckspaltung und eine Schlagspaltung unterschieden [vgl. hier auch (455)], und es werden die Beziehungen zwischen den erforderlichen Kräften, bzw. Energien und den Kristallabmessungen untersucht. Eine gemeinsame Darstellung der Ergebnisse der drei Spaltarten für den Steinsalzkristall ist in Abb. 175 gegeben, die unter Einzeichnung der erhaltenen Streubereiche die Beziehung zur Dicke der Spaltplatte deutlich macht. Ähnliche Beziehungen zwischen jeweils aufzuwendender Spaltungsenergie und Plattendicke wurden auch am Bleiglanz (457) und Anhydrit (458) aufgefunden.

Die Spaltung von Steinsalzkristallen nach einer (110)-Fläche zeigt, daß es sich hier nur um eine Scheinfläche, die treppenförmig aus Würfelflächen bzw. (110)-Vizinalflächen aufgebaut ist, handelt

(455, 459). Überraschenderweise ergab sich, daß die Schlagspaltung nach dieser Fläche geringere Energiezufuhr braucht als die nach einer Würfelfläche (460). Die Kompliziertheit der Verhältnisse bei der Spaltung von Kristallen wird dadurch hell beleuchtet.

Im Gegensatz zum Spaltversuch ist der Zug- oder Druckversuch durch einen sehr einfachen Spannungszustand gekennzeichnet. Hier lassen sich denn auch, in völliger Analogie zu den bereits geschilderten Verhältnissen an Metallkristallen, wenigstens für die Translation quantitative Gesetzmäßigkeiten erkennen.

67. Beginn der Translation. Schubspannungsgesetz.

Das Verhalten der Ionenkristalle im Zugversuch bei Raumtemperatur unterscheidet sich von dem der Metallkristalle sehr ausgeprägt durch das Ausmaß der erzielbaren Dehnung. Dehnungen von mehreren hundert Prozent bei zahlreichen Metallen stehen im allgemeinen solchen von höchstens einigen Prozent bei den Ionenkristallen gegenüber. Demgemäß sind zur systematischen Untersuchung hier erheblich feinere Hilfsmittel vonnöten. Große Sorgfalt ist bei Zugversuchen wegen der Sprödigkeit des Versuchsmaterials auf die Vermeidung von zusätzlicher Biegung (durch nicht zentrische Belastung) zu verwenden. Geringe Dezentrierungen können die Festigkeit um 50 und mehr Prozent herabsetzen (461). Es ist deshalb kardanische Aufhängung oder Spitzenlagerung der beiden Fassungen, in welche der Versuchskristall in der Regel eingekittet wird, zu benutzen. Um möglichst gleichmäßige und erschütterungsfreie Belastungszunahme zu gewährleisten, wird die Zugkraft zumeist von Schwimmkörpern, oft unter zusätzlicher Verwendung von Hebelübertragung, ausgeübt; der Auftrieb wird durch Senkung des Wasserspiegels stetig verkleinert. Die Messung der Verlängerung erfolgt bei ruhender oberer Fassung entweder unmittelbar mikroskopisch als Senkung der unteren Fassung oder mit Spiegelgeräten, die bei sehr starker Vergrößerung gleichzeitig auch eine photographische Registrierung ermöglichen [für Einzelheiten der Ausführung von Zug- und Druckversuchen siehe (462), (463), (452), (464)]. Als wichtiger Umstand, der die Durchführung systematischer Festigkeitsversuche an Ionenkristallen sehr wesentlich erleichtert hat, sei hier die seit einigen Jahren in vielen Fällen vorhandene Möglichkeit der Züchtung großer Kristalle hervorgehoben (vgl. die Punkte 13 und 14).

Einige an parallel der Würfelkante orientierten, zylindrischen Steinsalzstäbchen erhaltene Dehnungskurven gibt Abb. 176 wieder. Man erkennt, daß das Material, das im Ausgangszustand spröde zerreißt, nach einer Temperung bei 600° C deutliche Dehnung besitzt. Wenn auch die Genauigkeit der Kurvenaufnahme hier recht gering ist, so lassen doch schon diese Versuche das Bestehen

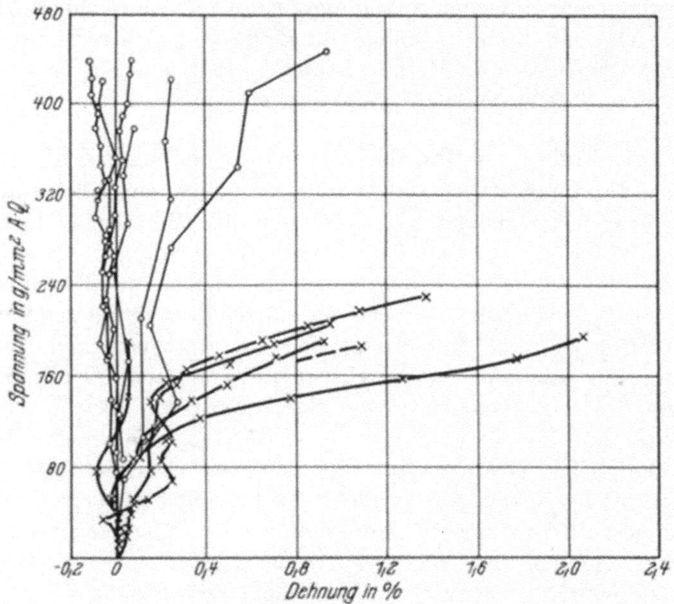

Abb. 176. Dehnungskurven von natürlichen NaCl-Kristallen (452).
× drei Tage bei etwa 600° C getempert; ○ nicht getempert.

einer deutlichen *Streckgrenze* erkennen. Auch noch in anderer Weise hebt sich ein Spannungswert, von dem ab die Dehnung sehr viel ausgiebiger erfolgt, hervor. So zeigt sich von hier an auf der Oberfläche der Kristalle Translationsstreifung. Eine besonders scharfe Verfolgung der Dehnung ist in durchfallendem, polarisiertem Licht zufolge der Doppelbrechung durch zurückbleibende Spannungen möglich. Abb. 177a zeigt die ersten Translationen in einem getemperten Steinsalzkristall. Bis zu einer Spannung von 78 g/mm² war keinerlei Veränderung zu bemerken. Nachdem diese Spannung 20 Sek. lang gewirkt hatte, bildeten sich plötzlich die Streifen 1 und 2 aus. Auch die weiteren Streifen

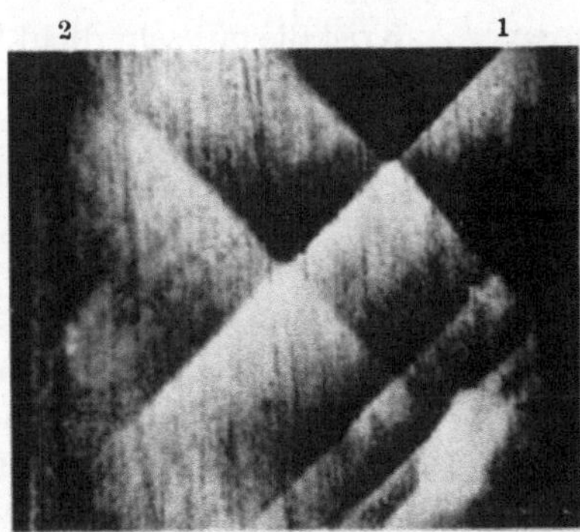

a Bestimmung des Translationsbeginns (463)

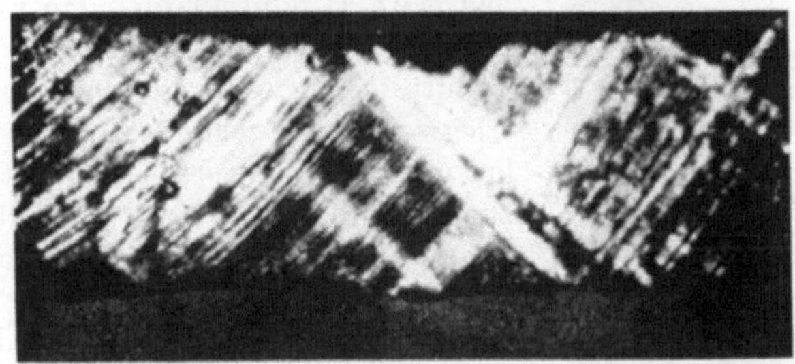

b Gebogener Kristall (465)

c Gepreßter Kristall (465)

Abb. 177 a—c. Durch Spannungsdoppelbrechung sichtbar gemachte Translationsstreifung in verformten NaCl-Kristallen.

entstanden plötzlich nach verschieden langen Zeiten, ohne daß die Belastung gesteigert worden wäre; „ruckartiger Translationsbeginn“.

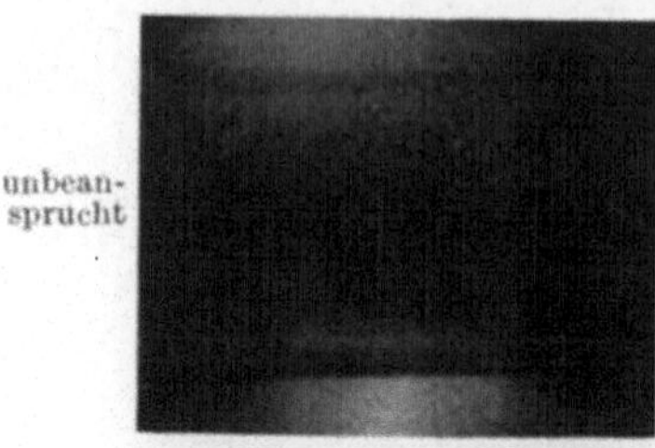

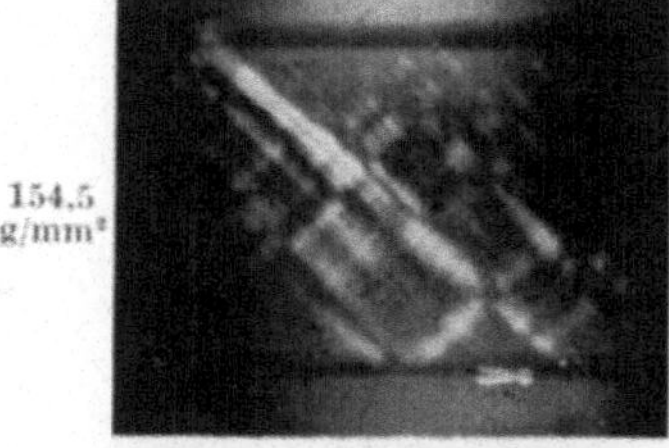

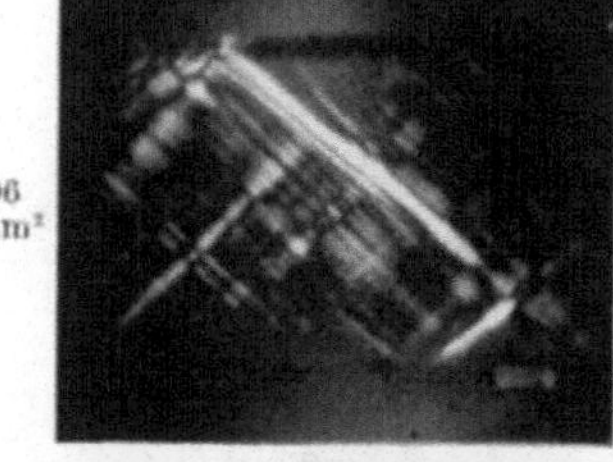

Abb. 178. Doppelbrechung in verschieden weit
gedehntem KCl-Kristall (466).

Kristalle mit sehr dicht liegenden Translationsebenen zeigen die Abb. 177 b und c.

Bei Kaliumhalogenidkristallen ließen sich durch Beobachtung mit polarisiertem Licht deutlich verschiedene Verformungsstufen feststellen (466). Bei steigender Zugbeanspruchung entstehen in KCl-, KBr- und KJ-Kristallen zunächst lokale Gleitungen im Innern des Kristalls (bei einer Spannung von etwa 50 g/mm²), hieran schließt sich das erste Hindurchlaufen einer Translationsebene durch den ganzen Querschnitt. Bei weiterem Spannungsanstieg vergrößert sich die Zahl der Translationsebenen, und schließlich tritt dann ziemlich plötzlich eine Intensitätszunahme aller vorhandenen Gleitschichten ein (Fließbeginn). Fortgesetzter Spannungsanstieg bringt gelegentlich dickere Bündel von Gleitschichten zum Anspringen. Abb. 178 stellt als Beispiel die Doppelbrechung entlang den Gleitschichten eines KCl-Schmelzflußkristalls dar. Die als Fließbeginn bezeichnete Verformungsstufe fällt zusammen mit dem Auftreten sichtbarer Translationsstreifung.

Eine röntgenographische Bestimmung des Plastizitätsbeginns gründet sich auf das Eintreten von Verzerrung der LAUE-Interferenzen [Asterismus (462)]. Die auf diese Weise ermittelte Spannungsgrenze fällt allerdings nicht mit der aus der Dehnungskurve bestimmten zusammen; ihr entsprechen bereits deutlich beobachtbare bleibende Verformungen (467). Auch auf photochemischem Weg läßt sich das Einsetzen plastischer Verformung ermitteln. Im Gegensatz zum röntgenographischen Verfahren liefert die Änderung der Verfärbung sehr niedrige Werte, die mit den Spannungen, welche den ersten im polarisierten Licht nachweisbaren Verformungen entsprechen, ungefähr zusammenfallen dürften (468).

Das an Metallkristallen aufgefundene *Schubspannungsgesetz* gilt auch für die durch Auftreten sichtbarer Translationsstreifung gegebene Streckgrenze von Alkalihalogenidkristallen [für NaCl (469), für KCl, KBr und KJ (470); für bewässerte NaCl-Kristalle s. Punkt 72]. Die Orientierungsabhängigkeit der Streckgrenze auf Grund

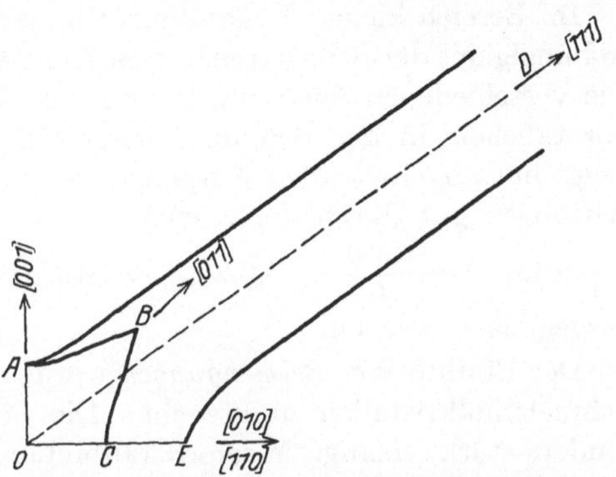

Abb. 179. Schnitte des Fließgefahrkörpers von Alkalihalogenidkristallen mit Dodekaedertranslation (452). *OABCO* Schnitt mit (100), *OADEO* Schnitt mit (110).

des Schubspannungsgesetzes würde unter alleiniger Wirkung von Dodekaedertranslation durch den in Abb. 179 im Schnitt dargestellten *Fließgefahrkörper* gegeben sein. Die geringste Formfestigkeit kommt Kristallen parallel den Würfelkanten zu, die Streckgrenze für Stäbchen parallel der Raumdiagonalen wird unendlich, und auch ihr nahe benachbarte Richtungen sind durch außerordentlich hohe Werte ausgezeichnet.

Quantitative Zahlenangaben über die Streckgrenze von Ionenkristallen können nur mit Vorbehalt erfolgen. Die kritischen Schubspannungen von Translationssystemen sind ja ein Hauptvertreter der „strukturempfindlichen" Kristalleigenschaften (vgl. Punkt 60). Die an natürlichen Steinsalzkristallen im Zugversuch ermittelten Streckgrenzenwerte schwanken demnach je nach Fundort und Vorgeschichte in weiten Grenzen [70—500 g/mm² (464)]. Um diese Verschiedenheiten natürlicher Kristalle zu umgehen, werden neuerdings Plastizitätsuntersuchungen vorzugsweise an künstlich hergestelltem, einheitlichem Kristallmaterial durchgeführt. Für die *elastische Schiebung* im Translationssystem folgt aus den obigen

Werten die Größenordnung 10^{-4} (471). Für die Stabilitätsgrenze der Dodekaederfläche in einer [101]-Richtung gilt demnach dasselbe wie für die Translationsflächen von Metallkristallen und Zwillingsebenen: die elastisch erreichte Schiebung am Plastizitätsbeginn ist nur ein kleiner Bruchteil der Verschiebung im nachfolgenden Gleitschritt.

Im Bereich kleiner Kristallquerschnitte wurde eine ausgeprägte Abhängigkeit der Streckgrenze vom *Durchmesser* aufgefunden (472). Die verschiedenen Querschnitte wurden durch Ablösen der Steinsalzstäbchen in der Schmelze hergestellt. Die Streckgrenze (σ_s) steigt mit abnehmendem Ausgangsquerschnitt an, wobei die Beobachtungen gut durch die Kurve

$$\sigma_s \, (\mathrm{kg/mm^2}) = \frac{0{,}330}{d_0} + 0{,}020 \; (d_0 = \text{Ausgangsdurchmesser in mm})$$

ausgeglichen werden.

Der Einfluß von *Beimengungen* wurde ausführlich an Steinsalz-Schmelzflußkristallen untersucht. Die Schubverfestigung ist besonders stark, solange Mischkristallbildung anzunehmen ist; zweiwertige Zusatzkationen üben dabei erheblich stärkere Wirkungen aus als einwertige (473). Bei ultramikroskopisch nachweisbarer Ausscheidung ist keine oder nur geringe Wirkung vorhanden. Besonders stark erwies sich die Verfestigung durch Zusatz von $PbCl_2$, das in einer Konzentration von $\sim 10^{-3}$ Mol.-%, das ist 1 $PbCl_2$-Molekül auf etwa 100000 NaCl-Moleküle, die Streckgrenze auf das Dreifache erhöht (474). Die Wirkung von $CaCl_2$-, $BaCl_2$- und KCl-Zusätzen geht aus Abb. 180 hervor; $SrCl_2$ verhält sich ähnlich wie $CaCl_2$, $MgCl_2$ übt bei Gehalten bis zu 0,1 Mol.-% keinen Einfluß aus. Werden gleichzeitig zwei ultramikroskopisch nicht nachweisbare Zusätze eingeführt, so addieren sich wie bei Metallen (vgl. Punkt 45) ihre verfestigenden Wirkungen, was selbständigem Einbau der Zusatzstoffe entspricht (476). Im Gegensatz zu der aus dem Auftreten von Translationsstreifung gegebenen Streckgrenze wird der photochemisch bestimmte, erste Beginn der Plastizität von NaCl-Kristallen durch $SrCl_2$-Zusatz nicht beeinflußt (476a).

Wiederholt ist schon auf die Bedeutung vorangehender *Glühbehandlung* hingewiesen worden. Abb. 176 zeigte den außerordentlichen Einfluß einer mehrtägigen Temperung auf die Plastizität. Die vorher in den meisten Fällen über der Zerreißfestigkeit liegende Streckgrenze ist bis auf etwa 100 g/mm² erniedrigt worden.

Eine systematische Untersuchung der Temperwirkung bei verschiedenen Temperaturen ergab, daß die individuellen Unterschiede verschiedener Steinsalzsorten mit steigender Glühtemperatur abnehmen, um schließlich nach Glühung bei 600⁰ C einem gemeinsamen Tiefstwert zuzustreben. Noch weitere Erhöhung der Glühtemperatur bringt einen individuellen Wiederanstieg der Streckgrenze mit sich (464). Auch an natürlichem Sylvin wurde die Streckgrenzenerniedrigung durch Temperung festgestellt. Reine

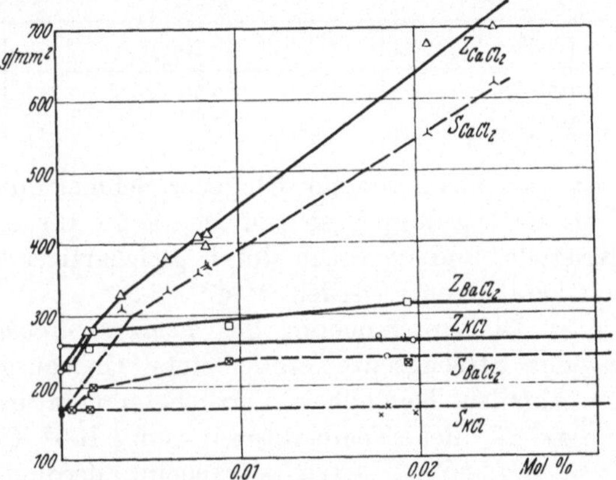

Abb. 180. Einfluß von Zusätzen auf Streckgrenze (S) und Reißfestigkeit (Z) von NaCl-Kristallen (475).

Schmelzfluß- und Lösungskristalle aus KCl und KBr zeigten entsprechend ihrer Herstellungsart keinerlei Effekt (470).

Die durch das Tempern bewirkte Entfestigung ist wohl als ein Erholungseffekt aufzufassen. Hierfür spricht vor allem auch, daß die Glühung sich im Polarisationsmikroskop durch Beseitigung der in natürlichen Kristallen stets vorhandenen, durch plastische Verformungen (Gebirgsdruck) bedingten Spannungen äußert. Inwieweit der Wiederanstieg bei hohen Glühtemperaturen mit einer Temperaturabhängigkeit der Löslichkeit von Beimengungen zusammenhängt, kann heute noch nicht entschieden werden. Jedenfalls besteht durch geeignetes Tempern die Möglichkeit, verschiedenes Kristallmaterial in einen vergleichbaren Zustand zu bringen. Natürliche Steinsalzkristalle verschiedenster Herkunft liefern nach 6stündigem Glühen bei 600⁰ C einen Wert der kritischen Schubspannung des Dodekaedertranslationssystems von etwa

40 g/mm². Für Schmelzflußkristalle, die unter besonderen Vorsichtsmaßnahmen (reinstes DE HAENsches Ausgangsmaterial, einmalige Benutzung eines unglasierten Porzellantiegels) hergestellt worden waren, finden sich die erhaltenen Werte in Tabelle 25.

Tabelle 25. Schubfestigkeit der Dodekaedertranslationssysteme von Alkalihalogenid-Schmelzflußkristallen.

Salz	Summe der Verunreinigungen in Gew.-%	Kritische Schubspannung des Dodekaedertranslationssystems g/mm²	Literatur
NaCl	0,030	75	(476)
KCl	0,016	50	
KBr	0,030	80	(466)
KJ	0,020	70	

Auffällig ist vor allem der für Steinsalz-Schmelzflußkristalle gefundene Wert, der fast doppelt so groß ist wie der für natürliche, getemperte Kristalle, und der auch durch gleichartiges Tempern nicht erheblich herabgesetzt werden kann.

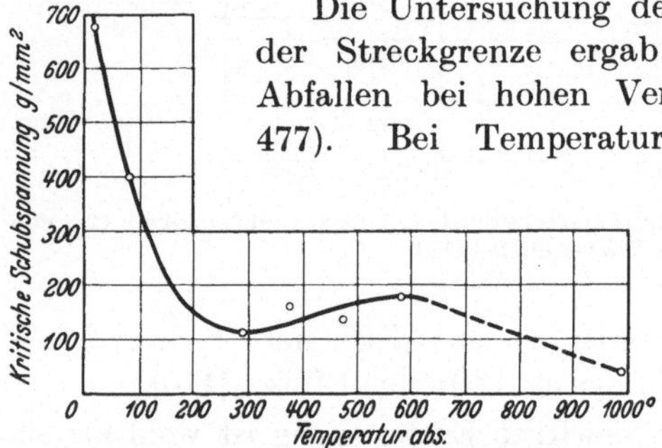

Abb. 181. Temperaturabhängigkeit der kritischen Schubspannung bei Torsion von NaCl-Kristallen (478).

Die Untersuchung der *Temperaturabhängigkeit* der Streckgrenze ergab stets ein ausgeprägtes Abfallen bei hohen Versuchstemperaturen (446, 477). Bei Temperaturen um 100° C herum scheint allerdings ein Bereich geringer Abhängigkeit zu liegen. Für die röntgenographisch ermittelte Spannungsgrenze, welche, wie bereits erwähnt, die Streckgrenze weit übersteigt, wurde am Steinsalz sowohl im Zug- wie im Druckversuch ein Absinken bis auf den Wert Null für den Schmelzpunkt beobachtet (462), ein Verhalten, das sich in charakteristischer Weise von dem der Metallkristalle unterscheidet (Punkt 47).

Ein Vergleich der im Zug- (bzw. Druck-) versuch ermittelten Schubfestigkeiten der Translationssysteme mit denen für andere Beanspruchungsarten kann heute erst für die Torsion durchgeführt werden (478). Die Orientierungsabhängigkeit der Torsionsstreckgrenze von aus der Schmelze gezogenen Steinsalzkristallen gehorcht im großen und ganzen ebenfalls dem Schubspannungsgesetz

(Minimum der Streckgrenze für Orientierungen nahe der [101]-Richtung; Stäbchen parallel der Würfelkante durch Dodekaedertranslation nicht tordierbar). Als kritische Schubspannung ergab sich 111 g/mm². Wenn man die in Punkt 41 für Torsion erörterte Fließbedingung, nach welcher der ganze Umfang des Kristalls verformt werden muß, benutzt, erhält man hier 70 g/mm², ein Wert, der ausreichend mit dem im Zugversuch ermittelten übereinstimmt. Die Temperaturabhängigkeit der kritischen Schubspannung auf Grund von Torsionsversuchen ist in Abb. 181 wiedergegeben. Bei Temperaturerniedrigung von Raumtemperatur auf — 253⁰ C erhöht sie sich auf das etwa 8fache, aber auch bei Temperaturerhöhung ist im Bereich bis 300⁰ C ein leichter Anstieg der Streckgrenze erkennbar. Untersuchungen über Biegung von Würfelstäbchen finden sich in (479 bis 481 und 467).

68. Verlauf der Translation.

Sehr viel spärlicher als die Untersuchungen über den Beginn der Translation von Ionenkristallen sind die über den weiteren Verlauf. Die Erzielung quantitativer Gesetzmäßigkeiten, etwa in Form definierter Verfestigungskurven, ist durch den Umstand sehr erschwert, daß in der Regel nicht einscharige Translation auftritt, sondern zumeist mehrere gleichberechtigte, einander durchkreuzende Systeme an der Verformung teilhaben. Allerdings erfolgt beispielsweise bei der Dehnung von parallel der Würfelkante orientierten Natrium- und Kaliumhalogenidkristallen keineswegs gleiche Abgleitung entlang der vier geometrisch gleichwertigen Systeme. In der Regel betätigen sich nur zwei zusammengehörige Dodekaedertranslationssysteme (sie gehören derselben Würfelkantenzone an), und auch von diesen ist eines häufig noch besonders bevorzugt. Dies bedingt, daß die Kristallorientierung im allgemeinen nicht, wie es der stabilen Ausgangslage entsprechen würde, unverändert bleibt; es treten vielmehr im Falle größerer Dehnungsbeträge Gitterdrehungen bis um etwa 30⁰ ein.

Daß auch hier die Verformung mit einer *Schubverfestigung* der wirkenden Translationssysteme verknüpft ist, geht bereits aus der Form der Dehnungskurven hervor, die mit zunehmender Dehnung einen Spannungsanstieg zeigen (vgl. Abb. 176). Ein solcher Spannungsanstieg bedeutet aber stets Anstieg der Schubfestigkeit des wirkenden Translationssystems (Punkt 43).

Das Ausmaß der im Zugversuch bei Raumtemperatur erreichbaren Dehnung übersteigt im allgemeinen nicht wenige Prozent. Für getemperte, sehr dünne Steinsalzstäbchen werden allerdings Dehnungen bis über 50% angegeben. Der Anstieg der Dehnung mit abnehmendem Querschnitt setzt, wie der Streckgrenzenanstieg, bei Ausgangsdurchmessern von etwa 0,6 mm sehr ausgeprägt

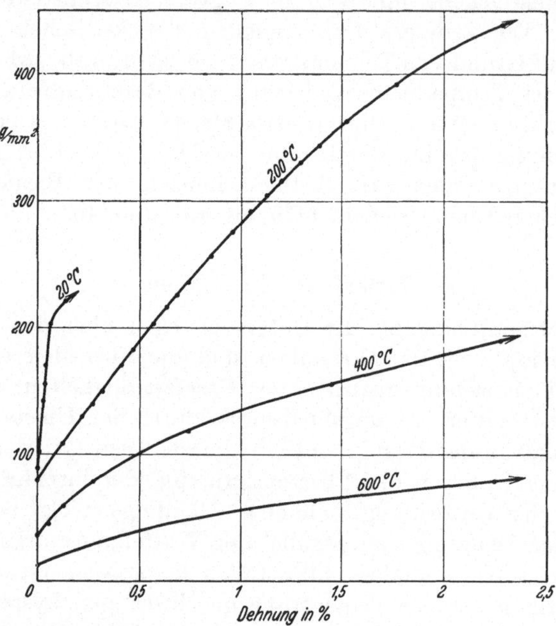

Abb. 182. Temperaturabhängigkeit der Dehnungskurven von NaCl-Kristallen (477).

ein (472). Bemerkenswert ist, daß auch bei parallel der Raumdiagonale belasteten Steinsalzstäbchen dem Bruch eine wenn auch kleine Dehnung vorausgeht, die wegen der oben erörterten Orientierungsbeziehung jedenfalls nicht durch Dodekaedertranslation zustande kommen kann; es handelt sich hier, wie in (451) gezeigt wird, um Translation nach Würfelflächen.

Mit steigender Temperatur nimmt gleichzeitig mit dem Sinken der Streckgrenze das Ausmaß der erzielbaren plastischen Verformungen sehr erheblich zu. Steinsalzkristalle können in der Alkoholflamme leicht von Hand aus gebogen und verdrillt werden (482). Bei Temperaturen oberhalb 400° C tritt im Zugversuch deutliche Einschnürung und Fließschneidenbildung auf, die lokal zu Dehnungen bis auf 30fache Länge führen kann (462). Die Abnahme der zu gleicher Abgleitung gehörigen Schubfestigkeit mit steigender Temperatur geht aus Abb. 182 deutlich hervor, in der Anfangsteile der Dehnungskurven von Steinsalz-Schmelzfluß-kristallen dargestellt sind. Im Torsionsversuch ist die durch steigende Temperatur bewirkte Plastizitätserhöhung messend in (483) und (478) untersucht.

Die messende Verfolgung der Stauchung quadratischer Spalt-stücke von Alkalihalogenidkristallen (bis zu $^1/_{10}$ der Ausgangshöhe) hat zur Auffindung einer sehr einfachen Gesetzmäßigkeit geführt. Sei s die auf die Endhöhe bezogene Stauchung $\left(s = \dfrac{h_0-h}{h}\right)$, λ der Schlankheitsgrad der Proben ($\lambda = h_0/d$; $d =$ Kantenlänge des quadratischen Querschnitts), so gilt für nicht zu niedrige Drucke p (etwa von 2000 kg/cm² aufwärts) $s = b\,\lambda\,p$, worin b eine für das betreffende Material charakteristische Konstante ist. Tabelle 26, welche die bisher ermittelten b-Werte enthält, läßt eine Beziehung zur Gitterkonstanten klar erkennen. Bei gleichem Kation steigt b in erster Näherung linear mit der Gitterkonstanten an. Ein wesentlicher Einfluß von Herkunft und Vorgeschichte der Kristalle ist bei den verwendeten hohen Drucken nicht mehr zu bemerken (484, 485, 486).

Tabelle 26. Zur Stauchung von Alkalihalogenid-kristallen (486).

Stoff	b cm²/kg	Gitter-konstante Å
NaCl	0,0020	5,628
NaBr	0,0052	5,96₂
NaJ	0,0086	6,46₂
KCl	0,0044	6,27₇
KBr	0,0070	6,58₆
KJ	0,0094	7,05₂

Es seien hier noch kurz Versuche erwähnt, die sich auf einen Wechsel der Beanspruchungsrichtung beziehen. Schon sehr früh war beobachtet worden, daß die Verfestigung von Steinsalzkristallen im Biegeversuch einseitig ist (487). Die *inhomogen* beanspruchten Kristalle zeigen also die später BAUSCHINGER-*Effekt* genannte Erscheinung [vgl. auch (488)]. Desgleichen tritt in plastisch gebogenen Kristallen *Hysteresis* und auch *Nachwirkung* auf. Als Ursache für dieses Verhalten wird man wohl die wegen der inhomogenen Beanspruchung im Kristall aufgespeicherten inneren Spannungen ansehen, deren Vorhandensein durch Bewegungen nach Ablösung der Oberflächenschichten auch unmittelbar sichtbar gemacht werden konnte (481).

69. Zerreißen der Kristalle. Sohnckesches Normalspannungsgesetz.

Wie schon im Punkt 53 erwähnt, hatten bereits die ersten systematischen Versuche über die Bedeutung der Kristallorientierung für die Größe der Reißfestigkeit von Steinsalzkristallen zur Aufstellung des *Normalspannungsgesetzes* geführt (489). Bei allen untersuchten Orientierungen der Zugrichtung ([100], [110], [120] und [111]) trat die Würfelfläche als Reißebene auf; die Reißfestigkeit stieg mit abnehmendem Winkel zwischen Reißfläche und Zugrichtung etwa in dem Maße an, wie es dem Bestehen einer konstanten Grenznormalspannung der Würfelfläche entspricht [Gleichung (40/2)]. Auf Grund späterer Untersuchungen, die einen Einfluß der Natur der Seitenflächen auf die Größe der Reißfestigkeiten aufdeckten, wurde das Normalspannungsgesetz abgelehnt (461), und erst als es sehr viel später an Metallkristallen wieder aufgefunden war, konnte seine Gültigkeit auch am Steinsalz erwiesen werden (490). Es zeigte sich, daß auch die Versuche, die zu seiner Ablehnung geführt hatten, mit zu seiner Bestätigung herangezogen werden konnten, soferne nur ein Seitenflächenpaar in den verschieden orientierten Stäbchen übereinstimmt. Die Verwendung zylindrischer Versuchstäbchen vermeidet den Seitenflächeneinfluß, der wohl als ein zusätzlicher, durch die Probenherstellung bedingter Reißverfestigungseffekt anzusehen ist. Während theoretisch für [100], [110] und [111]-Richtungen Reißfestigkeiten zu erwarten sind, die sich wie $1:2:3$ verhalten, ergaben die Beobachtungen unter Zugrundelegung der Höchstwerte $1:2,24:3,32$, bei Heranziehung der Mittelwerte $1:2,22:3,51$. Auffälligerweise fügen sich jedoch die für eine [112]-Richtung erhaltenen Werte nicht ein: Dem theoretisch zu erwartenden 1,5fachen Wert steht eine beobachtete Festigkeit gegenüber, welche etwa das Doppelte beträgt [(452); vgl. auch (469)]. Eine Konstanz der Normaldilatation senkrecht zur Würfelreißfläche oder der Gestaltsänderungsenergie als Bruchbedingung ist nach diesen Versuchen ausgeschlossen (491, 492).

Eine Bestätigung des Normalspannungsgesetzes an KCl- und KBr-Schmelzflußkristallen liegt bisher noch nicht vor. Die Reißfestigkeitswerte weisen hier eine sehr erhebliche Streuung auf, die dazu geführt hat, den Streubereich in einzelne Häufigkeitsmaxima aufzulösen. Immerhin scheinen die für Zugrichtungen in einer Würfelfläche erhaltenen Werte der Bedingung konstanter Normalfestigkeit der Würfelreißfläche nicht zu widersprechen. Ein Einfluß der Orientierung der Seitenflächen trat nicht in Erscheinung (466, 470).

Eine anschauliche Darstellung der Orientierungsabhängigkeit der Reißfestigkeit kubischer Kristalle, die nach Würfelflächen unter Gültigkeit des Normalspannungsgesetzes zerreißen, ist in Abb. 183 gegeben. Das Minimum der Festigkeit entspricht einer

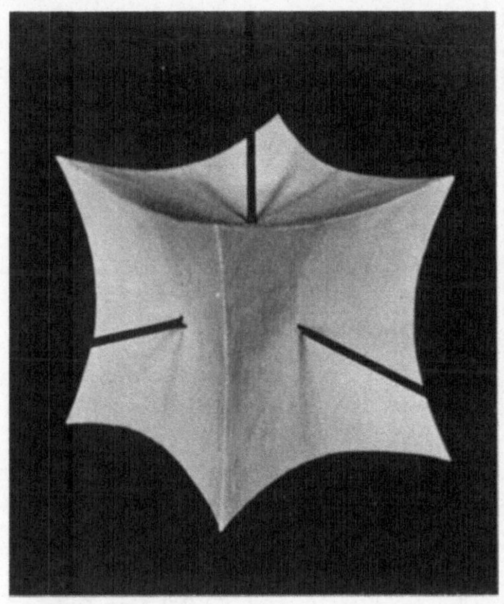

Abb. 183. Reißfestigkeitskörper kubischer Kristalle mit Würfelspaltung (452).

Würfelkantenrichtung, das dreimal so große Maximum der Raumdiagonalen.

Der Zahlenwert der Reißfestigkeit der Würfelfläche von Steinsalzkristallen schwankt, wie der Streckgrenzenwert, je nach Fundort und Vorgeschichte in weiten Grenzen, etwa zwischen 200 und 600 g/mm². Gelegentlich wurden sogar Werte bis 1800 g/mm² beobachtet (464). Für die *elastische Dilatation* senkrecht zur Würfelfläche im Augenblick des Zerreißens ergibt sich wieder die Größenordnung 10^{-4}; zufolge der Orientierungsabhängigkeit von Reißfestigkeit und Elastizitätsmodul beträgt diese Normaldilatation bei Zug parallel der Raumdiagonalen etwa das 3fache wie bei Zug nach der Würfelkante.

Wie Streckgrenze und Ausmaß der Dehnung zeigt auch die Reißfestigkeit von Steinsalzkristallen eine Abhängigkeit vom *Querschnitt* der Probestäbchen. Auch sie wird erst von sehr kleinem Durchmesser ($\sim 0{,}8$ mm) ab deutlich; es wurden Anstiege bis auf das 20fache der normalen Festigkeit beobachtet (472). Gegen

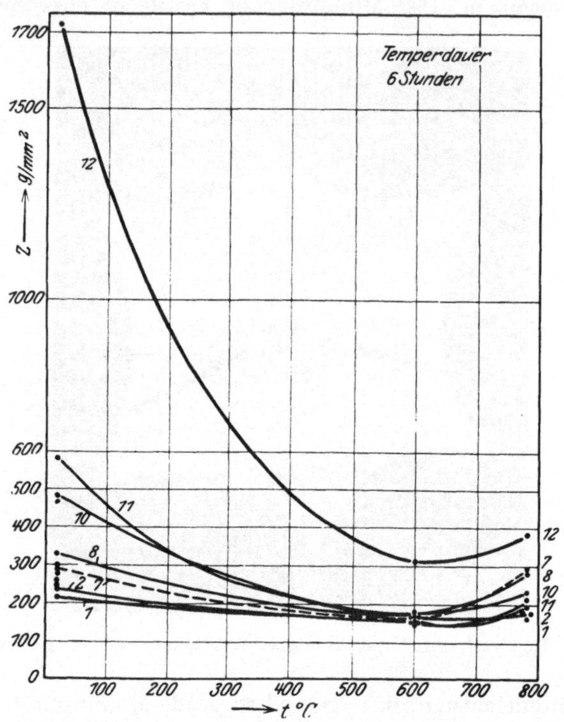

Abb. 184. Einfluß von Temperung auf die Reißfestigkeit von natürlichen NaCl-Kristallen verschiedener Herkunft (464).

Untersuchungen mit ähnlichem Ergebnis, in denen die Herstellung der dünnen Querschnitte nicht durch Ablösung in der Schmelze, sondern durch Wasserablösung erfolgte (493), kann allerdings der Einwand einer Verfestigungswirkung des Wasser erhoben werden [(480); vgl. auch Punkt 72].

Von *Beimengungen* hängt die Reißfestigkeit des Steinsalzes in etwa gleicher Weise ab wie die Streckgrenze. Reißverfestigung und Schubverfestigung gehen einander parallel, wie Abb. 180

erkennen läßt. Bei gleichzeitiger Gegenwart zweier mischkristallbildender Zusätze in kleinen Mengen addieren sich die durch jeden
der Zusätze für sich bedingten Festigkeitserhöhungen (476). Formelmäßig läßt sich somit die durch Zusätze bedingte Reißverfestigung
ebenso darstellen wie die durch Legierung bedingte Schubverfestigung (Punkt 45).

Auch *Temperung* äußert sich für die Reißfestigkeit in derselben
Weise, wie es oben für die Streckgrenze bereits beschrieben ist.
Abb. 184 zeigt die an natürlichen Steinsalzkristallen verschiedener
Herkunft erzielten Wirkungen. Als wesentliches Ergebnis ist hervorzuheben, daß eine mehrstündige Temperung bei 600° C wieder
eine weitgehende Angleichung der ursprünglich erheblich voneinander abweichenden Festigkeitswerte herbeiführt. Dieser gemeinsame Festigkeitswert stellt ein Minimum dar ($\sim 170\,\mathrm{g/mm^2}$),
das nach Beseitigung der je nach der Vorgeschichte vorhandenen Verfestigungen erreicht wird. Weitere Erhöhung der
Glühtemperatur bringt dann wieder, wohl im Zusammenhang mit den vorhandenen Verunreinigungen, einen leichten Anstieg der Festigkeit mit sich.

Tabelle 27. Normalfestigkeiten
der Reißflächen von Ionenkristallen.

Salz	Reißfläche	Normalfestigkeit der Reißfläche $\mathrm{g/mm^2}$	Lit.
NaCl		220	(476)
KCl	(100)	200	
KBr		250	(466)
KJ		240	
CaF_2	(111)	1550—2430[1]	(495)
$SrCl_2$		~ 1100	(496)

Einen Überblick über die an Ionenkristallen festgestellten
Normalfestigkeiten der Reißflächen gibt Tabelle 27. Sie enthält zunächst die Ergebnisse an Schmelzflußkristallen mit Steinsalzgitter,
die aus reinsten DE HAEN-Präparaten erzeugt waren. Flußspat
wurde als natürlicher Kristall, das ebenfalls im Flußspattyp
kristallisierende Strontiumchlorid dagegen wieder als Schmelzflußkristall untersucht. Bei Gültigkeit des Normalspannungsgesetzes
unterscheiden sich auch für *Oktaederreißflächen* die Extremwerte
der Reißfestigkeit wie 3 : 1; während aber bei Würfelspaltung das
Maximum in der Raumdiagonalen und das Minimum in der Würfelkante liegt, kehren sich bei Oktaederspaltung die Verhältnisse
gerade um.

---

[1] Vgl. auch (494), worin Festigkeitsunterschiede wie 1 : 3 an Kristallmaterial verschiedener Herkunft beobachtet werden.

Es sei hier noch ausdrücklich betont, daß die niedrigen Reißfestigkeiten und ihre ausgeprägte Richtungsabhängigkeit enge mit
dem Auftreten glatter Reißebenen verknüpft sind. Fehlen solche
und erfolgt der Bruch mehr oder minder gesetzlos quer durch
den Kristall, so werden höhere Festigkeiten und eine erheblich
geringere Anisotropie beobachtet.

Über die *Temperaturabhängigkeit* der Reißfestigkeit liegen vorzugsweise Versuche an Steinsalzkristallen vor. Es ist hier zu unterscheiden, ob ein statischer Zugversuch oder rasche Belastungssteigerung erfolgt. Im ersten Fall dehnt sich, insbesondere bei
hohen Temperaturen, der Kri-
stall erheblich, bevor er zerreißt,
im zweiten dagegen wird durch
die rasche Steigerung der Belastung eine plastische Verlängerung des Kristalls weitgehend
unterdrückt und so die Möglichkeit geschaffen, auch bei höheren
Temperaturen die Reißfestigkeit ohne Überlagerung nennens-
werter Reißverfestigung zu bestimmen. Für natürliche Kri-

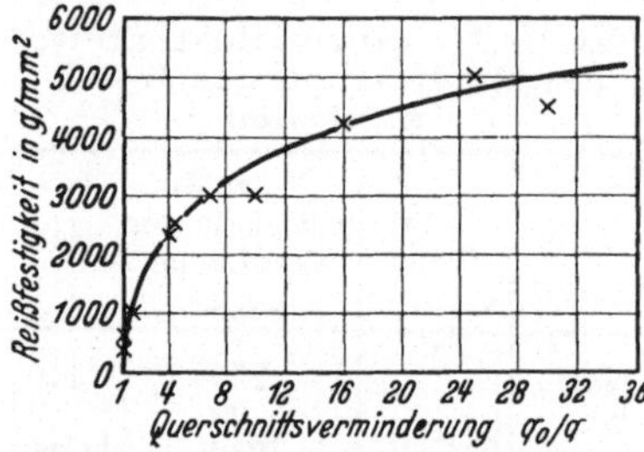

Abb. 185. Reißfestigkeit von Steinsalzkristallen als Funktion der Dehnung
(Querschnittsverminderung) (462).

stalle zeigte sich dabei in dem weiten Temperaturbereich von
— 190° C bis + 600° C ungefähre Konstanz der Reißfestigkeit
von etwa 450 g/mm²; die Ungenauigkeit betrug nur 5—10% (462).

Erfolgt hingegen die Belastungssteigerung so langsam, daß
sich große plastische Verformungen ausbilden können, so tritt
im Maße der Dehnung eine beträchtliche Reißverfestigung ein,
die bis zum 30fachen Wert der Reißfestigkeit bei Raumtemperatur führen kann. Abb. 185 zeigt für natürliche Steinsalzkristalle den Anstieg der Reißfestigkeit als Funktion der Querschnittsverminderung bei der Dehnung. In die Abbildung sind
sowohl Zerreißversuche bei hohen Temperaturen (bis 600° C) als
auch solche nach Wiederabkühlung der Kristalle auf Zimmertemperatur eingetragen. Der Umstand, daß sich alle Beobachtungen gut durch eine glatte Kurve ausgleichen lassen, ist deshalb auffällig, weil er besagt, daß für die Größe der Reißverfestigung lediglich das Ausmaß der Dehnung maßgeblich ist
und nicht auch die Temperatur, bei der diese Dehnung vorgenommen wurde. An gewissen Steinsalzsorten wurden bei 600° C

sogar Reißfestigkeiten bis 10000 g/mm² beobachtet (477). Für Steinsalz-Schmelzflußkristalle zeigt Abb. 186 die Temperaturabhängigkeit der statisch bestimmten Reißfestigkeit (Normalspannung auf die Würfelreißfläche) im Bereich von — 269° C bis 600° C. Im Gebiet tiefster Temperaturen (sprödes Zerreißen) bleibt sie ungefähr konstant; hieran schließt sich eine Abnahme mit steigender Temperatur, Durchlaufen eines Minimums bei etwa + 40° C und steiler Anstieg bei höheren Versuchstemperaturen.

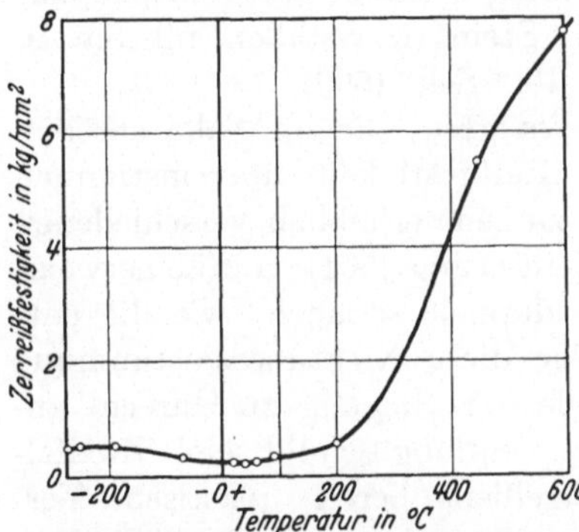

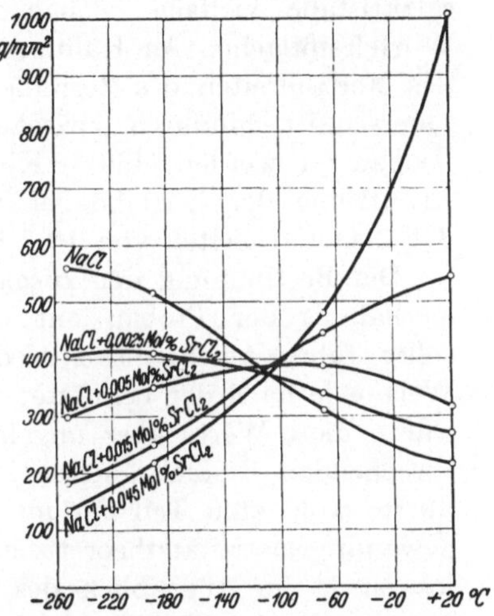

Abb. 186. Temperaturabhängigkeit der (statisch bestimmten) Reißfestigkeit von Steinsalzkristallen (477, 497, 498, 499).

Abb. 187. Temperaturabhängigkeit der Reißfestigkeit von Steinsalzkristallen mit verschiedenen Zusätzen von SrCl₂ (498).

Sehr bemerkenswert sind die Beobachtungen über die Temperaturabhängigkeit der Reißfestigkeit von Steinsalzkristallen mit verschiedenen Gehalten von $SrCl_2$. Abb. 187 gibt den experimentellen Befund wieder. Bei Temperaturen über — 100° C tritt die auch an der kritischen Schubfestigkeit der Translationsflächen beobachtete verfestigende Wirkung des Zusatzes um so deutlicher zutage, je höher die Versuchstemperatur ist. Für Temperaturen unterhalb dieses Wertes kehren sich die Verhältnisse um. Hier ist die Reißfestigkeit des verunreinigten Kristalls stets niedriger als die des reinen, und zwar um so mehr, je höher die Zusatzmenge und je tiefer die Temperatur ist.

Zu einer systematischen Verfolgung der Verhältnisse erscheint die Ermittlung der *Verfestigungskurve* und ihrer Temperaturabhängigkeit ebenso wie eine Untersuchung der kritischen

Normalspannung der Reißfläche in Funktion von Abgleitung und Temperatur erforderlich.

Über den *Verlauf des Zerreißens* wissen wir heute noch wenig. Es steht nur fest, daß es sich dabei um einen mit endlicher Geschwindigkeit vor sich gehenden Vorgang handelt. Ein erster Beweis dafür sind bereits die an Reißstücken getemperter Steinsalzkristalle vielfach beobachteten, tiefen Anrisse parallel zur Würfelreißfläche. An Kaliumhalogenidkristallen konnte bisweilen das Fortschreiten des Zerreißens von einer Seite her durch den Querschnitt hindurch zwischen gekreuzten Nikols unmittelbar beobachtet werden (466). Kinematographische Vorversuche zur Ermittlung der Zerreißdauer von Steinsalzkristallen führten in 3 Fällen auf Zeiten von 10^{-3} bis 10^{-4} Sek. (500).

Die Bestimmung der *Biegungsfestigkeit*, die im Falle spröden Verhaltens der Proben mit der Reißfestigkeit übereinstimmen sollte, führte am Steinsalz wieder zu sehr erheblich verschiedenen Werten je nach der benutzten Orientierung (501); auffälligerweise waren diese Werte aber ungefähr doppelt so hoch, wie die entsprechenden Reißfestigkeiten[1]. Für diese Nichtübereinstimmung dürfte wohl zum Teil die im Falle der Biegung zu Unrecht angewandte elastizitätstheoretische Berechnung Schuld sein. Zweifellos ist ja im Augenblick des Zerreißens bereits plastische Verformung in den Randfasern vorhanden, die eine erhebliche Abweichung von der theoretischen Spannungsverteilung bedingt (502). Weiterhin kann die plastische Verformung der Randfaser bereits eine Reißverfestigung mit sich gebracht haben. Beide Gründe dürften auch zur Deutung der so hohen experimentellen *Torsionsfestigkeiten* [~ 2700 g/mm² (503)] heranzuziehen sein. Die Reißstelle setzt sich hier oft aus mehreren Flächen zusammen. Die durch höchste Normalspannung ausgezeichnete Würfelfläche ist daran stets wesentlich beteiligt (478).

Mit Rücksicht darauf, daß das Normalspannungsgesetz bisher nur für Temperaturen bestätigt worden ist, bei denen dem Zerreißen eine mehr oder minder große Verformung vorausgeht, ist ihm in letzter Zeit die Bedeutung eines Verfestigungsgesetzes zugeschrieben worden, das über die Verhältnisse am unverformten Kristall keine Aussage erlaubt (504). Daß die Reißverfestigung

---

[1] Man vergleiche die Analogie, daß auch die Zugspaltung, die ja im gebogenen Kristall erfolgt, höhere Kräfte benötigt als die Druckspaltung (Abb. 175).

ein sehr erhebliches Ausmaß erreichen kann, geht ja vor allem aus den statischen Zugversuchen an Steinsalzkristallen bei erhöhten Temperaturen hervor. Dennoch scheint uns das unter normalen Bedingungen an Kristallen mit Steinsalzgitter festgestellte Normalspannungsgesetz mit Rücksicht auf die bei verschiedenen Zugrichtungen so außerordentlich verschiedenen Translationsmöglichkeiten (vgl. oben) und mit Rücksicht auf die in der Regel so kleinen plastischen Verformungen auch eine dem unverformten Zustand zugehörige, dem Schubspannungsgesetz an die Seite zu stellende Gesetzmäßigkeit zu sein.

70. Härte (nach 505).

Sehr viel weniger durchsichtig als die eben besprochenen Eigenschaften, Schubfestigkeit von Translationssystemen, Normalfestigkeit von Reißflächen, ist die eng mit Plastizität und Festigkeit der Kristalle zusammenhängende *Härte*. Eigentlich ist es eine ganze Reihe von Eigenschaften, die unter den Begriff Härte fallen, je nach dem Verfahren, das zu ihrer Bestimmung herangezogen wird. Als kennzeichnende Materialeigenschaft kommt ihr erhebliche technische Bedeutung zu; ein weiterer Vorzug ist ihre verhältnismäßig einfache Bestimmbarkeit.

Eine Übersicht über die Verfahren zur Härtebestimmung kann nach (506) etwa in folgender Weise gegeben werden:

I. Der eindringende Fremdkörper verschiebt sich auf der zu prüfenden Oberfläche:

 1. Härtevergleich durch gegenseitiges Ritzen;

 2. Ritzen mit harter Spitze unter meßbarer Belastung;

  a) Messung der Belastung, bei der eben sichtbare Ritzer auftreten,

  b) Messung der Belastung für bestimmte Ritzbreite,

  c) Messung der Ritzbreite bei bestimmter Belastung;

 3. Feststellung des Abnutzungswiderstandes der untersuchten Fläche oder des Widerstands gegenüber Eindringen eines Bohrers oder rotierenden Scheibchens.

II. Der eindringende Körper verschiebt sich nur senkrecht gegen die zu prüfende Fläche:

 1. Eindruckverfahren (Kugeldruck, Kegeldruck);

 2. Einhiebverfahren. Ein Stempel bestimmter Form wird mit einer gewissen Wucht eingeschlagen.

Eine gewisse Mittelstellung nimmt ein Verfahren ein, welches die Härte aus der Dämpfung eines schwingenden Pendels herleitet, das mit einer Kugel, Schneide oder Spitze auf der zu prüfenden Fläche ruht. Schließlich sei noch ein Verfahren erwähnt, das die Härte aus der Rücksprunghöhe eines kleinen Fallhammers erschließt.

Aus dieser Zusammenstellung geht wohl deutlich die Berechtigung der Behauptung, daß die Härte keine einheitlich definierte Größe ist, hervor. Quantitative Vergleiche wird man nur bei Benutzung desselben Prüfverfahrens durchführen können. Eine Zurückführung der gefundenen Härten auf einfache Festigkeitseigenschaften ist heute noch kaum möglich.

Zu den verschiedenen Prüfverfahren und den damit gewonnenen Härtewerten seien noch kurz einige Bemerkungen angeschlossen:

Die Grundlage für den Härtevergleich durch gegenseitiges Ritzen bildet die MOHSsche Härteskala, deren Standardmineralien in Tabelle 28 zusammengestellt sind. Wird das zu untersuchende

Tabelle 28. MOHSsche Härteskala.

1. Talk	fettig anzufühlen	mit Fingernagel	leicht mit
2. Steinsalz		ritzbar	Messer
3. Kalkspat (Kalzit)			ritzbar
4. Fluorit			
5. Apatit			
6. Orthoklas			
7. Quarz			
8. Topas	mit Messer nicht mehr ritzbar,	mit Stahl
9. Korund	ritzen selbst Fensterglas	Funken
10. Diamant		schlagend

Material von dem Mineral der Härtenummer n nicht geritzt, wohl aber von dem der Nummer $(n + 1)$, so liegt seine Härte zwischen diesen beiden und wird mit $(n + 1/2)$ bezeichnet. Sehr viel feinere Unterschiede als auf diese Weise lassen sich mit Hilfe der unter I, 2 verzeichneten Prüfverfahren ermitteln. Diese definierteren Ritzhärtebestimmungen gestatten insbesondere auch die Anisotropie der Härte in den verschiedenen Richtungen ein und derselben Fläche zu bestimmen. Ein nach diesem Verfahren arbeitender, besonders geeigneter Apparat ist der MARTENSsche Ritzhärteprüfer (507). Als Beispiele von Ritzhärtebestimmungen sind in den Abb. 188 und 189 Härtekurven auf Würfel- und Oktaederebenen von Steinsalz- und Flußspatkristallen dargestellt (508). Die Kurven werden durch Verbindung der Endpunkte von Strecken erhalten, die von einem Punkt der Fläche ausgehen und deren Länge der in der betreffenden Richtung gemessenen Ritzhärte proportional ist. Die Beziehung der Ritzhärte zur vorhandenen

Symmetrie und auch zu der in den Abbildungen ebenfalls angedeuteten Spaltbarkeit tritt deutlich hervor. Allgemein läßt sich etwa folgendes sagen: Meßbare Härteunterschiede treten besonders an Kristallen auf, welche Spaltbarkeit besitzen; steht die geprüfte Fläche senkrecht auf Spaltflächen, so ist die Härte parallel der Spaltrichtung ein Minimum; steht die Fläche schief zu einer Spaltrichtung, so verhalten sich Richtung und Gegenrichtung zumeist verschieden. Auf Grund von Ritzhärtebestimmungen wurden auch Beziehungen zwischen Härte, Kristallbau und chemischer Konstitution aufgedeckt (506).

Bohrhärteversuche führen lediglich zur Bestimmung von Flächenhärten. Als Maß der Bohrhärte dient die Zahl der Umdrehungen eines unter konstanter Belastung stehenden Bohrers oder Scheibchens, die notwendig ist, um Löcher gleicher Tiefe zu erzeugen. Auch Schleifhärteversuche liefern in der Regel nur Flächen-

Abb. 188. Ritzhärtekurven auf (100)- und (111)-Fläche von Steinsalz.

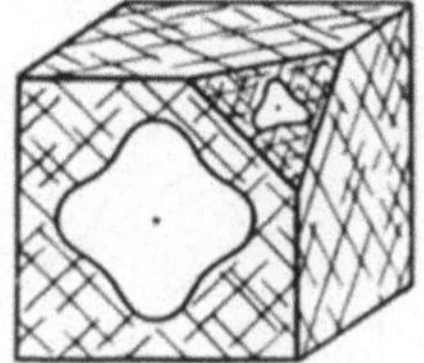

Abb. 189. Ritzhärtekurven auf (100)- und (111)-Fläche von Flußspat.

härten. Die Arbeit, die erforderlich ist, um unter definierten Bedingungen 1 cm³ des Kristalls parallel der untersuchten Fläche wegzuschleifen, dient hierbei als Maß der Härte. Neuerdings wurde gezeigt, daß diese Methode jedoch auch empfindlich genug ist, um Härteanisotropien in Kristallflächen zu messen (509).

Die Eindruck- und Einhiebverfahren, ebenso wie die Bestimmung der Rücksprunghärte haben ihr Hauptanwendungsgebiet bei metallischen Werkstücken: vor allem die BRINELLsche Kugeldruckhärte ist dort eine der wichtigsten technologischen Kennziffern. Neuerdings ist die BRINELLsche Härteprüfung systematisch auch auf Alkalihalogenidkristalle angewendet worden. Tabelle 29 gibt die erhaltenen

Tabelle 29. Brinellhärte von Alkalihalogenidkristallen (485, 486). (Bestimmt aus dem Eindruckdurchmesser auf der Würfelfläche bei 5 kg Belastung und einem Kugeldurchmesser von 0,71 cm.)

Stoff	Härte	Stoff	Härte	Stoff	Härte
NaCl	12,4	NaJ	8,4	KBr	5,4
NaBr	9,2	KCl	5,8	KJ	3,2

Werte wieder. Durch solche Härtebestimmungen konnte auch die Verfestigung der Kristalle durch· plastische Stauchung und ihre Entfestigung durch Rekristallisation verfolgt werden. Die Untersuchung der Plastizität von Ionenkristallen mit Hilfe des *Kegel*druckverfahrens führte auf eine Formel mit fünf Materialkonstanten zur Darstellung der Kegeldruckhärte für verschiedene Preßdauer und Temperatur (510). Dies zeigt wohl deutlich, daß es sich bei der Härte keineswegs um eine einfache Grundeigenschaft handelt. Die für den Idealfall, daß der drückende Kegel (Öffnungswinkel 90°) nur senkrecht zu einer Mantelfläche Kräfte auf den Kristall überträgt, berechnete Schubspannungsverteilung auf die Dodekaedertranslationssysteme in der gedrückten Fläche stimmt mit den auf Würfel-, Rhombendodekaeder- und Oktaederflächen von Steinsalz auftretenden Druckfiguren qualitativ überein (511). Auch die Prüfung der Pendelhärte (512) war längere Zeit auf vielkristalline Metalle beschränkt; sie wird jedoch neuerdings mit Vorteil auch zur Kristalluntersuchung herangezogen (513, 514). Abb. 190 zeigt als Beispiel die auf diese Weise mit großer Genauigkeit erhaltene Härteanisotropie auf der Würfelfläche von Steinsalz.

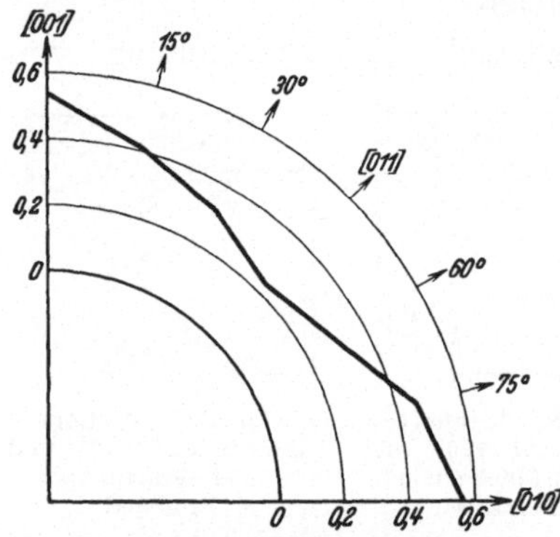

Abb. 190. Durch Pendelhärtebestimmung ermittelte Anisotropie der (001)-Fläche von NaCl-Kristallen (514).

Abschließend sei nochmals betont, daß wir zu einem Verständnis einer so zusammengesetzten Eigenschaft, wie es die Härte ist, wohl erst gelangen können, wenn für die sehr viel einfacheren Vorgänge in Kristallen, Spaltung und Verformung, eine Zurückführung auf Konstitution und Gitterbau gelungen sein wird. Hierzu kommt noch, daß auch die Beschaffenheit der Oberfläche weitgehend berücksichtigt werden muß. Adsorption polarer Moleküle kann zufolge der Herabsetzung der Kohäsionskräfte zwischen den in der Oberfläche gelegenen Gitterbausteinen um den zur Adsorption nötigen Betrag sehr erhebliche (50% übersteigende) Härteabnahmen bedingen (515).

71. Eigenschaftsänderungen bei der Kaltverformung.
Erholung und Rekristallisation.

Auf eine ausführliche Belegung der Anisotropie physikalischer Eigenschaften von Ionenkristallen sei hier verzichtet, da die Beeinflussung dieser Eigenschaften durch Kaltreckung heute noch kaum quantitativ verfolgt ist. Wir führen in Tabelle 30 lediglich die elastischen Konstanten, soweit vollständige Bestimmungen vorliegen, auf.

Ebenso wie bei den Metallkristallen hat sich auch bei den heteropolaren Kristallen ein Einfluß von Verformung auf die *Gitterabmessungen* nicht nachweisen lassen. Die Gitterkonstante eines plastisch gebogenen Sylvinkristalls gleicht innerhalb der Genauigkeit von $0,5^0/_{00}$ der unverformter Proben. Eine K_α-Dublettverschmierung wurde nicht beobachtet (518). In Übereinstimmung mit diesem Befund für die Gitterkonstante stehen die nach Verformung und Glühung von Steinsalzkristallen erhaltenen *Dichteänderungen*, die ebenfalls das Ausmaß von $\sim 0,5^0/_{00}$ nicht übersteigen (519).

Wie bei den Metallkristallen ist aber auch hier die weitgehende Erhaltung der Gitterdimensionen nach Kaltreckung keineswegs mit einer völligen Unversehrtheit des Gitters gleichbedeutend. Auf die nach Translation im polarisierten Licht beobachtbare Spannungsdoppelbrechung ist ja in Punkt 67 bereits hingewiesen worden. Ein Versuch zur quantitativen Ermittlung der parallel den wirksamen (110)-Translationsebenen von Steinsalzkristallen vorhandenen Zug- (und Druck-) Spannungen führte auf etwa $2,3 \text{ kg/mm}^2$ (463). Der Wert dieser lokal vorhandenen Spannungen übersteigt nicht nur die Streckgrenze, sondern auch die Festigkeit ganz beträchtlich. Seiner Ableitung liegt die im elastischen Bereich gefundene Proportionalität zwischen Spannung und Größe der Doppelbrechung zugrunde. Die Verteilung der Spannungen entspricht einer Biegung der Gleitschichten. Noch sehr viel größer sind die Spannungen, die aus dem Asterismus der LAUE-Bilder gebogener Steinsalzkristalle berechnet wurden und die bis 60 kg/mm^2 reichen (520). Wegen der inhomogenen Verteilung dieser Spannungen entlang der wirksamen Translationsflächen tritt in deren Nachbarschaft eine Gitterverzerrung um höchstens 1^0 ein (521). Rückbiegung der Kristalle bedingt entsprechend den Beobachtungen an Metallkristallen (Punkt 59) auch eine Rückbiegung des Gitters.

Tabelle 30. Elastizitätskoeffizienten (s_{ik}) von

Stoff	Kristall-		s_{11}	s_{12}
	klasse	system		
Steinsalz, NaCl	O_h	kubisch	24,3	— 5,26
			23,0	— 5,0
Natriumbromid, NaBr			40,0	—11,5
Sylvin, KCl			27,4	— 1,38
			29,4	— 5,3
Kaliumbromid, KBr			31,7	— 4,7
Kaliumjodid, KJ			39,2	— 5,4
Flußspat, CaF_2			6,91	— 1,49
Pyrit, FeS_2	T_h		2,89	+ 0,44
Natriumchlorat, $NaClO_3$	T		24,6	+12,6
Beryll, $Al_2Be_3(SiO_3)_6$	D_{6h}	hexagonal	4,42	— 1,37
Eisenglanz, Fe_2O_3	D_{3d}	rhombo-	4,42	— 1,02
Kalkspat, $CaCO_3$	D_3	edrisch	11,3	— 3,74
Quarz (Bergkristall), SiO_2	D_3		13,0	— 1,66
Turmalin, Alumino-Borsilikat	C_{3v}		3,99	— 1,03
Topas, $(AlF_2)SiO_4$	V_h	rhombisch	4,43	— 1,38
Baryt, $BaSO_4$			16,5	— 8,97
Aragonit, $CaCO_3$			6,96	— 3,04

Auch durch Messung des Absorptionsspektrums verformter Steinsalzkristalle ist versucht worden, die Größe der inneren Spannungen zu ermitteln (522). Der experimentelle Befund besteht darin, daß das Absorptionsmaximum verfärbter Kristalle (s. weiter unten), welches bei 4650 Å liegt, nach der Verformung um ~ 100 Å nach rot hin verschoben ist. Dies bedeutet eine Herabsetzung der mittleren lichtelektrischen Ablösungsarbeit für das am lockersten gebundene Elektron der Farbzentren um $8 \cdot 10^{-14}$ Erg pro Atom. Würde diese Energie als im Ionenvolumen aufgespeicherte elastische Energie zur Verfügung stehen, so würde dies lokale Spannungen von der Größenordnung 300 kg/mm² bedingen.

Eine unmittelbare Bestimmung der mit der Verformung einhergehenden *Gitterstörungen* ist an gestauchten synthetischen Sylvinkristallen durch Messung der Intensitäten des in Kristallinterferenzen abgebeugten und des zwischen die DEBYE-SCHERRER-Kreise diffus gestreuten Röntgenlichts versucht worden (518, 523). Die in der Umgebung der wirksamen Translationsebenen aufgehäuften Störungen setzen nicht nur die absolute Intensität in den Interferenzrichtungen herab; sie verändern auch das Intensitätsverhältnis verschiedener Reflexionen. Ein Einfluß auf die

Ionenkristallen (in $\mathrm{Dyn}^{-1}\,\mathrm{cm}^2 \cdot 10^{-13}$).

s_{44}	s_{33}	s_{13}	s_{14}	s_{22}	s_{55}	s_{66}	s_{23}	Lit.
78,7								(516)
78,0								(517)
75,4								(517)
156,0								(516)
127,0								
161,0								(517)
238,0								
29,6								
9,48								
83,6								
15,3	4,71	—0,86						
11,9	4,44	—0,23	$+0,79_5$					
40,3	17,5	—4,33	$+9,15$					(516)
$20,0_5$	9,90	—1,52	—4,32					
15,1	6,15	—0,16	$+0,58$					
9,25	3,85	—0,86		3,53	7,53	7,64	—0,66	
84,0	10,7	—1,92		18,9	34,9	36,0	—2,51	
24,3	12,3	$+0,43$		13,2	39,0	23,5	—2,38	

Linienbreite kommt ihnen gemäß ihrer Verteilung nicht zu (524), wohl aber vergrößern sie die diffus gestreute Strahlung. Die mit Hilfe eines Ionisationsspektrometers durchgemessenen Intensitäten der verschiedenen Ordnungen der Würfelfläche ergeben in der Tat beim gestauchten Kristall eine Abnahme der relativen Intensität der höheren Ordnungen gegenüber dem unverformten Zustand. Eine hierauf gegründete Abschätzung der nach Stauchung um 3,8% vorhandenen Gitterstörungen führt auf eine Anzahl von $\sim 2\%$ aus den Gleichgewichtslagen verschobener Gitterbausteine mit einer maximalen Verschiebung um $\sim 1/8$ der Identitätsperiode in der Translationsrichtung. Die Messung der Intensität des von einem gestauchten KCl-Kristall (zwischen die Kristallinterferenzen) diffus gestreuten Röntgenlichts wurde mit einem GEIGERschen Spitzenzähler ausgeführt. Sie ließ den durch Gitterstörungen bedingten Intensitätsanstieg klar erkennen.

Änderungen des *Elastizitätsmoduls* durch plastische Verformung sind bisher nicht festgestellt worden. Biegungsversuche an Steinsalzkristallen zeigten, daß bis zu 97% der Bruchlast das HOOKEsche Gesetz in Gültigkeit bleibt (479).

Die mit plastischer Verformung einhergehenden Änderungen im Kristallgitter äußern sich sehr sinnfällig durch ihren Einfluß auf die *Verfärbbarkeit* der Kristalle bei Bestrahlung mit ultraviolettem Licht, *Röntgen*- und γ-Strahlen. Steinsalzkristalle, an denen in der Hauptsache derartige Untersuchungen angestellt wurden, nehmen durch diese Bestrahlungen in der Durchsicht eine gelbe Farbe an. Sie wird hervorgerufen durch das Auftreten einer selektiven Absorptionsbande, die bei Zimmertemperatur zwischen 3500 und 5500 Å liegt, mit einem ausgeprägten Maximum bei 4650 Å. Bedingt wird diese Absorptionsbande wahrscheinlich durch

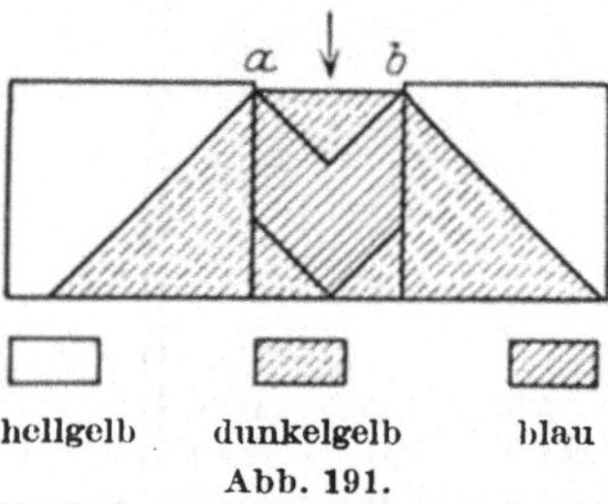

Abb. 191.
Verfärbung eines zwischen *a* und *b* gepreßten NaCl-Kristalls (529).

einzelne, nicht dem Gitterverband angehörige Natrium*atome*, welche sichtbares Licht absorbieren; Steinsalz, das durch Eindiffusion von Natriumdampf und genügend rasche Abkühlung gelb gefärbt ist, liefert nämlich genau dasselbe Absorptionsspektrum (525). Die Entstehung der Natriumatome ist durch Absorption eines Strahlungsquants durch ein Chlorion, Abspaltung des überzähligen Elektrons und Überführung desselben zum Natriumion bedingt (526). Die Tiefe der Verfärbung nimmt mit der Intensität und Dauer der Bestrahlung zu, bis sich schließlich ein Gleichgewichtszustand zwischen Bildung von Atomen und Rückbildung der Ionen einstellt, bei dem die Verfärbung konstant bleibt. Unter Umständen kann es zu einer Art Koagulation der gitterfremden Bestandteile kommen, was zu einer neuerlichen, jetzt allerdings durch ganz andere Ursachen (Größenfarben durch Beugung an submikroskopischen Teilchen) bedingten Verfärbung führen kann.

Die plastische Verformung übt nun in zweierlei Weise einen Einfluß auf die Verfärbung aus (527, 528). Erstens verringert sie die Intensität bereits vorhandener Verfärbung, gemessen durch den Absorptionskoeffizienten im Maximum der Bande, ohne jedoch eine Veränderung der spektralen Verteilung herbeizuführen; zweitens erhöht sie die Verfärbbarkeit, d. h. das Absorptionsvermögen noch ungefärbter Kristalle (vgl. Abb. 191 und 192). Plastisch verformte Zonen können so nachträglich in einfacher Weise sichtbar gemacht werden. Aus der Schmelze erhaltene oder getemperte Kristalle zeigen eine höhere Verfärbbarkeit als natürliches Material (530, 531, 532).

Wenn auch die meisten Untersuchungen über die Bedeutung der Deformation für die Verfärbung am Steinsalz ausgeführt sind, so liegen doch auch Beobachtungen an anderen Kristallen vor. Ausführliche Zusammenstellungen der bisherigen Arbeiten über diesen Gegenstand mit Angaben über die experimentelle Ausführung von Verfärbungsversuchen finden sich in (533) und (528). Als bemerkenswerte Feststellung sei noch hervorgehoben, daß sich die umgeklappten Teile von Kalkspatzwillingen gegenüber einer Bestrahlung nicht anders verhalten als der Ausgangskristall.

Als weitere durch Verformung maßgeblich beeinflußbare Eigenschaft sei die *elektrolytische Leitfähigkeit* besprochen. Allerdings ist das

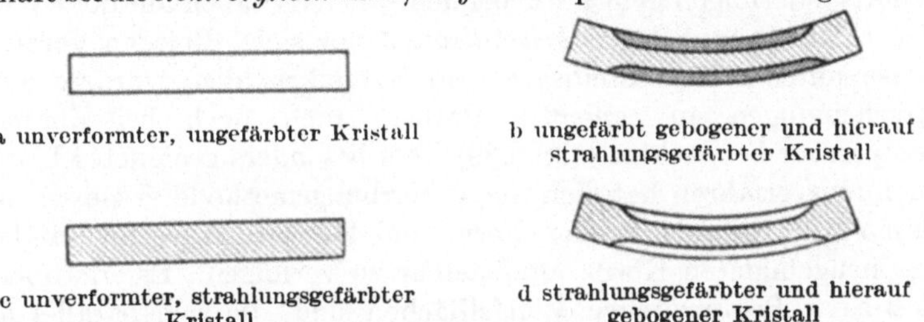

Abb. 192 a–d. Änderung der Verfärbbarkeit von NaCl-Kristallen durch Biegung (527).

heute über ihre Beeinflussung durch Verformung vorliegende experimentelle Material noch recht uneinheitlich. Ein Hauptgrund hierfür liegt in der Schwierigkeit einwandfreier Messungen. Bei niedriger Versuchstemperatur sind die auftretenden Ströme sehr klein, bei höheren Temperaturen tritt der durch die Verformung bedingte Effekt gegenüber dem normalen Leitungsstrom stark zurück. Auch stört Erholung und Rekristallisation hier die Untersuchung der Verformungswirkung. Sicher steht jedenfalls, daß bei Steinsalzkristallen jeder Belastungssteigerung im Bereich plastischer Verformung ein sprunghafter Anstieg der Leitfähigkeit entspricht (534). Dieser Anstieg geht allmählich wieder zurück, wobei die Frage, ob dieser Rückgang bis auf den Ausgangswert erfolgt oder ob ein Plastizierungseffekt zurückbleibt, noch offen ist (535, 536). Nach Wiederbelastung entlasteter Kristalle tritt der Sprung in der Leitfähigkeit erst auf, wenn die vorherige Höchstlast überschritten wird. Dieser Verfestigungseffekt ist bei 40—50° C ziemlich beständig; noch nach 24 Stunden ist kein Anzeichen von Entfestigung beobachtet worden. Bezüglich des Einflusses von Verformung tritt derselbe Gegensatz zwischen Ionenleitfähigkeit (heteropolare Kristalle) und Elektronenleitfähigkeit (Metalle) zutage, der auch bezüglich der Temperaturabhängigkeit der Leitfähigkeit besteht. Während Temperatursteigerung und plastische Verformung bei Elektronenleitung mit einer Erhöhung des *Widerstands* verknüpft sind, bedingen sie bei der Ionenleitung eine Erhöhung der *Leitfähigkeit*[1].

Die *Auflösungsgeschwindigkeit* verformter Steinsalzkristalle ist in Gebieten großer innerer Spannungen (durch Doppelbrechung kenntlich) deutlich erhöht (519).

Eine Rückbildung der durch Verformung bedingten Eigenschaftsänderungen geht auch bei den Ionenkristallen auf dem Wege der *Erholung* und der *Rekristallisation* vor sich. Bei den vorzugsweise untersuchten Steinsalz- und Sylvinkristallen wurden diese Erscheinungen an *gepreßten* Proben auch noch bei Zimmertemperatur beobachtet (538, 539). Als besonders geeignetes Untersuchungsverfahren hat sich die Verfärbungsmethode erwiesen, mit deren Hilfe es auch gelang, Form und Wachstumsgeschwindigkeit des neugebildeten Korns unmittelbar zu verfolgen. Es ergab sich, daß seine Begrenzungen Würfelflächen sind, die sich parallel mit oft tagelang konstanter Geschwindigkeit ($\sim 0,1$ mm pro Tag bei Zimmertemperatur) in das verformte Material vorschieben. Gelegentlich treten sprunghafte Änderungen der Geschwindigkeit auf (540). Eine besonders reizvolle Darstellung des Wachstums eines neugebildeten Kristalls ist mit Hilfe eines zeitraffenden Films gegeben worden (541). Die Rekristallisation erfolgt um so rascher, je größer die Verformung und je höher die Glühtemperatur ist (542). Eine dem Rekristallisationsdiagramm ähnliche Darstellung, welche die Rekristallisationsgeschwindigkeit (Reziprokwert der Zeit, nach welcher bei Bestrahlung gepreßten Salzes verfärbte Flecken auftreten) als Funktion von Glühdauer und Stauchgrad gibt, findet sich für eine bestimmte Steinsalzsorte in (543).

Die Beobachtung konstanter Wachstumsgeschwindigkeit steht in gewissem Gegensatz zu entsprechenden Versuchen an Metallkristallen (Punkt 62), bei denen eine Abnahme der Geschwindigkeit mit der Glühdauer gefunden wurde. Eine Aufklärung kann vielleicht darin erblickt werden, daß sich beim gepreßten, makro-

---

[1] Schmelzflußkristalle zeigen eine mehrere hundertmal größere Leitfähigkeit als beste Lösungskristalle (532), Verunreinigungen wirken leitfähigkeitssteigernd (537).

skopisch verknüllten Salzkristall die Erholung nur schwach auswirken kann.

Versuche unter gleichzeitiger Bestrahlung ergaben bei den bisher untersuchten NaCl-, KCl- und KBr-Kristallen eine sehr deutlich rekristallisationshemmende Wirkung der Bestrahlung, die jedoch nur die Keimbildung und nicht auch die Wachstumsgeschwindigkeit betrifft. Als roher quantitativer Anhalt diene die Angabe, daß die Neutralisation von $\sim 10^{-6}$ der Ionen genügt, um die Rekristallisation tagelang zu verzögern (543, 544).

Eingehende Untersuchungen über Erholung von Ionenkristallen liegen noch nicht vor. Auf ihr Bestehen ist auf Grund des Fließens bei Biegeversuchen bei Raumtemperatur schon in (519) hingewiesen worden. Eine Herabsetzung der Rekristallisationsgeschwindigkeit gepreßter Kristalle durch zwischengeschaltete, kurze Glühung bei höherer Temperatur (540) ist wohl ebenfalls als Erholungseffekt aufzufassen.

72. Bedeutung der Einwirkung eines Lösungsmittels für die Festigkeitseigenschaften. Joffé-Effekt.

Die Mannigfaltigkeit der Plastizitäts- und Festigkeitserscheinungen von Ionenkristallen wird erheblich erweitert, wenn die Beanspruchung unter gleichzeitiger Einwirkung eines Lösungsmittels erfolgt. Besonders in den letzten Jahren sind derartige Untersuchungen mit Rücksicht auf die ihnen zukommende Bedeutung für die Theorie der Kristallfestigkeit wiederholt durchgeführt worden. Als Versuchsmaterial diente in der Regel Steinsalz.

Die Einwirkung des Lösungsmittels äußert sich in zweierlei Hinsicht: Es tritt eine erhebliche Erhöhung sowohl der Plastizität als auch der Festigkeit ein.

In Steinsalzbergwerken ist es altbekannt, daß man die unter normalen Bedingungen spröden Kristalle in warmem Wasser biegen und tordieren kann. Systematische Biegeversuche an Steinsalzprismen bestätigten nicht nur die erhöhte Verformbarkeit der Kristalle unter Wasser, sie zeigten weiterhin, daß auch die maximale Zugspannung in naß verformten Kristallen die Biegefestigkeit trockener Kristalle erheblich übersteigen kann (545). Da auch bei den Ionenkristallen die Translation dynamisch durch Ausgangsschubfestigkeit des Translationssystems und Verfestigungskurve zu beschreiben sein dürfte, wird man die Wirkung von Lösung durch

ihren Einfluß hierauf zu kennzeichnen haben. Die Beobachtungen
über den Beginn plastischer Verformung bei gleichzeitiger Be-
wässerung der Kristalle sind die folgenden: Zunächst wurde in
Biegeversuchen eine sehr deutliche Heraufsetzung der Fließ-
geschwindigkeit benetzter Kristalle gefunden (547, 549); die Plasti-
zitätsgrenzen bleiben indessen gleich (550). Die Erhaltung der
Streckgrenze wurde auch bei Zugbeanspruchung festgestellt (552).
Insbesondere ergaben Versuche mit möglichst gleichmäßiger
Ablösung der Kristalle, daß auch im abgelösten Zustand das
Schubspannungsgesetz gültig ist mit einem Wert der kritischen

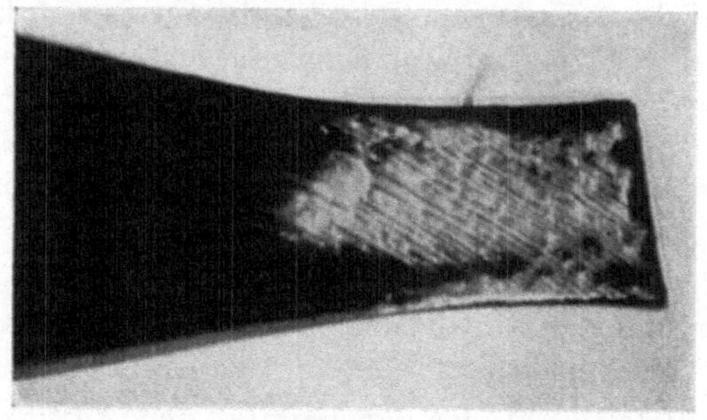

Abb. 193. Translationsstreifung auf einem unter Wasser zerrissenen NaCl-Kristall
(552).

Schubspannung, der innerhalb der Fehlergrenzen mit dem im
Trockenversuch festgestellten übereinstimmt (553). Liegt die
Zugrichtung in der Nähe einer Raumdiagonalen, so erfolgt,
wie aus der Orientierungsabhängigkeit der Streckgrenze hervor-
geht, die Dehnung durch Würfelflächentranslation. Die kritische
Schubfestigkeit dieses Gleitsystems beträgt für Raumtemperatur
238 g/mm², das ist mehr als das Dreifache des für das Haupt-
(Dodekaeder-) System gültigen Wertes (554).

Eine Kennzeichnung der Wasserwirkung durch ihre Bedeutung
für den Anstieg der Schubfestigkeit des Translationssystems mit zunehmender Abgleitung ist leider noch nicht möglich. Wir kennen die
Verfestigungskurve ja auch für den unter normalen Umständen
vorgenommenen Zugversuch noch nicht. Immerhin lassen schon
die bisherigen Ergebnisse erkennen, daß die Schubspannung bei
Verformung unter gleichzeitiger Ablösung erheblich schwächer
ansteigt als im Trockenversuch: die zu derselben Deformation
gehörige Schubverfestigung wird durch die Wirkung des Lösungs-

mittels stark herabgesetzt (550). Benetzung eines unter Spannung
stehenden Kristalls bringt also eine Vergrößerung der Fließgeschwindigkeit mit sich. Als bemerkenswert sei noch hervorgehoben, daß im Biegungsversuch von Steinsalz die (schub-)
entfestigende Wirkung des Wassers fast in vollem Ausmaß auftritt, wenn die Druckseite benetzt wird, dagegen fast völlig

b Aufsicht des oberen Teiles

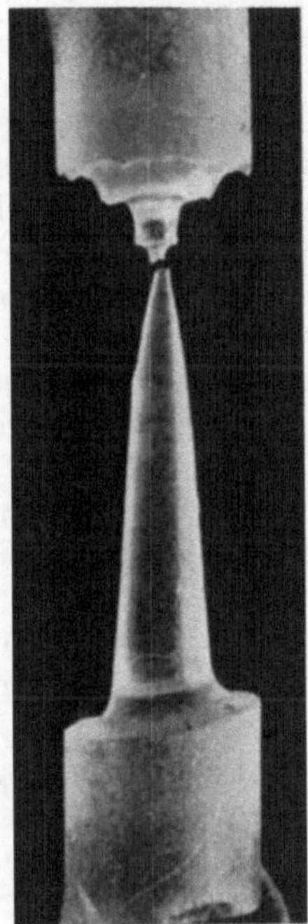

a Gesamtbild

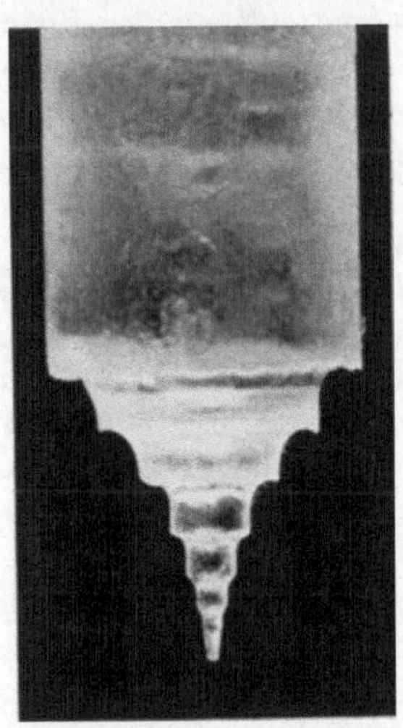

c oberer Teil eines in heißem Wasser
abgelösten Kristalls

Abb. 194 a—c. Form unter Wasser zerrissener, zylindrischer Na Cl-Stäbchen (551).

ausbleibt, wenn die Ablösung nur an der Zugseite erfolgt (547).
Da das Ausmaß der Verformung unter Wasser recht erhebliche
Beträge annehmen kann, gelingt die Sichtbarmachung von Translationsstreifung an unter Wasser zerrissenen, vierkantigen Proben
auch in gewöhnlichem durchfallendem Licht (Abb. 193).

Die Einwirkung von Ablösung auf die Reißfestigkeit von Steinsalzkristallen ist durch das JOFFÉsche Experiment aufgedeckt worden (546): Unter einer bestimmten Zuglast stehende Kristalle werden bis zu einer gewissen Höhe mit Wasser umgeben, das im Augenblick des Zerreißens entfernt wird. Die auf den Endquerschnitt bezogenen Festigkeiten übertreffen weit die normale Festigkeit des Steinsalzes; sie reichten bis 160 kg/mm². Wenn auch so außerordentlich hohe Werte bei Wiederholungen dieser Versuche nicht erreicht werden konnten, so stehen doch Festigkeitserhöhungen bis auf das über 25fache der Trockenfestigkeit (also bis auf ~ 10 kg/mm²) zweifellos fest. Eine gewisse Unsicherheit bedeutet bei derartigen Versuchen die Form der Probestäbchen (vgl. Abb. 194), die an der engsten Stelle Abweichungen von homogener einachsiger Zugbeanspruchung erwarten läßt. Eine Änderung der Ablösebedingungen mit der Absicht, gleichmäßige Querschnittsabnahme entlang des Kristalls zu erreichen [periodisches Heben und Senken des Wasserspiegels (555), Rotation des horizontal angeordneten Kristalls innerhalb des Lösungsmittels (553)], führte denn auch zu merklichem Anstieg der beobachteten Höchstwerte der Zerreißfestigkeit. Dem Reißen gingen dabei Dehnungen bis zu 45% voraus.

Die wesentlichsten Feststellungen über den JOFFÉ-Effekt seien im nachfolgenden kurz zusammengestellt:

1. Es ist für das Auftreten der erhöhten Festigkeit nicht unbedingt erforderlich, daß die Ablösung im belasteten Zustand erfolgt. Unbelastet abgelöste Kristalle ergeben unmittelbar nach der Trocknung untersucht ähnlich hohe Festigkeitswerte, wenn nur genügend weit abgelöst worden war. Bei gleichem Ausgangsquerschnitt wird hier im allgemeinen eine um so höhere Festigkeit beobachtet, je größer der Ablösungsgrad ist (548, 551, 553).

2. Ein Einfluß der Kristallorientierung konnte nicht festgestellt werden. Insbesondere zeigten auch parallel der Raumdiagonale orientierte Stäbchen (geringe Würfel- an Stelle von ausgiebiger Dodekaedertranslation; vgl. Punkt 67) den Effekt in gleicher Größe (551). Das Normalspannungsgesetz bleibt somit auch in abgelösten Kristallen gültig (552).

3. Dem Zerreißen unter Wasser geht stets plastische Verformung voraus, wie durch unmittelbare Längenmessung und durch Verfolgung der Orientierungsänderungen (Schiefstellungen der Würfelreißfläche bis zu Beträgen von 30⁰ wurden beobachtet) fest-

stellt werden kann. Gleiches gilt auch für unbelastet abgelöste Kristalle (vgl. Abb. 195). Auch im Falle der Raumdiagonalenstäbchen tritt eine, allerdings größenordnungsmäßig kleinere, wohl auf Würfeltranslation beruhende Dehnung auf (551, 552, 554). Die zerrissenen Stäbchen zeigen der vorausgegangenen Verformung entsprechend leichtere Verfärbbarkeit (556). Ein Zerreißversuch mit raschem Lastanstieg (um die Dehnung möglichst zu unterdrücken) ist in (548) beschrieben.

4. Getemperte Kristalle, deren Trockenfestigkeit bis fast auf die Hälfte herabgesetzt war, erreichen im JOFFÉschen Zerreiß-

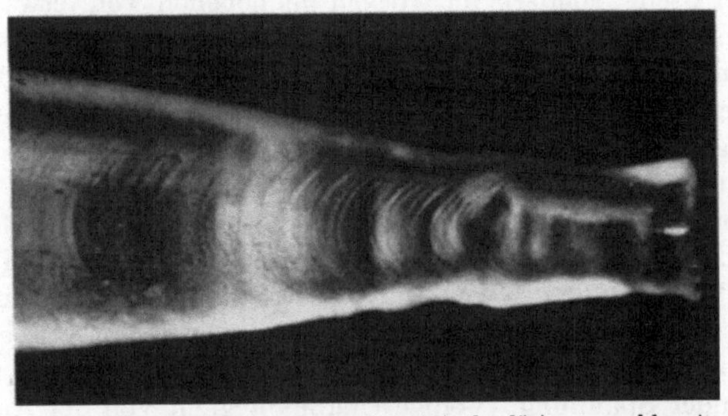

Abb. 195. Translationsstreifung auf unbelastet abgelöstem, nachher trocken zerrissenem NaCl-Kristall (551).

versuch dieselben hohen Festigkeiten wie unvorbehandeltes Material (551, 552).

5. Die hohen Festigkeitswerte treten an Steinsalzkristallen auch bei Ablösung in mehr oder minder gesättigten Kochsalzlösungen auf (untersucht bis zu 80% gesättigter Lösung) (551, 559). In gesättigter Lösung soll der Effekt ausbleiben (546). Auch in konzentrierter Schwefelsäure und in einem Gemisch von H_2SO_4 und 25% SO_3, in denen sich NaCl unter Reaktion zersetzt, wurden dieselben Festigkeitswerte beobachtet wie bei Lösung in Wasser (557).

6. Für Kaliumchlorid- und Kaliumjodidkristalle wurde der JOFFÉ-Effekt bei Lösung in Wasser, für Kaliumjodid auch bei Lösung in absolutem Methylalkohol festgestellt (558, 557).

Noch nicht völlig geklärt sind die Beziehungen zwischen der Größe der Festigkeitserhöhung und der Ausgangsspannung, dem Ablösungsgrad und der dem Bruch vorausgehenden Verformung. Über eine Nachwirkung der Bewässerung gehen die experimentellen

Befunde auseinander. Während im Biegungsversuch Absaugen des Wassers sofort die Plastizitätserhöhung beseitigt (547), ist im Zerreißversuch erst nach Tagen die normale Trockenfestigkeit wieder erreicht (548). Das zeitliche Abklingen dieser Ablösungsnachwirkung erfolgt verschieden bei verschiedenen Lösungsmitteln (559).

Bei parallel der Würfelkante orientierten Steinsalzstäbchen zeigt sich die auffällige Erscheinung, daß bis zu einer definierten Ausgangsspannung (von 216 g/mm²) herab eine Festigkeitserhöhung nicht auftritt (551): Die Kristalle zerreißen in diesen Fällen nicht an der engsten Stelle, sondern im trocken gebliebenen Teil, etwa 0,1 bis 0,5 mm über der Benetzungsgrenze. Die Zerreißfestigkeiten sind demgemäß mit der Ausgangsspannung, die um etwa 50% unter der normalen Trockenfestigkeit liegt, identisch. Über die Festigkeit der abgelösten Teile sagen diese Versuche nichts aus. Bei kleinen Ausgangsspannungen tritt weitgehende Ablösung und im allgemeinen Zerreißen an der engsten Stelle des Kristalls unter Erreichung der hohen Festigkeitswerte ein. Eine Abhängigkeit der erreichten Festigkeit von der Höhe der angelegten Spannung ist in diesem Bereich der Ausgangsspannung, wenn überhaupt vorhanden, nur schwach im Sinne eines leichten Anstiegs mit abnehmender Spannung. Völlige Unabhängigkeit von der Ausgangsspannung würde auch Unabhängigkeit der erreichten Festigkeit vom Ablösungsgrad bedingen. Zumindest die oben unter 1. erwähnten Versuche mit unbelasteter Ablösung sind mit dieser Folgerung nicht im Einklang.

Die Prüfung einer Beziehung zwischen erhöhter Zerreißfestigkeit und vorangehender Verformung stößt wegen der Form der abgelösten Kristalle (vgl. Abb. 194) auf Schwierigkeiten. Die Dehnung verteilt sich ja keineswegs gleichmäßig über die benetzte Länge des Kristalls. Jedenfalls haben alle darauf abzielenden Versuche bisher keinen eindeutigen Zusammenhang zwischen Festigkeit und Ausmaß der Verformung feststellen können. Auch die Stäbchen parallel der Raumdiagonalen zeigten trotz der hier nur ganz geringen Dehnung gleiche Festigkeitserhöhung.

Eine befriedigende, umfassende Erklärung für die Wirkung der Ablösung steht heute noch aus. Die vorgebrachten Deutungsversuche unterscheiden sich noch in ihren Grundannahmen.

Die vom Entdecker des Effekts gegebene Erklärung sieht in der Beseitigung von oberflächlichen, durch Kerbwirkung festigkeitserniedrigend wirkenden Rissen die Ursache des beobachteten Festigkeitsanstiegs (546). Die *Kristall*festigkeit erfahre keine Erhöhung, vielmehr werde die im normalen Zerreißversuch ermittelte *technische* Festigkeit zu Folge der Kerbwirkung stets vorhandener Haarrisse erheblich unterhalb der wahren Kristallfestigkeit gefunden. Zur Stützung der Ansicht, daß im Innern von Kristallen tatsächlich Spannungen von der Größenordnung von 100 kg/mm² auftreten können, werden Versuche mit Steinsalzkugeln angestellt, die von der Temperatur der flüssigen Luft plötzlich auf hohe Temperatur gebracht werden (560). Die beim Eintauchen in ein Bleibad bei 600° C im Innern auftretende Spannung, die noch nicht zum Bruch führte, wird zu 70 kg/mm² berechnet, was als Bestätigung der hohen Kristallfestigkeitswerte angesehen wird.

Gegen diesen Deutungsvorschlag spricht, daß für die Oberflächenrisse eine sehr erhebliche Tiefe angenommen werden muß. Die Ablösung führt ja erst zu Festigkeitserhöhungen, wenn ein Großteil (über 50%) des Querschnitts entfernt ist. Gegen das Kugelexperiment ist der berechtigte Einwand plastischer Verformung in den Oberflächenschichten, die das Auftreten so hoher Spannungen im Innern verhindern, erhoben worden (561).

Neuerdings ist diese Vorstellung mit der notwendigen Ergänzung einer Abhängigkeit der Rißtiefe vom Kristallquerschnitt wieder erörtert worden (562), wobei auch die bei sehr kleinen Kristallquerschnitten im Trockenversuch beobachteten Festigkeitsanstiege (563) miterklärt werden.

Die zweite Deutung des JOFFÉ-Effekts sieht ihn als eine Reißverfestigung durch die vorangehende Verformung an. Die Festigkeit des unverformten Kristalls ist hiernach klein; erst durch die Verformung wird sie den durch theoretische Abschätzungen gelieferten hohen Werten angenähert (561). Die Wirkung des Wassers wird im wesentlichen in einer Erleichterung der Verformung der Kristalle durch Beseitigung von Verriegelungen in der Oberflächenschicht erblickt (547).

Diese Vorstellung enthält das Bestehen eines definierten Zusammenhangs zwischen beobachteter Festigkeit und Ausmaß der Verformung, der jedoch bisher nicht nachgewiesen werden konnte. Insbesondere sei hier nochmals auf die unter dieser Annahme schwer zu verstehenden Befunde an Raumdiagonalenstäbchen hingewiesen.

Eine Vereinigung beider Vorstellungen ist kürzlich in (553, 564) gegeben worden. Die hohe Festigkeit wird ausschließlich als Ergebnis einer Reißverfestigung angesehen. Die hierzu nötige starke Verformbarkeit der bewässerten Kristalle soll durch das Weglösen der im Verlauf der Translation entstehenden, im Trockenversuch zum Zerreißen führenden Risse bewirkt sein.

Weitere Deutungsversuche gehen von der Annahme des Eindringens von Wasser in den Kristall aus. Während einerseits hierdurch dem Kristall lediglich die Fähigkeit zu besonders großer Reißverfestigung durch Verformung verliehen werden soll (565), werden andererseits, vor allem auf Grund der Versuche über die Orientierungsabhängigkeit des JOFFÉ-Effektes, innere Veränderungen im Kristall zufolge eingedrungenen Wassers als Hauptursache für die hohen Festigkeiten vermutet (551). Daß eine plastische Verformung für die Veränderung der mechanischen Eigenschaften bewässerter Kristalle nicht unerläßliche Voraussetzung ist, scheint die Erhöhung der Ritzhärte an weitgehend abgelösten Kristallen zu zeigen (566); allerdings ist diese Erhöhung in späteren Versuchen (mit etwas kleinerem Ablösungsgrad) nicht bestätigt worden (567). Ein Anstieg des Ionenleitvermögens weist ebenfalls auf einen Volumeneffekt des Wassers hin (565).

Wenn es auch nicht gelang, durch Messungen der Gitterkonstanten und der Dichte (Genauigkeit $\sim 0,1^0/_{00}$) einen unmittelbaren Nachweis des Eindringens von Wasser zu liefern (566), so ist dieser Beweis doch durch die für Wasser typische Ultrarotabsorption an bewässerten Kristallen erbracht worden (568).

Gegen die Vorstellung, daß das eingedrungene Wasser für den Festigkeitsanstieg verantwortlich ist, wurden insbesondere Bewässerungsversuche angeführt, bei denen schmale Streifen der Kristalle durch Überziehen mit Vaseline von der Ablösung geschützt waren: Die beobachteten Festigkeiten stimmten mit der Trockenfestigkeit überein (569).

Aus dem Gesagten geht wohl die Berechtigung der obigen Behauptung hervor, daß eine befriedigende Deutung des JOFFÉ-Effekts noch aussteht. Einen wesentlichen Beitrag zu dieser Frage dürften Versuche zur Ermittlung der Reißfestigkeit verschieden weit abgelöster Kristalle liefern, bei denen eine plastische Verformung im Zerreißversuch vermieden ist (tiefe Temperatur; kurze Einspannlänge).

VIII. Theorien der Kristallplastizität und -festigkeit.

Die plastische Verformung und das Zerreißen der Kristalle hat eine Reihe von Gesetzmäßigkeiten erkennen lassen. Wenn auch die zur Ausbildung von Deformationszwillingen führende Bedingung heute noch nicht aufgedeckt ist, so ist doch der Verlauf des wichtigsten Verformungsmechanismus, der Translation, bereits weitgehend geklärt. Die wesentlichsten Tatsachen sind in Punkt 50 zusammengestellt; sie seien hier kurz wiederholt:

1. Schubspannungsgesetz.

2. Niedrige, nur schwach temperaturabhängige kritische Schubspannung bis zu den tiefsten Temperaturen hinunter.

3. Anstieg der Schubfestigkeit mit zunehmender Abgleitung: Verfestigungskurve.

4. Temperatur- (und Geschwindigkeits-) Abhängigkeit der Verfestigungskurve: Verschwindend im Bereich tiefster Temperaturen und in der Nähe des Schmelzpunktes, groß im Bereich mittlerer Temperaturen.

Auch für das Zerreißen der Kristalle nach glatten Flächen ist eine einfache Gesetzmäßigkeit (SOHNCKEsches Normalspannungsgesetz) aufgedeckt. Die Werte der kritischen Normalspannungen liegen ebenso niedrig wie die der kritischen Schubspannungen.

Das Ziel einer physikalischen Theorie muß es nun sein, diese empirischen Gesetze durch unsere Vorstellungen über den Aufbau des festen Körpers verständlich zu machen und die beobachteten Werte der Festigkeiten quantitativ herzuleiten. Weiterhin sind auch die als Erholung und Rekristallisation bezeichneten Vorgänge in plastisch deformierten Kristallen (Punkt 49 und Abschnitt VI G) des näheren zu erklären.

Voraussetzung für die theoretische Ableitung von Kristallreiß- und Schubfestigkeiten ist naturgemäß Kenntnis der wirkenden Bindungskräfte und der für sie gültigen Gesetze. Bereits hier sind jedoch unsere Kenntnisse sehr mangelhaft. Je nachdem, ob es sich bei den Gitterbausteinen um in sich abgeschlossene Elementarteilchen, ,,Ionen", handelt oder ob keinerlei Anzeichen für Polarität der verbundenen Atome vorliegen, unterscheidet man polare und unpolare Bindung. Theoretisch am klarsten liegen die Verhältnisse bei den polaren (heteropolaren) Kristallen, wie sie die Salze darstellen. Hier sind elektrostatische Kräfte für den Zusammenhalt des Gitters verantwortlich; das aufgestellte Kraftgesetz hat sich weitgehend bewährt. Zu den Kristallen mit unpolarer Bindung gehören zunächst die Metalle. Nach der heutigen Vorstellung wird der Zusammenhalt eines Metallkristalls dadurch bedingt, daß positiv geladene Atomrümpfe zwischen die freien Metallelektronen eingebettet sind. Eine befriedigende Theorie besteht jedoch zur Zeit noch nicht. Zu den unpolaren Kristallen gehören weiterhin die Molekülgitter (H_2, N_2, CO und viele organische Verbindungen) und die Kristalle der Edelgase. Hier ist es gelungen, die das Gitter zusammenhaltenden Anziehungskräfte quantenmechanisch durch die Deformierbarkeit der Moleküle bzw. Atome zu deuten. Die Kräfte nehmen mit der 7. Potenz des Abstands ab. Besondere Schwierigkeiten bereitet schließlich noch eine Reihe unpolarer Kristalle, wie die diamantartigen Stoffe mit Tetraederbindung, Benzol usw.

73. Theoretische Reißfestigkeit.

Die bisher am ausführlichsten theoretisch behandelte Festigkeitseigenschaft ist die Reißfestigkeit. Die einzige streng gittertheoretische Durchrechnung betrifft die Reißfestigkeit des Steinsalzes, also eines Ionenkristalls. Der Grund hierfür ist der, daß man bei den Ionenkristallen über die Natur der wirkenden Kräfte und die Kraftgesetze am besten Bescheid weiß. Bei diesen heteropolaren Kristallen sind vor allem zwei Kräfte wirksam: Eine Anziehungskraft zwischen den Ionen verschiedenen Vorzeichens und eine Abstoßungskraft, die eine völlige Annäherung der Ionen verbietet. Die Anziehung erfolgt nach dem COULOMBschen Gesetz, die Abstoßungskraft ist durch die Wechselwirkung der negativen Ladungsgebiete der Ionen bedingt. Sie muß wegen der Tatsache des Bestehens einer Gleichgewichtslage sehr viel rascher mit der Entfernung abnehmen als die Anziehung. In einem ganz bestimmten Abstand, welcher die Gitterkonstante liefert, halten einander Anziehung und Abstoßung das Gleichgewicht. Auf Grund dieser Überlegung wurde für die Kraft (K) der Ansatz

$$K = \frac{e^2}{\varrho^2} - \frac{b}{\varrho^{n+1}} \tag{73/1}$$

aufgestellt (570), worin e und ϱ Ladung und Abstand der Ionen, b und n Konstante sind (vgl. Abb. 196). Aus Gitterkonstante und

Kompressibilität wurde für die Alkalihalogenide ein $n \sim 9$ bestimmt. Zur Berechnung der Zerreißfestigkeit mit Hilfe des obigen Kraftansatzes benötigt man noch die „Gitterenergie" Φ, das ist jene Energie, die aufzuwenden ist, um ein Grammolekül des Kristalls vollständig zu dissoziieren (sämtliche Ionen voneinander unendlich zu entfernen).

Beansprucht man nun einen Steinsalzkristall parallel einer Würfelachse, so geht das kubische Gitter (mit der Gitterkonstanten a_0) in ein tetragonales (mit den Gitterkonstanten a und h) über. Dabei ändert sich natürlich die Gitterenergie des Kristalls in Abhängigkeit von h. Da aber die Querkontraktion nur als Folge von Dehnung auftritt, gilt $\left(\dfrac{\partial \Phi(a, h)}{\partial a}\right)_h = 0$, woraus sich der funktionelle Zusammenhang von a und h ergibt. In den Ausdruck für Φ eingesetzt, erhält man so die Gitterenergie lediglich als Funktion

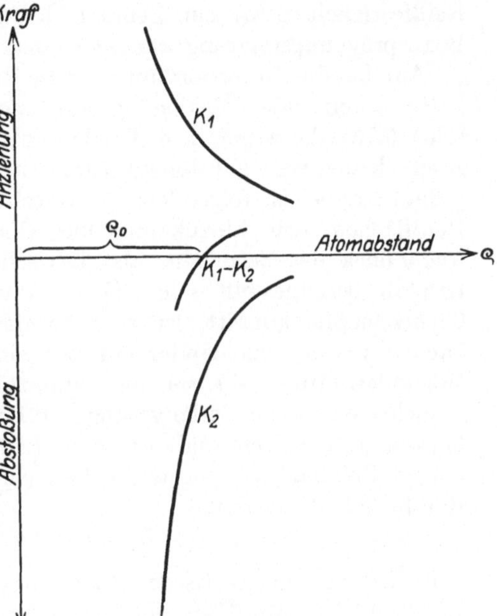

Abb. 196. Überlagerung der Coulombschen Anziehungs- und der Abstoßungskraft in Ionenkristallen.

von h. Ist zur Vergrößerung von h um $d\,h$ die Zugkraft K erforderlich, so ist offenbar $K \cdot d\,h$ gleich der Abnahme der Gitterenergie $d\Phi$:

$$K = -\frac{d\Phi}{d\,h}. \tag{73/2}$$

Wächst h von a_0 an, so wächst zunächst auch die rücktreibende Kraft, die den unverformten Ausgangszustand wiederherzustellen versucht. Dieser Anstieg der Kraft bleibt jedoch für immer größere Verformungen nicht bestehen. Nach Durchschreiten eines Maximums wird die Kraft bei weiterer Dilatation bald verschwindend klein. Das Maximum K_z entspricht der Reißfestigkeit und wird rechnerisch daher aus (73/2) ermittelt für ein durch $\dfrac{d^2\Phi}{d\,h^2} = 0$

bestimmtes h. Die für Steinsalz durchgeführte Rechnung (571) lieferte eine Reißfestigkeit von Würfelstäbchen von 200 kg/mm² bei einer elastischen Dehnung von 14%[1]. Ähnliche Dehnungsbeträge sind auch an der Zerreißgrenze anderer Ionenkristalle zu erwarten, so daß man als ungefähren Anhalt für ihre theoretische Reißfestigkeit etwa ein Zehntel des Elastizitätsmoduls in der Beanspruchungsrichtung anzusehen hat.

Auf dieselbe Größenordnung für die Reißfestigkeit von Kristallen hatte schon eine Überlegung auf energetischer Grundlage geführt (573), die wegen ihrer Unabhängigkeit vom geltenden Kraftgesetz keineswegs auf Ionenkristalle beschränkt ist. Der Grundgedanke dabei ist folgender: Die durch das Entstehen der beiden Reißflächen neu hinzukommende Oberflächenenergie muß im Augenblick des Zerreißens als elastische Deformationsenergie im Kristall bereitgestellt sein. Damit der volle Betrag der Oberflächenenergie auftritt, ist es notwendig, daß die beiden Reißflächen weiter voneinander entfernt sind als die Reichweite der Molekularkräfte. Δl sei die unmittelbar vor dem Zerreißen erreichte elastische Verlängerung der Probe. Wenn die Einspannbacken festgehalten sind, ist diese Länge auch der Abstand der beiden Reißflächen. Sei nun α die freie Oberflächenenergie, Z die Reißfestigkeit, so muß

$$Z \cdot \Delta l > 2\,\alpha \qquad (73/3)$$

sein, da ja die elastische Spannungsenergie sicherlich kleiner als $Z \cdot \Delta l$ ist. Mit Hilfe der Werte für α und Z kann daher eine untere Grenze für die molekulare Wirkungssphäre berechnet werden. Hierfür ergibt sich bei Steinsalz ($\alpha_{\mathrm{NaCl}} \sim 150$ Dyn/cm, $Z = 2{,}2 \cdot 10^7$ Dyn/cm² für Schmelzflußkristalle) ~ 1400 Å. Dies ist aber zweifellos ein viel zu großer Wert, da nach den sonstigen Kenntnissen der Wirkungsbereich der Gitterkräfte die Größenordnung der Abstände der Gitterpunkte (das ist wenige Å-Einheiten) nicht übersteigt. Einen Ausweg aus diesem Widerspruch kann also nur eine Reißfestigkeit liefern, die 100—1000mal größer ist als die experimentell beobachtete.

---

[1] Neuerdings wurde statt (73/1) ein Kraftgesetz angegeben, in welchem die Abstoßung durch eine Exponentialfunktion dargestellt und auch die stets vorhandenen v. d. WAALSschen Anziehungskräfte berücksichtigt sind (572). Eine Neuberechnung der Reißfestigkeit ist noch nicht vorgenommen worden. Allerdings ändert sich die Gitterenergie des Steinsalzes mit Hilfe des neuen Ansatzes nur um 0,2%.

Eine Anwendung dieser Abschätzung der theoretischen Reißfestigkeit auf Metallkristalle liefert auch hier Werte, die um mehrere Größenordnungen über den experimentell gefundenen liegen. So folgt beispielsweise bei Zinkkristallen für das Zerreißen nach der quer zur Zugrichtung liegenden Basis ein Δl von ~ 9000 Å ($a_{\mathrm{Zn\ flüss.}} \sim 800$ Dyn/cm *, $Z_{(0001)} = 1{,}8 \cdot 10^7$ Dyn/cm^2).

Als wesentliche Feststellung ergibt sich somit, daß die beobachteten Reißfestigkeiten von Kristallen keineswegs als eine Überwindung der Gitterkräfte im ganzen Reißquerschnitt aufgefaßt werden können. Die Gitterfestigkeiten liegen um 2—3 Größenordnungen höher als die technischen Festigkeiten. Sehr überzeugend wird diese Tatsache übrigens ohne jegliche Berechnung bereits durch die bis nahe an die Bruchgrenze nachgewiesene Konstanz des Elastizitätsmoduls belegt (574). Würden nämlich im Augenblick des Zerreißens tatsächlich die Kräfte, die den Kristall zusammenhalten, überwunden, so würden, da dies einem Elastizitätsmodul von Null parallel zur Zugrichtung entspricht, schon vorher merkliche Abnahmen desselben zu erwarten sein.

74. Abschätzung der theoretischen Schubfestigkeit.

Einer gittertheoretischen Abschätzung der Schubfestigkeit von Translationsflächen liegt die Vorstellung zugrunde, daß sich die zwischen den Netzebenen wirkenden Kräfte durch eine Art Feilenmodell darstellen lassen (575). Eine gegenseitige Verschiebung in der Längsrichtung zweier sich berührender Feilen ist nur möglich, wenn sie vor jedem Gleitschritt etwas voneinander entfernt werden. Ebenso soll auch im Kristall eine Normaldilatation senkrecht zu den Translationsflächen Vorbedingung einer Abgleitung sein. Vor dem Gleiten wäre also Arbeit gegen die Kohäsionskräfte zu leisten. Die gittermäßige Durchrechnung dieses Modells unter vereinfachenden Annahmen führt auf dieselbe Größenordnung des Verhältnisses Schubfestigkeit zu Schubmodul (1 : 10), wie sie oben für das Verhältnis Reißfestigkeit zu Elastizitätsmodul erhalten war. So wie die elastische Dehnung im Augenblick des Zerreißens etwa 10% betragen sollte, sollte auch die elastische Schiebung beim Eintritt von Abgleitung $\sim 10\%$ erreichen. Die theoretischen Schubfestigkeiten liegen also wie die Reißfestigkeiten bei mehreren Hundert kg/mm^2. Für die Größe der Normaldilatation senkrecht

---

* Die (unbekannte) Oberflächenenergie des Kristall ist größer; sie führt also zu einem noch größeren Δl.

zur Translationsfläche ergibt sich aus dieser Vorstellung 1—2%
der Tangentialverschiebung. Einen deutlichen Hinweis dafür, daß
die Abgleitung nicht im Sinne des obigen Schemas vor sich gehen
kann, scheint uns Abb. 197 zu geben. Sie stellt die Normalver-
zerrung senkrecht zur Translationsfläche an der Streckgrenze von
Zinkkristallen verschiedener Orientierung dar. Während für große
Stellungswinkel der Basis eine Normal-
dilatation vorliegt, setzt bei schrägerer
Ausgangslage der Basis zur Längsrichtung als 27° 30′ die Abgleitung bei
gleichzeitiger Normal*kontraktion* ein.

Auf dieselbe Größenordnung der
theoretischen Schubfestigkeit von
Translationssystemen führt auch die
ganz rohe Schätzung, welche annimmt,
daß die beiden Kristallhälften etwa
um die halbe Translationsperiode elastisch gegeneinander verschoben werden
müßten, um ohne zusätzliche Beanspruchung in die neue Lage überzugehen (576).

Diesen hohen Werten stehen die
experimentell gefundenen, um mehr
als drei Größenordnungen kleineren Schubfestigkeiswerte gegenüber
(~ 100 g/mm²). Also auch hier werden
keineswegs die Gitterkräfte überwunden, was auch deutlich aus den an der
Streckgrenze herrschenden niedrigen Schiebungsbeträgen ($\sim 10^{-4}$)
hervorgeht. Ebenso wie das Zerreißen der Kristalle weit vor
Erreichung der Gitterfestigkeit eintritt, tritt also auch die Translation (und wohl auch die mechanische Zwillingsbildung) weit vor
Erreichung der Schubfestigkeit des Gitters ein.

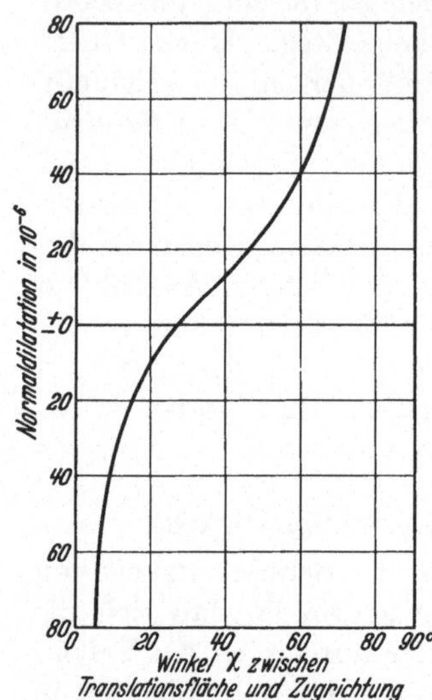

Abb. 197. Normaldilatation (ε_z)
senkrecht zurTranslationsfläche
an der Streckgrenze von Zn-
Kristallen.

$\varepsilon_z = s_{33}\,\mathrm{tg}\,\chi + s_{13}\,\mathrm{cotg}\,\chi.$

75. Versuche zur Überbrückung des Unterschiedes zwischen theoretischen und technischen Festigkeiten.

Wenn es auch im allgemeinen nicht gelingt, die theoretischen
Reiß- und Schubfestigkeiten zu realisieren, so steht doch zweifelsfrei
fest, daß die Gitterfestigkeiten die experimentellen Werte weit
(um mehrere Größenordnungen) übertreffen müssen. Das Versagen

der Kristalle bei mechanischer Beanspruchung (Einsetzen von Translation und auch Zwillingsbildung; Zerreißen) erfolgt vorzeitig, lange vor Überwindung der Gitterkräfte. Zur Überbrückung dieses großen Unterschiedes hat VOIGT auf die Bedeutung struktureller und thermischer Inhomogenitäten in den realen Kristallen hingewiesen (577). Beide Annahmen haben einen weiteren Ausbau erfahren. Die strukturellen Inhomogenitäten bilden die Grundlage der Lockerstellentheorie von SMEKAL (578, 579). Hiernach sind unsere Realkristalle grundsätzlich durch vorhandene Fehlstellen im Gitter (Lücken, Orientierungsfehler, Fremdatome) von dem Idealkristall unterschieden. Es gelang bei durchsichtigen Kristallen, die Existenz dieser Fehlstellen auf mannigfache Art experimentell sicherzustellen (Verfärbbarkeit, Absorption). Einen Anhalt für die Häufigkeit der Gitterfehler gibt die Schätzung, daß auf 10000 exakt im Gitter eingebaute Atome eine Fehlstelle kommt. Da die Fehlstellen bereits beim Wachsen des Kristalls entstehen, ist übrigens ihre Häufigkeit und Beschaffenheit von der Substanz und den Kristallisationsbedingungen abhängig. Die Kristalleigenschaften, für welche diese Fehlstellen ausschlaggebend sind, werden als strukturempfindlich den strukturunempfindlichen gegenübergestellt, die in der Hauptsache durch die zwischen den Fehlstellen liegenden Idealgitterblöcke bedingt sind (vgl. Punkt 60).

Die Bedeutung der Gitterfehler für die Überbrückung des größenordnungsmäßigen Unterschiedes zwischen technischer und Gitterfestigkeit wird in der durch die Fehlstellen bedingten Kerbwirkung erblickt. Diese besteht darin, daß in einem elastisch gespannten Körper, welcher Risse aufweist, in der Umgebung der Risse weitgehende Änderungen der Spannungsverteilung vorhanden sind. Bei Steigerung der Beanspruchung wird zunächst die elastische Deformation zunehmen, jedoch nur solange, bis entweder die höchste auftretende Spannung die Gitterfestigkeit erreicht oder bis eine Vergrößerung des Risses einer kleineren Energiezufuhr (Lieferung von Oberflächenenergie) bedarf als weitere Anspannung. Die dann erreichte Spannung stellt die technische Zerreißfestigkeit dar.

Für den Fall einer Platte mit elliptischem Loch (Halbachsen a und b) und einer in der Ebene senkrecht zur großen Achse gerichteten Zugspannung σ im ungestörten Bereich ergibt sich an der Berandung des Loches ein Maximum der Spannung von

$$\sigma_{\max} = \sigma\left(1 + \frac{2\,a}{b}\right) \qquad (75/1)$$

an den Enden der großen Achse, während sich an den Enden der kleinen Achse eine Druckspannung $-\sigma$ ausbildet (580). Für den schmalen Spalt geht unter Einführung des Krümmungsradius im Ellipsenscheitel $\left(\varrho = \dfrac{b^2}{a}\right)$ der Ausdruck für das Spannungsmaximum in

$$\sigma_{\max} = \sigma \sqrt{\frac{a}{\varrho}} \qquad (75/1a)$$

über.

Für die energetische Überlegung zur Berechnung der zum Weiterreißen eines Risses führenden technischen Festigkeit wird zunächst die elastische Energie in einer mit einem Spalt versehenen dünnen Platte berechnet (581). Es zeigt sich, daß in der mit der Spannung σ beanspruchten Platte (für die Dicke 1) gegenüber der unversehrten Platte um

$$A_e = \frac{1}{E}\,\pi\,a^2\,\sigma^2$$

weniger elastische Energie aufgespeichert ist (E = Elastizitätsmodul, a = halbe Spaltlänge). Zusätzlich ist in der Platte mit dem Riß ein von der Oberfläche des Risses herrührender Energiebetrag von $4\,a\,\alpha$ (α = Oberflächenenergie) enthalten. Ein Zerreißen des Kristalls ohne weitere Energiezufuhr tritt dann ein, wenn die durch Verbreiterung des Risses gewonnene elastische Energie gerade die zur Oberflächenvergrößerung benötigte Oberflächenenergie deckt.

$$\frac{\partial}{\partial a}\left(\frac{1}{E}\,\pi\,a^2\,\sigma^2\right) = \frac{\partial}{\partial a}\,(4\,a\,\alpha)$$

stellt somit die Bestimmungsgleichung für die Reißfestigkeit σ_1 dar; es ergibt sich für sie der Ausdruck

$$\sigma_1 = \sqrt{\frac{2\,E\,\alpha}{\pi\,a}}, \qquad (75/2)$$

der es gestattet, die Reißfestigkeit eines elastischen Körpers aus seiner Gestalt, d. h. der Länge der vorhandenen Risse und anderen physikalischen Eigenschaften zu berechnen. Eine Prüfung dieser Theorie an geritztem Glas und Quarz hat zu einer befriedigenden Bestätigung geführt.

Eine solche Kerbwirkung, wie sie von den makroskopischen, eben betrachteten Rissen ausgeht, wird nun auch von den eingangs erwähnten Kristallfehlern bedingt. Mit Hilfe der Formel (75/2) kann bei Kenntnis der Reißfestigkeit (des Elastizitätsmoduls und der Oberflächenenergie) eine den Fehlstellen entsprechende Rißlänge ausgerechnet werden (582). Es ergab sich z. B. für Steinsalz ($\sigma_1 = 2,2 \cdot 10^7$ Dyn/cm²; $\alpha = 150$ Dyn/cm; $E = 4,9 \cdot 10^{11}$ Dyn/cm²) $2a = 0,2\ cm$; für Zink (Reißen nach der Basis; $\sigma_1 = 1,8 \cdot 10^7$ Dyn/cm²; $\alpha = 800$ Dyn/cm; $E = 3,5 \cdot 10^{11}$ Dyn/cm²) $2a = 1,1\ cm$. Diesen großen Rißlängen kann naturgemäß keine reale Bedeutung zukommen. Voraussetzung für die Anwendbarkeit der Formel (75/2) ist ja, daß auch die höchsten an der Berandung des Kerbs auftretenden Zugspannungen die Gitterfestigkeit nicht überschreiten. Dies ist aber für die eben erhaltenen Rißlängen und mit der plausiblen Annahme, daß der Krümmungsradius am Kerbgrund von der Größenordnung der Gitterkonstanten ($5 \cdot 10^{-8}$ cm) ist, bereits weitgehend geschehen. Aus (75/1a) erhält man für Steinsalz $\sigma_{max} = 630$ kg/mm², für Zink $\sigma_{max} = 1200$ kg/mm², das sind Werte, welche die in Punkt 73 angegebenen Gitterfestigkeiten um etwa das Dreifache übersteigen. Entsprechend (75/1a) würden also schon ungefähr 10mal kürzere Risse zur Überwindung der Gitterfestigkeit am Kerbgrund führen. Immerhin haben auch jetzt die Risse noch makroskopische Längen, ganz im Gegensatz zu der Vorstellung, die man von der Natur einer Fehlstelle im Kristall hat. Ein Versuch, unter Mitwirkung von plastischer Gleitung mit noch kürzeren Rißlängen auszukommen, findet sich in (583).

Wenn auch eine quantitative Aufklärung der niedrigen Kristallreißfestigkeiten auf diesem Weg noch keineswegs gelungen ist, so führt diese Vorstellung doch qualitativ auf eine plausible Deutung einer Reihe von Erscheinungen (578). Die Auswahl der Reißebenen würde durch die räumliche Verteilung der Kristallfehler, etwa entlang Ebenen kleinster Oberflächenenergie, maßgeblich beeinflußt sein. Das SOHNCKEsche Normalspannungsgesetz folgt aus der Tatsache, daß die Maximalspannung im Kerbgrund durch die Spannungskomponente senkrecht zum Riß gegeben ist. Desgleichen wird auch die geringe Temperaturabhängigkeit der kritischen Normalspannung verständlich. Weiterhin hat man den Anstieg der Reißfestigkeit vielkristalliner Proben mit zunehmender Kornfeinheit (582) dadurch gedeutet, daß die Risse zunächst an den Kornbegrenzungen haltmachen und erst bei höheren äußeren Spannungen in das Nachbarkorn eindringen (584). Zur Vermeidung der zumindest bei dünnen Kristallen offensichtlich unmöglich großen Rißlängen wurde einerseits auf eine sich steigernde Wirkung nahe benachbarter Risse hingewiesen (578), andererseits (vergl. auch Punkt 72) angenommen, daß die Rißlänge keine Materialkonstante mehr sei, wenn die Körperdimensionen in ihre Größenordnung kommen (584).

In sehr anschaulicher Weise wurde die Bedeutung von Oberflächenrissen für die Reißfestigkeit von Glimmerlamellen gezeigt (585). Durch Entlastung des Randes der Proben (Probenbreite größer als Breite der Einspannbacken) wurde die Reißfestigkeit auf das Zehnfache erhöht. Sie erreichte dadurch etwa ein Zehntel des theoretisch zu erwartenden Wertes, was anzeigt, daß die Wirkung *innerer* Fehlstellen hier nicht mehr ausschlaggebend ins Gewicht fällt. Dieser Umstand wird im Sinne der Kerbtheorie dadurch verständlich, daß die strukturellen Fehlstellen bei dem untersuchten Glimmer vorzugsweise parallel der Spaltebene, also parallel der Zugrichtung angeordnet sind.

Es war naheliegend, die Kerbwirkung von Rissen oder Fehlstellen auch zu einer Erklärung der niedrigen Schubfestigkeiten der Kristalle heranzuziehen. Für die Rechnung wurde der Riß wieder durch eine langgestreckte Ellipse ersetzt und die Spannungsverteilung entlang der Berandung ermittelt (586, 587). Das Ergebnis ist durchaus analog dem eben für die Reißfestigkeit geschilderten. Krümmungshalbmesser am Ende und Länge des Risses sind die bestimmenden Größen. Die Spannungsanhäufung liegt wieder an den Enden des Risses und die Richtung maximaler Schubspannung fällt mit der Richtung des Risses zusammen. Dort soll dann, trotz niedriger wirkender Pauschalschubspannung, die Schubfestigkeit des Gitters erreicht und die Abgleitung eingeleitet werden. Nach dieser Vorstellung würden also auch die Translationselemente der Kristalle außer durch die Anisotropie der Gitterfestigkeit maßgeblich durch die Verteilung der Fehlstellen mitbedingt sein[1].

Die ebenso wie Formel (75/2) mit Hilfe der Energiebilanz abgeleitete Formel für die Schubfestigkeit τ_1 lautet

$$\tau_1 = 2\sqrt{\frac{G \cdot \alpha}{\pi a (1-\mu)}}, \tag{75/3}$$

---

[1] Die hier geschilderte *entfestigende* Wirkung von Kerben hat nichts zu tun mit der Schub*verfestigung,* welche durch nachträglich angebrachte Löcher oder Kerben in plastischen Kristallen hervorgerufen wird (Abb. 198). Hierbei handelt es sich ja um Aufprägung von translationshemmenden Gitterstörungen in der Nachbarschaft der Kerben.

worin G und μ Schubmodul und Querkontraktionszahl bedeuten (587). Größenordnungsmäßig ergeben sich hieraus dieselben Rißlängen, wie sie oben aus der Reißfestigkeitsformel erhalten worden sind.

Eine Weiterführung der Theorie, welche diese großen Rißlängen vermeidet, geht von folgender

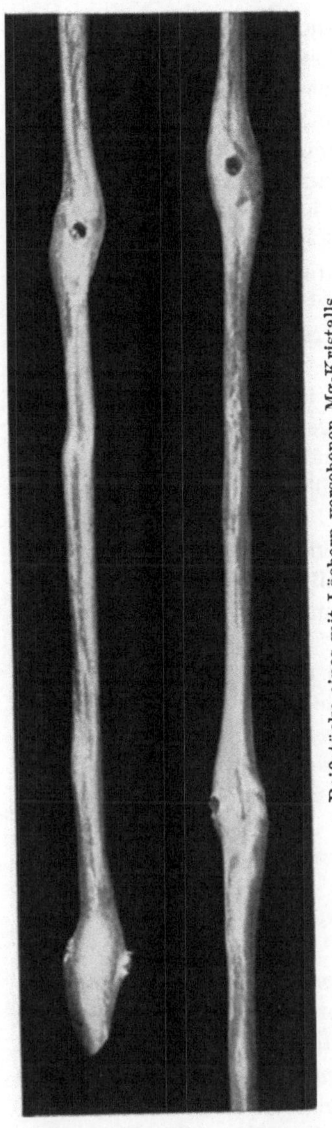

a Reißstücke eines mit Löchern versehenen Mg-Kristalls

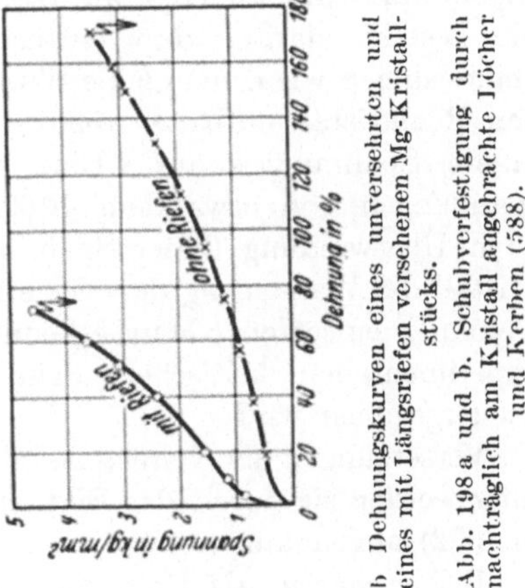

b Dehnungskurven eines unversehrten und eines mit Längsriefen versehenen Mg-Kristallstücks.

Abb. 198 a und b. Schubverfestigung durch nachträglich am Kristall angebrachte Löcher und Kerben (588).

Vorstellung über den Mechanismus der Translation aus (589): An unregelmäßig im Kristall verteilten Punkten setzt lokal die Gleitung ein, indem sich „Versetzungen" (Abweichungen vom streng geometrischen Gitterbau; bedingt wahrscheinlich durch thermische Bewegung) unter Wirkung der anliegenden Schubspannung durch Wanderung parallel der Trans-

lationsrichtung voneinander trennen. Im idealen Kristall würde die Wanderung der ersten, wenigen Versetzungsstellen, also die plastische Verformung, schon bei den geringsten wirkenden

Schubspannungen einsetzen. Grundlegend für die Theorie ist nun die Annahme, daß diese Versetzungsstellen nicht durch den ganzen Kristall hindurchwandern, sondern sehr bald auf Hindernisse stoßen und sich daher nur bis auf eine mittlere Entfernung L voneinander trennen. In der Hauptsache wird dieses Bild dazu verwendet, die Form der Verfestigungskurve abzuleiten. Aus dem Vergleich zwischen beobachteten und berechneten Kurven folgt für die Länge L ein Wert von $\sim 10^{-4}$ cm.

Um zu einer Deutung der experimentell beobachteten endlichen Werte der Streckgrenze zu gelangen, wird an die Mosaiktextur angeknüpft, die vielfach an realen Kristallen beobachtet wird. Sie besteht darin, daß Gitterblöcke etwa derselben Linearabmessungen wie L um kleine Winkel ($\sim 1'$) gegeneinander verdreht den Realkristall aufbauen (590). Infolgedessen treten im Kristall innere Spannungen auf. Eine Abschätzung führt auf Schubspannungen von etwa dem 10000. Teil des Schubmoduls. Erst nach Überwindung dieser Spannungsschranken kann im Mosaikkristall die Wanderung der Versetzungen und damit die plastische Dehnung einsetzen. Man erkennt, daß die Größenordnung der experimentellen kritischen Schubspannungen hierdurch richtig wiedergegeben wird.

Versetzungen als Keimstellen der Abgleitung sind auch in (591) (hier werden sie durch das Bild eines Nonius versinnbildlicht) und in (592) angenommen worden.

Bisher waren als Ursachen der niedrigen Festigkeiten stets Kristallfehler angesehen worden, die zwar der Anisotropie des Kristalls entsprechend gerichtet, in ihrer Häufigkeit dagegen statistisch verteilt sind. Wesentlich darüber hinaus geht die Behauptung von regelmäßig verteilten Inhomogenitäten, die mit einer Abnahme der potentiellen Energie des Kristalls, also mit der Schaffung eines stabileren Zustands, als ihn das normale Gitter darstellt, verknüpft sein soll (593). Der normalen Gitterstruktur soll sich eine „Sekundär"struktur überlagern, die darin besteht, daß periodisch im Abstand eines Vielfachen der Gitterkonstanten Ebenen mit abnormal großer Belegungsdichte auftreten. Nach (594, 595) ist jedoch die für Alkalihalogenidkristalle durchgeführte Rechnung nicht als beweiskräftig für die höhere Stabilität eines weniger symmetrischen Gitters anzusehen. Eine Erklärung für den Aufbau der Realkristalle aus Gitterblöcken, für den eine Reihe experimenteller Stützen vorliegt, dürfte somit auf diesem Wege nicht möglich sein. Für die Mosaiktextur ist übrigens nachgewiesen, daß es sich nicht um eine allgemeine, sondern um eine individuelle, von Wachstums- und Verformungsbedingungen weitgehend abhängige Eigenschaft handelt (596). Wieweit dies auch für den adsorptiven, an inneren Oberflächen von Kristallen erfolgenden Einbau geringer Zusätze [für Ionenkristalle vgl. (597); für Bi (598)] gilt, kann noch nicht entschieden werden. Eine Deutung des großen Unterschiedes zwischen theoretischen und experimentellen Festigkeiten auf Grund einer Sekundärstruktur erscheint somit nicht gerechtfertigt.

Hingewiesen sei hier noch auf die ganz andersartige Rolle, die das System von inneren Oberflächen in der oben skizzierten Theorie der Translation auf Grund des Wanderns von „Versetzungen“ spielt. Sie dienen dort lediglich zur Begrenzung dieses Wanderns; der Vorgang der Verformung erfolgt im Innern der Blöcke.

Wir haben eben jene Ansätze besprochen, die strukturelle Inhomogenitäten für das vorzeitige Versagen der realen Kristalle verantwortlich machen. Die zweite Art der eingangs erwähnten Inhomogenitäten, die thermischen, beruhen auf der Temperaturbewegung der Atome. BECKER hat ihre Wirkung für die Translation eingehend untersucht (599, 600). Es wurde dabei aber nicht wie bisher der Plastizitätsbeginn, sondern die Fließgeschwindigkeit (u) als Funktion der angelegten Schubspannung (S) und der abs. Temperatur (T) berechnet. Die Überlegung verläuft etwa folgendermaßen: Die unregelmäßige thermische Bewegung bedingt in der Nachbarschaft der Gleitebenen Spannungsschwankungen, die sich der angelegten Schubspannung überlagern. In gewissen kurzen Zeiten wird dabei eine Erhöhung der Schubspannung bis auf den Wert der Gitterschubfestigkeit (S^*) eintreten: der Kristall gleitet ruckweise. Die sekundliche Verlängerung des Kristalls, die Fließgeschwindigkeit, ist durch das Produkt von Z, der Anzahl der für einen Gleitsprung in Frage kommenden Gleitebenenabschnitte, der Strecke $\varDelta l$, um die sich durchschnittlich der Stab infolge eines Sprunges verlängert, und der Wahrscheinlichkeit W für das Eintreten eines Sprunges gegeben:

$$u = Z \cdot \varDelta l \cdot W. \tag{75/4}$$

Für die Wahrscheinlichkeit W, also die Häufigkeit der Überschreitung der Grenzspannung S^* innerhalb eines Volumens V in der Umgebung der Gleitebene ergibt sich

$$W = e^{-\dfrac{V(S^* - S)^2}{2GkT}}, \tag{75/4a}$$

worin G den Schubmodul, k die BOLTZMANNsche Konstante ($1{,}37_2 \cdot 10^{16}$ erg/grad) bedeuten. In Versuchen mit Wolframkristallen (599) und vielkristallinem Kupfer (601) wurde die aus Formel (75/4) hervorgehende, starke Temperaturabhängigkeit der Fließgeschwindigkeit (etwa Verdopplung bei Temperaturerhöhung um 10^0) gut bestätigt gefunden.

Eine Erklärung der niedrigen experimentellen Schubfestigkeiten allein mit Hilfe dieser thermischen Schwankungen stößt jedoch wegen der auch bei den tiefsten Temperaturen beobachteten niedrigen Werte der kritischen Schubspannung auf Schwierigkeiten. Die beobachtete Temperaturabhängigkeit der Fließgeschwindigkeit kann auch als ein Erholungseffekt gedeutet werden, welcher der mit zunehmender Verformung eintretenden Verfestigung entgegenwirkt (Punkt 49). Da die Erholung auf der Auswirkung thermischer Schwankungen beruht (vgl. Punkt 77), ist so eine zwanglose Deutung der Ergebnisse der Fließversuche möglich (576). Bei den amorphen Körpern dagegen scheint in der Tat die Plastizität ausschließlich auf thermische Schwankungen zurückführbar zu sein (vgl. hierzu auch Punkt 77).

Eine Kombination der Wirkung struktureller und thermischer Inhomogenitäten zur Erklärung der niedrigen Kristallschubfestigkeiten wird in (592) durchgeführt. Der Hauptanteil an der Überbrückung des großen Unterschiedes zwischen theoretischer und experimenteller Schubfestigkeit wird Kerbstellen zugeschrieben, welche Spannungsspitzen bis etwa zum dritten Teil der theoretischen Schubfestigkeit bedingen. Dennoch sollen die thermischen Schwankungen der Kristalltranslation ihre charakteristischen Züge aufprägen. Unter gewissen Annahmen bleibt so auch die geringe Temperaturabhängigkeit der kritischen Schubspannung von Zink- und Kadmiumkristallen in großen Zügen in Übereinstimmung mit der Theorie. Unbewiesen ist jedoch noch die starke Temperaturabhängigkeit der Fließgeschwindigkeit bei diesen Metallen, worauf die Anwendbarkeit der thermischen Theorie ruht.

76. Theoretische Behandlung der Kristallverfestigung.

Eben ist gezeigt worden, daß ein gesichertes Verständnis der niedrigen Reiß- und Schubfestigkeitswerte von Kristallen heute noch keineswegs vorliegt. Um so weniger kann dies für die Verfestigung, die im Anstieg dieser Festigkeitswerte mit zunehmender

Verformung besteht, erwartet werden. Hier liegen zur Zeit erst theoretische Spekulationen vor.

Die neueren Kerbwirkungstheorien nehmen naturgemäß an, daß die Verfestigung durch Veränderungen der festigkeitserniedrigenden Kerbe bedingt sei. Die Gitterschub- und Reißfestigkeit seien unveränderlich. Ihnen können die experimentell feststellbaren Werte lediglich mehr oder minder angenähert werden; überschreiten können sie die Gitterfestigkeit niemals; Gitterverfestigung sei ausgeschlossen. Über die Art der Veränderungen der Kerben, die zu einer Herabsetzung ihrer Wirkung führen, sind mehrere Ansichten geäußert worden. Eine Verkürzung der den Kristallbaufehlern zuzuordnenden Rißlänge durch Verformung und damit eine Milderung ihrer Gefährlichkeit ist bei einfacher Translation für *latente* Flächen, bei mehrfacher Translation allgemein plausibel. Die Risse werden zufolge der auftretenden Abgleitungen der Gleitpakete unterteilt, die Teile treppenartig gegeneinander versetzt (584). Die verhältnismäßig geringen Änderungen der Reißfestigkeit singulärer Translationsflächen (Punkt 53 und 54) sind mit dieser Vorstellung ebenfalls im Einklang. Für ein Verständnis der Schubverfestigung der *wirkenden* Translationsfläche wurde auf die Tatsache hingewiesen, daß mit zunehmender Verformung an immer mehr Stellen Abgleitung eintritt. Während die Spannungskonzentration an den Enden der zunächst wirksamen Risse durch Entlastung großer Nachbargebiete sehr hoch ist, werden im Verlaufe der Dehnung die unverformt bleibenden Gebiete immer kleiner. Im Sinne der Kerbwirkungstheorie sind also den neu hinzukommenden Rissen immer kürzere Längen mit demgemäß niedrigerer Spannungsanhäufung zuzuordnen: die Translationsfläche verfestigt sich (586). In der neueren Auffassung der Translation als Wanderung von Versetzungsstellen (589) wird in ähnlicher Weise die Schubverfestigung durch eine Zunahme der Zahl der Versetzungen gedeutet. Mit der Abnahme des gegenseitigen Abstandes der Versetzungen (senkrecht zur Translationsebene) steigt die Schubfestigkeit an. Die Durchführung der Theorie liefert für den Zusammenhang zwischen Schubfestigkeit (S) und Abgleitung (a), also für die Verfestigungskurve den Ausdruck

$$S = \varkappa \cdot G \sqrt{\lambda \, L} \cdot \sqrt{a}, \qquad (76/1)$$

worin G den Schubmodul, λ die Identitätsperiode in der Translationsrichtung, L die Strecke der freien Wanderung der

Versetzungen (Größe der Gitterblöcke; $\sim 10^{-4}$ cm) und $\varkappa$ eine Konstante ($\sim 0,2$) bedeuten. Die Verfestigungskurven werden also durch Parabeln wiedergegeben, und in der Tat wird für kubische Metalle eine gute Übereinstimmung mit dem Experiment erreicht.

Hierher gehört ferner eine Vorstellung, welche die Kristallverfestigung mit zunehmender Fehlorientierung längs der Gleitebenen in Zusammenhang bringt (578). Es wird an die theoretisch aus der Spannungsverteilung am Riß abgeleitete und experimentell (587, 586) belegte Drehung von Gitterteilen in der Nachbarschaft der Translationsebenen angeknüpft (vgl. Punkt 59). Der Einkristall zerfalle mit steigender Reckung längs der wirkenden Translationsebenen in Gitterblöcke zunehmender Fehlorientierung. Dies erschwert nicht nur weitere Abgleitung (Schubverfestigung), sondern auch die Ausbildung glatter, den ganzen Kristall durchsetzender Reißflächen (Reißverfestigung). Hierzu ist jedoch zu bemerken, daß bei Umkehrung der Beanspruchungsrichtung das Ausmaß der Fehlorientierung zurückgeht, die Verfestigung dagegen weitersteigt (vgl. Punkt 59 und 61).

Die bisher geschilderten Hypothesen über das Wesen der Verfestigung befassen sich mit den Veränderungen, welche die festigkeitserniedrigenden Kristallbaufehler bei der Translation erleiden. Diese Veränderungen liegen in dem Sinne, daß mit zunehmendem Reckgrad eine immer bessere Ausnutzung der hohen Gitterfestigkeitswerte ermöglicht wird. Eine andere Gruppe von Hypothesen verzichtet zunächst auf eine Erklärung der gegenüber den theoretischen Werten so niedrigen Kristallfestigkeiten und sieht die Ursache der Verfestigung in Veränderungen des Kristallgitters. Hierher gehören die älteren Modifikationshypothesen mit ihrer verbreitetsten Form, der Amorphiehypothese (602, 603), welche zwischen den Gleitlamellen (und auch an den Korngrenzen) zufolge der Reibung die Bildung einer spröden, amorphen Schicht annimmt. Abgesehen davon, daß ein Nachweis für das Auftreten solcher Schichten nicht erbracht werden konnte, bestehen thermodynamische Einwände gegen diese Annahme (604). Weiterhin gehört hierher auch die experimentell widerlegte Verlagerungshypothese (605), welche eine Gitterverlagerung bis zur völligen Zerstörung bei der Verformung annimmt.

Örtliche Verzerrungen des Raumgitters und damit der atomaren Bindungen werden in der Blockierungshypothese (606) nicht nur als eine wesentliche Ursache der Verfestigung durch Kaltreckung, sondern auch der durch Legierung angesehen. Ein präziseres Modell über die Art dieser lokalen Gitterstörungen gibt die Vorstellung der elastisch gebogenen Gleitschichten (Abb. 199). Bei der Biegegleitung (607 und insbesondere 608) verschieben sich die Gleitschichten nicht parallel zueinander, sondern krümmen sich während der Gleitung um eine Achse, die in der Gleitfläche senkrecht zur Gleitrichtung steht. Gegenüber seinem unversehrten Ausgangszustand ist das Gitter im gebogenen Kristall verändert. Erstens stellen die Begrenzungsflächen der gebogenen Schichten „innere Trennungsflächen" dar und zweitens treten inhomogen verteilt elastische Spannungen (Zug- bzw. Druckspannung auf konvexer bzw. konkaver Seite der Lamellen) im Kristall auf. Für den vorliegenden Zweck stellt das Modell des makroskopisch gebogenen Kristalls wegen der auch im gleichmäßig gedehnten Kristall röntgenographisch nachgewiesenen Wellungen der Gleitebenen keine Beschränkung der Allgemeinheit dar. Für die Verfestigung, insbesondere die der latenten Gleitsysteme, werden

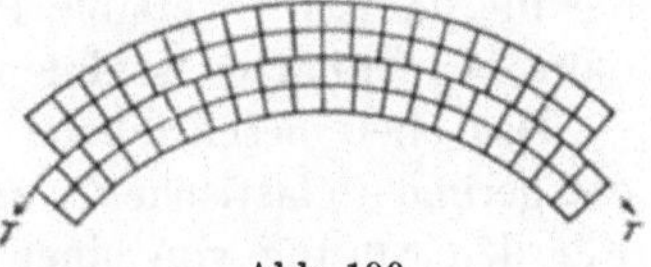

Abb. 199.
Schema der Biegegleitung (608).

nun die inneren Trennungsflächen verantwortlich gemacht. Sie behindern die Ausbildung von Translationsflächen, welche die zuerst wirksam gewesenen durchschneiden. Die Verfestigung des primären Systems wird mit einer, wenn auch nur untergeordneten Betätigung weiterer Systeme schon vom Beginn der Verformung an in Beziehung gebracht.

Eine mathematische Behandlung haben die Verhältnisse auf den inneren Trennungsflächen in (609) gefunden. Es konnte gezeigt werden, daß die Fehlorientierung eines einzigen Atoms einer Atomreihe nicht stabil ist, daß das Atom vielmehr von selbst wieder in die gittermäßige Lage zurückkehren muß. Lineare Gruppen von fehlorientierten Atomen, „Verhakungen", hingegen stabilisieren sich: Die hierbei auftretenden Spannungen bleiben also auch nach Aufhebung der äußeren Kraft bestehen. Ein sehr anschauliches Modell für die Stabilität von Fehlorientierungen ist schon früher in (610) gegeben worden. Das Verhältnis der beiden auf irreguläre Atome wirkenden Kräfte (elastische rücktreibende Kraft, welche die eine Gitterhälfte auf ein ihr angehöriges, aus der Gleichgewichtslage verschobenes Atom ausübt; mit der Verschiebung periodisch veränderliche Kraft von der gegenüberliegenden Gitterhälfte) wird so angenommen, daß mindestens zwei stabile Gleichgewichtslagen für die verlagerten Atome existieren. Der Übergang von der einen Gleichgewichtslage in die andere erfolgt sprunghaft bei Erreichung einer bestimmten gegenseitigen Verschiebung der Gitterhälften. Bei Umkehrung der Kraftrichtung muß zur Wiederherstellung des Ausgangszustands bis auf eine Deformation entlastet werden, die kleiner ist als die zur Instabilität bei der Belastung nötige. Zu ein und derselben wirksamen Spannung gehören also je nach der Vorgeschichte zwei verschiedene Verformungszustände. Dies würde eine Erklärung der elastischen Hysterese am Einkristall darstellen (vgl. Punkt 55). Ursache für das Auftreten und Erhaltenbleiben geschlossener Schleifen bei wechselnder Kraftrichtung wäre nicht ein kristallographischer Verformungsmechanismus, sondern eben der mechanisch reversible Platzwechsel von Atomen zwischen zwei nahe benachbarten stabilen Lagen (611).

Das eben beschriebene Modell wurde auch zu einer Deutung der geringen elastischen Nachwirkung bei Kristallen herangezogen. Für den Sprung von einer Gleichgewichtslage in die andere wird dann nicht die Zufuhr elastischer Spannungsenergie, sondern die thermische Energie verantwortlich gemacht. Hierdurch werden lokal die nötigen Beträge geliefert, völlig analog wie das in der in Punkt 75 dargestellten Theorie des Fließens der Kristalle durch Translation für die Überwindung der Gitterschubfestigkeit angenommen wurde.

Eine dritte Gruppe von Hypothesen verlegt schließlich die Ursache der Verfestigung in die Atome selbst. Die Beeinflussung der Lösungsgeschwindigkeit, die Änderung der Farbe von Legierungen durch Kaltbearbeitung wurden in diesem Sinne gedeutet (604). Insbesondere hat man auch die Tatsachen, daß die im Röntgenogramm sichtbar zu machenden Gitterdeformationen nicht durchaus parallel den Änderungen mechanischer Eigenschaften und denen des elektrischen Widerstandes gehen und daß die Wirkung von Verfestigung und Erholung auf verschiedene Eigenschaften bei Metallen gleicher Gitterart verschieden ist, als Zeugen dafür ins Treffen geführt, daß eine Deformation der Elektronenhüllen der Atome die primäre Ursache der Verfestigungswirkungen darstellt. Diese Atomdeformationen können, müssen jedoch nicht von geringen Störungen des Kristallgitters begleitet sein (612, 613). Ohne die Möglichkeit solcher Atomdeformationen zu leugnen, ist jedoch darauf hinzuweisen, daß sie wohl eher auch als eine sekundäre Wirkung der primär auftretenden Gitterverzerrungen aufzufassen sind (614).

Welche Verfestigungstheorie sich nach Erweiterung unserer Einsicht als zweckmäßigste erweisen wird, kann heute noch nicht beurteilt werden. Jedenfalls kommt der zuerst dargestellten Gruppe der Vorzug zu, die Verfestigungserscheinungen unter demselben Gesichtspunkt zu betrachten wie die heute gleichfalls ein noch ungelöstes Rätsel darstellenden niedrigen Kristallfestigkeitswerte.

77. Zur Theorie der Rekristallisation. Platzwechselplastizität.

Die Erscheinungen und Gesetzmäßigkeiten der Rekristallisation (und der Kristallerholung) sind in früheren Punkten (49, 61—65 und 71) dargelegt worden. Der grundlegende Vorgang dabei ist der *Platzwechsel* der Atome, hervorgerufen durch erhöhte thermische Bewegung zufolge der Glühung. Hier sei auf theoretische Ableitungen hingewiesen, die die Rekristallisationstemperatur und die Form der Rekristallisationsdiagramme verständlich machen. Anschließend daran wird eine bei kristallisierter Materie auftretende Plastizität, die nicht in kristallographisch gesetzmäßiger Weise vor sich geht, sondern wohl ebenfalls auf Platzwechselvorgängen beruht, beschrieben.

Für das Bestehen der Rekristallisationstemperatur sind zwei Erklärungen vorgebracht worden. Die eine, auf kubische Kristalle bezügliche, untersucht den thermischen Platzwechsel der Atome und beschreibt auch die Diffusionsvorgänge (614a). Voraussetzung für Platzwechsel ist, daß die Energie der betreffenden Atome größer ist als ein bestimmter Schwellenwert (E), was für den $\left(e^{-\frac{E}{kT}} \right)$ ten Teil der Atomanzahl zutrifft. Mit Hilfe der atomaren Eigenfrequenz (ν) wird die Anzahl der Platzwechsel pro Sekunde und weiterhin die Zeit, bis sämtliche Atome platzgewechselt haben, berechnet. Das verformte Material ist vom unverformten durch einen Energiezuwachs (ΔE) unterschieden, der durch die Änderung des spezifischen Widerstandes gekennzeichnet wird. Die Wahrscheinlichkeit von Platzwechseln steigt hierdurch an, da ja nunmehr von der thermischen Bewegung der Atome nur der Energiebetrag $E - \Delta E$ aufzubringen ist: die zum Platzwechsel sämtlicher Atome benötigte Zeit fällt ab. Wesentliche Voraussetzung für den Eintritt von Rekristallisation ist *ungleichmäßige* Verteilung der Energieanhäufungen im verformten Material, das sich sonst nicht von Material bei höherer Temperatur unterscheiden würde. Die Stellen größter Anhäufung von Energie bestimmen den Ablauf der Rekristallisation. Damit die ganze Probe rekristallisiert, muß während der Dauer der Glühung an vielen Stellen Platzwechsel aller Atome eintreten. Angabe der Glühzeit ist also zur Festlegung der Rekristallisationstemperatur erforderlich. Der Zusammenhang, der sich so für konstanten Reckgrad zwischen Rekristallisationstemperatur T_R (abs.), Glühdauer t und Atomfrequenz ν ergibt, lautet:

$$T_R = \frac{\text{const}}{\ln \nu t}. \tag{77/1}$$

Kennt man also zwei zusammengehörige Werte von T_R und t, so kann für eine andere Rekristallisationstemperatur die erforderliche Glühzeit berechnet werden (so bedingt z. B. Erhöhung von T_R um 1% eine Abnahme der Glühzeit um 35%). Eine Prüfung dieser Formel an verschiedenem Versuchsmaterial erweist sich in guter Übereinstimmung mit der Beobachtung.

In der zweiten Erklärung wird als Rekristallisationstemperatur jene Temperatur bezeichnet, bei der sich die Geschwindigkeit der Rekristallisation sprungweise ändert (609). Für ihre Deutung wird von den oben beschriebenen Verhakungen in verfestigten Kristallen ausgegangen. Die metastabilen Gleichgewichtslagen, in denen sich die fehlorientierten Atome an den Grenzen der Gleitlamellen befinden, sind um so stabiler, je mehr Atome verhakt sind; um so größer ist also auch die zu ihrer Aufhebung nötige Schwellenenergie. Erwärmt man einen von Verhakungen durchsetzten, verfestigten Kristall, so werden bei niedrigen Temperaturen nur wenige verhakte Atome zufolge der MAXWELLschen Energieverteilung die nötige Energie haben, um sich aus dem Verband loszulösen. Es wird bei diesen Temperaturen sehr langer Glühzeiten bedürfen, um den endgültigen rekristallisierten Gleichgewichtszustand zu erreichen. Liefert jedoch die Glühung schon in kurzer Zeit einer großen Zahl von verhakten Atomen die notwendige Energie, so lösen sich, wie die mathematische Behandlung zeigt, wegen der dann geringer gewordenen Stabilität gleichzeitig alle Verhakungen auf. Die Temperatur, bei der dies nach kurzen Erhitzungszeiten eintritt, ist die Rekristallisationstemperatur[1].

Die Form der *Rekristallisationsdiagramme*, grobes Korn nach geringer Reckung und Anwendung hoher Glühtemperatur, feines Korn nach Glühung stark gereckter Proben bei niedriger Temperatur (vgl. Abb. 169), wurde durch eine die noch unbekannten Einzelheiten der atomaren Vorgänge umgehende thermodynamische Überlegung qualitativ abgeleitet (600). Die oberhalb der Rekristallisationstemperatur vor sich gehenden Platzwechsel der Atome werden um so häufiger erfolgen, je größer die mit steigendem Reckgrad (steigender Verfestigung) zunehmende Unordnung im Gitter ist. Kommen durch die Platzwechsel eine Anzahl von Atomen in kristallographisch wohlgeordnete Lagen zueinander, so werden sie in diesen Lagen sehr viel länger verharren: ein Kristallkeim ist gebildet. Die Häufigkeit der Platzwechsel wird also die Bildung von Kristallkeimen und auch ihr Weiterwachsen entscheidend bestimmen. Zunächst ergibt sich, daß nicht jede Neugruppierung von Atomen als Keim wirken kann. Ist nämlich die Zahl der zusammengehörigen Atome zu niedrig, das Kristallfragment zu klein, so übersteigt seine Stabilität nicht die des deformierten Nachbarmaterials. Bleibt der Keim unterhalb einer gewissen, kritischen Größe, so wird er sich, da sein Dampfdruck den der Umgebung übersteigt, wieder auflösen. Die Aufgabe besteht also darin, den Dampfdruck des Grundmaterials als Funktion des Reckgrads und der Glühtemperatur und den der neugebildeten Keime als Funktion von Größe und Temperatur darzustellen. Gleichsetzung beider liefert dann die Mindestgröße (r) der stabilen Keime als Funktion von Reckgrad (gemessen durch die Rekristallisationswärme (δ)) und Temperatur (T). Der Ausdruck für r lautet:

$$\frac{1}{r} = \frac{\delta(T_s - T)}{T_s} \cdot \frac{d}{2\,\sigma\,M}, \tag{77/2}$$

worin T_s die Temperatur des Schmelzpunktes, d und σ Dichte und Oberflächenspannung des Kristalls, M das Molekulargewicht des Dampfes bedeuten. Die aus (77/2) hervorgehende Abhängigkeit

---

[1] Eine Schwierigkeit erwächst dieser Deutung allerdings durch die Tatsache des Absinkens der Rekristallisationstemperatur mit zunehmendem Reckgrad, während die Zahl der Verhakungen dabei doch sicherlich nicht abnimmt, sondern, der steigenden Verfestigung entsprechend, wohl zunehmen dürfte.

der Keimgröße (r) von δ und T stimmt mit der Form der Rekristallisationsdiagramme überein.

Eben hat es sich um das Verhalten der mittleren Korngröße des rekristallisierten Gefüges gehandelt. Überlegungen bezüglich der Verteilung der Korngrößen finden sich in (615). Auf Grund der Annahmen gleichbleibender Häufigkeit der Keimbildung und konstanter linearer Wachstumsgeschwindigkeit wurde in (616) die Korngrößenverteilung berechnet. Sie sollte sowohl für Guß- wie Rekristallisationsgefüge gelten, scheint jedoch mit der Erfahrung

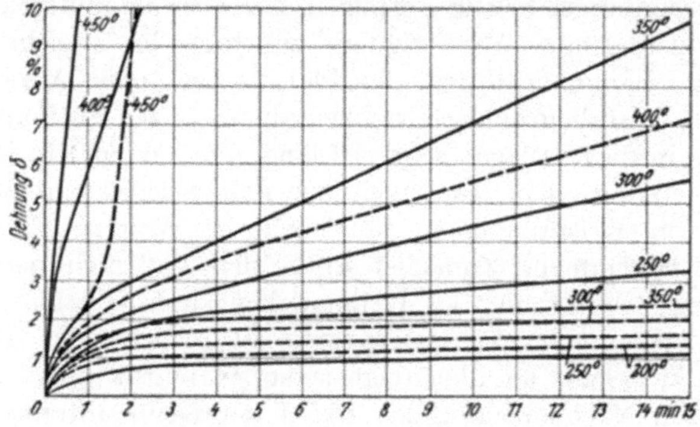

Abb. 200. Fließkurven von hartem und weich geglühtem Cu-Draht bei verschiedenen Temperaturen (618). —— hart, - - - - weich.

nicht völlig in Einklang zu sein. Die Voraussetzung konstanter Keimbildungsgeschwindigkeit dürfte ja, wenigstens für den Fall der Rekristallisation, eine zu weitgehende Vereinfachung darstellen.

Anschließend an die Erörterung der Rekristallisation verfestigter kristallisierter Stoffe sei hier noch kurz auf eine andere Äußerung der Platzwechselvorgänge hingewiesen. Es ist dies eine Art von Plastizität, welche bei Rekristallisation (und Umwandlung) unter gleichzeitiger Anspannung beobachtet wird und welche wohl nicht als streng gesetzliche kristallographische Gleitbewegung aufzufassen ist. Ihre Deutung als Folge der Platzwechsel der Atome scheint dagegen zwanglos möglich zu sein, da unter dem Einfluß von Spannungen naturgemäß jene Platzwechsel bevorzugt sein werden, die zur Entlastung bzw. Verformung im Sinne der Beanspruchung führen. Man hat deshalb diese Art der Plastizität als „amorphe" *Plastizität* bezeichnet, weil der Platzwechsel der Mechanismus der

Verformung der amorphen, glasigen Materie ist. Es kann auf diese Weise der Fall eintreten, daß oberhalb der Rekristallisationstemperatur ein rekristallisiertes, also weich geglühtes Material fester und formbeständiger ist als verfestigtes, noch ungeglühtes Material, in welchem bei der Glühung lebhafter Platzwechsel vor sich geht (600). Versuche an Wolframwendeln (617), an Kupfer- und Aluminiumdrähten (618) zeigen in der Tat stärkeres Fließen bei gleichzeitiger Rekristallisation. Als Beispiel sind in Abb. 200 Fließkurven dargestellt, die im Fadendehnungsapparat von harten und weichen (bei 600° C ausgeglühten) Kupferdrähten erhalten worden sind; stets fließt der harte, rekristallisierende Draht stärker als der weich geglühte.

Entsprechende Ergebnisse sind auch bei Untersuchung der „Kriechfestigkeit" von Eisen, Nickel und einigen Legierungen dieser Metalle bei erhöhten Temperaturen erhalten worden (619). Die Verlängerungen wurden hier nicht durch Spiegelablesung ermittelt, sondern durch Temperaturänderung kompensiert. Wieder zeigte sich, daß vorgeglühter Werkstoff oberhalb des Bereiches der Rekristallisation wesentlich höhere Formbeständigkeit (gemessen durch die Kriechfestigkeit) besitzt. Die Bedeutung dieser Feststellungen für die Technik liegt auf der Hand. Sollte es sich hierbei in der Tat um eine allgemeine Erscheinung handeln, so könnte in vielen Fällen in Temperaturgebieten der Rekristallisation (und Erholung) die Verwendung des Werkstoffs in geglühtem Zustand vorteilhafter sein als die in kalt bearbeitetem.

Auf Grund dieser Befunde war es naheliegend, eine Herabsetzung des Formänderungswiderstandes auch bei Umwandlungen zu erwarten. Auch hier sind ja Platzwechselvorgänge der Mechanismus des Gitterumbaues. Die hierzu ausführlicher untersuchte γ-α-Umwandlung eines Nickelstahls (30% Nickel) hat diese Erwartung bestätigt (620). Erfolgte die Umwandlung unter Anspannung des Versuchsdrahtes, so wurden gleichzeitig eintretende Dehnungen von über 10% beobachtet. Daß es sich in diesem Fall nicht um *thermisch* bedingte Platzwechsel handelt, folgt daraus, daß die Probe lediglich einer Abkühlung unterworfen wird. Das Wesentliche für den mechanischen Schwächezustand ist also das Vorhandensein lebhaften Platzwechsels der Atome und nicht die Art, wie der Platzwechsel herbeigeführt wird.

IX. Deutung der Eigenschaften vielkristalliner technischer Werkstücke auf Grund des Einkristallverhaltens.

Nach der Darstellung der bei der plastischen Deformation von Einkristallen aufgefundenen Tatsachen haben wir im letzten Kapitel gesehen, wie weit wir heute noch von einer befriedigenden theoretischen Deutung der Erscheinungen entfernt sind. Dieses Schlußkapitel sei dem wissenschaftlich bescheideneren, technisch jedoch bedeutsamen Problem des Zusammenhangs der Eigenschaften vielkristalliner Werkstücke mit Eigenschaften und Anordnung der Einzelkörner (Textur) gewidmet. Kenntnis dieses Zusammenhangs ermöglicht nicht nur eine Deutung des Verhaltens der Werkstücke, sondern darüber hinaus auch eine Abschätzung der bei vorgegebenem Werkstoff günstigsten Falls erreichbaren Eigenschaften. Die Synthese der Werkstoffeigenschaften aus Kristallverhalten und Gefügeregelung wird besonders dann erfolgreich sein, wenn die im Vielkristall noch hinzukommende Wirkung der Korngrenzen unmerklich bleibt.

In erster Linie sind es die als struktur*un*empfindlich bezeichneten Eigenschaften (vgl. Punkt 60), für welche Kristallverhalten und Textur allein maßgeblich sind (z. B. elastische Eigenschaften, thermische Ausdehnung). Aber auch bei der großen Gruppe der plastischen Eigenschaften, die zu den strukturempfindlichen gehören, wird man wegen der gerade hier häufig so ausgeprägten Richtungsabhängigkeit ein wenigstens qualitativ richtiges Bild des Vielkristallverhaltens erwarten. Das Verständnis für eine Reihe von technologischen Fragen ist denn auch auf diesem Wege ermöglicht oder vertieft worden, was naturgemäß zu besserer Ausnutzung des Werkstoffs führte. In dem Maße, in dem der Einfluß der Korngrenzen vorherrschend wird, tritt die Berechtigung des hier gezeichneten Weges zurück. Eigenschaften, die auf interkristallinen, an den Korngrenzen sich abspielenden Vorgängen beruhen (z. B. Warmbruch durch Schmelzung von Polyeutektikum, Auflösung der Korngrenzensubstanz bei Korrosion) fallen ihrer Natur nach aus dem Rahmen des hier zu Behandelnden hinaus.

Bevor wir auf die mathematische Mittelung und Beispiele aus der mechanischen Technologie der Metalle eingehen, besprechen wir die Methoden zur Feststellung von Gefügeregelungen in vielkristallinem Material, beschreiben wir die bei den verschiedenen

Verarbeitungsprozessen an Metallen auftretenden Texturen und gehen ihrer Entstehung nach. Beiseite gelassen sind dabei die in den letzten Jahren zahlreich untersuchten Regelungen in Gesteinen. Es sei hierzu auf die ausführlichen Monographien (621, 622) verwiesen.

78. Bestimmung und Beschreibung der Texturen (nach 623).

Zur Bestimmung der Orientierungsverteilung der Körner eines vielkristallinen Aggregates sind grundsätzlich dieselben Verfahren geeignet, die zur Orientierungsbestimmung von Einkristallen dienen (vgl. Kapitel IV). Vor allem bei feinem Korn und verwickelteren Texturen tritt die Überlegenheit der röntgenographischen Verfahren entscheidend zutage, so daß diese hier fast ausschließlich verwendet werden[1].

Als Ergänzung des in Kapitel IV Gesagten bringen wir hier noch kurz die Lösung der beiden folgenden Aufgaben:

1. Bestimmung der Orientierung der Kristallkörner in bezug auf eine durch die Gestalt oder Vorgeschichte der Probe hervorgehobene *Richtung* (z. B. Richtung senkrecht zur Abkühlungsfläche im Guß[2], Längsachse bei gezogenen, gewalzten oder rekristallisierten Drähten, gepreßten Stangen).

2. Bestimmung der Textur gegenüber einem durch Gestalt oder Vorgeschichte nahegelegten *Achsenkreuz* (z. B. Walz-, Quer- und Normalenrichtung in Blechen).

Fällt im ersten Fall in jedem Kristallkorn eine und dieselbe Gitterrichtung in die hervorgehobene Bezugsrichtung (Faserachse), so liegt die einfachste geregelte Kristallitanordnung, eine „einfache

---

[1] Für eine rasche, mit einfachsten Mitteln zu gewinnende rohe Übersicht über die Anisotropie von Walzblechen sei auf die Heranziehung CHLADNIscher Klangfiguren hingewiesen (624).

[2] Abb. 201 zeigt die Gefügeausbildung in einem technischen Gußstück. Mehrere verschiedenartige Zonen sind deutlich erkennbar. Am äußeren Rande, unmittelbar an der Kokillenwand, befindet sich eine dünne Schicht feinkörniger Keimkristalle, auf die eine ziemlich grobkörnige Schicht langgestreckter, parallel gelagerter Kristalle folgt, deren Längsrichtung senkrecht zur Abkühlungsfläche steht. Das Innere des Barrens wird wieder von kleineren Kristallen ungleichmäßiger Form gebildet. Vor allem in der parallelstrahligen Zone sind Abweichungen von der Regellosigkeit der Kristallagen zu erwarten. Die in dieser Schicht herrschende Textur wird als Gußtextur bezeichnet. Zur röntgenographischen Bestimmung der Textur werden zweckmäßig aus dem Gußstück Probestäbchen, deren Achse der Längsrichtung der Kristalle parallel läuft, entnommen.

Fasertextur" vor[1] (625). Hier stimmt ein monochromatisches, senkrecht zur Bezugsrichtung aufgenommenes Röntgendiagramm mit einem Diagramm von einem Kristall überein, der um die betreffende Gitterrichtung gedreht worden ist. Die Probe weist ja räumlich nebeneinander alle jene Kristallagen auf, die der Kristall bei der Drehung zeitlich hintereinander einnimmt. Die Interferenzflecke liegen auf Schichtlinien, aus deren Abstand nach Formel (21/2a) die Identitätsperiode in der Faserachse und damit, bei bekanntem Gitter, ihre kristallographische Natur ermittelt werden kann. Eine Kontrolle erwächst der gefundenen Natur der Faserachse durch Prüfung der nach Punkt 21 ebenfalls ganz gesetzmäßigen Verteilung der Interferenzen auf den Schichtlinien. Als Beispiele sind in den Abb. 202 und 203 mit Durchstrahlung senkrecht zur Faserachse erhaltene Diagramme

Abb. 201. Gußgefüge. Querschnitt durch Cu-Barren.

einer Gußprobe und eines rekristallisierten Drahtes wiedergegeben. Abb. 204a und b zeigt das Vorhandensein einer sog. „doppelten Fasertextur", die eine Überlagerung zweier einfacher Fasertexturen mit gemeinsamer Faserachse darstellt. Es gibt hier zwei Gruppen von Kristalliten, deren jede durch eine bestimmte, der Faserachse parallele Kristallrichtung gekennzeichnet ist.

Als Beispiel der Bestimmung der Kristallitenorientierung in bezug auf ein dreiachsiges, rechtwinkeliges Koordinatensystem sei die sog. Polfigurenmethode angedeutet [für Metalle erstmals in (631) benutzt]. Sie besteht nicht nur in der Angabe der kristallographischen Richtungen, welche in den einzelnen Kristallkörnern parallel den drei Bezugsachsen liegen, sondern, und das ist ihr

---

[1] Der Name stammt von der Auffindung dieser Art von Texturen in natürlichen Fasern (626).

wesentlicher Vorzug, in einer durch Polfiguren der wichtigsten Kristallflächen gekennzeichneten Darstellung der gesamten Orientierungsmannigfaltigkeit in der Probe. Zur Gewinnung dieser Polfiguren werden die Interferenzen auf den DEBYE-SCHERRER-Kreisen umgezeichnet in die stereographische Darstellung der Lote der

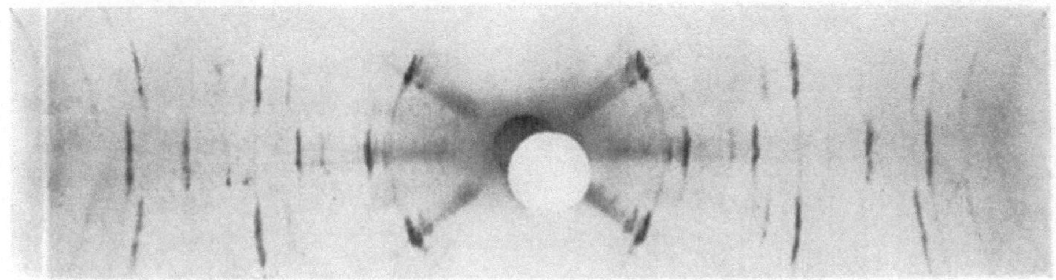

Abb. 202. Gußtexturdiagramm; Al (627); Faserachse ∥ [100].

reflektierenden Ebenen (vgl. hierzu Punkt 24, wo diese Umzeichnung für LAUE-Interferenzen dargelegt ist). Insbesondere zur Beschreibung der Texturen von Blechen, und auf einen solchen Fall bezieht sich auch das weitere, wird dieses Verfahren viel

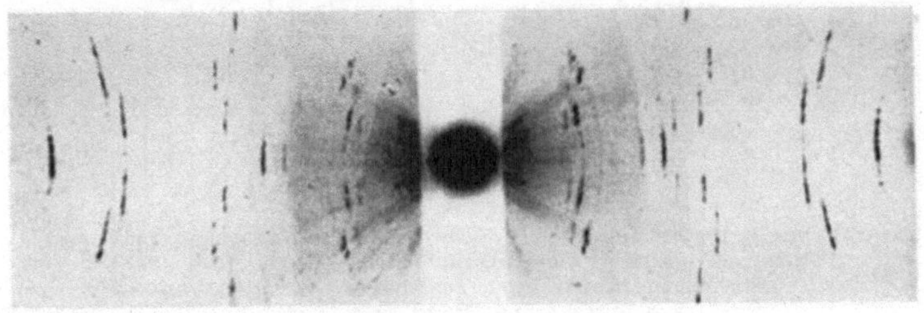

Abb. 203. Texturdiagramm; rekristallisierter Al-Draht (628); Faserachse ∥ [111].

angewendet. Um die vorliegende Orientierungsverteilung erschöpfend zu erfassen, genügt keineswegs ein einziges, etwa senkrecht zur Blechebene aufgenommenes Diagramm. Bei feststehender Probe können ja nur die nach der BRAGGschen Formel gerade in Reflexionsstellung befindlichen Kristallflächen Reflexionen ergeben. Um eine vollständige Darstellung zu erreichen, ist es daher notwendig, in einer Reihe von Aufnahmen das Blech in verschiedenen Richtungen schräg zu durchstrahlen. Am besten wählt man die Durchstrahlungsrichtungen so, daß sie in den Ebenen Blechnormale-Walzrichtung und Blechnormale-Querrichtung liegen. Bei derartigen schiefen Aufnahmen steht der Primärstrahl nicht mehr senkrecht auf der Walzebene des Bleches, also der Projektionsebene. Es gilt nun, die Interferenzlagen der schiefen Aufnahmen ebenfalls in die stereographische Projektion und damit in eine

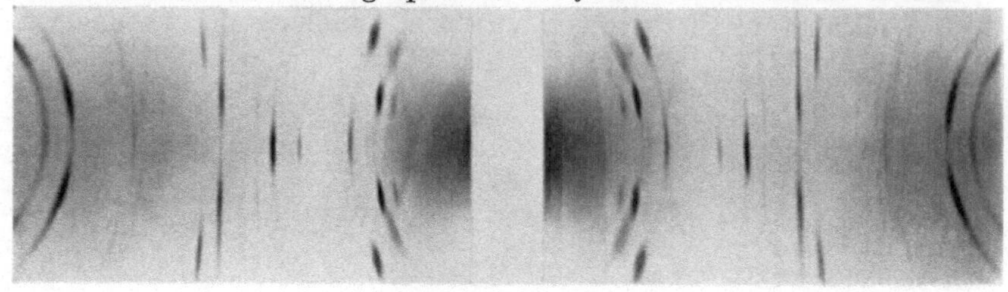

a Texturdiagramm,

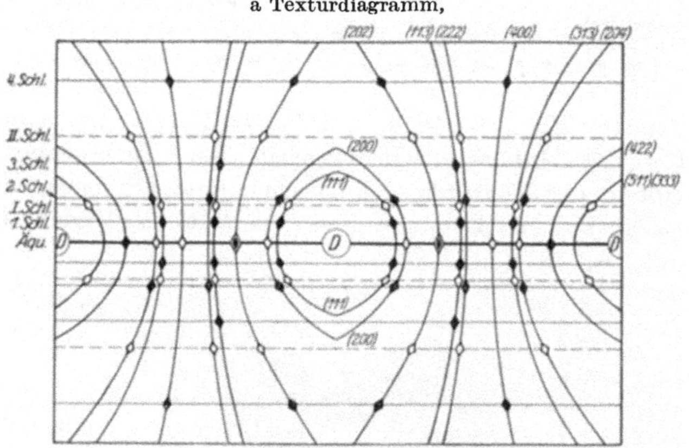

b theoretisches Diagramm für doppelte Faserstruktur; Faserachse ‖ [111] und ‖ [100].
Arabisch bezifferte Schichtlinien durch Textur nach [111],
römisch bezifferte durch Textur nach [100] bedingt.
Abb. 204a und b. Ziehtextur Cu (629).

Darstellung der reflektierenden Netzebenen überzuführen. Zu diesem Zwecke verfährt man so, daß man zunächst die Interferenzen genau so wie bei den senkrechten Aufnahmen projiziert. Es steht dann der Primärstrahl senkrecht auf der Projektionsebene. Die Blechebene jedoch fällt nicht, wie es für eine einheitliche Darstellung notwendig wäre, mit der Projektionsebene zusammen. Man kennt aber die Neigung der Blechnormalen gegen den Primärstrahl. Ist z. B. bei einer Aufnahme der Primärstrahl in der Ebene Blechnormale-Walzrichtung um den Winkel α gegen die Blechnormale geneigt gewesen, so muß man den zunächst senkrecht projizierten Reflexionskreis um die Querrichtung um den Winkel α drehen. Dadurch fällt die Walzfläche in die Projektionsebene, während jetzt der Primärstrahl schräg unter dem Winkel α einsticht.

Auf diese Weise wertet man eine Reihe von Aufnahmen aus und zeichnet die Ergebnisse in dieselbe stereographische Projektion ein. Schließlich werden die ge-

Tabelle 31. Gußtexturen.

Metall	Parallel zur Längsrichtung der Kristalle
Al Cu Ag Au Pb α-Messing	[100]
α-Fe β-Messing	[100]
β-Sn	[110]
Mg Zn Cd	[1120] [0001] senkrecht
Bi	[111]

a Polfigur der (100)-Fläche

b Polfigur der (111)-Fläche   c Polfigur der (110)-Fläche

Abb. 205 a—c. Walztextur von α-Messing (632). $W.R.$ = Walzrichtung, $Q.R.$ = Querrichtung.

wonnenen Punkte gemäß den vorhandenen Symmetrieelementen der Textur vervielfacht. Zur genaueren Kennzeichnung wird aus der Intensität der Reflexionen die Belegungsdichte der Polfigur abgeschätzt. Die Darstellung erfolgt entweder durch die Berücksichtigung verschiedener Häufigkeitsstufen (vgl. Abb. 205) oder durch geeignete Schraffierung der Polfigur (vgl. Abb. 206).

20*

Von den *Ergebnissen der Texturbestimmung* ist in Tabelle 31 zunächst die Gußtextur einer Reihe von Metallen und Misch-

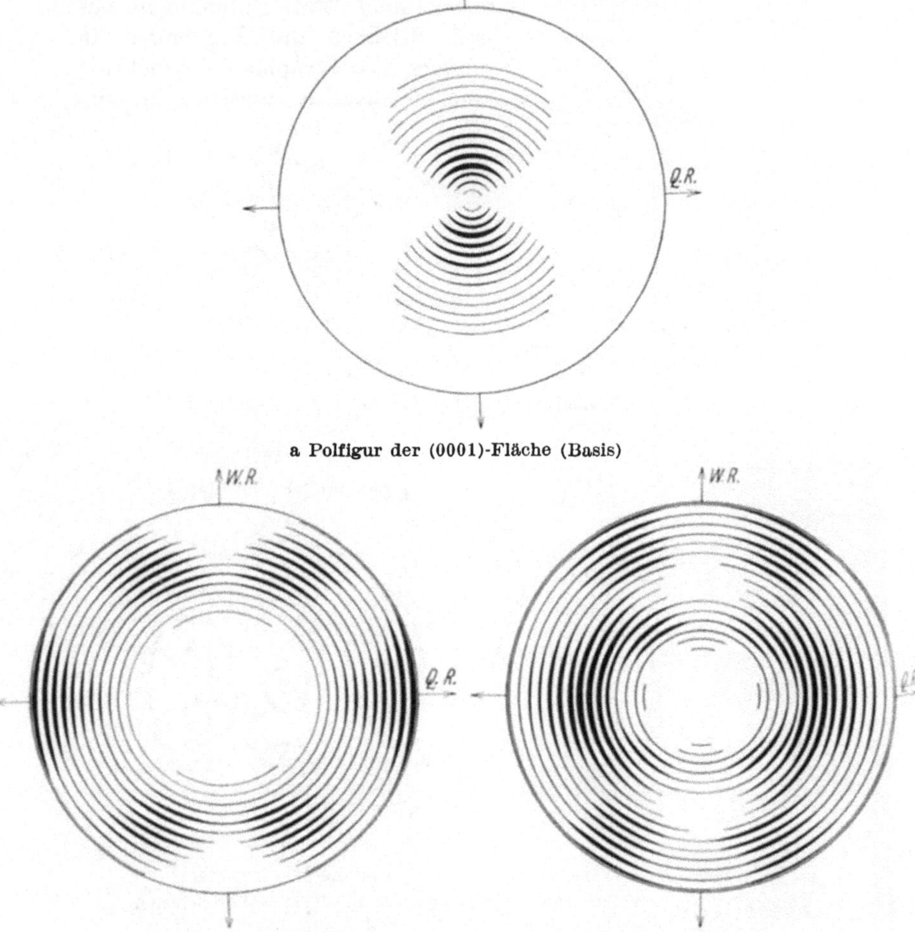

Abb. 206a—c. Walztextur von Zink (663).

kristallegierungen [vor allem nach Bestimmungen in (627)] gebracht. In den strahligen Zonen besteht eine einfache Fasertextur: Eine wichtige Gitterkante fällt mit gewisser Streuung in allen Kristall-stengeln in die Faserachse. Ausnahmen bilden nur Zink und

Kadmium. Hier liegt eine „Ringfasertextur" vor (634); bei allen Kristallen ist die Längsrichtung nur dadurch ausgezeichnet, daß sie *in* der Basisfläche liegt, sonst stellt sie aber eine von Kristall zu Kristall verschiedene Richtung dar[1].

Bei den Deformationstexturen, die man nach der Art des Verformungsvorgangs einteilt (Zug- und Ziehtexturen, Walztexturen

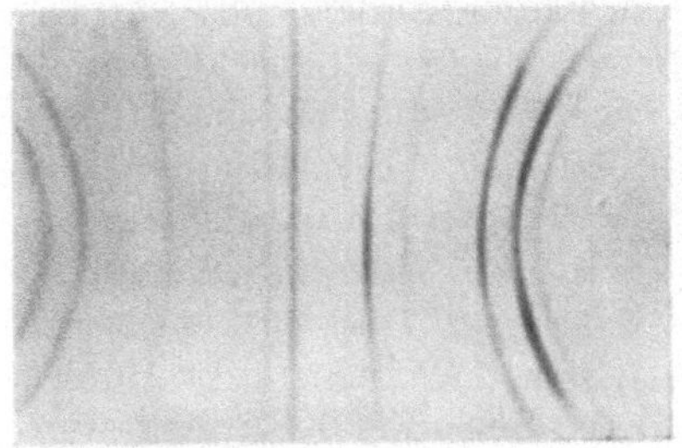

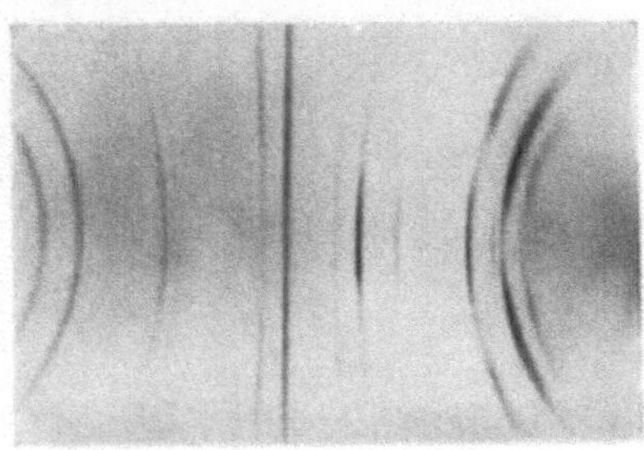

a 1,75 mm Durchmesser   b derselbe Draht auf 1,3 mm abgeätzt

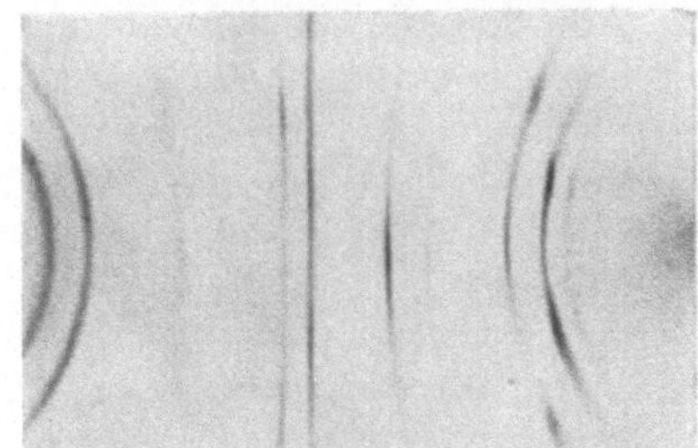

c auf 1,0 mm abgeätzt   d auf 0,4 mm abgeätzt

Abb. 207 a—d. Textur in verschiedenen Schichten gezogenen Cu-Drahtes (629).

usw.), ist im allgemeinen eine erschöpfende Beschreibung durch Angabe ausgezeichneter Kristallitlagen nicht möglich. Bei Walztexturen wird zumeist die Polfigurdarstellung benutzt, welche durch Angabe der Streubereiche einen weit besseren Überblick über die vorhandenen Kristallorientierungen liefert.

Aber auch noch weitere Feinheiten des Baues der Deformationstexturen sind zu berücksichtigen. Sie betreffen vor allem eine

---

[1] Auch bei der elektrolytischen Abscheidung von Metallen aus wäßrigen Lösungen entstehen unter geeigneten Bedingungen geregelte Texturen: einfache Fasertexturen mit der Stromlinienrichtung als Faserachse. Für die Auswahl dieser Faserachse sind eine ganze Reihe von Faktoren, Lösungsmittel, Lösungsgenossen, Stromdichte, Kathodenmaterial maßgeblich. Für eine Zusammenstellung der beobachteten Texturen mit Angabe der Arbeitsbedingungen vgl. etwa (623).

Inhomogenität der Textur in bezug auf Art und Streuung in den verschiedenen Schichten des Werkstücks. In den Fällen doppelter Fasertextur ist weiterhin die Häufigkeit des Auftretens der einzelnen Kristallitlagen mit anzugeben. Abb. 207 zeigt zunächst vier Diagramme, die an verschieden weit abgeätztem Kupferdraht erhalten worden sind. Aus der verschiedenen Länge der Interferenzbögen wird sofort deutlich, daß die Schärfe der Einstellung in die ideale Lage im Innern des Drahtes viel ausgeprägter ist als in den Randpartien. Daß nicht die Unterschiede in der Drahtdicke der Grund für die verschiedene

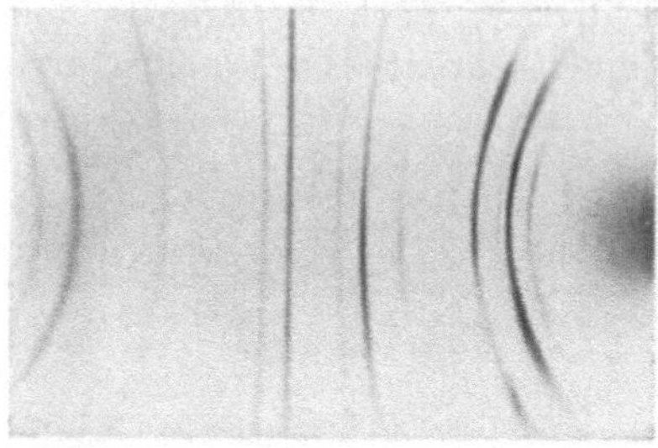

Abb. 208. Texturdiagramm von weitgehend hartgezogenem Cu-Draht (629), 0,05 mm Durchmesser.

Streuung sind, zeigt der Vergleich mit Abb. 208, die von gezogenem, ungeätztem Draht von 0,05 mm Durchmesser stammt. Außer der Schärfe der Einstellung betrifft die Inhomogenität aber auch die Textur selbst (vgl. die Unsymmetrie der Diagramme Abb. 207 a—c, Abb. 208).

Eine Beschreibung der realen Ziehtextur für einsinnigen Zug läßt sich bei den kubisch-flächenzentrierten und wahrscheinlich auch den raumzentrierten Metallen etwa folgendermaßen geben:

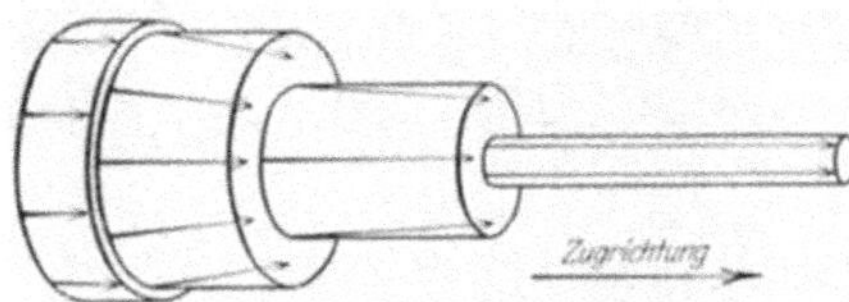

Abb. 209. Schematische Darstellung der Textur eines hart gezogenen Drahtes (629): vgl. auch (630). Richtung und Länge der Pfeile geben die Richtung der Faserachsen und den Grad der Gleichrichtung an.

Im Innern des Drahtes besteht eine gewöhnliche Fasertextur: nach außen hin geht sie allmählich in eine einfache „Kegelfasertextur" über, die dadurch gekennzeichnet ist, daß die ausgezeichneten Kristallachsen die Erzeugenden eines einfachen Kreiskegels um die Mittelfaser des Drahtes bilden. Richtung und Gegenrichtung der Drahtachse sind nicht gleichwertig, die Ebene senkrecht zur Drahtachse ist keine Symmetrieebene für die Textur. Der Öffnungswinkel des Kegels nimmt mit zunehmendem Abstand des betrachteten Punktes von der Drahtachse zu und erreicht knapp unterhalb der Drahtoberfläche etwa den Neigungswinkel der verwendeten Ziehdüse (vgl. das Schema von Abb. 209).

Auch bei den hexagonalen Metallen besteht diese Inhomogenität der Ziehtextur, wie beispielsweise aus Abb. 210 hervorgeht. Während im Innern von Zinkdrähten eine doppelte Kegelfaser- oder Spiralfasertextur[1] besteht, liegt an der Drahtoberfläche (unsymmetrisches Diagramm durch Fehlen der einen Basisinterferenz) ebenfalls nur eine einfache Kegelfasertextur vor.

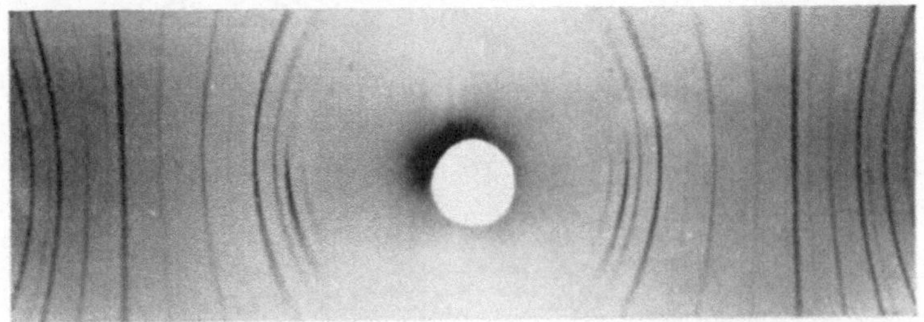

a Draht von 1,1 mm Durchmesser, ↑ Ziehrichtung

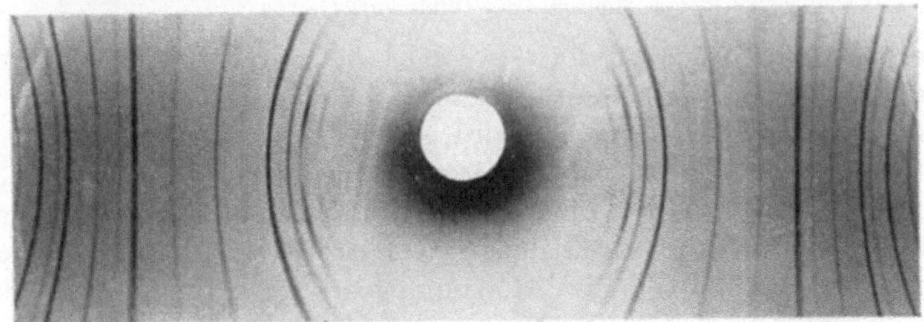

b derselbe Draht auf 0,4 mm abgeätzt

Abb. 210 a und b. Inhomogenität der Ziehtextur von Zn (635).

Die durch Inhomogenität der Fließbedingungen in gezogenen Drähten hervorgerufene Inhomogenität der Textur läßt analoges Verhalten auch bei anderen Verformungsarten erwarten. Genauere Untersuchungen der Walztextur von Aluminium und Zink haben in der Tat weitgehende Unterschiede der Kristallorientierungen in Außen- und Mittelschicht der Bleche erkennen lassen. Abb. 211 zeigt dies an Hand der Polfiguren der Oktaederflächen eines 5 mm dicken Aluminiumbleches, Abb. 212 im Vergleich mit Abb. 206a dasselbe für Zinkblech.

---

[1] Bei einer Spiralfasertextur bilden die ausgezeichneten Kristallachsen in jedem betrachteten Punkt die Erzeugenden eines Doppelkegels, bei der doppelten Kegelfasertextur liegen die ausgezeichneten Kristallachsen sämtlich auf einem Doppelkegel um die Mittelachse des Drahtes.

Aus den Beispielen geht wohl zur Genüge hervor, wie verwickelt die reale Textur kaltverformter Werkstücke ist. Hinzu kommt, daß die Herstellungsbedingungen, wie Verformungsgrad und Geschwindigkeit, Stichgröße, Düsenwinkel, Walzendurchmesser deutlichen Einfluß, wenn auch nicht auf die im Innern

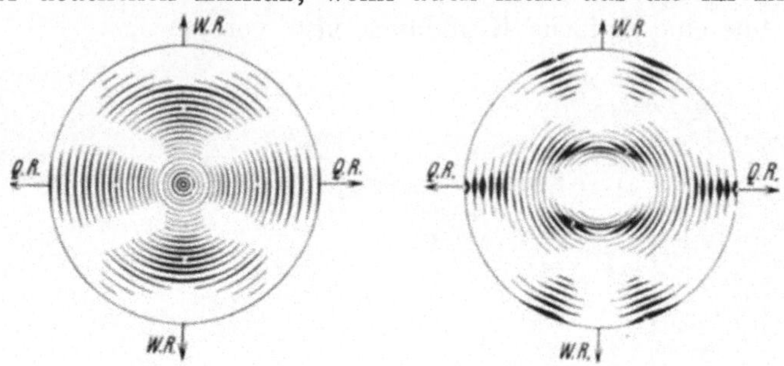

a für die Blechoberfläche   b für die Mittelschicht des Bleches
Abb. 211 a und b. Inhomogenität der Walztextur von Al (636).
Polfigur der Oktaederfläche.

herrschende Textur, so doch zweifellos auf die der Randschichten haben. Die Angabe ausgezeichneter Kristallagen, die schließlich in den Tabellen 32—34 gegeben wird, kann somit nur zu einer ersten,

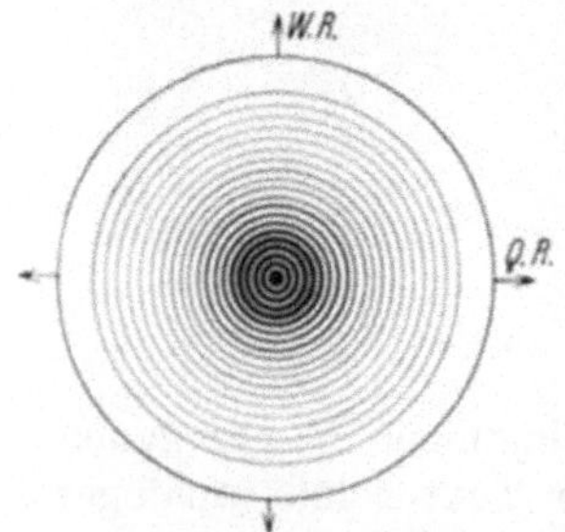

Abb. 212. Polfigur der Basis für die Oberflächenschicht von Zn-Blech (637).

rohen Beschreibung dienen. Zu Tabelle 32 (Ziehtexturen) ist noch zu bemerken, daß dieselbe Textur trotz der Verschiedenheit der Herstellungsart auch im Innern der Fließkegel von zerrissenen Rundstäben und auch im Innern von kaltgewalzten Drähten auftritt (Kupfer, Aluminium, β-Messing). Wesentlicher für das Zustandekommen der Textur als die Art von Kraftangriff und Spannungsverteilung scheint somit die Art der Formänderung zu sein (638, 639; vgl. hierzu auch Punkt 80).

Über die Texturen, welche sich nach Glühung kaltverformter Werkstücke ausbilden, „Rekristallisationstexturen", ist es schwierig, allgemeine Aussagen zu machen (vgl. auch Punkt 63 und 64). Hier spielen Vorgeschichte, Reinheitsgrad und Art der Glühbehandlung eine wesentliche, das Verhalten des Materials weitgehend mitbestimmende Rolle. Bezüglich der Rekristallisation gewalzter Bleche kann man in der Hauptsache die drei folgenden Fälle unterscheiden (640). Erstens können die neu entstehenden Körner völlig regellos orientiert sein; zweitens kann bei Beginn der Rekristallisation zunächst geregelte Textur auftreten, die jedoch nicht

Tabelle 32. Ziehtexturen.

Metall	Parallel zur Drahtachse	
	1.	2.
Al	[111]	—
Cu Au Ni Pd	[111]	[100]
Ag	[100]	[111]
α-Fe W Mo	[110]	
Mg, gezogen	(0001)	
geschabt	[1010]	
Zn	(0001) um 18° geneigt	

Tabelle 33. Stauch- und Torsionstexturen.

Metall	Stauchung	Torsion
	parallel zur Druckrichtung	parallel zur Längsrichtung
Al Cu	[110]	[111]
α-Fe	[111]	1. [110] 2. [112]
Mg	[0001]	—

beständig ist, sondern bei weiterer Glühung bei höheren Temperaturen in regellose Orientierung übergeht; im dritten Fall bleibt die geregelte Textur bis zu den höchsten Glühtemperaturen bestehen. Entsprechend dem oben Gesagten ist jedoch eine scharfe Zuteilung der verschiedenen Metalle zu einer dieser drei Gruppen nicht möglich. So wurde beispielsweise Aluminium zunächst zur ersten Gruppe gezählt (640), während in späteren Versuchen das Auftreten einer geregelten Rekristallisationstextur zutage trat (641). Für Silberblech, als Vertreter von Gruppe 2, wurde ein Verschwinden der Rekristallisationstextur bei Glühung über 750° C gefunden (642), ein anderes Silberblech zeigte indessen Erhaltung der Textur auch bei hohen Glühtemperaturen (632). Als zweifellos zur dritten Gruppe gehöriges

Tabelle 34. Walztexturen.

Metall	Parallel zur Walz-	
	richtung	ebene
Al Ag α-Ms (Pt)	[112]	(110)
Cu Ni (Au)	1. [112] 2. [111]	1. (110) 2. (112)
α-Fe Mo	[110]	(001)
Mg	—	(0001)
Zn	[1120] um 20° geneigt	(0001) um 20° geneigt
Cd	—	(0001) um 30° geneigt

Beispiel wurde von verschiedenen Seiten vor allem rekristallisiertes
Kupferblech gefunden. Hier bleibt die besonders einfache Rekristalli-
sationslage (Abb. 213 und 214) bis zu höchsten Temperaturen

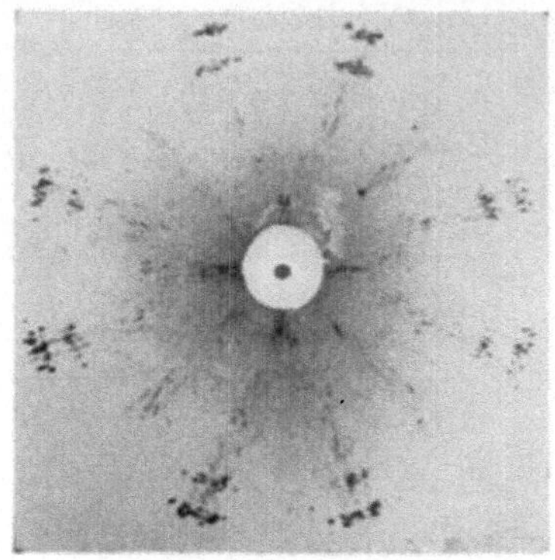

Abb. 213. Texturdiagramm von
rekristallisiertem Cu-Blech (632). Würfellage.

Tabelle 35. Rekristallisationstexturen gewalzter Bleche.

Metall	Parallel zurWalz-	
	richtung	ebene
Ag α-Messing Bronze (5% Sn)	[112]	(311)
Al Cu Ni Au	[100]	(001)
α-Fe	[110] [112] [110]	(001) (111) (112)

bestehen. Zu dieser Gruppe dürften auch die hexagonalen Metalle
gehören. Hier ist bisher stets Übereinstimmung von Walztextur und
Rekristallisationstextur beob-
achtet worden (645, 646).

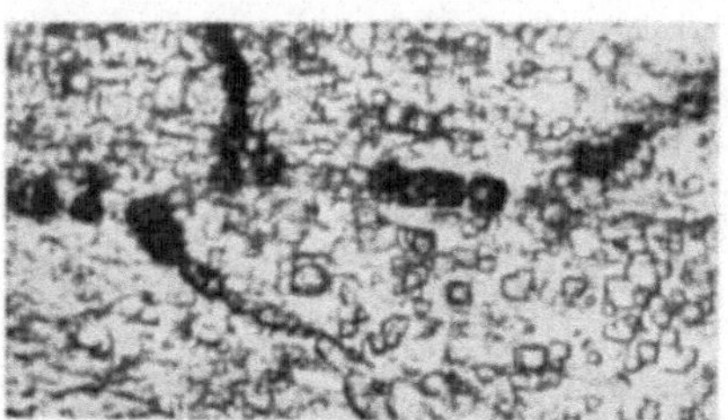

Abb. 214. Ätzgrübchen auf rekristallisiertem
Cu-Blech (643).

Gekennzeichnet durch ihre
Hauptlagen sind die Rekristallisationstexturen gewalzter
Bleche in Tabelle 35 zusammengestellt. Beim Eisen sind
die erhaltenen Polfiguren als
Überlagerung von drei ausgezeichneten Lagen darzu-
stellen, von denen die beiden
ersten etwa gleich häufig, die dritte wesentlich seltener auftritt (647).

Bei der Glühung gezogener Drähte wird bei niedrigen Temperaturen zumeist eine mit der Ziehtextur identische Rekristallisationstextur beobachtet; Reste der Ziehtextur sind aber auch bei
hochgeglühtem Material oft noch vorhanden. Bei reinem Aluminium-
draht übertrifft sogar die Rekristallisationstextur (vgl. Abb. 203) die
Ziehtextur an Schärfe der Einstellung. Hochgeglühter Kupferdraht
gibt eine von der Ziehtextur abweichende Rekristallisationstextur:
einfache Fasertextur mit [112] parallel der Drahtrichtung.

79. Verhalten des im Vielkristall eingebetteten Korns bei der Reckung.

Bevor wir auf die Entstehung der Texturen eingehen, soll in diesem Punkt mit Rücksicht auf die Ausbildung der Deformationstexturen das Verhalten eines im Vielkristall eingebetteten Einzelkorns bei plastischer Reckung besprochen werden, da ja auch die Verformung des Vielkristalls im allgemeinen in einer Reckung der Einzelkörner und nicht in ihrer Verschiebung entlang der Korngrenzen besteht [vgl. Abb. 215 und etwa (649)]. Die allseitige Verwachsung mit anders orientierten Nachbarkristallen bedingt allerdings erhebliche Unterschiede vom Verhalten des frei verformten Einkristalls.

Um diese Unterschiede deutlich werden zu lassen, gehen wir zunächst von einem Zweikristall aus. Verschweißt man z. B. zwei Zinnkristalle entlang einer kurzen Strecke miteinander und dehnt hierauf den so erhaltenen Verbundkörper, so beobachtet man, daß die unverschweißten Teile unter typischer Bandbildung weitgehende Dehnung aufweisen, die verschweißte Stelle dagegen ungedehnt bleibt (650). Eine dehnungshemmende Wirkung der Verwachsungsstelle (Korngrenze) tritt klar zutage. Stärkere Anspannung hätte auch im Zweikristallteil Verformung herbeigeführt, allerdings unter Ausbildung sehr erheblicher Verspannungen und Verzerrungen entlang der Korngrenze. Diese können soweit gehen, daß, wie an Wismutzweikristallen gezeigt worden ist, ein Aufplatzen der Korngrenzen erfolgt. Auf indirektem Wege werden die hohen Verspannungen entlang der Korngrenzen durch eine hier sehr gesteigerte Rekristallisationsfähigkeit sichtbar gemacht. Unter Glühbedingungen, unter denen im gedehnten Zinneinkristall nur wenige große Körner entstehen, zerfällt der gedehnte Zweikristall in kleinkristallines Gefüge.

Verständlich werden diese Tatsachen, wenn man bedenkt, daß die Verwachsungsfläche ja der Formänderung *beider* Kristalle gerecht werden müßte. Das verlangte aber ein Abgleiten der Kristalle entlang der Korngrenze und wäre nur unter Überwindung der interkristallinen Kräfte möglich. Wird die Beanspruchung nicht soweit gesteigert (oder tritt vorher Bruch ein), so erleiden die Kristalle eine Formänderung, die ihrem Deformationsmechanismus weniger gut angepaßt ist. Es müssen, zumindest in der Nachbarschaft der Korngrenze, starke Verkrümmungen des Kristallgitters auftreten mit allen damit verbundenen Begleiterscheinungen, wie erhöhte Verfestigung und Rekristallisationsfähigkeit.

Eine weitere Steigerung erfährt naturgemäß die Korngrenzenwirkung, wenn vom Zweikristall zum Vielkristall übergegangen

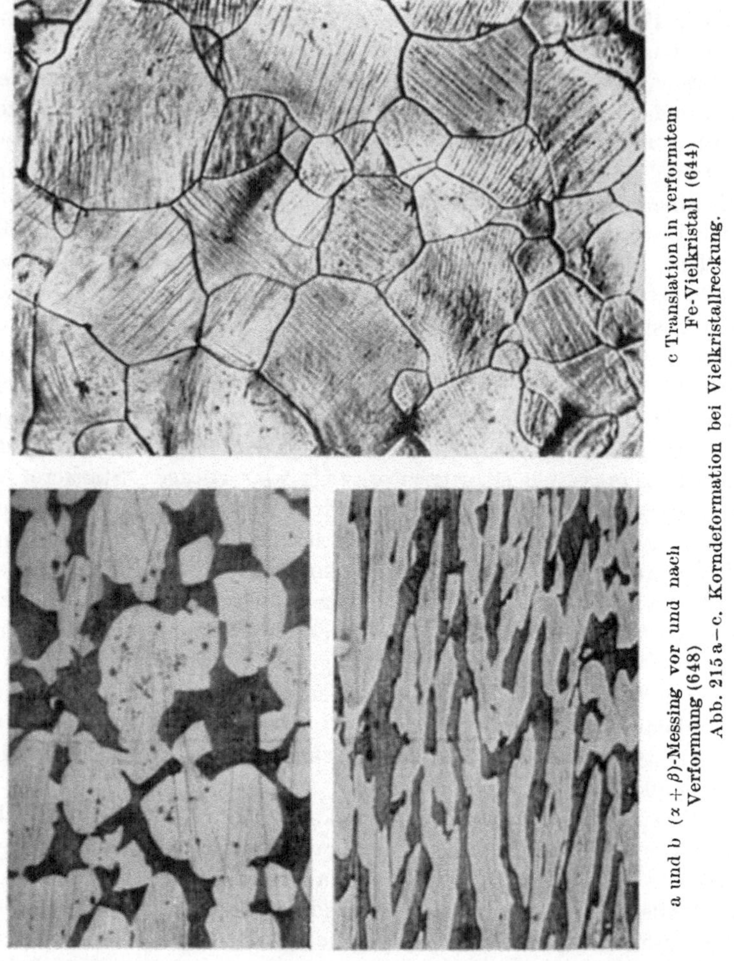

wird. Das Einzelkorn ist hier noch viel mehr in der Entfaltung seines Gleitmechanismus behindert, ist es doch entlang seiner ganzen Oberfläche von deformierenden Kräften beansprucht, die keineswegs eine mit der Translation verträgliche Bandbildung zulassen, sondern eine ganz allgemeine Gestaltsänderung aufzwingen. Steht nur eine einzige Translationsfläche zur Verfügung, wie im Falle der hexagonalen Metalle, so sind die einzelnen Körner nur sehr schlecht zur Ausführung einer allgemeinen Formänderung befähigt. Hier werden zusätzlich besonders starke Verkrümmungen und vor allem auch Zwillingsbildungen notwendig, die bei gleichen Reckgraden eine erheblich größere Verfestigung des Vielkristalls gegenüber dem frei gedehnten Einkristall bedingen. Abb. 216 zeigt als Beispiel ein grobkörniges, etwas gebogenes Zinkblech, das in zahlreichen Körnern Deformationszwillinge aufweist. Bemerkenswert ist, daß die Zwillingslamellen häufig an Stoßstellen dreier

Kristalle entstehen und daß sich über die Korngrenzen hinweg zusammenhängende Züge ausbilden. Eine von einem Deformationszwilling getroffene Stelle einer Korngrenze ist also, wegen der hier besonders starken Spannungsanhäufung, für das Entstehen eines Zwillings auch im Nachbarkristall bevorzugt.

Abb. 216. Schwach gebogenes Zn-Blech mit Ketten von Deformationszwillingen (651).

Anders liegen die Verhältnisse bei den kubischen Kristallen mit ihren vielen Translationsmöglichkeiten. Bei den flächenzentrierten sind ja bereits zwölf kristallographisch gleichwertige Oktaedergleitsysteme vorhanden. Hier wird die Verformung keineswegs auf das zunächst günstigst liegende System beschränkt bleiben, mehrfache Gleitung wird die Anpassung an die aufgezwungene Gestaltsänderung wesentlich erleichtern. Wie die mathematische Analyse zeigt, kann jede beliebig vorgegebene Formänderung durch gleichzeitige Translation in fünf verschiedenen Gleitsystemen erreicht werden (652). Hier sind also sehr viel geringere Unterschiede in der Verfestigung von Ein- und Vielkristall zu erwarten. Die Abb. 217 und 90a (S. 127) belegen das eben Gesagte durch Wiedergabe der Dehnungskurven ein- und vielkristalliner Proben von Magnesium und Aluminium: Gegenüber den Einkristallen außerordentlich gesteigerter Kraftbedarf und herabgesetzte Dehnbarkeit beim Magnesiumvielkristall, beim Aluminium Vielkristalldehnungskurve noch im Fächer der Einkristallkurven (653, 654).

Auch bei dynamischer Wechselbeanspruchung tritt uns ein ähnlicher Unterschied im Verhalten hexagonaler und kubischer Metalle entgegen. Während der Bruch bei wechseltordierten Magnesiummehrkristallen bevorzugt entlang den Korngrenzen einsetzt (hohe Spannungsanhäufung zufolge der beschränkten Formänderungsfähigkeit), erfolgt er bei Aluminiummehrkristallen zumeist intrakristallin (656, 657, 658).

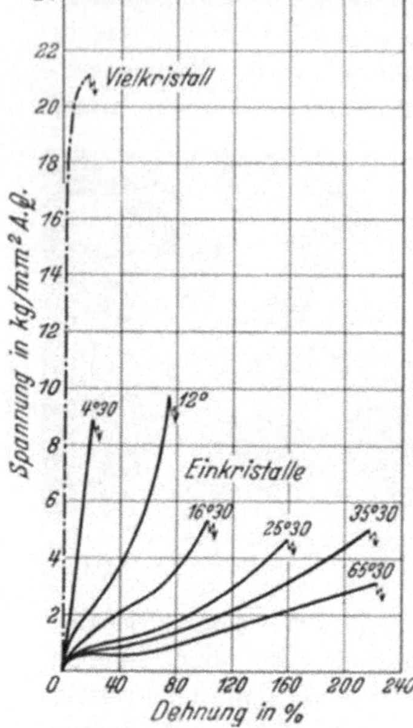

Abb. 217. Dehnungskurven von Mg-Kristallen verschiedener Orientierung und Mg-Vielkristall (655). Die Ausgangswinkel der Basis sind bei den Einkristallkurven angeschrieben.

Die Bedeutung der zwischenkristallinen Haftkräfte wird um so mehr ins Gewicht fallen, je kleiner die von ihnen unbeeinflußt gebliebenen Kristallteile sind, d. h. je feiner das Korn ist. Dem entsprechend wird bei gleicher Verformung eine mit der Kornfeinheit steigende Verfestigung beobachtet (659). Desgleichen steigt die Härte mit abnehmender Korngröße an (z. B. 660). Vielleicht sind auch die Versuche, welche einen außerordentlichen Anstieg der Reißfestigkeit von Zinkblechen mit zunehmender Kornfeinheit aufdeckten (661), ähnlich zu deuten. Trotz der niedrigen Versuchstemperatur (— 185⁰ C) hätte man es dann mit einer durch vorangegangene Verformung bedingten korngrößenabhängigen Reißverfestigung zu tun (vgl. auch die völlig anders artige Deutung dieser Beobachtungen in Punkt 75).

80. Zur Entstehung der Texturen.

Die Ausbildung des Gußgefüges erfolgt im allgemeinen derart, daß die Längsrichtung der strahligen Kristalle senkrecht auf der Abkühlungsfläche (Kokillenwand) steht. Dies trifft auch für verhältnismäßig komplizierte Kokillenformen zu (662). Ein geometrisch-kristallographisches Auswahlprinzip, das die strahlige Form der Randkristalle und das Bestehen einer geordneten Textur verständlich macht, kann auf Grund von Abb. 16 (S. 31) gewonnen werden. Entsprechend dem in Punkt 13 Gesagten hätte man die mit der Längsrichtung der Strahlkristalle zusammenfallende Faserachse mit der Richtung größter Wachstumsgeschwindigkeit im Kristall zu identifizieren. Die in Tabelle 31 angegebenen Kristallrichtungen würden nach dieser Vorstellung also auch die Richtungen größter Kristallisationsgeschwindigkeit darstellen[1].

Maßgeblich für das Zustandekommen der Deformationstexturen sind zweifellos die mit der Reckung der einzelnen Körner einhergehenden Umorientierungen. Dies hat sich besonders schlagend bei der Deutung der Deformationstexturen hexagonaler Metalle und der hier so auffälligen Unterschiede im Verhalten von Zink (Kadmium) einerseits und Magnesium andererseits bestätigt (663). Der die Formänderung in überwiegendem Maße tragende Mechanismus, die Basistranslation, führt die Basis in immer flachere Lagen zur Deformationsrichtung. Für den Fall des Magnesiums ist eine Ablösung der Translation durch Verzwillingung ausgeschlossen, da diese hier bei flachen Basislagen mit einer Verkürzung in der Zieh- bzw. Walzrichtung verknüpft wäre (vgl. hierzu Punkt 31 und insbesonders Punkt 39). Der Vorgang der Reckung bleibt also im wesentlichen auf die primäre Basistranslation beschränkt. Als häufigste Endlage tritt Einstellung der Basis in die Ziehrichtung bzw. Walzebene auf. Auch die am Magnesium beobachtete Stauchtextur ist in Übereinstimmung mit dem Verhalten des Einkristalls. Etwas verwickelter spielt sich die Formänderung beim Zink ab. Hier schließt sich, wie bereits aus Zugversuchen an Einkristallen bekannt ist, an die primäre Basistranslation mechanische Zwillingsbildung an, die im Gegensatz zu Magnesium mit einer Verlängerung des Kristalls verknüpft ist. Der Neigungswinkel der Basis zur Zugrichtung, bei dessen Erreichung die neue Deformationsart ins Spiel kommt, beträgt bei Zimmertemperatur etwa 8—16°. Durch die Zwillingsbildung gelangt die Basis erneut in eine sehr „dehnbare“ Stellung von etwa 60° zur Zugrichtung und bewirkt so eine sehr beträchtliche sekundäre Translation (Nachdehnung) in der Zwillingslamelle. In der Textur des Walzbleches sehen wir nun alle Stadien dieses Reckvorganges gleichzeitig vor uns (vgl. Abb. 206a). Maximale Häufigkeit kommt der experimentell bekannten Endlage der Basis von etwa 10—20° zur Deformationsrichtung (Walzrichtung) zu. In zahlreichen Körnern liegen die

---

[1] Auch die Elektrolyttexturen dürften durch eine ähnliche Wachstumsauslese zustande kommen.

Basisflächen aber auch in steileren Winkeln, da durch die Zwillingsbildung ja ständig eine neuerliche Aufrichtung der Basis und anschließende Translation erfolgt. Auch das Fehlen von Basisloten in der Ebene Foliennormale-Querrichtung wird unmittelbar klar, wenn man bedenkt, daß so orientierte Körner durch Translation keine Verlängerung in der Walzrichtung erfahren und daher zunächst durch Zwillingsbildung in eine für die weitere Verformung günstigere Orientierung übergeführt werden müssen[1].

Schwierigkeiten erwachsen einer solchen unmittelbaren Deutung der Vielkristalltexturen jedoch vielfach bei kubischen Metallen. So ist z. B. die Zug- und Ziehtextur kubisch-flächenzentrierter Metalle eine doppelte Fasertextur mit der [111]- und [100]-Richtung parallel der Zugrichtung, während in der Endlage gedehnter Einkristalle [112] in diese Richtung fällt. Trotz zahlreicher Bemühungen ist bis heute eine restlose quantitative Ableitung der Kristallitorientierungen in verformten Werkstücken hier noch nicht gelungen. Die vorgebrachten Ansätze lassen sich etwa in folgende Gruppen einordnen: Ein mechanisches Prinzip sieht die Verformungstextur durch maximale Formfestigkeit ausgezeichnet. Mit fortschreitender Kaltverformung soll eine allmähliche Drehung der Kristallelemente in eine symmetrische Endlage zu den Hauptdeformationsrichtungen erfolgen, die einen (relativen) Höchstwert an äußerer Kraft zur weiteren Verformung bedingt (665). Wie aus der Orientierungsabhängigkeit der Streckgrenze folgt, kann jedoch eine Allgemeingültigkeit dieses Prinzips nicht erwiesen werden. Die anderen Hypothesen gehen mehr auf das Verhalten des Einzelkorns bei der Vielkristallreckung ein. In (666) wird von der Tatsache der Biegung der Translationsflächen um eine in ihr senkrecht zur Translationsrichtung gelegene Achse (Fältelungsrichtung) ausgegangen. Die Umorientierung des im Vielkristall eingebetteten Korns soll wesentlich dieser Biegung entsprechen. Die Endlage des Gitters wird durch Betätigung höchstens zweier Translationssysteme erreicht. Wenn hierdurch auch in Einzelfällen richtige Texturen abgeleitet werden können, so bleiben doch

---

[1] In weitgehend gewalzten Blechen einer 99 %igen Zinklegierung wurde außer den bisher beschriebenen Gebieten für die hexagonale Achse auch ein enges Gebiet um die Walzrichtung herum gefunden. Die Stabilität dieser Orientierung ist verständlich, da weder durch Translation noch durch Zwillingsbildung Verformung im Sinne des Walzprozesses erreicht werden kann (664).

insbesondere die Walztexturen kubischer Metalle auf Grund dieser Vorstellung unerklärt.

Auf die im vorigen Punkt geschilderten Unterschiede im Verhalten der frei und der im Kornverband gedehnten Kristalle gehen die zur dritten Gruppe gehörigen Ansätze ein. In (667) wird angenommen, daß sich im gereckten Korn des Vielkristalls, um der aufgezwungenen, allgemeinen Gestaltsänderung genügen zu können, alle kristallographisch gleichwertigen Translationssysteme betätigen. Es zeigt sich, daß man so unter speziellen Annahmen über die Gleitfähigkeit von Translationsebenen und -richtungen die beobachteten Texturen als stabile Endkonfigurationen verstehen kann. Die Heranziehung von drei Translationssystemen für die Kornverformung in kubischen Metallen ist in (668) angedeutet und in (669) ausführlicher erörtert worden. Da die Schubspannung im Translationssystem für seine Betätigung maßgebend ist, wird zur Auswahl der wirkenden Gleitelemente die Größe der herrschenden Schubspannung benutzt und diejenige Endorientierung bestimmt, die bei der vorgeschriebenen Deformation stabil gegenüber der Translation nach den drei günstigsten Translationssystemen ist. Es gelang so die Deutung der bekannten Zieh- und Stauchtexturen kubischer Metalle. Die Hauptlage der Walztexturen erscheint als eine Überlagerung von Stauch- und Ziehtexturen. Sie ergibt sich als jene Endorientierung, die gegenüber einer Stauchung parallel der Blechnormalen und Dehnung in der Walzrichtung stabil ist.

Ein neuer Gesichtspunkt für die Deutung der Deformationstexturen ist durch die Feststellung beigebracht worden, daß unter ganz verschiedenem, aber zu gleicher Deformation führendem Kraftangriff identische Texturen erhalten werden. So ergab sich, wie bereits erwähnt, daß Kaltwalzen von Drähten (Kupfer und Aluminium) zur selben Textur führt wie Zerreißen oder Ziehen (639), daß durch flache Düsen gezogene Bleche (Stahl) dieselbe Textur aufweisen wie gewalzte Bleche (638). Dies weist mit allem Nachdruck auf die Bedeutung der Formänderung für die Ausbildung der Texturen hin. Der Symmetrie der Fließrichtung des Metalls scheint demnach größerer Einfluß zuzukommen als der Symmetrie der angelegten Kräfte[1]. Diese Bedeutung der

---

[1] Eine sich hieran knüpfende Ableitung der Deformationstexturen könnte in der Weise versucht werden, daß die stabilen Endlagen des Gitters für Betätigung jener drei Translationssysteme ermittelt werden, für welche in

Fließrichtungen tritt uns auch bei der inhomogenen Ziehtextur einsinnig gezogener Drähte entgegen. In der Drahtmitte fällt die Fließrichtung mit der Ziehrichtung zusammen. Hier bildet sich die ungestörte Textur aus. In den Randpartien wird das Material durch die konische Düsenwand gezwungen, nach der Mitte hin zu fließen. Die Kristallachsen sind hier gegen die Längsrichtung gedreht, wobei der Betrag dieser Drehung ungefähr dem Neigungswinkel der Düse entspricht.

Für die Entstehung der Rekristallisationstexturen, die, wie oben erwähnt, in maßgeblicher Weise von den eingehaltenen Bedingungen beeinflußt werden, läßt sich heute noch keine endgültige Erklärung angeben. Immerhin wird man vermuten [vgl. hierzu besonders (670)], daß auch die Rekristallisation verformter Vielkristalle „zweiphasig", also auf dem Wege von Keimbildung und Kornwachstum erfolgt, ein Mechanismus, der besonders auf Grund von Rekristallisationsversuchen an deformierten Aluminiumkristallen (vgl. Punkt 63 und auch 77) nahegelegt worden ist. Im Gegensatz zu dieser Auffassung wird in (671) „Einphasigkeit" des Rekristallisationsvorganges angenommen. Die am wenigsten verformten Gitterteile sollen als Keime für das neue Gitter wirken; durch Aufhebung der im deformierten Zustand vorhandenen Verhakungen werden diese Keime zum Weiterwachsen befähigt. Innerhalb nicht zu großer Gitterbereiche sei also nur *eine* Gitterform, allerdings in verschiedenen Zuständen, je nach dem Gehalt an Verhakungen, vorhanden.

81. Berechnung von Eigenschaften quasiisotroper Vielkristalle.

Eine brauchbare Berechnung des Verhaltens von Kristallaggregaten auf Grund des Einkristallverhaltens wird, wie oben hervorgehoben, vor allem bei Eigenschaften zu erwarten sein, für welche die von den Korngrenzen herrührenden Störungen vernachlässigbar bleiben.

Bisher sind die Berechnungen vornehmlich für den quasiisotropen, also regellos orientierten Vielkristall durchgeführt worden. Gemeinsam allen Mittelungen sind die Voraussetzungen, daß die

---

die bevorzugten Fließrichtungen bei gleicher Abgleitung die größten Dehnungen fallen (kleinste Deformationsenergie). Da für kleine Abgleitungen die Dehnung durch Division der Abgleitung durch denselben Divisor (sin χ cos λ) hervorgeht wie die Schubspannung aus der Zugspannung (s. Punkt 26), so ergibt sich dieselbe Auswahl der Translationssysteme wie durch die Bedingung größter Schubspannung.

Körner zwar groß gegen die Reichweiten der Bindungskräfte, dagegen klein gegenüber den Abmessungen der Proben sind und daß sie den Raum lückenlos erfüllen.

Für die *elastischen Eigenschaften* ist diese Mittelung erstmals in (672) vorgenommen worden, zu einer Zeit, als experimentelles Material zur Prüfung der Formeln nur spärlich zur Verfügung stand. Der Zusammenhalt der Körner während der elastischen Verformung wird durch die Annahmen stetigen Übergangs der Verrückungen und ihrer Ableitungen, der Deformationen, an den Korngrenzen gewährleistet. Die Mittelung der Spannungskomponenten [Gleichungssystem (7/1)] für den regellos orientierten Vielkristall ist dann auf die Mittelwertsbildung der elastischen Parameter c_{ik} zurückgeführt. Integration der sie darstellenden Ausdrücke über den gesamten Orientierungsbereich liefert die elastischen Parameter des Vielkristalls (entsprechend dem Schema in Punkt 8) und daraus weiterhin Elastizitäts- und Torsionsmodul.

Durch Prüfung an einer Reihe von Metallen wurde in (673) zunächst gezeigt, daß diese Berechnungsweise nur bei schwach anisotropem Kristallmaterial ziemlich richtige Werte liefert, daß sie dagegen mit zunehmender Anisotropie immer schlechter stimmt. Zurückgeführt wird dies auf die verwendeten Bedingungen für die Korngrenzen. Da nach dem Prinzip von actio und reactio zweifellos die drei senkrecht zur Grenzfläche stehenden Spannungskomponenten in Nachbarkristallen einander gleich sein müssen, können im allgemeinen nicht auch noch alle sechs elastischen Deformationen, sondern nur deren drei je einander gleich sein. Der Durchführung der Mittelung unter den neuen Grenzbedingungen erwachsen sehr erhebliche Schwierigkeiten. Die Annahme eines besonderen, lamellenartigen Aufbaus des Vielkristalls erweist sich als notwendig. Als Ergebnis dieser Rechnungen folgt eine deutlich bessere Annäherung an die experimentell gefundenen Werte der Moduln. Das zuerst genannte Verfahren ergibt sich als Näherung für geringe Anisotropie.

Die Annahme gleichen Spannungszustandes in allen Körnern liegt der Mittelung (674) zugrunde. Sie erfolgt durchaus analog (672), nur daß jetzt der veränderten Voraussetzung entsprechend die Mittelung über die s_{ik} erfolgt [Gleichungssystem (7/2)]. Gegenüber den Beobachtungen ergibt diese Berechnungsweise systematisch zu niedrige Werte.

In (675) ist schließlich eine Mittelung in der Weise vorgenommen worden, daß die von der Theorie der Kristallelastizität gelieferten

Ausdrücke für den Elastizitäts- und Torsionsmodul einer in beliebiger Richtung zu den kristallographischen Achsen entnommenen Probe [Formeln (10/1,2) und (10/4,5)] über den gesamten Orientierungsbereich integriert werden. Spezielle Grenzbedingungen für Stetigkeit von Spannungs- oder Deformationskomponenten an den Korngrenzen erübrigen sich dabei. Ihre Außerachtlassung wird durch die Erwägung gerechtfertigt, daß der Zusammenhalt der Körner gegebenenfalls durch Verzerrungen in den äußersten Randschichten gewahrt bleibt, wie man das ja bei den viel stärkeren, zu plastischen Verformungen führenden Beanspruchungen unmittelbar beobachtet. Die Integration über den gesamten (regelloser Textur des Vielkristalls entsprechenden) Orientierungsbereich führt für die Moduln hexagonaler Kristalle auf geschlossene Ausdrücke, für die kubischer und tetragonaler Kristalle (676) auf rasch konvergierende Reihen. Dieses Mittelungsverfahren gibt die Beobachtungen zumindest mit der gleichen Genauigkeit wieder wie das in (673) beschriebene. Den zahlenmäßigen Vergleich mit der Erfahrung führen wir weiter unten in Tabelle 36 durch (678).

Eine Bemerkung sei hier noch bezüglich der POISSONSchen Gleichung angeschlossen (vgl. Punkt 9). Es zeigt sich nämlich, daß bei Verwendung des Mittelungsverfahrens nach (672) die Gültigkeit der CAUCHYSchen Relationen am Einkristall streng auf die POISSONSche Gleichung für den ideal ungeordneten Vielkristall führt. Auch nach den anderen Mittelungsverfahren ist dieser Zusammenhang angenähert zu erwarten. Die Abweichung der am Vielkristall bestimmten Querkontraktion von 0,25 läßt so einen Schluß auf den Grad der Erfüllung der CAUCHY-Relationen am Einkristall zu (vgl. Tabelle 3).

Eine Mittelung für *magnetische Eigenschaften* ist in (677) durchgeführt worden. Es handelt sich hierbei um die relative Längenänderung $\left(\frac{\delta l}{l}\right)$ des Kristalls parallel zum Magnetisierungsvektor (Magnetostriktion), die relative Änderung des spezifischen Widerstands $\left(\frac{\delta \varrho}{\varrho}\right)$ infolge der Magnetisierung und schließlich die für die Magnetisierung notwendige Arbeit $\sigma = \int_0^{\mathfrak{J}} H_p \, d\mathfrak{J}$, wobei H_p die Komponente des äußeren Magnetfelds parallel dem Magnetisierungsvektor bedeutet. Für den Fall der Sättigung sind bei ferro-

magnetischen, kubischen Kristallen die Differenzen der Eigen-
schaftswerte in untersuchter Richtung (S) und Würfelkante
[100]

$$\left(\frac{\delta l}{l}\right)_S - \left(\frac{\delta l}{l}\right)_{[100]}, \quad \left(\frac{\delta \varrho}{\varrho}\right)_S - \left(\frac{\delta \varrho}{\varrho}\right)_{[100]} \quad \text{und} \quad \sigma_S - \sigma_{[100]}$$

proportional dem (auch für E- und G-Modul wesentlichen) Aus-
druck $\gamma_1^2 \gamma_2^2 + \gamma_2^2 \gamma_3^2 + \gamma_3^2 \gamma_1^2$ (Abb. 154a), wenn γ_i die cos der Winkel
des Magnetisierungsvektors zu den Würfelachsen bedeuten. Für
den Mittelwert $\bar f$ der drei Eigenschaften eines quasiisotropen Vielkristalls ergibt sich aus der Integration über den gesamten Orientierungsbereich

$$\bar f = \frac{1}{5}\,(2\,f_{[100]} + 3\,f_{[111]}), \tag{81/1}$$

worin $f_{[100]}$ und $f_{[111]}$ die Werte in Würfelkante und Raumdiagonale darstellen. Ein für die Widerstandsänderung durch-
geführter Vergleich führt auf gute Übereinstimmung von Beobachtung und Berechnung im Falle des Eisens.

Das gleiche Mittelungsprinzip wurde weiterhin auch auf die
thermische Ausdehnung (α) und den *spezifischen Widerstand* (ϱ)
tetragonaler und hexagonaler Kristalle übertragen (678). Das
Ergebnis der Integration des die Orientierungsabhängigkeit darstellenden Ausdrucks (58/1) lautet:

$$\bar f = \frac{1}{3}\,f_{\parallel} + \frac{2}{3}\,f_{\perp}, \tag{81/2}$$

worin $f_{\parallel}$ und $f_{\perp}$ die Werte der betreffenden Eigenschaft parallel
und senkrecht zur Hauptachse bedeuten. Für den spezifischen
Widerstand steht dieses Ergebnis in Widerspruch mit schon früher
durchgeführten Mittelungen. In (672) wurde darauf hingewiesen,
daß eine Mittelung der Leitfähigkeitskonstanten gegenüber der
der Widerstandskonstanten zu bevorzugen sei, und für den spezifischen Widerstand des regellos orientierten Vielkristalls der
Ausdruck

$$\frac{1}{\varrho} = \frac{1}{3\,\varrho_{\parallel}} + \frac{2}{3\,\varrho_{\perp}} \tag{81/3}$$

angegeben. Eine Mittelung der Leitfähigkeit $\left(\dfrac{1}{\varrho}\right)$ über den
gesamten Orientierungsbereich ist in (679) durchgeführt und liefert
für $\varrho_{\parallel} > \varrho_{\perp}$

$$\varrho = \sqrt{\varrho_\perp (\varrho - \varrho_\perp)}\ \mathrm{arctg}\ \sqrt{\frac{\varrho_{||} - \varrho_\perp}{\varrho_\perp}}, \qquad (81/4\mathrm{a})$$

für $\varrho_| < \varrho_\perp$

$$\varrho = 2\,\frac{\sqrt{\varrho_\perp (\varrho_\perp - \varrho_{||})}}{\ln \dfrac{\sqrt{\varrho_\perp} + \sqrt{\varrho_\perp - \varrho_{||}}}{\sqrt{\varrho_\perp} - \sqrt{\varrho_\perp - \varrho_|}}}. \qquad (81/4\mathrm{b})$$

Ein Vergleich der Berechnungsarten findet sich in Tabelle 36, die auch für die übrigen Eigenschaften Mittelwertsbildung und Experiment gegenüberstellt.

Tabelle 36. **Berechnete und gemessene Vielkristalleigenschaften** (regellose Orientierung).

Metall	E-Modul kg/mm²		G-Modul kg/mm²		Thermische Ausdehnung 10^{-6}		Spez. elektrischer Widerstand $10^{-6}\ \Omega$cm		
	ber.[1]	beob.[2]	ber.	beob.[2]	zw.20° u.100°C ber.	zw. 0° u.100°C beob.[3]	ber. nach (81/3)	ber. nach (81/2)	beob.[3]
Aluminium .	7170	7200	2660	2700					
Kupfer . . .	11950	12100	4280	4400					
Silber . . .	7500	8000	2640	2700					
Gold	7750	8100	2650	2800	isotrop				
α-Messing (72% Cu) .	10500	10200	3550	4100					
α-Eisen . . .	20700	21400	7770	8400					
Magnesium .	4510	4500	1770	1800	25,9	26,0	4,29	4,32	4,4
Zink	10040	10000	3620	3700	30,7	30,0	5,89	5,91	6,0
Kadmium .	6110	5100	2130	2200	31,8	31,6	7,30	7,37	7,4
β-Zinn . . .	4480	4650	1570	1700	20,5[4]	23,0	11,0	11,4	11,1

Die große Schwierigkeit dieses Vergleichs liegt in der Auswahl der Beobachtungswerte. Nur in den seltensten Fällen ist ja die Textur der untersuchten, vielkristallinen Probe mitbestimmt worden. Die den Rechnungen zugrunde liegende Annahme der

[1] Sämtliche Berechnungen auf Grund der in den Tabellen 18 und 20 enthaltenen Kristalleigenschaften.

[2] Nach LANDOLT-BÖRNSTEIN-ROTH-SCHEEL: Physikalisch-chemische Tabellen, 5. Aufl.

[3] Nach F. KOHLRAUSCH: Lehrbuch der praktischen Physik, 16. Aufl.

[4] Bei etwa 20° C.

Regellosigkeit der Kristallitlagen ist also keineswegs gewährleistet[1]. Beim spezifischen Widerstand kommt als weitere Unsicherheit der Umstand hinzu, daß die Bestimmung am Ein- und Vielkristall nicht immer an der gleichen Materialsorte durchgeführt ist und daher Unterschiede im Reinheitsgrad vorliegen können. Immerhin glauben wir, daß die in der Tabelle enthaltenen Angaben einigermaßen für den quasiisotropen Vielkristall zutreffend sind.

Die durch Mittelbildung gewonnenen Werte stellen durchgehend eine gute Annäherung an die Beobachtung dar und scheinen so das benutzte Mittelungsverfahren zu rechtfertigen. Dies sei besonders hinsichtlich des Ausdehnungskoeffizienten hervorgehoben, der ja im Beispiel des Zinks eine so außerordentliche Anisotropie aufweist $\left(\dfrac{\alpha_{||}}{\alpha_\perp} = 4{,}51\right)$. Die für den Zusammenhalt des Vielkristalls bei Temperaturänderungen notwendigen Verzerrungen an den Kornbegrenzungen sind also anscheinend auf so kleine Bereiche beschränkt, daß ihr Einfluß nur gering ist. Eine Entscheidung zwischen den Mittelungen für den spezifischen Widerstand [die nach (81/4a, b) berechneten Werte liegen zwischen den angegebenen] kann mit den bisherigen Ergebnissen vor allem auch mit Rücksicht auf das eben über die Unsicherheit des Vergleichswertes Gesagte noch nicht getroffen werden.

Für die Berechnung *plastischer Eigenschaften* von quasiisotropen Vielkristallen aus dem Einkristallverhalten liegt ein wichtiger Ansatz von SACHS in (680) vor. Es handelt sich dabei um die die Berechnung des Verhältnisses von Zug- und Torsionsstreckgrenze kubisch-flächenzentrierter Metalle. Ausgangspunkt der Berechnung bildet das Schubspannungsgesetz (vgl. Punkt 40). Durch graphische Mittelung erhält man damit, daß die größte Schubspannung am Beginn der Verformung des Vielkristalls im Zugversuch um 12%, im Torsionsversuch um 29% größer ist als die kritische Schubfestigkeit des Oktaedertranslationssystems. Für das Verhältnis der Torsionsstreckgrenze zur Zugstreckgrenze des Vielkristalls (gemessen

---

[1] Zu einer Beurteilung der Regellosigkeit der Kristallagen kann man gelangen, wenn außer den elastischen Moduln auch die kubische Kompressibilität (K) des Stoffes oder die Querkontraktion (μ) der Probe bekannt ist (673). Die Elastizitätstheorie liefert ja für den isotropen Körper die Beziehungen $K = \dfrac{9}{E} - \dfrac{3}{G}$ und $\mu = \dfrac{E}{2G} - 1$. Erfüllung dieser Gleichungen ist also ein notwendiges, jedoch nicht hinreichendes Merkmal von Quasiisotropie.

durch die größte Schubspannung) folgt daraus 1,15. Dieser Wert steht in guter Übereinstimmung mit den unmittelbaren experimentellen Bestimmungen an Kupfer und Nickel, die den Einfluß der mittleren Hauptspannung aufdeckten und für das obige Verhältnis im Mittel 1,125 ergaben (681, 682). Es konnte dies vorher nur auf Grund der Annahme gedeutet werden, daß die Gestaltsänderungsenergie ein Maß der Fließgefahr darstellt (683).

Ein Versuch, die Streckgrenze von kubischen und hexagonalen Vielkristallen auf Grund einer als quadratische Funktion der Spannungen angesetzten Fließbedingung des Einkristalls herzuleiten, findet sich in (674). (Über die Bedenken gegen eine derartige Fließbedingung am Einkristall vgl. Punkt 40.)

82. Deutung der Eigenschaften technischer Werkstücke.

Die ideal ungeordnete Kristallitanordnung, auf die sich die Überlegungen des vorangehenden Punktes bezogen, stellt einen Grenzfall dar, der im allgemeinen in den technischen Werkstücken nicht vorliegt. Hier ist in der Regel, je nach der Vorgeschichte, eine mehr oder minder ausgeprägte Gleichrichtung der Körner vorhanden. Einer exakten Berechnung der Eigenschaften solcher Vielkristalle hat man diese Textur zugrunde zu legen, und sie stößt daher, wegen des in Punkt 78 geschilderten, komplizierten Aufbaus realer Texturen, auf nicht unerhebliche Schwierigkeiten. So kommt es, daß man sich hier heute zumeist noch mit der qualitativen Deutung des Vielkristallverhaltens begnügen muß. Wie sehr jedoch schon dadurch unser Materialverständnis erweitert wurde, sollen die hier zusammengestellten Beispiele dartun.

Bevor wir jedoch auf die Einzelergebnisse eingehen, sei noch eine Gruppe von Eigenschaften des Vielkristalls besprochen, deren plausible Deutung erst auf Grund des allgemeinen Verhaltens von Einkristallen ermöglicht worden ist [vgl. z. B. (684)]. Es handelt sich um die elastische Nachwirkung, die Hysteresis und den BAUSCHINGER-Effekt. Das Auftreten dieser Erscheinungen am Metalleinkristall ist in Punkt 55 geschildert, Punkt 76 enthält die heute noch recht unsicheren Deutungen. Völlig anders wie am Einkristall stellt man sich das Zustandekommen dieser Erscheinungen am Vielkristall vor. Hier gibt bereits die Berücksichtigung der verschiedenen Formfestigkeit der Einzelkörner den Schlüssel des Verständnisses. Wird eine vielkristalline Probe steigender Beanspruchung unterworfen, so erfolgt das Überschreiten der

Streckgrenze keineswegs gleichzeitig in allen Körnern. Während die für Verformung sehr günstig orientierten Kristalle frühzeitig plastisch deformiert werden, befinden sich ungünstig orientierte Körner noch im Gebiet rein elastischer Verformung. Die einzelnen Kristallite beteiligen sich demnach keineswegs gleichmäßig am Widerstand gegen den äußeren Zwang: Während sich die weichen Körner (durch Verformung) einer stärkeren Anspannung entzogen haben und nur wenig über ihre Streckgrenze belastet sind, sind die plastisch noch unverformten Körner die hauptsächlichsten Träger der Materialfestigkeit. In ihnen herrschen große elastische Spannungen. Auch wenn die Beanspruchung so weit gesteigert wird, daß auch die festesten Körner an der plastischen Verformung teilnehmen, bleiben Unterschiede im Spannungsgehalt der verschiedenen Kristallite bestehen. Wird der Körper entlastet, so geht zwar der Mittelwert der Spannung auf Null zurück, keineswegs jedoch die Spannung in den einzelnen Körnern. Die vorher rein elastisch verformten Kristallite müßten ja, um völlig entlastet zu werden, ihre plastisch verformten Nachbarn wieder rückverformen. Da dies nur bis zu einem gewissen Grade möglich ist, bleibt nach der Entlastung in den gegen die vorangehende Beanspruchung besonders festen Körner eine im Sinne dieser Beanspruchung gelegene Spannung, in den vorher plastisch verformten Kristallen eine entgegengerichtete Spannung übrig. Die verborgenelastischen Spannungen von HEYN (685) finden so ihre strukturelle Deutung (686).

Da die bereits plastisch verformten Kristalle auch die hauptsächlichsten Träger der weiteren Verformung bleiben, folgt aus der in der entlasteten Probe vorhandenen Spannungsverteilung unmittelbar eine Herabsetzung der Formfestigkeit gegen eine der ursprünglichen entgegengesetzt gerichteten Beanspruchung (BAUSCHINGER-*Effekt*), eine Erhöhung gegen gleichgerichtete Verformung (*Verfestigung*).

Auch die *elastische Nachwirkung*, d. h. die allmähliche Einstellung des Gleichgewichtszustandes nach Anlegung oder Aufhebung einer Last, findet auf Grund der plastischen Inhomogenität des Vielkristalls erstmals ihre befriedigende Erklärung als *plastischer* Vorgang. Diese am Einkristall weitgehend fehlende Erscheinung besteht in einem zeitlichen Ausgleich der verschiedenen in den Körnern vorhandenen Spannungen, was dem obigen entsprechend nur mit Hilfe plastischer Verformungen möglich ist (687). Die quantitative

Durchführung dieser Nachwirkungstheorie und ihr Anschluß an die älteren, phänomenologischen Theorien findet sich in (688).

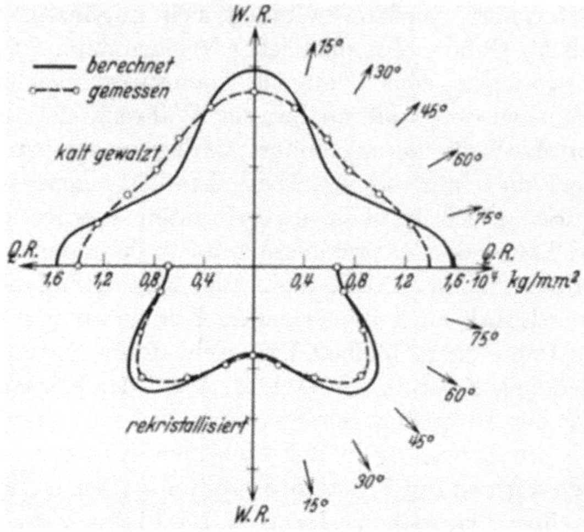

Abb. 218. Richtungsabhängigkeit des Elastizitätsmoduls in kaltgewalztem und rekristallisiertem Cu-Blech (690). *W.R.* = Walzrichtung, *Q.R.* = Querrichtung.

Die Abhängigkeit der zu einem bestimmten Spannungszustand gehörigen Form der Probe vom Weg, der zu diesem Zustand geführt hat, die *Hysteresis*, wird nach der hier geschilderten Auffassung ebenfalls auf plastische Verformungen in einzelnen, hierzu besonders günstigen Kristalliten zurückgeführt. Wesentlich hierzu ist der Nachweis, daß schon weit unterhalb der Proportionalitätsgrenze in einzelnen Kristalliten Gleitlinien auftreten (689).

Als Beispiel für den Zusammenhang zwischen Eigenschaften des Vielkristalls, Textur und Einkristallverhalten ist in den Abb. 218 und 219 zunächst die Richtungsabhängigkeit des *Elastizitätsmoduls* von Kupfer- und Eisenblechen

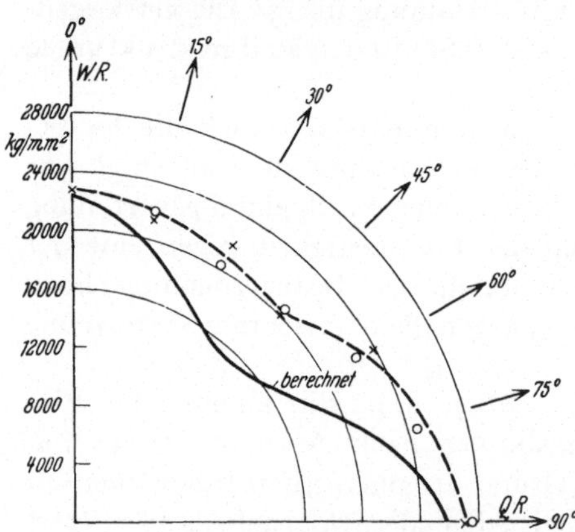

Abb. 219. Richtungsabhängigkeit des Elastizitätsmoduls in kaltgewalztem Fe-Blech (691).

dargestellt. Die auf Grund der Hauptlagen der Textur berechnete Kurve ist im Fall des rekristallisierten Kupferblechs in guter Übereinstimmung mit dem Versuch, aber auch im Falle der kaltgewalzten Bleche werden die Beobachtungen dem Sinne nach richtig wiedergegeben. Genauere Berücksichtigung der realen Texturen dürfte wohl auch hier die Übereinstimmung noch erheblich verbessern [vgl. hierzu besonders die ausführlichen Betrachtungen in (689a)].

Auf die *Festigkeitseigenschaften* rekristallisierter Bleche kubischflächenzentrierter Metalle bezieht sich Tabelle 37. Der beobachteten

Tabelle 37. Richtungsabhängigkeit von Festigkeit und Dehnung rekristallisierter Bleche.

Metall	Parallel zur Walz-		Festigkeit (kg/mm²) Winkel zur WR			Dehnung (%) Winkel zur WR		
	richtung	ebene	0°	45°	90°	0°	45°	90°
Aluminium (641)	[100]	(001)	(5,8 =) 1	1,13	1,03	(6,1 =) 1	1,97	1,21
Kupfer (692) . .			(18,5 =) 1	1,08	0,99	(20 =) 1	3,40	1,15
Berechnet . . .			1	1,06	1,00	1	2,30	1,00
Silber (693) . .	[112]	(311)	(21 =) 1	0,92	0,90	(44 =) 1	1,00	0,96
α-Messing (72 % Cu) (693)			(39,5 =) 1	0,95	0,94	(50 =) 1	1,09	1,12
Berechnet . . .			1	0,92	0,89	1	1,10	1,12

Richtungsabhängigkeit ist eine berechnete gegenübergestellt, die aus den Eigenschaften entsprechend orientierter Aluminiumkristalle (vgl. Abb. 99) folgt. Trotzdem es sich hier also um die Übertragung eines Ergebnisses an Aluminium auch auf andere Metalle handelt und trotz Berücksichtigung nur der Hauptlage der Rekristallisationstextur, geben die berechneten Werte das Verhalten der Bleche im allgemeinen gut wieder: Das schwache Maximum der Festigkeit, das steile Maximum der Dehnung in der 45°-Richtung von Blechen mit der Würfellage, der leichte Abfall von Festigkeit und Anstieg der Dehnung mit zunehmendem Winkel zur Walzrichtung bei Blechen mit der [112]-(311)-Lage kommt klar zum Ausdruck. Für das rekristallisierte Kupferblech gibt überdies Abb. 220 noch eine graphische Darstellung, in die auch Streckgrenze und Dauerfestigkeit aufgenommen sind. Ihr Verlauf mit der Orientierung entspricht weitgehend dem der statischen

Zugfestigkeit. Dies läßt vermuten, daß die Wechselfestigkeit ebenso wie die Zugfestigkeit von der Kristallorientierung abhängt. Ebenso wie zur Beurteilung statischer Festigkeitseigenschaften von Werkstücken eine Berücksichtigung der vorliegenden Textur unerläßlich ist, gilt dies auch für die Wechselfestigkeit.

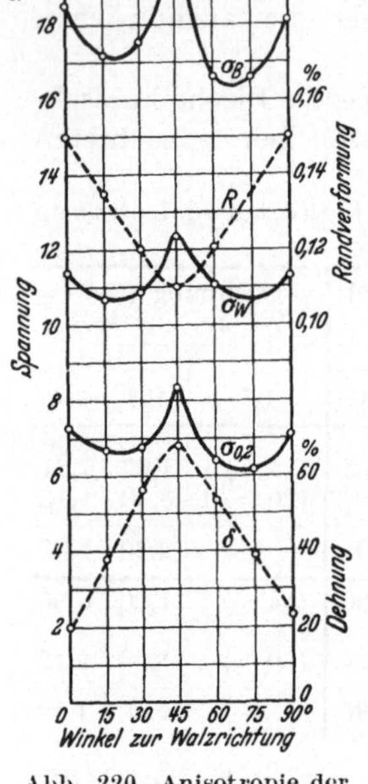

Abb. 220. Anisotropie der statischen und dynamischen Festigkeitseigenschaften von geglühtem Cu-Blech (692). σ_B = Zugfestigkeit, $\sigma_{0,2}$ = Streckgrenze, δ = Gleichmaßdehnung, σ_{II} = Biegewechselfestigkeit an der 10^6-Grenze ermittelt, R = Randverformung.

Auch die *Tiefziehfähigkeit* von Blechen ist erheblich von der Textur abhängig, stellt doch der Tiefziehversuch nur einen komplizierten Zugversuch dar, wobei die Fasern in allen möglichen Richtungen gedehnt werden (694). Anisotropie eines Bleches macht sich beim Ziehen von Hohlkörpern in unebenen Rändern (Zipfelbildung) und herabgesetzter Tiefziehfähigkeit bemerkbar [Aluminium (632), Kupfer (695, 693), Eisen (696)].

Der zonenartige Aufbau kaltgezogener Drähte (vgl. Abb. 209) läßt in verschiedenen Schichten desselben Drahtes Unterschiede in orientierungsabhängigen Eigenschaften erwarten. Solche Unterschiede wurden für die Festigkeit in der Tat beobachtet. Zerreißversuche an abgeätzten Kupferdrähten ergaben, daß die Zugfestigkeit der Kernzone (um etwa 10%) höher liegt als die einen Mittelwert über die verschiedenen Schichten darstellende Festigkeit des Ausgangsdrahtes. Trotz der in den Randzonen herrschenden, größeren Turbulenz der Verformung überwiegt die Kaltverfestigung der stärker verformten Kernpartien (629). Auch an gezogenen Aluminiumstangen wurde an Hand von Stauchversuchen dieser Unterschied von Kern- und Mantelzonen gefunden (697).

Auf den Zusammenhang der Anisotropie der *Magnetisierung* von Eisen- und Nickelblechen mit der vorhandenen Textur und den Kristalleigenschaften wird in (696) hingewiesen. Die Bedeutung der Textur für die *Korrosionsbeständigkeit* von Blechen wird nachdrücklich am Beispiel des Kupferblechs mit regelloser und geregelter Rekristallisationstextur aufgezeigt (698).

Von Untersuchungen an hexagonalen Metallen und Zinn sei zunächst die Erklärung der beim Fließen der Metalle bzw. beim Walzen beobachteten Änderungen des *spezifischen Widerstands* und des *Ausdehnungskoeffizienten* erwähnt. Stets konnten die Beobachtungen auf Umorientierungen der Kristallite, sei es durch Translation oder durch Bildung von Deformationszwillingen, zurückgeführt werden (679, 699, 700). Besonders eingehend ist das Verhalten des Ausdehnungskoeffizienten in Walz-, Quer- und Normalenrichtung von Zink und hexagonalen Zinklegierungen in (645) untersucht worden. Es ergab sich dabei ein Maximum der

thermischen Anisotropie (des Unterschieds der Ausdehnung in Walz- und Querrichtung) bei Walzgraden von etwa 20—40%; nach 80% Walzgrad verschwindet die Anisotropie. Wechselwirkung von Translation und Zwillingsbildung klärte dieses Verhalten auf (Zwillingsbildung vergrößert, Basistranslation verkleinert die Anisotropie in der Walzebene).

Eine Zusammenstellung über die Richtungsabhängigkeit einer Reihe von Eigenschaften von Zink-

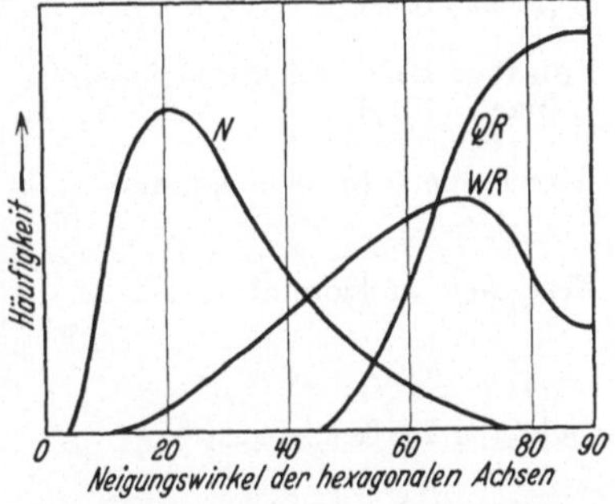

Abb. 221. Verteilung der Winkel der hexagonalen Achsen zu Walz-, Quer- Normalenrichtung in Zinkblechen.

blechen verschiedener Dicke gibt Tabelle 38. Die zur Erklärung des beobachteten Verhaltens notwendige Heranziehung der Walztextur kann hier mit Rücksicht auf den großen Streubereich der Einstellung (Abb. 206a) nicht nur in der Verwendung einer einzigen Hauptlage bestehen. Abb. 221 gibt für die Walz-, Quer- und Normalenrichtung ein ungefähres Bild der Verteilung der Winkel, unter denen im untersuchten Blech hexagonale Achsen lagen. Diese Verteilungsfunktionen sind bei der Synthese der Blecheigenschaften aus Einkristallverhalten und Textur heranzuziehen. Die qualitative Durchführung führt bei Ausdehnungskoeffizient und Elastizitätsmodul zu durchaus befriedigender Übereinstimmung. Auch das Fehlen einer Anisotropie des spezifischen Widerstandes in der Blechebene (Meßgenauigkeit 1%) ist unmittelbar verständlich. Nur sehr viel roher kann der Vergleich bei den Festigkeitseigenschaften durchgeführt werden; handelt es sich hier doch um hexagonale Kristalle, die mit der Translation

Tabelle 38. Richtungsabhängigkeit einiger Eigenschaften von Zinkblechen [nach (637)].

Eigenschaft	Blech-dicke mm	Parallel zur		
		Walz-richtung	Quer-richtung	Nor-malen-rich-tung
Ausdehnungskoeffizient · 10^6 . . . . zwischen 30 und 50° C.	0,65 2,27	21,0 30,5	14,1 18,7	36,7
Elastizitätsmodul in kg/mm² . . . . [nach (701)]	0,28 2,27	9180 8200	10110 10100	
POISSONsche Querkontraktionszahl [nach (701)]	2,27	0,299	0,226	0,320
Streckgrenze ($\sigma_{0,2}$) in kg/mm² . . .	0,65 2,27	9,7 14,8	13,1 18,8	
Festigkeit in kg/mm²	0,28 0,65 2,27	24,4 20,4 28,5	31,6 27,2 35,9	
Dehnung in %	0,28 0,65 2,27	2 10 12	~2,5 7 3	

nach der singulären Basis allein nur ganz ungenügend den im Kornverband verlangten Formänderungen nachkommen können

Abb. 222. Sprunghafte Änderung der Stauchbarkeit einer Magnesiumlegierung (AZM) bei ∼ 210° C (703).

(vgl. Punkt 79). Dennoch läßt sich auch für Streckgrenze, Festigkeit und Dehnung — und auch für die Biegungsfähigkeit (702) — durch Heranziehung des Einkristallverhaltens (Abb. 87 und 96) und Benutzung der im Blech vorhandenen Lagenmannigfaltigkeit ein rohes Verständnis der beobachteten Anisotropie gewinnen.

Schließlich seien noch einige Beispiele an einer Elektronlegierung (AZM: 6,3% Al, 1,0% Zn, Rest Magnesium) gebracht. Abb. 222 zeigt eine sprunghafte Änderung der Verformbarkeit technischen

Materials bei einer Verformungstemperatur von etwa 210^0 C. Bedingt ist dieses Verhalten durch das Hinzukommen neuer Translationselemente in den hexagonalen Magnesium-Mischkristallen bei erhöhter Temperatur (vgl. Tabelle 6), was naturgemäß ein Nachgeben gegenüber der äußeren Beanspruchung außerordentlich erleichtert.

Eine sehr charakteristische Äußerung der Deformationsmechanismen hexagonaler Kristalle (Translation *und* Zwillingsbildung) liegt ferner in dem Verhalten der Streck- und Quetschgrenze verformten Materials vor. Tabelle 39 gibt einige Werte für Stangenmaterial und geschmiedete Blöcke wieder. Die so auffälligen Unterschiede sind auf Grund der Verformungstexturen (hexagonale Achse senkrecht zur Längsrichtung der Stange bzw. in der Schmiederichtung) völlig verständlich. Basistranslation kann nur in den unter 45^0 zur Schmiederichtung entnommenen Proben auftreten. In den übrigen Fällen muß der Beginn der Verformung in der Hauptsache durch Ausbildung von Deformationszwillingen erfolgen. Diese führt aber zu einer ganz definierten Gestaltsänderung (Punkt 39). Liegt sie im Sinne der äußeren Beanspruchung, so wird niedrige Formfestigkeit, liegt sie entgegen der aufgezwungenen Deformation, so wird hohe Formfestigkeit beobachtet. Ist Basistranslation möglich, so tritt nach beiden Richtungen bei gleichen und niedrigen Spannungswerten Deformation ein. Erzwingung besonders feinen Korns in den gepreßten Stangen, Vermeidung der Ausbildung allzu ausgeprägter Textur in den Schmiedestücken durch wiederholtes Ändern der Verformungsrichtung beseitigt die technisch zumeist unerwünschte plastische Anisotropie (703).

Tabelle 39. Streck- und Quetschgrenze verformter Elektronlegierungen (AZM) [nach (703)].

Werkstück	Streckgrenze $(\sigma_{0,2})$ kg/mm²	Quetschgrenze $(\sigma_{-0,2})$ kg/mm²
Gepreßte Stange	23,0	13,0
Geschmiedeter Block	12,0	18,0
	18,0	12,0
	8,0	8,0

Tabelle 40. Kristallgitterbau der Elemente.

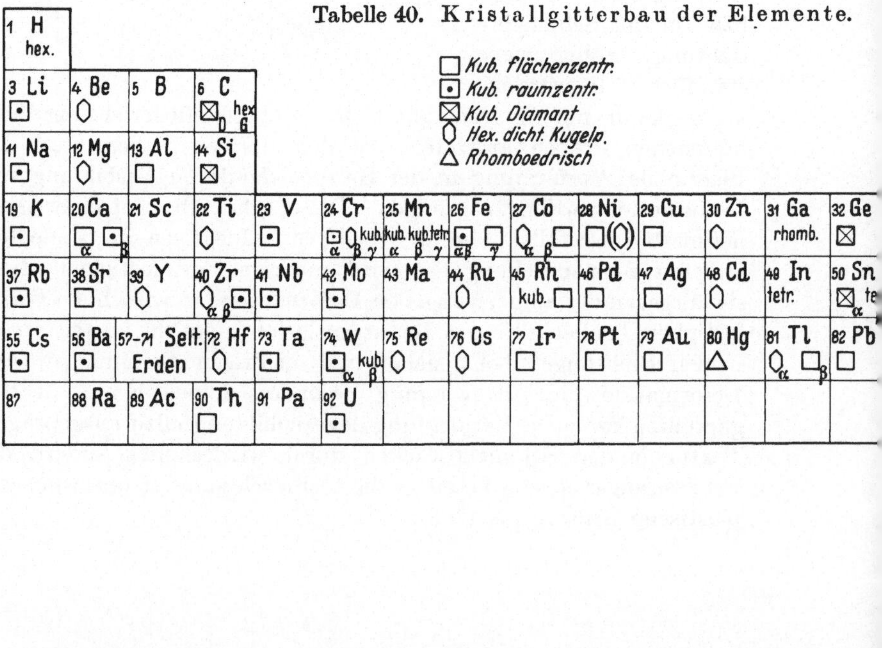

Kub. flächenzentr.
Kub. raumzentr.
Kub. Diamant
Hex. dicht. Kugelp.
Rhomboedrisch

1 H hex.														
3 Li	4 Be	5 B	6 C D hex G											
11 Na	12 Mg	13 Al	14 Si											
19 K	20 Ca α β	21 Sc	22 Ti	23 V	24 Cr α β γ kub. kub.	25 Mn α β γ kub.tetr	26 Fe αβ γ	27 Co α β	28 Ni (0)	29 Cu	30 Zn	31 Ga rhomb.	32 Ge
37 Rb	38 Sr	39 Y	40 Zr α β	41 Nb	42 Mo	43 Ma	44 Ru	45 Rh kub.	46 Pd	47 Ag	48 Cd	49 In tetr.	50 Sn te α
55 Cs	56 Ba	57–71 Selt. Erden	72 Hf	73 Ta	74 W α β kub.	75 Re	76 Os	77 Ir	78 Pt	79 Au	80 Hg	81 Tl α β	82 Pb
87	88 Ra	89 Ac	90 Th	91 Pa	92 U								

Tabelle 41. Art und Abmessungen der Gitter wichtiger Metalle.

Metall	Gitterart	Parameter[1] (Å)	Metall	Gitterart	Parameter[1] (Å) a	Parameter[1] (Å) c
Al		4,040	Be	hexagonal	2,268	3,594
γ-Fe[3]		3,56	Mg	dichteste	3,202	5,199
β-Co		3,54	α-Co	Kugelpackung,	2,51	4,07
Ni	kubisch-	3,517	Zn	A 3	2,659	4,935
Pd	flächen-	3,881	Cd		2,974	5,606
Pt	zentriert,	3,915	α-Sn	kubisch- flächenzentriert (Diamant), A 4	6,46	
Cu	A 1[2]	3,608				
Ag		4,078		tetragonal-		
Au		4,070	β-Sn	raumzentriert,	5,819	3,175
Pb		4,939		A 5		
Ta		3,29	Bi	rhomboedrisch- raumzentriert,	4,736	$\omega = 57^\circ 16'$ $u = 0,474$
Mo	kubisch- raum-	3,140	Sb	A 7	4,50	$\omega = 57^\circ 5'$ $u = 0,466$
W	zentriert, A 2	3,158	Te	hexagonal, A 8	4,445	5,912 $u = 0,269$
α-Fe		2,861				

Tabelle 42. Art und Abmessungen der Gitter einiger Ionenkristalle[4].

Salz	Gitterart	Parameter (Å)	Salz	Gitterart	Parameter (Å) a	Parameter (Å) c
NaF		4,62	β-ZnS		3,84	6,28
NaCl		5,628	CdS	Wurtzit, B 4	4,14	6,72
NaBr		5,96	BeO	(hexagonal)	2,69	4,37
NaJ		6,46	ZnO		3,24	5,18
KF		5,33	NiAs	Nickelarsenid,	3,61	$5,0_3$
KCl	Stein- salz,	6,28	NiS	B 8 (hexagonal)	3,42	$5,3_0$
KBr	B 1	6,59	CaF$_2$	Flußspat, C 1 (kubisch)	$5,45_1$	
KJ	(kubisch)	7,05	TiO$_2$	Rutil, C 4 (tetragonal)	4,58	2,95
RbCl		6,54				
NH$_4$J		7,24	CdJ$_2$	Kadmiumjodid,	$4,2_4$	$6,8_4$
			Mg(OH)$_2$	C 6 (hexagonal)	$3,1_2$	$4,7_3$
MgO		4,20	α-Al$_2$O$_3$	Korund, D 51 (rhomboedrisch)	5,12	$\alpha = 55^\circ 17'$
PbS		5,9				
CsCl	Cäsium-	4,11	CaCO$_3$		6,361	$\alpha = 46^\circ 7'$
NH$_4$Cl	chlorid,	3,86	MgCO$_3$		5,61	$48^\circ 1'_0$
NH$_4$Br	B 2 (kub.)	4,05	ZnCO$_3$	Kalzit, G 1	5,62	$48^\circ 2'_0$
α-ZnS	Zink-	5,42	MnCO$_3$	(rhomboedrisch)	5,84	$47^\circ 2'_0$
CuCl	blende	5,41	FeCO$_3$		5,82	$47^\circ 4'_5$
CuJ	B 3 (kub.)	6,05	NaNO$_3$		6,32	$47^\circ 1'_5$

[1] Abmessungen aus M. C. Neuburger: Z. Kristallogr. Bd. 86 (1933) S. 395. [2] Bezeichnung der Gittertypen nach P. P. Ewald u. C. Hermann: Strukturbericht. Leipzig 1931. — [3] Extrapoliert auf Raumtemperatur. — [4] Nach P. P. Ewald u. C. Hermann: Strukturbericht. Leipzig 1931. Auswahl nach Tab. 24.

Literaturverzeichnis.

I. Einige kristallographische Grundtatsachen.

Für eine ausführliche Darstellung siehe insbesondere:

MIGGLI, P.: Lehrbuch der Mineralogie Bd. I. Berlin 1924.

MARK, H.: Die Verwendung der Röntgenstrahlen in Chemie und Technik. Leipzig 1926.

EWALD, P. P.: Handbuch der Physik, Bd. 23/2. Berlin 1933.

II. Kristallelastizität.

Allgemeine Darstellungen:

VOIGT, W.: Lehrbuch der Kristallphysik.

GECKELER, J. W.: Handbuch der Physik, Bd. 6. Berlin 1928.

BORN, M. u. O. F. BOLLNOW: Handbuch der Physik, Bd. 24. Berlin 1927.

1. EWALD, P. P.: CAUCHY-Relationen bei Metall- und Ionenkristallen. MÜLLER-POUILLETs Lehrbuch der Physik, 11. Aufl., Bd. 1/2, S. 925.

Bestimmung elastischer Parameter von Kristallen:

2. BRIDGMAN, P. W.: Alkalihalogenide. Proc. Amer. Acad. Bd. 64 (1929) S. 19.

3. FÖRSTERLING, K.: Sylvin. Z. Physik Bd. 2 (1920) S. 172.

4. VOIGT, W.: Flußspat und Pyrit. Wiedemanns Ann. Bd. 35 (1888) S. 642.

5. VOIGT, W.: Natriumchlorat. Wiedemanns Ann. Bd. 49 (1893) S. 719.

6. GOENS, E.: Au. Naturwiss. Bd. 17 (1929) S. 180. — Al. Ann. Phys. [5] Bd. 17 (1933) S. 233.

7. GOENS, E. (u. J. WEERTS): Cu. Z. Instrumentenkde. Bd. 52 (1932) S. 167.

8. RÖHL, H.: Ag, Au. Ann. Phys. [5] Bd. 16 (1933) S. 887.

9. MASIMA, M. u. G. SACHS: α-Messing. Z. Physik Bd. 50 (1928) S. 161.

10. GOENS, E. u. E. SCHMID: α-Eisen. Naturwiss. Bd. 19 (1931) S. 520; Z. Elektrochem. Bd. 37 (1931) S. 539.

11. BRIDGMAN, P. W.: W, Zn, Cd, Bi, Sb, β-Sn. Proc. Amer. Acad. Bd. 60 (1925) S. 305.

12. WRIGHT, S. J.: W. Proc. Roy. Soc., Lond. Bd. 126 (1930) S. 613.

13. GOENS, E. u. E. SCHMID: Mg. Naturwiss. Bd. 19 (1931) S. 376.

14. BRIDGMAN, P. W.: Mg. Physic. Rev. Bd. 37 (1931) S. 460; Proc. Amer. Acad. Bd. 67 (1932) S. 29.

15. GRÜNEISEN, E. u. E. GOENS: Cd. Physik. Z. Bd. 24 (1923) S. 506. — GOENS, E.: Zn. Ann. Phys. [5] Bd. 16 (1933) S. 793.

16. GRÜNEISEN, E. u. E. GOENS: Elastische Parameter aus Transversalschwingungen. Z. Physik Bd. 26 (1924) S. 235.

17. GOENS, E.: Elastische Parameter aus Torsionsschwingungen. Ann. Phys. [5] Bd. 4 (1930) S. 733.
18. GOENS, E.: Einfluß der Stabdicke auf die Frequenz der Biegungsschwingungen. Ann. Phys. [5] Bd. 11 (1931) S. 649.
19. GOENS, E.: Berücksichtigung der bei Biegung (Drillung) eines Kristallstabes im Allgemeinen auftretenden Drillung (Biegung). Ann. Phys. [5] Bd. 15 (1932) S. 455.

III. Herstellung von Kristallen.

Für kürzere Zusammenstellungen der Verfahren zur Gewinnung von Metallkristallen vergleiche:

CARPENTER, H. C. H.: J. Inst. Met., Lond. Bd. 35 (1926) S. 409.

LIEMPT, J. A. M. VAN: Amer. Inst. min. metallurg. Engr. Techn. Publ. Nr. 15, 1927.

20. CZOCHRALSKI, J.: Fehlen von Rekristallisation im Gußgefüge. Internat. Z. Metallogr. Bd. 8 (1916) S. 1.
21. FRAENKEL, W.: Fehlen von Rekristallisation im Gußgefüge. Z. anorg. allg. Chem. Bd. 122 (1922) S. 295.
22. CZOCHRALSKI, J.: Kristallherstellung durch Bearbeitungsrekristallisation. In: Moderne Metallkunde in Theorie und Praxis. Berlin 1924.
23. CARPENTER, H. C. H. u. C. F. ELAM: Kristallherstellung durch Bearbeitungsrekristallisation. Proc. Roy. Soc., Lond. Bd. 100 (1921) S. 329.
24. SAUVEUR, A.: Kristallherstellung durch Bearbeitungsrekristallisation. Proc. internat. Assoc. Test. Mat. Bd. 2 (1912) S. 11, Paper Nr. IJ, 6.
25. CARPENTER, H. C. H. u. S. TAMURA: Cu-Kristalle durch Bearbeitungsrekristallisation. Proc. Roy. Soc., Lond. Bd. 113 (1927) S. 28.
26. TAKEJAMA, S.: Cu-Kristalle durch Bearbeitungsrekristallisation. Mem. Col. Sci. Kyoto Univ. Bd. 13 (1930) S. 355, 363.
27. KOREF, F.: Stapelkristallherstellung von W. Z. techn. Physik Bd. 7 (1926) S. 544.

Kristallherstellung durch Rekristallisation nach kritischer Kaltreckung.

28. SCHMID, E. u. G. SIEBEL: Mg. Z. Elektrochem. Bd. 37 (1931) S. 447.
29. SCHMID, E. u. H. SELIGER: Mg-α-Mischkristalle. Metallwirtsch. Bd. 11 (1932) S. 409.
30. ELAM, C. F.: Zn-Al-Mischkristalle. Proc. Roy. Soc., Lond. Bd. 109 (1925) S. 143.
31. ELAM, C. F.: Zn-Al-Mischkristalle. Proc. Roy. Soc., Lond. Bd. 115 (1927) S. 133.
32. KARNOP, R. u. G. SACHS: Cu-Al-Mischkristalle. Z. Physik Bd. 49 (1928) S. 480.
33. EDWARDS, C. A. u. L. B. PFEIL: α-Fe. J. Iron Steel Inst. Bd. 109 (1924) S. 129; Bd. 112 (1925) S. 79, 113.
34. HONDA, K. u. S. KAYA: α-Fe. Sci. Rep. Tôhoku Univ. Sendai Bd. 15 (1926) S. 721.
35. FAHRENHORST, W. u. E. SCHMID: α-Fe. Z. Physik Bd. 78 (1932) S. 383.
36. SIZOO, G. I.: α-Fe. Z. Physik Bd. 56 (1929) S. 649.

37. DRP. 291994 (1913). W-Kristalle (Pintschdrähte).
38. BÖTTGER, W.: W-Kristalle nach Pintschverfahren (SCHALLER u. ORBIG). Z. Elektrochem. Bd. 23 (1917) S. 121.
39. ALTERTHUM, H.: W-Kristalle durch Sammelkristallisation. Z. physik. Chem. Bd. 110 (1924) S. 1.
40. JEFFRIES, Z.: Sammelkristallisation von W., Bedeutung von Zusätzen. J. Inst. Met., Lond. Bd. 20 (1918) S. 109.
41. SMITHELLS, C. I.: Sammelkristallisation von W., Bedeutung von Zusätzen. J. Inst. Met., Lond. Bd. 27 (1922) S. 107.

Kristallzüchtung durch Kristallisation im Schmelzgefäß.

42. TAMMANN, G.: Bi. Lehrbuch der Metallographie, 3. Aufl. Leipzig 1923.
43. OBREIMOW u. L. W. SCHUBNIKOFF: Verschiedene Metalle. Z. Physik Bd. 25 (1924) S. 31.
44. DRP. 442085. Senken des Schmelzgefäßes durch vertikalen Röhrenofen.
45. SCHMID, E. u. G. WASSERMANN: Te. Z. Physik Bd. 46 (1927) S. 653.
46. SENG, H.: Ansaugen der Schmelze in das Erstarrungsgefäß. Mitt. a. d. Mat.-Prüf.-Amt u. Mitt. Kais.-Wilh.-Inst. Metallforschg, N. F. 1927 H. 5, S. 105.
47. SIZOO, G. I. u. C. ZWIKKER: Hochsaugen der Schmelze in Quarzrohr; Ni. Z. Metallkde. Bd. 21 (1929) S. 125.
48. BRIDGMAN, P. W.: Verschiedene niedrig schmelzende Metalle. Proc. Amer. Acad. Bd. 60 (1925) S. 305.
49. GROSS, R. u. H. MÖLLER: Kristallauslese auf Grund der Wachstumsgeschwindigkeit. Z. Physik Bd. 19 (1923) S. 375.
50. KAYA, S.: Vakuumofen zur Herstellung von Metallkristallen. Sci. Rep. Tôhoku Univ. Sendai Bd. 17 (1928) S. 639, 1157.
51. SACHS, G. u. J. WEERTS: Vakuumofen (nach v. GÖLER) zur Herstellung von Metallkristallen. Z. Physik Bd. 62 (1930) S. 473.
52. HAUSSER, K. W. u. P. SCHOLZ: Einkristalline Erstarrung von ganzen Tiegeleinsätzen. Wiss. Veröff. Siemens-Konz. Bd. 5 (1927) S. 144.
53. GLOCKER, R. u. L. GRAF: Vakuumofen für Kristallherstellung. Z. anorg. allg. Chem. Bd. 188 (1930) S. 232.
54. GRAF, L.: Vakuumofen für Kristallherstellung. Z. Physik Bd. 67 (1931) S. 388.
55. SCKELL, O.: Herstellung von Hg-Kristallen. Ann. Phys. [5] Bd. 6 (1930) S. 932.
56. REDDEMANN, H.: Herstellung von Hg-Kristallen. Ann. Phys. [5] Bd. 14 (1932) S. 139.
57. KAPITZA, P.: Kristallherstellung aus Schmelze unter weitgehender mechanischer Schonung der Kristalle. Bi. Proc. Roy. Soc., Lond. Bd. 119 (1928) S. 358.
58. GOETZ, A.: Kristallherstellung aus Schmelze unter weitgehender mechanischer Schonung der Kristalle. Bi. Physic. Rev. Bd. 35 (1930) S. 193.
59. EWALD, P. P.: Herstellung von Sn-Kristallen nach (57). Nach frdl. Mitteilung.

60. Stöber, F.: Kristallherstellung durch langsame Erstarrung. Z. Kristallogr. Bd. 61 (1925) S. 299.
61. Strong, I.: Kristallherstellung durch langsame Erstarrung. Physic. Rev. Bd. 36 (1930) S. 1663.
62. Kyropoulos, S.: Kristallzüchtungsverfahren, insbesondere für Ionenkristalle. Z. anorg. allg. Chem. Bd. 154 (1926) S. 308.

63. Czochralski, J.: Kristallherstellung durch Ziehen aus der Schmelze. Z. physik. Chem. Bd. 92 (1917) S. 219.
64. Gomperz, E. v.: Kristallherstellung nach dem Ziehverfahren. Z. Physik Bd. 8 (1922) S. 184.
65. Mark, H., M. Polanyi u. E. Schmid: Kristallherstellung nach dem Ziehverfahren. Z. Physik Bd. 12 (1922) S. 58.
66. Hoyem, A. G. u. E. P. T. Tyndall: Orientierungsänderung in nach dem Ziehverfahren hergestellten Kristallen. Bedeutung des Temperaturgefälles. Physic. Rev. Bd. 33 (1929) S. 81.
67. Hoyem, A. G.: Bedeutung des Temperaturgefälles für Kristallorientierung im Ziehverfahren. Physic. Rev. Bd. 38 (1931) S. 1357.
68. Blank, F. u. F. Urbach: Ziehverfahren für Salzkristalle. Wien. Ber. IIa. Bd. 138 (1929) S. 701.
69. Schiebold, E. u. G. Siebel: Herstellung von Mg-Schmelzflußkristallen nach A. Beck u. G. Siebel. Z. Physik Bd. 69 (1931) S. 458.
70. Koref, F.: W-Kristalle aus WCl_6-Dampf. Z. Elektrochem. Bd. 28 (1922) S. 511.
71. Arkel, A. E. van: W-Kristalle aus WCl_6-Dampf. Physica Bd. 2 (1922) S. 56.
72. Koref, F. u. H. Fischvoigt: Herstellung verschiedener Metallkristalle aus dem Dampf. Z. techn. Physik Bd. 6 (1925) S. 296.
73. Straumanis, M.: Zn- und Cd-Kristalle aus Dampf. Z. physik. Chem. B. Bd. 13 (1931) S. 316; Bd. 19 (1932) S. 63.
74. Liempt, van J. A. M.: Elektrolytische Aufpräparierung von W-Kristallen. Z. Elektrochem. Bd. 31 (1925) S. 249.
75. Eitel, W.: Kristallzüchtung aus Lösung. Handbuch der Arbeitsmethoden in der anorganischen Chemie, Bd. 4/2, S. 463.

IV. Orientierungsbestimmung von Kristallen.

Als zusammenfassende Darstellungen für die Röntgenstrahlbeugung an Kristallen siehe:

Glocker, R.: Materialprüfung mit Röntgenstrahlen. Berlin 1927.
Mark, H.: Die Verwendung der Röntgenstrahlen in Chemie und Technik, Leipzig 1926.
Ewald, P. P.: Handbuch der Physik, Bd. 23/2. Berlin 1933.
Ott, H.: Handbuch der Experimentalphysik, Bd. 7/2. Leizig 1928.
76. Tammann, G. u. A. Müller: Kristallorientierung aus Druckfiguren. Z. Metallkde. Bd. 18 (1926) S. 69.
77. Vgl. z. B. W. Köster: Kristallorientierung aus Form der Ätzgruben Z. Metallkde. Bd. 18 (1926) S. 112, 219.

78. TAMMANN, G.: Methode des maximalen Schimmers. Z. anorg. allg. Chem. Bd. 148 (1925) S. 293.
79. TAMMANN, G. u. H. H. MEYER: Methode des maximalen Schimmers. Z. Metallkde. Bd. 18 (1926) S. 176.
80. CZOCHRALSKI, J.: Orientierungsbestimmung mit Hilfe der Helligkeitsmaxima des reflektierten Lichts. Z. anorg. allg. Chem. Bd. 144 (1925) S. 131; Naturwiss. Bd. 12 (1925) S. 425, 455.
81. BRIDGMAN, P. W.: Orientierungsbestimmung mit reflektiertem Licht. Proc. Amer. Acad. Bd. 60 (1925) S. 305.
82. WEERTS, J.: Korrektur für BRIDGMANsche Orientierungsbestimmung. Verwendung polarisierten Lichts. Z. techn. Physik Bd. 9 (1928) S. 126.
83. POLANYI, M.: Theorie des Drehkristallverfahrens. Z. Physik Bd. 7 (1921) S. 149.
84. POLANYI, M. u. K. WEISSENBERG: Theorie des Drehkristallverfahrens. Z. Physik Bd. 9 (1922) S. 123.
85. MARK, H., M. POLANYI u. E. SCHMID: Orientierungsbestimmung mit Drehkristallverfahren. Z. Physik. Bd. 12 (1922) S. 58.
86. WEISSENBERG, K.: Röntgengoniometer. Z. Physik Bd. 23 (1924) S. 229.
87. DAWSON, W. F.: Röntgengoniometer. Philos. Mag. Bd. 5 (1928) S. 756.
88. KRATKY, O.: Röntgengoniometer. Z. Kristallogr. Bd. 72 (1930) S. 529.
89. SCHIEBOLD, E. u. G. SACHS: Orientierungsbestimmung aus LAUE-Aufnahmen. Z. Kristallogr. Bd. 63 (1926) S. 34.
90. SCHIEBOLD, E. u. G. SIEBEL: Orientierungsbestimmung aus LAUE-Aufnahmen. Z. Physik. Bd. 69 (1931) S. 458.
91. RINNE, F. u. E. SCHIEBOLD: Reflexnetz zur stereographischen Umzeichnung von LAUE-Aufnahmen. Ber. sächs. Akad. Wiss., Math.-physik. Kl. Bd. 68 (1915) S. 11.
92. BOAS, W. u. E. SCHMID: LAUE-Rückstrahlungs-Diagramme. Metallwirtsch. Bd. 10 (1931) S. 917.
93. MAJIMA, M. u. S. TOGINO: LAUE-Aufnahmen mit Veränderung der Einfallsrichtung. Sci. Pap. Inst. physic. chem. Res., Bd. 7 (1927) S. 75, 259.

V. Geometrie der Kristall-Deformationsmechanismen.

94. MARK, H., M. POLANYI u. E. SCHMID: Modell der einfachen Translation. Dehnungsformel. Maximale Verbreiterung. Zusätzliche Streifung. Z. Physik Bd. 12 (1922) S. 58.
95. ANDRADE, E. N. DA C.: Translationsstreifung bei Hg, Pb, Sn. Philos. Mag. Bd. 27 (1914) S. 869.
96. BENEDICKS, C.: Bandbildung bei Dehnung von Zn-Kristallen. Jb. Radioakt. Elektr. Bd. 13 (1916) S. 351.
97. KARNOP, R. u. G. SACHS: Kristallographische Abgleitung. Z. Physik Bd. 41 (1927) S. 116.
98. SCHMID, E.: Kristallographische Abgleitung. Z. Physik Bd. 40 (1926) S. 54.
99. GÖLER, V. u. G. SACHS: Koordinatentransformation und Querschnittsänderung bei der Translation. Abgleitung für doppelte Translation. Z. Physik Bd. 41 (1927) S. 103.
100. TAYLOR, G. I.: Einfache und doppelte Translation bei Stauchung. Proc. Roy. Soc., Lond. Bd. 116 (1927) S. 16.

101. TAYLOR, G. I.: Einfache und doppelte Translation bei Stauchung. Proc. Roy. Soc., Lond. Bd. 116 (1927) S. 39.

102. KIDANI, Y.: Plastische Biegung von Kristallen. J. Fac. Engr. Tokyo Univ. Bd. 19 (1930) S. 1.

103. NIGGLI, P.: Indizestransformation bei Translation. Translation und Zwillingsbildung im Gitter. Z. Kristallogr. Bd. 71 (1929) S. 413.

103a. MASIMA, M. u. G. SACHS: Doppelte Translation in α-Messing. Z. Physik Bd. 50 (1928) S. 161.

104. GÖLER v. u. G. SACHS: Doppelte Translation. Z. techn. Physik Bd. 8 (1927) S. 586.

105. EWALD, P. P.: Doppelte Translation. MÜLLER-POUILLETS Lehrbuch der Physik. 11. Aufl., Bd. 1/2, S. 971.

106. Herr M. A. VALOUCH hat uns diese Darstellung der doppelten Translation freundlichst zur Verfügung gestellt.

107. KARNOP, R. u. G. SACHS: Abgleitung bei doppelter Translation. Z. Physik Bd. 42 (1927) S. 283.

108. JOHNSEN, A.: Geometrische Behandlung der mechanischen Zwillingsbildung. Jb. Radioakt. Elektr. Bd. 11 (1914) S. 226.

109. SCHMID, E. u. G. WASSERMANN: Geometrische Behandlung der mechanischen Zwillingsbildung. Z. Physik Bd. 48 (1928) S. 370.

110. WALLERANT, F.: Bedingungen für Schiebungsfähigkeit. Bull. Soc. franç. Minéral. Bd. 27 (1904) S. 169.

111. JOHNSEN, A.: Bedingungen für Schiebungsfähigkeit. Zbl. Mineral., Geol., Paläont. 1916 S. 121.

112. MÜGGE, O.: Indizes-Transformationsformeln für die einfache Schiebung. N. Jb. Min. 1889 II S. 98.

VI. Plastizität und Festigkeit von Metallkristallen.

A. Translations- und Zwillingselemente.

113. SCHMID, E. u. G. WASSERMANN: Bestimmung von T aus LAUE-Aufnahme. Z. Physik Bd. 48 (1928) S. 370.

114. POLANYI, M. u. E. SCHMID: Bestimmung von t aus Schichtliniendiagramm. β-Sn. Z. Physik. Bd. 32 (1925) S. 684.

115. TAYLOR, G. I. u. W. S. FARREN: Analyse der Stauchung von Kristallen. Proc. Roy. Soc., Lond. Bd. 111 (1926) S. 529.

Translationslemente von Metallkristallen.

116. TAYLOR, G. I. u. C. F. ELAM: Untersuchung der Kristallverformung mit Hilfe der „ungedehnten Kegelfläche". Al, 20° C. Proc. Roy. Soc., Lond. Bd. 102 (1923) S. 643; Bd. 108 (1925) S. 28.

117. BOAS, W. u. E. SCHMID: Al, 450° C. LAUE- und Drehkristallaufnahmen. Z. Physik Bd. 71 (1931) S. 703.

118. MÜGGE, O.: Cu, Ag, Au. Götting. Nachr. 1899 S. 56.

119. ELAM, C. F.: Cu, Ag, Au. Proc. Roy. Soc., Lond. Bd. 112 (1926) S. 289.

120. HUMFREY, C. W.: T von Pb. Philos. Trans. Roy. Soc., Lond. Bd. A 200 (1903) S. 225.

121. TAYLOR, G. I. u. C. F. ELAM: α-Fe. Analyse der Dehnung von Kristallen. Proc. Roy. Soc., Lond. Bd. 112 (1926) S. 337.

122. Gough, H. J.: α-Fe. Proc. Roy. Soc., Lond. Bd. 118 (1928) S. 498.
123. Fahrenhorst, W. u. E. Schmid: α-Fe. Z. Physik Bd. 78 (1932) S. 383.
124. Sauerwald, F. u. H. G. Sossinka: α-Fe. Z. Physik Bd. 82 (1933) S. 634.
125. Taylor, G. J.: β-Messing. Proc. Roy. Soc., Lond. Bd. 118 (1928) S. 1.
126. Goucher, F. S.: W. Philos. Mag. Bd. 48 (1924) S. 229, 800.
127. Schiebold, E. u. G. Siebel: Mg. Z. Physik Bd. 69 (1931) S. 458.
128. Schmid, E. u. G. Wassermann: Mg. Handbuch der physik. u. techn. Mechanik. Bd. 4/2 (1931) S. 319.
129. Schmid, E.: Mg (über 225° C). Bestimmung von t aus Gitterdrehung bei Dehnung; Basistranslation mit 2 Gleitrichtungen. Z. Elektrochem. Bd. 37 (1931) S. 447.
130. Mark, H., M. Polanyi u. E. Schmid: Zn. Z. Physik Bd. 12 (1922) S. 58.
131. Schmid, E. u. E. Sutter (unveröffentlichte Versuche). Boas, W. u. E. Schmid: Cd. Z. Physik Bd. 54 (1929) S. 16.
132. Mark, H. u. M. Polanyi: β-Sn. Z. Physik. Bd. 18 (1923) S. 75.
133. Obinata, I. u. E. Schmid: β-Sn. Z. Physik Bd. 82 (1933) S. 224.
134. Masing, G. u. M. Polanyi: Bi (nach M. Polanyi u. E. Schmid). Erg. exakt. Naturwiss. Bd. 2 (1923) S. 177.
135. Georgieff, M. u. E. Schmid: Bi. Z. Physik Bd. 36 (1926) S. 759.
136. Schmid, E. u. G. Wassermann: Te. Z. Physik Bd. 46 (1927) S. 653.

137. Polanyi, M.: Belegungsdichte und Gleitfähigkeit. Z. Physik Bd. 17 (1923) S. 42.
138. Sossinka, H. G., B. Schmidt u. F. Sauerwald: Zur gittermäßigen Auswahl von Translations- und Schiebungselementen. Z. Physik Bd. 85 (1933) S. 761.
139. Schmid, E.: Gleitfähigkeit und Schubmodul. Internat. Confer. Physic. London 1934.
140. Gough, H. J., D. Hanson u. S. J. Wright: Translationselemente für dynamische und Wechselbeanspruchung. Aeron. Res. Com. Rep. and Mem., 1924, Nr. 995.
141. Karnop, R. u. G. Sachs: Abweichungen vom Normalfall der Oktaedertranslation (Al). Z. Physik Bd. 41 (1927) S. 116.
142. Elam, C. F. (u. G. I. Taylor): Aufteilung eines Al-Kristalls von spezieller Orientierung in zwei Hälften. Proc. Roy. Soc., Lond. Bd. 121 (1928) S. 237.
143. Karnop, R. u. G. Sachs: Abweichung vom Normalfall der Oktaedertranslation. Z. Physik Bd. 42 (1927) S. 283.
144. Taylor, G. I.: Auswahl des Translationssystems bei Stauchung. Proc. Roy. Soc. Lond., Bd. 116 (1927) S. 16.

Zwillingselemente von Metallkristallen.

145. Leonhardt, J.: Meteoreisen. Neues Jb. Min. Beil.-Bd. 58 (1928) S. 153.
146. Mathewson, C. H. u. G. H. Edmunds: α-Fe. Amer. Inst. min. metallurg. Engr. Techn. Publ. 1928 Nr. 139.

147. Tanaka, K. u. K. Kamio: β-Sn und Zn. Mem. Coll. Sci. Kyoto Univ. Bd. 14 (1931) S. 79.
148. Mathewson, C. H. u. A. J. Phillips: Be, Mg, Zn, Cd. Sekundäre Translation in Zwillingslamelle. Amer. Inst. min. met. metallurg. Engr. Techn. Publ. 1928 Nr. 53.
149. Schmid, E. u. G. Siebel: Mg. Unveröffentlichte Versuche.
150. Mügge, O.: α-Fe. Neues Jb. Min. 1899 II S. 55.
151. Schiebold, E. u. G. Siebel: Mg. Z. Physik Bd. 69 (1931) S. 458.
152. Schmid, E. u. G. Wassermann: Zn. Bewegung der Gitterpunkte; sekundäre Translation im Zwilling. Z. Physik Bd. 48 (1928) S. 370.
153. Mügge, O.: β-Sn. Zbl. Mineral., Geol., Paläont. 1917 S. 233; Z. Kristallogr. Bd. 65 (1927) S. 603.
154. Mügge, O.: As. Tsch. Min. Petr. Mitt. Bd. 19 (1900) S. 102.
155. Mügge, O.: Sb. Neues Jb. Min. 1884 II S. 40.
156. Mügge, O.: Sb u. Bi. Neues Jb. Min. 1886 I S. 183.

157. Rose, G.: Hohlkanäle bei mehrfacher Zwillingsbildung. Berl. Akad.-Ber. 1868 S. 57.
158. Mügge, O.: Hohlkanäle bei mehrfacher Zwillingsbildung. Neues Jb. Min. Beil.-Bd. 14 (1901) S. 246.
159. Mügge, O.: Volumsvermehrung von α-Fe bei mehrfacher Zwillingsbildung. Z. anorg. allg. Chem. Bd. 121 (1922) S. 68.
159a. Czochralski, J.: Deformationszwillinge in kubisch-flächenzentrierten Metallen. Moderne Metallkunde. Berlin 1924.
160. Mathewson, C. H.: Bewegung der Gitterpunkte in Ebene der Schiebung, Zn. Proc. Amer. Inst. min. metallurg. Engr., Met. Div. 1928 S. 1.
161. Grühn, A. u. A. Johnsen: Sn-Gitter nicht schiebungsfähig. Zbl. Mineral., Geol., Paläont. 1917 S. 370.
162. Johnsen, A.: Molekülschiebung bei Bi. Zbl. Mineral., Geol., Paläont. 1916 S. 385.
163. Schmid, E. u. G. Wassermann: Orientierungsgebiete für Dehnung und Stauchung bei Zwillingsbildung von Zn. Metallwirtsch. Bd. 9 (1930) S. 698.

B. Dynamik der Translation.

164. Polanyi, M.: Fadendehnungsapparat. Z. techn. Physik Bd. 6 (1925) S. 121.
165. Boas, W. u. E. Schmid: Zusatzvorrichtung für technische Festigkeitsprüfer. Z. Physik Bd. 61 (1930) S. 767.
166. Schmid, E.: „Streckgrenze" von Kristallen. Schubspannungsgesetz. Proc. internat. Congr. appl. mech. Delft 1924 S. 342.
167. Polanyi, M. u. E. Schmid: Kein Einfluß hydrostatischen Drucks auf Gleitfähigkeit. Z. Physik Bd. 16 (1923) S. 336.

Orientierungsabhängigkeit der Streckgrenze, kritische Schubspannung.

168. Schmid, E. u. G. Siebel: Mg. Z. Elektrochem. Bd. 37 (1931) S. 447.
169. Rosbaud, P. u. E. Schmid: Zn. Z. Physik Bd. 32 (1925) S. 197.
170. Boas, W. u. E. Schmid: Cd. Einfluß von Ziehgeschwindigkeit und Temperung. Fließgefahrkörper hexagonaler Kristalle. Z. Physik Bd. 54 (1929) S. 16.

171. DEHLINGER, U. (u. F. GIESEN): Al. Rekristallisierte Kristalle mit, Guß-kristalle ohne ausgeprägte Streckgrenze. Physik. Z. Bd. 34 (1933) S. 836.
172. KARNOP, R. u. G. SACHS: Cu-Al-Legierung. Z. Physik Bd. 49 (1928) S. 480.
173. MASIMA, M. u. G. SACHS: α-Messing. Z. Physik Bd. 50 (1928) S. 161.
174. SACHS, G. u. J. WEERTS: Ag, Au und Legierungen; Cu. Z. Physik Bd. 62 (1930) S. 473.
175. OSSWALD, E.: Ni und Ni-Cu-Legierungen. Z. Physik Bd. 83 (1933) S. 55.
176. FAHRENHORST, W. u. E. SCHMID: α-Fe. Z. Physik Bd. 78 (1932) S. 383.
177. GEORGIEFF, M. u. E. SCHMID: Bi. Z. Physik Bd. 36 (1926) S. 759.
178. OBINATA, I. u. E. SCHMID: β-Sn; kritische Schubspannung von vier kristallographisch ungleichwertigen Systemen; Vergleich von Schub-festigkeit und Belegungsdichte. Z. Physik Bd. 82 (1933) S. 224.

179. MISES, R. v.: Fließbedingung für Kristalle. Z. angew. Math. Mech. Bd. 8 (1928) S. 161.
180. BOAS, W. u. E. SCHMID: Konstanz der Schubspannung als Fließbe-dingung; elastische Schiebung an der Streckgrenze. Z. Physik. Bd. 56 (1929) S. 516; Bd. 86 (1933) S. 828.
181. HAASE, O. u. E. SCHMID: Plastizitätsgrenze von Zn-Kristallen (0,002 % bleibende Dehnung). Z. Physik Bd. 33 (1925) S. 413.
182. CZOCHRALSKI, J.: Elastizitätsgrenze von Al-Kristallen (0,001 % blei-bende Dehnung). Moderne Metallkunde. Berlin 1924.
183. SCHMID, E.: Schubspannungsgesetz an 0,001 %-Grenze von Al-Kri-stallen. Fließgefahrkörper kubisch-flächenzentrierter Metallkristalle. Z. Metallkde. Bd. 19 (1927) S. 154.
184. ONO, A.: Querschnittsabhängigkeit der anfänglichen Dehnung von Al-Kristallen. Verh. internat. Kongr. Techn. Mech. Stockholm. Bd. 2 (1930) S. 230.
185. KARNOP, R. u. G. SACHS: Torsionsstreckgrenze von Cu-Al-Kristallen (5 % Cu). Z. Physik Bd. 53 (1929) S. 605.
186. GOUGH, H. J., S. J. WRIGHT u. D. HANSON: Spannungsanalyse bei Kristalltorsion. Al-Kristalle. J. Inst. Met., Lond. Bd. 36 (1926) S. 173.
187. GOUGH, H. J. u. H. L. COX: Wechseltorsion von Ag-Kristallen. J. Inst. Met., Lond. Bd. 45 (1931) S. 71.
188. GOUGH, H. J.: Wechseltorsion α-Eisen. Proc. Roy. Soc., Lond. Bd. 118 (1928) S. 498.
189. GOUGH, H. J. u. H. L. COX: Wechseltorsion Zn. Proc. Roy. Soc., Lond. Bd. 123 (1929) S. 143; Bd. 127 (1930) S. 453.
190. EKSTEIN, H.: Spannungsanalyse bei Kristalltorsion. Unveröffentlicht.
191. CZOCHRALSKI, J.: Gestaltsänderung bei Kristalltorsion. Proc. internat. Congr. appl. mech. Delft 1924 S. 67.
192. Siehe allgemeine Darstellungen über Kristallelastizität. (Literatur-verzeichnis S. 338.)
192a. ANDRADE, E. N. DA C. u. P. J. HUTCHINGS: Kritische Schubspannung besonders reiner Hg-Kristalle 9,3 g/mm² bei -43^0 C. Proc. Roy. Soc. Lond. Bd. 148 (1935) S. 120.
193. SCHMID, E. u. G. SIEBEL: Vergleich von Guß- und Rekristallisations-kristallen Mg. Unveröffentlichte Versuche.

194. Fahrenhorst, W.: Abhängigkeit der kritischen Schubspannung von der Ziehgeschwindigkeit (Zn-Kristalle). Unveröffentlichte Versuche.
195. Smekal, A.: Temperwirkung auf Kristalle. Handbuch der physikal. u. techn. Mechanik. Bd. 4/2 (1931) S. 116.
196. Schmid, E.: Analyse der Dehnungskurve. Z. Physik Bd. 22 (1924) S. 328.
197. Schmid, E.: Theoretische Dehnungskurven für konstante Schubspannung. Metallwirtsch. Bd. 7 (1928) S. 1011.
198. Mark, H., M. Polanyi u. E. Schmid: Kristallverfestigung. Z. Physik Bd. 12 (1922) S. 58.
199. Masing, G. u. M. Polanyi: Kristallverfestigung. Erg. exakt. Naturwiss. Bd. 2 (1923) S. 177.
200. Becker, R. u. E. Orowan: Sprunghafte Translation. Z. Physik Bd. 79 (1932) S. 566.
201. Schmid, E. u. M. A. Valouch: Sprunghafte Translation in durch Destillation gereinigtem Zn. Z. Physik Bd. 75 (1932) S. 531.
202. Polanyi, M. u. E. Schmid: Abschiebungsbruch Sn. Z. Physik Bd. 32 (1925) S. 684.
203. Karnop, R. u. G. Sachs: Koordinaten der Verfestigungskurve. Z. Physik Bd. 41 (1927) S. 116.
204. Schmid, E.: Koordinaten der Verfestigungskurve. Z. Physik Bd. 40, (1926) S. 54.
205. Taylor, G. I.: Verfestigungskurven für Dehnung und Stauchung von Al-Kristallen. Proc. Roy. Soc., Lond. Bd. 116 (1927) S. 39.

Verfestigungskurve.

206. Elam, C. F.: Cu. Proc. Roy. Soc., Lond. Bd. 116 (1927) S. 694.
207. Sachs, G. u. J. Weerts: Cu, Ag, Au. Z. Physik Bd. 62 (1930) S. 473.
208. Osswald, E.: Cu, Ni. Z. Physik Bd. 83 (1933) S. 55.
209. Karnop, R. u. G. Sachs: Al. Z. Physik Bd. 41 (1927) S. 116.
210. Schmid, E. u. G. Siebel: Mg. Abschiebungsbruch. Grenzabgleitung und Deformationsenergie. Z. Elektrochem. Bd. 37 (1931) S. 447.
211. Schmid, E.: Zn. Z. Physik. Bd. 40 (1926) S. 54.
212. Boas, W. u. E. Schmid: Cd. Z. Physik Bd. 54 (1929) S. 16.
213. Obinata, I. u. E. Schmid: Sn. Z. Physik Bd. 82 (1933) S. 224.

214. Schmid, E.: Translation für kubische und hexagonale dichteste Kugelpackung. Internat. Confer. Phys. London 1934.
215. Taylor, G. I. u. C. F. Elam: Verfestigung latenter Translationssysteme. Proc. Roy. Soc., Lond. Bd. 102 (1923) S. 643; Bd. 108 (1925) S. 28.
216. Elam, C. F.: Verfestigung latenter Translationssysteme. Proc. Roy. Soc., Lond. Bd. 112 (1926) S. 289.
217. Göler, v. u. G. Sachs: Al: Gleichung der Verfestigungskurve. Berechnung von Zugfestigkeits- und Dehnungskörper. Z. techn. Physik. Bd. 8 (1927) S. 586.
218. Weerts, J.: Gleichung Verfestigungskurve Al. Forschungsarb. VDI-Heft 323, 1929.
219. Yamaguchi, K.: Gleichung Verfestigungskurve Al. Sci. Pap. Inst. phys. chem. Rep., Tokyo, Bd. 11 Nr. 205 S. 223 (1929).

220. TAYLOR, G. I.: Theoretische Ableitung der Gleichung der Verfestigungs-kurve. Proc. Roy. Soc., Lond. Bd. 145 (1934) S. 362, 388.
221. SCHIEBOLD, E. u. G. SIEBEL: Abschiebungsbruch Mg. Z. Physik Bd. 69 (1931) S. 458.
222. FAHRENHORST, W. u. E. SCHMID: Grenzabgleitung und Deformations-energie Zn-Kristalle. Z. Physik Bd. 64 (1930) S. 845.
223. BOAS, W. u. E. SCHMID: Grenzabgleitung und Deformationsenergie Cd-Kristalle. Z. Physik Bd. 61 (1930) S. 767.
224. SCHMID, E. u. G. WASSERMANN: Dehnungs- und Zugfestigkeitskörper Zn. Z. Metallkde. Bd. 23 (1931) S. 87.

Zugfestigkeit und Bruchdehnung kubischer Metallkristalle.

225. CZOCHRALSKI, J.: Höchstlast- und Dehnungskörper Cu. Moderne Metall-kunde. Berlin 1924.
226. KARNOP, R. u. G. SACHS: Al. Z. Physik Bd. 41 (1927) S. 116.
227. CZOCHRALSKI, J.: Cu. Proc. internat. Congr. appl. mech. Delft 1924 S. 67.
228. FAHRENHORST, W. u. E. SCHMID: α-Fe. Z. Physik Bd. 78 (1932) S.383.
229. KOREF, F.: W. Z. Metallkde. Bd. 17 (1925) S. 213.

Plastische Eigenschaften von Legierungskristallen.

230. ROSBAUD, P. u. E. SCHMID: Cd-Zn; Sn-Zn. Z. Physik Bd. 32 (1925) S. 197.
231. SCHMID, E. u. H. SELIGER: Al-Mg; Zn-Mg. Metallwirtsch. Bd. 11 (1932) S. 409.
232. SCHMID, E. u. G. SIEBEL: Tern. Al—Zn—Mg. Metallwirtsch. Bd. 11 (1932) S. 577.
233. MASIMA, M. u. G. SACHS: α-Messing. Z. Physik Bd. 50 (1928) S. 161.
234. GÖLER, V. u. G. SACHS: α-Messing. Z. Physik Bd. 55 (1929) S. 581.
235. SACHS, G. u. J. WEERTS: Ag—Au. Z. Physik Bd. 62 (1930) S. 473.
236. OSSWALD, E.: Cu—Ni. Z. Physik Bd. 83 (1933) S. 55.
237. SACHS, G. u. J. WEERTS: $AuCu_3$. Z. Physik Bd. 67 (1931) S. 507.
238. KARNOP, R. u. G. SACHS: Cu—Al vergütet. Z. Physik Bd. 49 (1928) S. 480.
239. ELAM, C. F.: Zn—Al. Proc. Roy. Soc., Lond. Bd. 115 (1927) S. 133.
240. ELAM, C. F.: α-Messing. Proc. Roy. Soc., Lond. Bd. 115 (1927) S. 148.
241. ELAM, C. F.: Al—Cu. Proc. Roy. Soc., Lond. Bd. 116 (1927) S. 694.
242. SCHMID, E. u. G. SIEBEL: Thermische Vergütung Al—Mg. Metall-wirtsch. Bd. 13 (1934) S. 765.
243. SCHMID, E. u. M. A. VALOUCH: Initialschubspannung von destilliertem Zn. Z. Physik Bd. 75 (1932) S. 531.

244. BOAS, W.: Löslichkeit Cd in Zn. Metallwirtsch. Bd. 11 (1932) S. 603.
245. OWEN, E. A. u. G. D. PRESTON: Gitterkonstanten von Messing. Proc. Phys. Soc., Lond. Bd. 36 (1923) S. 49.
246. WESTGREN, A. u. G. PHRAGMÉN: Gitterkonstanten von Messing. Philos. Mag. Bd. 50 (1925) S. 311.

247. Sachs, G. u. J. Weerts: Gitterkonstanten von Au—Ag-Mischkristallen. Z. Physik Bd. 60 (1930) S. 481.
248. Johansson, C. H. u. J. O. Linde: Atomanordnung in $AuCu_3$. Ann Phys. [4] Bd. 78 (1925) S. 439; Bd. 82 (1927) S. 449.

Temperatur- und Geschwindigkeitsabhängigkeit der Plastizität.

249. Schmid, E. (u. G. Siebel): Mg. Z. Elektrochem. Bd. 37 (1931) S. 447.
250. Haase, O. u. E. Schmid: Zn, Sn, Bi, Kristallerholung. Z. Physik Bd. 33 (1925) S. 413.
251. Polanyi, M. u. E. Schmid: Zn, Cd. Naturwiss. Bd. 17 (1929) S. 301.
252. Boas, W. u. E. Schmid: Zn, Cd. Z. Physik Bd. 61 (1930) S. 767.
253. Fahrenhorst, W. u. E. Schmid: Zn. Z. Physik Bd. 64 (1930) S. 845.
254. Meissner, W., M. Polanyi u. E. Schmid: Zn, Cd. Z. Physik Bd. 66 (1930) S. 477.
255. Boas, W. u. E. Schmid: Cd. Z. Physik. Bd. 57 (1929) S. 575.
256. Weerts, J.: Al. Forschungsarb. VDI-Heft 323, 1929.
257. Boas, W. u. E. Schmid: Al. Z. Physik Bd. 71 (1931) S. 703.
258. Hanson, D. u. M. A. Wheeler: Dauerstandsversuch Al. J. Inst. Met., Lond. Bd. 45 (1931) S. 229.
259. Edwards, C. A. u. L. B. Pfeil: α-Fe. J. Iron Steel Inst. Bd. 109 (1924) S. 129; Bd. 112 (1925) S. 79.
260. Masing, A. u. M. Polanyi: Sn. Erg. exakt. Naturwiss. Bd. 2 (1933) S. 177.
261. Polanyi, M. u. E. Schmid: Sn; Kristallerholung. Z. Physik Bd. 32 (1925) S. 684.
262. Obinata, I. u. E. Schmid: Sn. Z. Physik Bd. 82 (1933) S. 224.
263. Georgieff, M. u. E. Schmid: Bi. Z. Physik Bd. 36 (1926) S. 759.
264. Polanyi, M. u. E. Schmid: Kristallerholung. Verh. dtsch. Physik. Ges. Bd. 4 (1923) S. 27.
265. Gross, R.: Kristallerholung. Z. Metallkde. Bd. 16 (1924) S. 344.
266. Koref, F.: Kristallerholung. Z. Metallkde. Bd. 17 (1925) S. 213.
267. Straumanis, M.: Gleitschichtendicke Zn. Z. Kristallogr. Bd. 83 (1932) S. 29.

C. Dynamisches der Zwillingsbildung.

268. Gough, H. J. u. H. L. Cox: Zur Initialbedingung. Proc. Roy. Soc., Lond. Bd. 123 (1929) S. 143; Bd. 127 (1930) S. 453.
269. Gough, H. J. u. H. L. Cox: Zur Initialbedingung. J. Inst. Met., Lond. Bd. 48 (1932) S. 227.
269a. Fahrenhorst, W. u. E. Schmid: α-Fe zeigt bei — 185° C Zwillingsbildung gegenüber Translation stark bevorzugt. Z. Physik Bd. 78 (1932) S. 383.
270. Boas, W. u. E. Schmid: Wechselwirkung von Translation und Zwillingsbildung bei Cd. Z. Physik Bd. 54 (1929) S. 16.
271. Haase, O. u. E. Schmid: Wechselwirkung von Translation und Zwillingsbildung bei Zn. Z. Physik Bd. 33 (1925) S. 413.
272. Schmid, E. u. G. Wassermann: Wechselwirkung von Translation und Zwillingsbildung bei Zn. Z. Physik Bd. 48 (1928) S. 370.

273. SCHMID, E.: Wechselwirkung von Translation und Zwillingsbildung bei Zn. Z. Metallkde. Bd. 20 (1928) S. 421.
274. CZOCHRALSKI, J.: Rückbildung von Zwillingen in Zn. Moderne Metallkunde. Berlin 1924.
275. WASSERMANN, G.: Rückbildung von Zwillingen in Sb. Z. Kristallogr. Bd. 75 (1930) S. 369.
276. Unveröffentlichte Versuche (1930) von E. SCHMID mit O. VAUPEL und insbesondere mit W. FAHRENHORST. Wiederholte Zwillingsbildung in Zn.

D. Reißen nach Kristallflächen.

277. SOHNCKE, L.: Normalspannungsgesetz für NaCl. Poggendorffs Ann. Bd. 137 (1869) S. 177.
278. SCHMID, E.: Zn.; Normalspannungsgesetz. Proc. internat. Congr. appl. mech. Delft 1924 S. 342.
279. SCHMID, E.: Reißverfestigung, Reißerholung, Zn. Z. Physik Bd. 32 (1925) S. 918.
280. SCHMID, E.: Zn + 0,13% Cd; Zn + 0,53% Cd. Z. Metallkde. Bd. 19 (1927) S. 154.
281. FAHRENHORST, W. u. E. SCHMID: Zn. Z. Physik Bd. 64 (1930) 845.
282. BOAS, W. u. E. SCHMID: Zn. Widerspruch mit Normaldilatationsgesetz. Z. Physik Bd. 56 (1929) S. 516.
283. SCHMID, E. u. G. WASSERMANN: Te. Z. Physik Bd. 46 (1927) S. 653.
284. GEORGIEFF, M. u. E. SCHMID: Bi. Z. Physik Bd. 36 (1926) S. 759.
285. WASSERMANN, G.: Bi, Sb. Z. Kristallogr. Bd. 75 (1930) S. 369.
286. POLANYI, M.: Reißverfestigung W und NaCl. Z. Elektrochem. Bd. 28 (1922) S. 16.
287. MASING, G. u. M. POLANYI: Gegenüberstellung Schub- und Reißverfestigung. Erg. exakt. Naturwiss. Bd. 2 (1923) S. 177.

E. Nachwirkungserscheinungen und Wechselbeanspruchung.

288. WARTENBERG, H. v.: Keine Nachwirkung bei W- und Zn-Kristallen. Verh. dtsch. physik. Ges. Bd. 20 (1918) S. 113.
289. BAUSCHINGER, J.: Gerichtete Verfestigung. Zivilingenieur. Bd. 27 (1881) S. 299.
290. SACHS, G. u. H. SHOJI: BAUSCHINGER-Effekt bei α-Messing. Z. Physik Bd. 45 (1927) S. 776.
291. GOUGH, H. J., D. HANSON u. S. J. WRIGHT: Al. Hysteresis. Aeron. Res. Com. Rep. Mem. 1924 Nr. 995.
292. GOUGH, H. J., S. J. WRIGHT u. D. HANSON: Al. Härtemessungen. J. Inst. Met., Lond. Bd. 36 (1926) S. 173.
293. HANSON, D. u. M. A. WHEELER: Al. Dauerstandsversuch. J. Inst. Met., Lond. Bd. 45 (1931) S. 229.
294. GOUGH, H. J. u. D. G. SOPWITH: Al. Korrosionsermüdung. Proc. Roy. Soc., Lond. Bd. 135 (1932) S. 392.
295. GOUGH, H. J. u. H. L. COX: Ag. J. Inst. Met., Lond. Bd. 45 (1931) S. 71.
296. SCHMID, E. u. G. SIEBEL: Mg; Änderung der Festigkeitseigenschaften. Metallwirtsch. Bd. 13 (1934) S. 353.

297. SCHMID, E.: Zn; Änderung der Festigkeitseigenschaften. Z. Metallkde. Bd. 20 (1928) S. 69.

298. GOUGH, H. J. u. H. L. COX: Zn. Proc. Roy. Soc., Lond. Bd. 123 (1929) S. 143; Bd. 127 (1930) S. 453.

299. FAHRENHORST, W. u. E. SCHMID: Zn; Änderung der Festigkeitseigenschaften. Z. Metallkde. Bd. 23 (1931) S. 323.

300. FAHRENHORST, W. u. H. EKSTEIN: Cd. Z. Metallkde. Bd. 25 (1933) S. 306.

301. GOUGH, H. J. u. H. L. COX: Sb. Proc. Roy. Soc., Lond. Bd. 127 (1930) S. 431.

302. GOUGH, H. J. u. H. L. COX: Bi. J. Inst. Met., Lond. Bd. 48 (1932) S. 227.

F. Veränderung physikalischer und chemischer Eigenschaften bei der Kaltverformung.

Anisotropie physikalischer Eigenschaften von Metallkristallen.

Allgemeine Darstellung: W. VOIGT: Lehrbuch der Kristallphysik. Leipzig 1928.

Elastische Parameter: s. vor allem Literaturverzeichnis S. 338.

303. KARNOP, R. u. G. SACHS: Elastische Parameter; Al + 5% Cu. Z. Physik Bd. 53 (1929) S. 605.

304. GRÜNEISEN, E. u. O. SCKELL: Elastische Parameter, elektrischer Widerstand und thermische Ausdehnung von Hg. Ann. Phys. [5] Bd. 19 (1934) S. 387.

305. SCHMID, E.: Elastizitätsmodul-Körper Mg und Zn. Z. Elektrochem. Bd. 37 (1931) S. 447.

306. GOENS, E. u. E. SCHMID: Elektrischer Widerstand, thermische Ausdehnung Mg. Naturwiss. Bd. 19 (1931) S. 376.

307. BRIDGMAN, P. W.: Elektrischer Widerstand Mg. Physic. Rev. Bd. 37 (1931) S. 460; Proc. Amer. Acad. Bd. 66 (1931) S. 255.

308. BRIDGMAN, P. W.: Thermische Ausdehnung, Thermokraft Mg. Physic. Rev. Bd. 37 (1931) S. 460; Proc. Amer. Acad. Bd. 67 (1932) S. 29.

309. GOENS, E. u. E. GRÜNEISEN: Elektrischer Widerstand, thermische Leitfähigkeit Zn, Cd. Ann. Phys. [5] Bd. 14 (1932) S. 164.

310. GRÜNEISEN, E. u. E. GOENS: Thermische Ausdehnung Zn, Cd. Z. Physik Bd. 29 (1924) S. 141.

311. BRIDGMAN, P. W.: Elektrischer Widerstand, thermische Ausdehnung Zn, Cd, Bi, Sb, Te, Sn. Proc. Amer. Acad. Bd. 60 (1925) S. 305.

312. GRÜNEISEN, E. u. E. GOENS: Thermokraft Zn, Cd. Z. Physik Bd. 37 (1926) S. 278.

313. HOYEM, A. G.: THOMSON-Effekt Zn. Phys. Rev. Bd. 38 (1931) S. 1357.

314. VERLEGER, H.: THOMSON-Effekt (Zn), Cd. Ann. Phys. [5] Bd. 9 (1931) S. 366.

315. SCKELL, O.: Elektrischer Widerstand Hg. Ann. Phys. [5] Bd. 6 (1930) S. 932.

316. REDDEMANN, H.: Thermische Leitfähigkeit, Thermokraft Hg. Ann. Phys. [5] Bd. 14 (1932) S. 139.

317. GLAUNER, R. u. R. GLOCKER: Lösungsgeschwindigkeit Cu. Z. Kristallogr. Bd. 80 (1931) S. 377.

318. HAUSSER, K. W. u. P. SCHOLZ: Lösungsgeschwindigkeit Cu. Wiss. Veröff. Siemens-Konz. Bd. 5 (1927) S. 144.

319. TAMMANN, G. u. F. SARTORIUS: Lösungsgeschwindigkeit Cu. Z. anorg. allg. Chem. Bd. 175 (1928) S. 97.

320. SCHIEBOLD, E. u. G. SIEBEL: Lösungsgeschwindigkeit Mg. Z. Physik Bd. 69 (1931) S. 458.

Kaltverformung und Kristallgitter.

321. SCHMID, E.: Erhaltung des Gitters nach Kaltbearbeitung. Naturwiss. Bd. 20 (1932) S. 530.

322. CZOCHRALSKI, J.: Asterismus. Moderne Metallkunde. Berlin 1924.

323. TAYLOR, G. I.: Verlängerung der Interferenzen bei Drehaufnahmen. Trans. Faraday Soc. Bd. 24 (1928) S. 121.

324. GROSS, R.: Asterismus. Z. Metallkde. Bd. 16 (1924) S. 344.

325. YAMAGUCHI, K.: Asterismus. Sci. Pap. Inst. phys. chem. Res. Tokyo. Bd. 11 (1929) S. 151.

326. KONOBOJEWSKI, S. u. I. MIRER: Asterismus. Z. Kristallogr. Bd. 81 (1932) S. 69.

327. POLANYI, M.: Streifenförmige Interferenzen. Z. Physik Bd. 7 (1921) S. 149.

328. REGLER, F.: Asterismus. Z. Physik Bd. 71 (1931) S. 371.

329. BURGERS, W. G. u. P. C. LOUWERSE: Asterismus. Z. Physik Bd. 67 (1931) S. 605.

330. CZOCHRALSKI, J.: Herabsetzung des Asterismus nach Retorsion von Al-Kristallen. Z. Metallkde. Bd. 17 (1925) S. 1.

331. DAVEY, W. P.: Linienverbreiterung. Gen. electr. Rev. Bd. 28 (1925) S. 588.

332. ARKEL, A. E. VAN: Linienverbreiterung. Physica Bd. 5 (1925) S. 208; Naturwiss. Bd. 13 (1925) S. 662.

333. DEHLINGER, U.: Linienverbreiterung. Z. Kristallogr. Bd. 65 (1927) S. 615; Z. Metallkde. Bd. 23 (1931) S. 147.

334. CAGLIOTI, V. u. G. SACHS: Berechnung der elastischen Spannung aus der Linienverbreiterung Cu. Z. Physik Bd. 74 (1932) S. 647.

335. WOOD, W. A.: Gitterstörung und Reckgrad. Philos. Mag. Bd. 14 (1932) S. 656.

336. THOMASSEN, L. u. J. E. WILSON: Linienverbreiterung Al; bei tiefer Temperatur bearbeitet. Physic. Rev. Bd. 43 (1933) S. 763.

337. SCHMID, E. u. G. WASSERMANN: Linienverbreiterung bei Al-Legierungen. Metallwirtsch. Bd. 9 (1930) S. 421.

338. BURGERS, W. G.: Linienverbreiterung in verschiedenen Schichten bei W. Z. Physik Bd. 58 (1929) S. 11.

339. WOOD, W. A.: Linienverbreiterung nicht durch Kornverkleinerung bedingt. Nature, Lond. Bd. 129 (1932) S. 760.

340. HENGSTENBERG, J. u. H. MARK: Intensitätsabnahme der Interferenzen höherer Ordnung. Naturwiss. Bd. 17 (1929) S. 443.

Kaltverformung und physikalische und chemische Eigenschaften.

341. GOUGH, H. J., D. HANSON u. S. J. WRIGHT: Dichte Al. Aeron. Res. Com. Rep. Mem. (M 40) 1926 Nr. 1024.

342. SACHS, G. u. H. SHOJI: Dichte Al, α-Messing. Z. Physik Bd. 45 (1927) S. 776.

343. HANSON, D. u. M. A. WHEELER: Dichte Al. J. Inst. Met., Lond. Bd. 45 (1931) S. 229.

344. GOERENS, P.: Dichte, Torsionsmodul, Lösungsgeschwindigkeit, elektrischer Widerstand, magnetische Eigenschaften Fe. Ferrum Bd. 10 (1912) S. 65.

345. ISHIGAKI, T.: Dichte Fe, Stahl. Sci. Rep. Tôhoku Univ. Sendai. Bd. 15 (1926) S. 777.

346. TAMARU, K.: Dichte Fe, Stahl. Sci. Rep. Tôhoku Univ. Sendai. Bd. 19 (1930) S. 437.

347. UEDA, T.: Dichte, elektrischer Widerstand Fe, Cu, Messing. Sci. Rep. Tôhoku Univ. Sendai. Bd. 19 (1930) S. 473.

348. O'NEILL, Ch.: Dichte Cu. Mem. of the liter. and philosoph. Soc. of Manchester, 1861, S. 243.

349. KAHLBAUM, G. u. E. STURM: Dichte Cu. Z. anorg. allg. Chem. Bd. 46 (1905) S. 217.

350. ALKINS, W. E.: Dichte Cu. J. Inst. Met., Lond. Bd. 23 (1920) S. 381.

351. WOLFF, H.: Dichte W. Diss. Danzig 1923.

352. GEISS, W. u. J. A. M. VAN LIEMPT: Dichte W. Ann. Phys. [4] Bd. 77 (1925) S. 105.

353. JOHNSTON, J. u. S. H. ADAMS: Dichte Bi. Z. anorg. allg. Chem. Bd. 76 (1912) S. 274.

354. MASIMA, M. u. G. SACHS: Dichte α-Messingkristall. Z. Physik Bd. 54 (1929) S. 666.

355. HONDA, K. u. R. YAMADA: E-Modul Fe-Kristall. Sci. Rep. Tôhoku Univ. Sendai Bd. 17 (1928) S. 723.

356. KAWAI, T.: G-Modul Cu, Messing, Al, Ni. Sci. Rep. Tôhoku Univ. Sendai. Bd. 20 (1931) S. 681.

357. MÜLLER, W.: E-Modul. Forschungsarb. VDI-Heft 211, 1918.

358. JUBITZ, W.: Thermische Ausdehnung Fe, Bronze. Z. techn. Physik Bd. 7 (1926) S. 522.

359. SMITHELLS, C. I.: Thermische Ausdehnung W. Tungsten, London 1926.

360. BEHRENS, W. U. u. C. DRUCKER: Spezifische Wärme Zn. Z. physik. Chem. Bd. 113 (1924) S. 79.

361. CHAPPEL, C. u. M. LEVIN: Spezifische Wärme Stahl, Bronze. Ferrum Bd. 10 (1912) S. 271.

362. HONDA, K.: Spezifische Wärme Fe, Stahl. Sci. Rep. Tôhoku Univ. Sendai. Bd. 12 (1924) S. 347.

363. GEISS, W. u. J. A. M. VAN LIEMPT: Spezifische Wärme Ni, W. Z. anorg. allg. Chem. Bd. 171 (1928) S. 317.

364. HORT, H.: Innere Energie Fe. Z. VDI Bd. 45 (1906) S. 1831.

365. FARREN, W. S. u. G. I. TAYLOR: Verformungsenergie Al. Proc. Roy. Soc., Lond. Bd. 107 (1925) S. 422.

366. ROSENHAIN, W. u. V. H. STOTT: Innere Energie, Al, Cu. Proc. Roy. Soc., Lond. Bd. 140 (1933) S. 9.

367. Ono, A.: Innere Energie, Wechselbiegeversuche, Stahl. Verh. 3. internat. Congr. techn. Mech. Stockholm, Bd. 2 (1930) S. 305.
368. Taylor, G. I. u. H. Quinney: Innere Energie Cu, Stahl. Proc. Roy. Soc., Lond. Bd. 143 (1934) S. 307.
369. Koref, F. u. H. Wolff: Lösungswärme W. Z. Elektrochem. Bd. 28 (1922) S. 477.
370. Liempt, J. A. M. van: Verbrennungswärme W. Z. anorg. allg. Chem. Bd. 129 (1923) S. 263.
371. Tammann, G. u. C. Wilson: Galvanisches Potential, Farbänderung. Z. anorg. allg. Chem. Bd. 173 (1928) S. 156.
372. Heyn, E. u. O. Bauer: Lösungsgeschwindigkeit. Mitt. Kgl. Mat.-Prüf.-Amt Groß-Lichterfelde 1909 S. 57.
373. Eastick, T. A.: Lösungsgeschwindigkeit Cu. Met. Ind., Lond. Bd. 6 (1924) S. 22.
374. Czochralski, J. u. E. Schmid: Lösungsgeschwindigkeit Al, Cu. Z. Metallkde. Bd. 20 (1928) S. 1.
375. Czochralski, J.: Verschwinden der Ätzbarkeit nach Torsion von Al-Kristallen. Z. VDI Bd. 67 (1923) S. 533.
376. Borelius, G.: Thermokraft Al, Ni, Cu, Ag, Au, Fe. Ann. Phys. [4] Bd. 60 (1919) S. 381.
377. Brandsma, W. F.: Thermokraft Cu. Z. Physik Bd. 48 (1928) S. 703.
378. Geiss, W. u. J. A. M. van Liempt: Elektrischer Widerstand und Temperaturkoeffizient Mo, Ni, Pt, W. Z. Physik Bd. 41 (1927) S. 867.
379. Addicks, L.: Elektrischer Widerstand Cu. Amer. Inst. Electr. Engr. New York, Nov. 1903.
380. Takahasi, K.: Elektrischer Widerstand Cu, Ag. Sci. Rep. Tôhoku Univ. Sendai Bd. 19 (1930) S. 265.
381. Grüneisen, E. u. E. Goens: Wärmeleitfähigkeit Cu. Z. Physik Bd. 44 (1927) S. 615.
382. Caglioti, V. u. G. Sachs: Anteil elastischer Energie an der Erhöhung der inneren Energie. Z. Physik Bd. 74 (1932) S. 647.
383. Masima, M. u. G. Sachs: Wärmeentwicklung bei Translation von Messingkristallen. Z. Physik Bd. 56 (1929) S. 394.
384. Masima, M. u. G. Sachs: Leitfähigkeitsänderung bei Translation von Messingkristallen. Z. Physik Bd. 51 (1928) S. 321.
385. Geiss, W. u. J. A. M. van Liempt: Matthiessensches Gesetz. Z. anorg. allg. Chem. Bd. 143 (1925) S. 259.
386. Tammann, G.: Farbe Au—Ag—Cu-Legierungen. Z. anorg. allg. Chem. Bd. 107 (1919) S. 1; s. bes. S. 115.
387. Tammann, G.: Resistenzgrenzen. Lehrbuch der Metallkunde, 3. Aufl. Leipzig 1923.
388. Steinhaus, W.: Magnetische Eigenschaften. Handbuch der Physik, Bd. 15 S. 202. Berlin 1927.
389. Seemann, H. J. u. E. Vogt: Suszeptiblität. Ann. Phys. [5] Bd. 2 (1929) S. 976.
390. Honda, K. u. Y. Shimizu: Suszeptibilität. Sci. Rep. Tôhoku Univ. Sendai. Bd. 20 (1931) S. 460.
391. Kussmann, A. u. H. J. Seemann: Suszeptibilität. Z. Physik Bd. 77 (1932) S. 567.

392. TAMMANN, G. u. K. L. DREYER: Umwandlungsgeschwindigkeit Sn. Z. anorg. allg. Chem. Bd. 199 (1931) S. 97.

393. WASSERMANN, G.: Umwandlungsgeschwindigkeit Co. Metallwirtsch. Bd. 11 (1932) S. 61.

394. HEVESY, G. v. u. A. OBRUTSCHEWA: Selbstdiffusionsgeschwindigkeit in Pb. Nature, Lond. Bd. 115 (1925) S. 674.

395. WILM, R.: Beschleunigung der Entmischung übersättigter Legierungen. Metallurgie. Bd. 8 (1911) S. 223.

396. SCHMID, E. u. G. WASSERMANN: Beschleunigung der Entmischung übersättigter Legierungen. Metallwirtsch. Bd. 9 (1930) S. 421.

397. DEHLINGER, U. u. L. GRAF: Tetragonales Achsenverhältnis Au—Cu-Kristalle. Z. Physik Bd. 64 (1930) S. 359.

398. SCHÄFER, K.: Atomverteilung, Gitterkonstante Fe—Al-Legierungen. Naturwiss. Bd. 21 (1933) S. 207.

399. SMEKAL, A.: Strukturempfindliche und -unempfindliche Eigenschaften. Kongreß-Akten Como. Bd. 1 (1927) S. 181.

G. Rekristallisation.

400. CZOCHRALSKI, J.: Historisches. Z. Metallkde. Bd. 19 (1927) S. 316.

401. TAMMANN, G.: Kernzahl und lineare Wachstumsgeschwindigkeit als bestimmende Faktoren der Rekristallisationsgeschwindigkeit. Lehrbuch der Metallkunde.

402. HANEMANN, H.: Rekristallisation an Gleitfläche. Z. Metallkde. Bd. 18 (1926) S. 16.

403. CZOCHRALSKI, J.: Rekristallisation nach Torsion und Retorsion von Al. [Al-Zwilling (?)]. Z. Metallkde. Bd. 17 (1925) S. 1.

404. POLANYI, M. u. E. SCHMID: Erholung und Rekristallisation von Sn-Kristallen. Verschiedenartige Verformung. Orientierungsbeziehung der neugebildeten Kristalle. Z. Physik Bd. 32 (1925) S. 684.

405. ARKEL, A. E. VAN u. M. G. VAN BRUGGEN: Verfestigung und Rekristallisation Al. Z. Physik Bd. 42 (1927) S. 795.

406. ARKEL, A. E. VAN u. J. J. A. PLOOS VAN AMSTEL: Verfestigung und Korngröße nach Rekristallisation Sn. Z. Physik Bd. 51 (1928) S. 534.

407. ARKEL, A. E. VAN: Gleiche Korngröße bei gleicher Verfestigung von verschiedenem Ausgangsgefüge Al. Z. Metallkde. Bd. 22 (1930) S. 217.

408. BURGERS, W. G. (u. J. J. A. PLOOS VAN AMSTEL): Rekristallisationsvermögen von Al-Kristallen abhängig von Zahl der beteiligten Translationssysteme. Z. Physik. Bd. 81 (1933) S. 43.

409. ARKEL, A. E. VAN u. J. J. A. PLOOS VAN AMSTEL: Bei gleitlinienlosen Sn-Kristallen keine Rekristallisation an Übergang gedehnt—ungedehnt. Z. Physik Bd. 62 (1930) S. 46.

410. SACHS, G.: Rekristallisation nach Torsion und Retorsion Al. Z. Metallkde. Bd. 18 (1926) S. 209.

411. BECK, P. u. M. POLANYI: Rekristallisation nach Biegung und Rückbiegung Al. Naturwiss. Bd. 19 (1931) S. 505; Z. Elektrochem. Bd. 37 (1931) S. 521.

412. GOUGH, H. J., D. HANSON u. S. J. WRIGHT: Rückverformung erfolgt entlang anderer Translationsebenen wie die erste Verformung. Aeron. Res. Com. Rep. Mem. 1924 Nr. 995.

413. KARNOP, R. u. G. SACHS: Rekristallisation Al nach Dehnung und Rückstauchung. Z. Physik Bd. 52 (1928) S. 301.
414. BOHNER, H. u. R. VOGEL: Korngröße abhängig von Ausgangskorngröße. Bedeutung der Erholung für Rekristallisation. Vielkristall. Z. Metallkde. Bd. 24 (1932) S. 169.
415. CZOCHRALSKI, J.: Zunahme der Keimzahl mit steigender Temperatur. Moderne Metallkunde. Berlin 1924.
416. ARKEL, A. E. VAN u. M. G. VAN BRUGGEN: Rekristallisation. Rein-Al. Oberflächenkristallisation. Z. Physik Bd. 51 (1928) S. 520.
417. SCHMID, E.: Rekristallisation in Deformationszwillingen. Wachstumsgeschwindigkeit Al. Nach unveröffentlichten Versuchen gemeinsam mit M. ALTENBERGER 1930.
418. TAMMANN, G. u. W. CRONE: Wachstumsgeschwindigkeit Pb, Ag, Zn. Z. anorg. allg. Chem. Bd. 187 (1930) S. 289.
419. CZOCHRALSKI, J.: Wachstumsgeschwindigkeit Sn. Rekristallisationsdiagramm. Met. u. Erz. Bd. 13 (1916) S. 381.
420. KARNOP, R. u. G. SACHS: Konstante Wachstumsgeschwindigkeit. Al-Vielkristall. Z. Physik Bd. 60 (1930) S. 464.
421. ARKEL, A. E. VAN u. J. J. A. PLOOS VAN AMSTEL: Aufhebung der Wachstumsfähigkeit durch geringe Deformation. Z. Physik Bd. 62 (1930) S. 43.
422. POLANYI, M. u. E. SCHMID: Orientierungsbeziehung von Sn-Kristallen vor und nach Rekristallisation. Verh. dtsch. physik. Ges. Bd. 4 (1923) S. 27.
423. CARPENTER, H. C. H. u. C. F. ELAM: Rekristallisation gedehnter Al-Kristalle. Proc. Roy. Soc., Lond. Bd. 107 (1925) S. 171.
424. TANAKA, K.: Rekristallisation gedehnter Al-Kristalle. Mem. Coll. Sci. Kyoto Univ. Bd. 11 (1928) S. 229.
425. BURGERS, W. G. u. J. C. M. BASART: Orientierte Rekristallisation schwach deformierter Al-Kristalle. Z. Physik Bd. 51 (1928) S. 545.
426. BURGERS, W. G. u. J. C. M. BASART: Rekristallisation von Al-Kristallen nach starker Deformation. Sammelkristallisation. Z. Physik Bd. 54 (1929) S. 74.
427. BURGERS, W. G.: Rekristallisation gestauchter und gewalzter Al-Kristalle. Z. Physik Bd. 59 (1930) S. 651.
428. BURGERS, W. G. u. P. C. LOUWERSE: Rekristallisation gestauchter und gewalzter Al-Kristalle. Z. Physik Bd. 67 (1931) S. 605.
429. FEITKNECHT, W.: Sammelkristallisation. J. Inst. Met., Lond. Bd. 35 (1926) S. 131.
430. KARNOP, R. u. G. SACHS: Einfluß von Verunreingungen auf Geschwindigkeit der Sammelkristallisation Al. Metallwirtsch. Bd. 8 (1929) S. 1115.
431. AGTE, C. u. K. BECKER: Röntgenographisch und mechanisch bestimmte Erholungstemperatur. MATTHIESSENsches Gesetz für Erholung. Z. techn. Physik Bd. 11 (1930) S. 107.
432. KARNOP, R. u. G. SACHS: Röntgenographisch und mechanisch bestimmte Erholungstemperatur. Z. Physik Bd. 42 (1927) S. 283.
433. ARKEL, A. E. VAN u. W. G. BURGERS: K_α-Dublett-Aufspaltung. Z. Physik Bd. 48 (1928) S. 690.

434. Sachs, G.: Änderung physikalischer Eigenschaften durch Glühbehandlung. Grundbegriffe der mechanischen Technologie der Metalle. Leipzig 1925.
435. Goerens, P.: Einfluß von Glühdauer und -temperatur auf Festigkeit und Dehnung von gezogenem Flußeisen. Ferrum Bd. 10 (1913) S. 226.
436. Tammann, G. u. F. Neubert: Eigenschaftsänderungen durch Glühen. Z. anorg. allg. Chem. Bd. 207 (1932) S. 87.
437. Tammann, G.: Erholung von den Folgen der Kaltbearbeitung. Z. Metallkde. Bd. 24 (1932) S. 220.
438. Tammann, G. u. K. L. Dreyer: Unterschiedliches Verhalten der Cu- und Pt-Gruppe bei Erholung. Ann. Phys. [5] Bd. 16 (1933) S. 111.
439. Tammann, G.: Erholung von den Folgen der Kaltbearbeitung. Z. Metallkde. Bd. 26 (1934) S. 97.
440. Tammann, G.: Gasabgabe bei Glühung bearbeiteter Metalle. Z. anorg. allg. Chem. Bd. 114 (1920) S. 278.
441. Werner, O.: Verfolgung von Erholung und Rekristallisation mit radioaktiven Methoden (Gasabgabe). Z. Elektrochem. Bd. 39 (1933) S. 611; Z. Metallkde. Bd. 26 (1934) S. 265.
442. Credner, F.: Hohlräume bei Sammelkristallisation. Z. physik. Chem. Bd. 82 (1913) S. 457.

VII. Plastizität und Festigkeit von Ionenkristallen.

443. Seifert, H.: Verformungselemente. In Landolt-Börnstein-Roth-Scheel, Physikalisch-chemische Tabellen Erg.-Bd. 1, S. 35. Berlin 1927.
444. Stark, J.: Auswahl der Translationselemente und Spaltebenen. Jb. Radioakt. u. Elektron. Bd. 12 (1915) S. 279.
445. Johnsen, A.: Zur Auswahl der Translationselemente und Spaltebenen. Einfache Schiebung. Erg. exakt. Naturwiss. Bd. 1 (1922) S. 270.
446. Tammann, G. u. W. Salge: Oktaeder-Translation von NaCl bei hoher Temperatur. Abfall der Streckgrenze mit steigender Temperatur. Neues Jb. Min. Beil. Bd. 57 (1927) S. 117.
447. Heide, F.: Neue Zwillings- und Translationselemente bei Temperatur- und Druckerhöhung. Z. Kristallogr. Bd. 78 (1931) S. 257.
448. Buerger, M. J.: Würfeltranslation NaCl. Amer. Mineral. Bd. 15 (1930) Nr. 2—5—6.
449. Rexer, E.: Würfeltranslation NaCl. Z. Physik Bd. 76 (1932) S. 735.
450. Mügge, O.: Zur Würfeltranslation NaCl. Zbl. Mineral., Geol., Paläont. 1931 A S. 253.
451. Dommerich, S.: Würfeltranslation NaCl. Z. Physik Bd. 90 (1934) S. 189.
452. Schmid, E. u. O. Vaupel: Gitterdrehung bei Dodektaedertranslation. Dehnungskurven NaCl (getempert); Normalspannungsgesetz; Festigkeitskörper NaCl. Z. Physik Bd. 56 (1929) S. 308.
453. Voigt, W.: Elastische Schiebung bei der Zwillingsbildung von Kalkspat. Wiedemanns Ann. Bd. 67 (1899) S. 201.
454. Tertsch, H.: Spaltarten. Z. Kristallogr. Bd. 74 (1930) S. 476.
455. Kusnetzow, W. D. (in Gemeinschaft mit W. M. Kudrjawzewa): Schlagspaltung. (110)-Spaltfläche von NaCl ist Scheinfläche. Z. Physik Bd. 42 (1927) S. 302.

456. TERTSCH, H.: Verschiedene Spaltarten NaCl. Z. Kristallogr. Bd. 78 (1931) S. 53.

457. TERTSCH, H.: Verschiedene Spaltarten Bleiglanz. Z. Kristallogr. Bd. 85 (1933) S. 17.

458. TERTSCH, H.: Verschiedene Spaltarten Anhydrit. Z. Kristallogr. Bd. 87 (1934) S. 326.

459. TOKODY, L.: (110)-Spaltung NaCl treppenförmig. Z. Kristallogr. Bd. 73 (1930) S. 116.

460. TERTSCH, H.: Energiebedarf der Schlagspaltung von NaCl nach (100)- und (110)-Fläche. Z. Kristallogr. Bd. 81 (1932) S. 264, 275.

461. SELLA, A. u. W. VOIGT: Wichtigkeit zentrischer Einspannung bei Zerreißversuchen. Zum Normalspannungsgesetz. Wiedemanns Ann. Bd. 48 (1893) S. 636.

462. JOFFÉ, A., M. W. KIRPITSCHEWA u. M. A. LEWITSKY: Röntgenographische Bestimmung des Plastizitätsbeginns und seiner Temperaturabhängigkeit. Temperaturabhängigkeit der Reißfestigkeit. Z. Physik Bd. 22 (1924) S. 286.

463. OBREIMOW, I. W. u. L. W. SCHUBNIKOFF: Streckgrenzenbestimmung mit Spannungsdoppelbrechung. Innere Spannungen. Z. Physik Bd. 41 (1927) S. 907.

464. BLANK, F.: Streckgrenze und Reißfestigkeit von NaCl verschiedener Herkunft und Vorgeschichte (Temperung). Z. Physik Bd. 61 (1930) S. 727.

465. RINNE, F.: Spannungsdoppelbrechung NaCl. Z. Kristallogr. Bd. 61 (1925) S. 389.

466. SCHÜTZE, W.: Verformungsstufen, Streckgrenzen von Kaliumhalogeniden. Zum Normalspannungsgesetz. Verlauf des Zerreißens. Z. Physik Bd. 76 (1932) S. 135.

467. LEWITSKY, M. A.: Zur Streckgrenzenbestimmung. Biegung von NaCl. Z. Physik Bd. 35 (1926) S. 850.

468. SMEKAL, A.: Streckgrenzenbestimmung aus photochemischer Verfärbung. 8. internat. Kongr. Photographie Dresden 1931 S. 34.

469. SPERLING, G. F.: Normalspannungsgesetz NaCl. Z. Physik Bd. 74 (1932) S. 476.

470. SCHÜTZE, W.: Schubspannungsgesetz Kaliumhalogenide; zum Normalspannungsgesetz. Z. Physik Bd. 76 (1932) S. 151.

471. VOIGT, W.: Elastische Schiebung an der Streckgrenze. Ann. Phys. [4] Bd. 60 (1919) S. 638.

472. JENCKEL, E.: Querschnittsabhängigkeit von Streckgrenze, Dehnungskurve und Reißfestigkeit bei NaCl. Z. Elektrochem. Bd. 38 (1932) S. 569.

473. METAG, W.: Einfluß von Zusätzen auf Kohäsionsgrenzen von NaCl. Z. Physik Bd. 78 (1932) S. 363.

474. BLANK, F. u. A. SMEKAL: Einfluß von $PbCl_2$ in NaCl. Naturwiss. Bd. 18 (1930) S. 306.

475. EDNER, A.: Einfluß von Zusätzen auf Kohäsionsgrenzen von NaCl. Z. Physik Bd. 73 (1932) S. 623.

476. SCHÖNFELD, H.: Einfluß ternärer Zusätze auf Kohäsionsgrenzen von NaCl. Z. Physik Bd. 75 (1932) S. 442.

476a. POSER, E.: Photochemisch bestimmte Elastizitätsgrenze anscheinend strukturunempfindlich. Z. Physik Bd. 91 (1934) S. 593.

477. THEILE, W.: Temperaturabhängigkeit von Streckgrenze, Dehnungskurve und Reißfestigkeit von NaCl. Z. Physik Bd. 75 (1932) S. 763.

478. EKSTEIN, H.: Torsion von NaCl. Unveröffentlichte Versuche.

479. EWALD, W. u. M. POLANYI: Biegung NaCl. Keine Änderung des E-Moduls durch Kaltreckung. Z. Physik Bd. 28 (1924) S. 29.

480. JOFFÉ, A. u. M. A. LEWITSKY: Biegung NaCl. Z. Physik Bd. 31 (1925) S. 576.

481. POLANYI, M. u. G. SACHS: Biegungsstreckgrenze, BAUSCHINGER-Effekt NaCl. Z. Physik Bd. 33 (1925) S. 692.

482. MILCH, L.: Torsion NaCl bei hohen Temperaturen. Neues Jb. Min. 1909 I S. 60.

483. GROSS, R.: Torsion NaCl bei hohen Temperaturen. Z. Metallkde. Bd. 16 (1924) S. 18.

484. PRZIBRAM, K.: Stauchung NaCl. Wien. Ber. IIa. Bd. 141 (1932) S. 63.

485. PRZIBRAM, K.: Stauchung, Brinellhärte NaCl, KCl, KBr. Wien. Ber. IIa. Bd. 141 (1932) S. 645.

486. PRZIBRAM, K.: Stauchung, Brinellhärte, NaBr, NaJ, KJ. Wien. Ber. IIa. Bd. 142 (1933) S. 259.

487. VOIGT, W.: Nachwirkung und BAUSCHINGER-Effekt NaCl. Diss. Königsberg 1874.

488. EWALD, W. u. M. POLANYI: BAUSCHINGER-Effekt bei NaCl-Biegung. Z. Physik Bd. 31 (1924) S. 139.

489. SOHNCKE, L.: Normalspannungsgesetz. Poggendorffs Ann. Bd. 137 (1869) S. 177.

490. SCHMID, E.: Normalspannungsgesetz. Proc. internat. Congr. appl. mech. Delft 1924 S. 342.

491. BOAS, W. u. E. SCHMID: Konstante Normaldilatation als Bruchbedingung nicht möglich. Z. Physik Bd. 56 (1929) S. 516.

492. SMEKAL, A.: Konstante Gestaltänderungsenergie als Bruchbedingung nicht möglich. Handbuch der physik. u. techn. Mechanik, Bd 2/4. (1931).

493. MÜLLER, H.: Zur Querschnittsabhängigkeit der Reißfestigkeit NaCl. Physik. Z. Bd. 25 (1924) S. 223.

494. REXER, E.: Reißfestigkeit CaF_2. Z. Kristallogr. Bd. 78 (1931) S. 251.

495. VOIGT, W.: Reißfestigkeit CaF_2. Wiedemanns Ann. Bd. 48 (1893) S. 663.

496. HEYSE, G.: Reißfestigkeit $SrCl_2$. Z. Physik Bd. 63 (1930) S. 138.

497. BURGSMÜLLER, W.: Reißfestigkeit NaCl von $-190°$ C bis $+90°$ C. Z. Physik Bd. 80 (1933) S. 299.

498. BURGMÜLLER, W.: Reißfestigkeit NaCl mit $SrCl_2$-Zusätzen von $-252°$ C bis $+20°$ C. Z. Physik Bd. 83 (1933) S. 317.

499. STEINER, K. u. W. BURGSMÜLLER: Reißfestigkeit NaCl bei $4,2°$ abs. Z. Physik Bd. 83 (1933) S. 321.

500. ENDE, W. u. E. REXER, Kinematographische Ermittlung der Zerreißdauer. Nach A. SMEKAL: Handbuch der physik. u. techn. Mechanik, Bd. 4/2 (1931).

501. SELLA, A. u. W. VOIGT: Biegung NaCl. Wiedemanns Ann. Bd. 48 (1893) S. 636, s. bes. S. 652.

502. Ewald, W. u. M. Polanyi: Plastizierung im Biegeversuch. Z. Physik Bd. 31 (1925) S. 746.

503. Voigt, W.: Torsionsfestigkeit NaCl. Wiedemanns Ann. Bd. 48 (1893) S. 657.

504. Smekal, A.: Normalspannungsgesetz als Verfestigungsgesetz. Metallwirtsch. Bd. 10 (1931) S. 831.

505. Niggli, P.: Härte. Lehrbuch der Mineralogie, Bd. 1. Berlin 1924.

506. Reis, A. u. L. Zimmermann: Härte von Kristallen. Z. physik. Chem. Bd. 102 (1922) S. 298.

507. Martens, A.: Ritzhärte. Handbuch der Materialienkunde für den Maschinenbau, 1898, S. 235.

508. Exner, F.: Untersuchungen über die Härte an Kristallflächen. Wien 1873.

509. Tertsch, H.: Anisotropie der Schleifhärte. Anz. Akad. Wien 1934 Nr. 17; Z. Kristallogr. Bd. 89 (1934) S. 541.

510. Rinne, F. u. W. Riezler: Kegeldruckhärte an NaCl, AgBr, AgJ bei verschiedenen Temperaturen. Z. Physik Bd. 63 (1930) S. 752.

511. Rinne, F. u. W. Hofmann: Kegeldruckhärte an NaCl, KCl. Z. Kristallogr. Bd. 83 (1932) S. 56.

512. Herbert, E. G.: Pendelhärte. Engineer Bd. 85 (1923) S. 390.

513. Kusnetzow, W. D. u. E. W. Lawrentjewa: Pendelhärte. Z. Kristallogr. Bd. 80 (1931) S. 54.

514. Schmidt, W.: Pendelhärte. Vortrag Deutsche Mineralogische Gesellschaft. Berlin 1931.

515. Rehbinder, P.: Härteabnahme bei Adsorption polarer Moleküle. Z. Physik Bd. 72 (1931) S. 191.

516. Voigt, W.: Elastizitätskoeffizienten von Ionenkristallen. Lehrbuch der Kristallphysik.

517. Bridgman, P. W.: Elastizitätskoeffizienten der Alkalihalogenidkristalle. Proc. Amer. Acad. Bd. 64 (1929) S. 19.

518. Henstenberg, J. u. H. Mark: Gitterkonstante und Gitterstörungen KCl. Z. Physik Bd. 61 (1930) S. 435.

519. Gross, R.: Dichteänderung NaCl bei Verformung und Glühung. Erhöhung der Lösungsgeschwindigkeit durch Verformung. Erholung. Z. Metallkde. Bd. 16 (1924) S. 344.

520. Konobojewski, S. u. I. Mirer: Innere Spannungen aus Asterismus bei Laue-Bildern. Z. Kristallogr. Bd. 81 (1932) S. 69.

521. Seljakow, N. J.: Gitterverzerrung zufolge innerer Spannungen NaCl. Z. Kristallogr. Bd. 83 (1932) S. 426.

522. Smekal, A.: Innere Spannungen durch lichtelektrische Messungen. Physik. Z. Bd. 34 (1933) S. 633. Internat. Confer. Phys. London 1934;

523. Brill, R.: Gitterstörungen in gestauchten KCl-Kristallen. Z. Physik Bd. 61 (1930) S. 454.

524. Dehlinger, U.: Gitterstörungen und Linienverbreiterung. Z. Kristallogr. Bd. 65 (1927) S. 615; Z. Metallkde. Bd. 23 (1931) S. 147.

525. Rexer, E.: Identität von Absorptionsspektren von NaCl gefärbt mit Na-Dampf und durch Bestrahlung. Physik. Z. Bd. 33 (1932) S. 202.

526. Przibram, K.: Theorie der Verfärbung von NaCl. Z. Physik Bd. 20 (1923) S. 196.

527. SMEKAL, A.: Verfärbung gebogener NaCl-Kristalle. Z. VDI Bd. 72 (1928) S. 667.
528. SCHRÖDER, H. J.: Verfärbung NaCl. Z. Physik Bd. 76 (1932) S. 608.
529. PRZIBRAM, K.: Verfärbung von NaCl-Kristallen nach Druck. Z. Physik Bd. 41 (1927) S. 833.
530. JAHODA, E.: Intensivere Verfärbung von Schmelzflußkristallen NaCl. Wien. Ber. IIa. Bd. 135 (1926) S. 675.
531. PRZIBRAM, K.: Intensivere Verfärbung von Schmelzflußkristallen NaCl. Wien. Ber. IIa. Bd. 137 (1928) S. 409.
532. SMEKAL, A.: Intensivere Verfärbung getemperter NaCl-, KCl-Kristalle. Elektrolytische Leitfähigkeit von Schmelzflußkristallen größer als von Lösungskristallen. Z. Physik Bd. 55 (1929) S. 289.
533. PRZIBRAM, K.: Verfärbung von Kalkspatzwillingen. Z. Physik Bd. 68 (1931) S. 403.
534. JOFFÉ, A. u. E. ZECHNOWITZER: Elektrolytische Leitfähigkeit von NaCl nach Verformung. Z. Physik Bd. 35 (1926) S. 446.
535. GYULAI, Z. u. D. HARTLY: Elektrolytische Leitfähigkeit von NaCl nach Verformung. Z. Physik Bd. 51 (1928) S. 378.
536. QUITTNER, F.: „Plastizierungseffekt" der elektrolytischen Leitfähigkeit NaCl. Z. Physik Bd. 68 (1931) S. 796.
537. JOFFÉ, A.: Einfluß von Verunreinigungen auf elektrolytische Leitfähigkeit NaCl. Ann. Phys. [4] Bd. 72 (1923) S. 461.
538. RINNE, F.: Rekristallisation NaCl. Z. Kristallogr. Bd. 62 (1925) S. 150.
539. PRZIBRAM, K.: Rekristallisation NaCl. Wien. Ber. Bd. IIa. 138 (1929) S. 353.
540. PRZIBRAM, K.: Rekristallisation NaCl. Wien. Ber. Bd. IIa. 139 (1930) S. 255.
541. PRZIBRAM, K.: Rekristallisationsfilm NaCl. Z. Elektrochem. Bd. 37 (1931) S. 535.
542. MÜLLER, H. G.: Rekristallisation NaCl. Physik. Z. Bd. 35 (1934) S. 646.
543. PRZIBRAM, K.: Rekristallisationsdiagramm. Bestrahlung hemmt Keimbildung. Wien. Ber. IIa. Bd. 142 (1933) S. 251.
544. PRZIBRAM, K.: Rekristallisationshemmung durch Bestrahlung. Wien. Ber. IIa. Bd. 141 (1932) S. 639.

JOFFÉ-*Effekt*.

545. HENTZE, E.: Biegung NaCl unter Wasser. Z. Kali 1921 Heft 4, 6, 8, 9.
546. JOFFÉ, A., M. W. KIRPITSCHEWA u. M. A. LEWITSKY: JOFFÉ-Effekt. Deutung: Ablösung festigkeitserniedrigender Risse. Z. Physik Bd. 22 (1924) S. 286.
547. EWALD, W. u. POLANYI M.: Heraufsetzung der Fließgeschwindigkeit bei Biegung an der Druckseite benetzter Kristalle. Keine Nachwirkung. Deutung: Beseitigung von Verriegelungen. Z. Physik Bd. 28 (1924) S. 29.
548. JOFFÉ, A. u. M. A. LEWITSKY: Nachwirkung der Bewässerung bei Zug. Z. Physik Bd. 31 (1925) S. 576.
549. EWALD, W. u. M. POLÁNYI: Heraufsetzung der Fließgeschwindigkeit benetzter Kristalle bei Biegung. Z. Physik Bd. 31 (1925) S. 746.
550. LEWITSKY, M. A.: Gleiche Streckgrenze bei Biegung benetzter Kristalle. Herabsetzung der Schubverfestigung. Z. Physik Bd. 35 (1926) S. 850.

551. SCHMID, E. u. O. VAUPEL: Effekt an getemperten Kristallen und Raumdiagonalstäbchen. Deutung: Eindringen von Wasser bewirkt innere Veränderungen im Kristall. Z. Physik Bd. 56 (1929) S. 308.

552. SPERLING, G. F.: Gleiche Streckgrenze bei Zug. Normalspannungsgesetz gilt bei abgelösten Stäbchen. Effekt an getemperten Kristallen. Z. Physik Bd. 74 (1932) S. 476.

553. DOMMERICH, K. H.: Gleiche kritische Schubspannung bei Zug gleichmäßig abgelöster Kristalle. Deutung: Reißverfestigung. Z. Physik Bd. 80 (1933) S. 242.

554. DOMMERICH, S.: Kritische Schubspannung des Würfelflächentranslationssystems NaCl. Z. Physik Bd. 90 (1934) S. 189.

555. PIATTI, L.: Große Dehnungen bei gleichmäßiger Ablösung. Nuovo Cimento Bd. 9 (1932) S. 102; Z. Physik Bd. 77 (1932) S. 401.

556. SMEKAL, A.: Leichtere Verfärbbarkeit unter Wasser zerrissener Kristalle. Naturwiss. Bd. 16 (1928) S. 743.

557. REXER, E.: Festigkeitserhöhung bei Ablösung von NaCl in H_2SO_4, KJ in H_2O und Methylalkohol. Z. Physik Bd. 72 (1931) S. 613.

558. HEINE, U.: Effekt bei Ablösung von KCl in H_2O. Z. Physik Bd. 68 (1931) S. 591.

559. WENDENBURG, K.: Festigkeitsnachwirkung von Lösungsmitteln abhängig. Z. Physik Bd. 88 (1934) S. 727.

560. JOFFÉ, A. u. M. A. LEWITSKY: Kugelversuch. Z. Physik Bd. 35 (1926) S. 442.

561. POLANYI, M.: Deutung: Reißverfestigung. Im Kugelversuch Plastizierung. Naturwiss. Bd. 16 (1928) S. 1043.

562. OROWAN, E.: Zur Deutung: Rißtiefe hängt von Kristallquerschnitt ab. Z. Physik Bd. 86 (1933) S. 195.

563. JENCKEL, E.: Hohe Festigkeit bei kleinem Kristallquerschnitt. Z. Elektrochem. Bd. 38 (1932) S. 569.

564. SMEKAL, A.: Zur Deutung: Weglösen von Rissen ermöglicht Plastizität und damit Reißverfestigung. Physic. Rev. Bd. 43 (1933) S. 366.

565. SMEKAL, A.: Anstieg des Ionenleitvermögens bei Bewässerung. Deutung: Eindringen von Wasser. Physik. Z. Bd. 32 (1931) S. 187.

566. SCHMID, E. u. O. VAUPEL: Ritzhärte an abgelösten NaCl-Kristallen. Konstanz von Gitterkonstante und Dichte. Z. Physik Bd. 62 (1930) S. 311.

567. DAWIDENKOW, N. u. M. CLASSEN-NEKLUDOWA: Ritzhärte an abgelösten NaCl-Kristallen. Physik. Z. Sowjetunion Bd. 4 (1933) S. 25.

568. BARNES, R. B.: Beweis für Eindringen des Wassers durch Ultrarotabsorption. Physic. Rev. Bd. 44 (1933) S. 898. Naturwiss. Bd. 21 (1933) S. 193.

569. JOFFÉ, A.: Normale Festigkeit, wenn Längsstreifen der Kristalle gegen Ablösung geschützt. Internat. Confer. Phys. London 1934.

VIII. Theorien der Kristallplastizität und -festigkeit.

570. BORN, M.: Kraftansatz. Atomtheorie des festen Zustandes. Berlin 1923.

571. ZWICKY, F.: Gittertheoretische Berechnung der Reißfestigkeit von NaCl. Physik. Z. Bd. 24 (1923) S. 131.

572. BORN, M. u. J. E. MAYER: Neuer Kraftansatz. Z. Physik Bd. 75 (1932) S. 1.

573. POLANYI, M.: Abschätzung der Reißfestigkeit. Z. Physik Bd. 7 (1921) S. 323.

574. EWALD, W. u. M. POLANYI: Konstanz des E-Moduls bis zur Bruchgrenze. Z. Physik Bd. 28 (1924) S. 29.

575. FRENKEL, J.: Berechnung der Schubfestigkeit. Z. Physik Bd. 37 (1926) S. 572.

576. POLANYI, M. u. E. SCHMID: Abschätzung der Schubfestigkeit. Deutung der Temperaturabhängigkeit der Fließgeschwindigkeit als Erholung. Naturwiss. Bd. 17 (1929) S. 301.

577. VOIGT, W.: Bedeutung struktureller und thermischer Inhomogenitäten. Ann. Phys. [4] Bd. 60 (1919) S. 638.

578. SMEKAL, A.: Lockerstellentheorie. Verfestigung durch zunehmende Fehlorientierung. Handbuch der physik. u. techn. Mechanik Bd. 4/2 (1931) S. 116.

579. SMEKAL, A.: Lockerstellentheorie. Handbuch der Physik, 2. Aufl. Bd. 24 (1933) S. 795.

580. INGLIS, C. E.: Spannungsverteilung am Riß. Trans. Inst. Naval Archit. Bd. 55 (1913) S. 219.

581. GRIFFITH, A. A.: Bruchbedingung aus Energiebilanz. Philos. Trans. Roy. Soc., Lond. Bd. 221 (1921) S. 163; Proc. internat. Congr. appl. mech. Delft 1924 S. 55.

582. MASING, G. u. M. POLANYI: Berechnung der Rißlänge Zn. Anstieg der Reißfestigkeit mit Kornfeinheit. Z. Physik Bd. 28 (1924) S. 169.

583. OROWAN, E.: Rißlänge unter Mitwirkung von Gleitung. Internat. Confer. Phys. London 1934.

584. OROWAN, E.: Rißlänge querschnittsabhängig. Verfestigung durch Unterteilung der Risse. Z. Physik Bd. 86 (1933) S. 195.

585. OROWAN, E.: Zerreißversuche an Glimmer. Z. Physik Bd. 82 (1933) S. 235.

586. TAYLOR, G. I.: Erklärung der niedrigen Schubfestigkeit durch Risse. Verfestigung durch Unterteilung der Risse. Trans. Faraday Soc. Bd. 24 (1928) S. 121.

587. STARR, A. T.: Schubspannungsverteilung am Riß. Proc. philos. Soc. Cambridge Bd. 24 (1928) S. 489.

588. SCHMID, E.: Verfestigende Wirkung von Löchern und Kerben bei Mg-Kristallen. Z. Elektrochem. Bd. 37 (1931) S. 447.

589. TAYLOR, G. I.: Translation durch Wanderung von Versetzungen durch den Kristall. Abschätzung der Schubfestigkeit des Mosaikkristalls. Theorie der Verfestigungskurve. Proc. Roy. Soc., Lond. Bd. 145 (1934) S. 362, 388.

590. MOSELEY, H. G. J. u. C. G. DARWIN: Mosaiktextur. Philos. Mag. Bd. 26 (1913) S. 210. Für weitere Literatur s. 579.

591. POLANYI, M.: Versetzungen im Gitter. Z. Physik Bd. 89 (1934) S. 660.

592. OROWAN, E.: Translation von Keimstellen ausgehend. Kombination thermischer und struktureller Inhomogenitäten zur Erklärung der Kristalltranslation. Z. Physik Bd. 89 (1934) S. 605, 614, 634.

593. ZWICKY, F.: Sekundärstruktur. Proc. Nat. Acad. Amer. Bd. 15 (1929) S. 816; Helv. Phys. Acta Bd. 3 (1930) S. 269.

594. CANFIELD, R. H.: Einwände gegen Sekundärstruktur. Physic. Rev. Bd. 35 (1930) S. 114.

595. OROWAN, E.: Einwände gegen Sekundärstruktur. Z. Physik Bd. 79 (1932) S. 573.
596. RENNINGER, M.: Zur Mosaiktextur von Steinsalz. Z. Kristallogr. Bd. 89 (1934) S. 344. EWALD, P. P.: Internat. Confer. Phys. London 1934.
597. SMEKAL, A.: Adsorptiver Einbau und Mischkristallbildung. Physik. Z. Bd. 35 (1934) S. 643.
598. GOETZ, A.: Adsorptiver Einbau geringer Zusätze in Bi-Kristalle. Internat. Confer. Phys. London 1934. Dort auch weitere Literatur über Blockstruktur.
599. BECKER, R.: Thermische Inhomogenitäten. Physik. Z. Bd. 26 (1925) S. 919.
600. BECKER, R.: Thermische Inhomogenitäten. Erklärung der Form des Rekristallisationsdiagramms. Platzwechselplastizität. Z. techn. Physik Bd. 7 (1926) S. 547.
601. BECKER, R. u. W. BOAS: Temperaturabhängigkeit der Fließgeschwindigkeit Cu. Metallwirtsch. Bd. 8 (1929) S. 317.
602. BEILBY, G. T.: Amorphiehypothese. J. Inst. Met., Lond. Bd. 6 (1911) S. 5.
603. ROSENHAIN, W.: Amorphiehypothese. Internat. Z. Metallogr. Bd. 5 (1914) S. 228.
604. TAMMANN, G.: Thermodynamische Einwände gegen Amorphiehypothese. Verfestigung durch Veränderungen der Atome. Lehrbuch der Metallographie.
605. CZOCHRALSKI, J.: Verlagerungshypothese. Moderne Metallkde. Berlin 1924.
606. LUDWIK, P.: Blockierungshypothese. Z. VDI Bd. 63 (1919) S. 142.
607. MÜGGE, O.: Biegegleitung. Neues Jb. Min. Bd. 1 (1898) S. 155.
608. POLANYI, M.: Biegegleitung. Z. Kristallogr. Bd. 61 (1925) S. 49.
609. DEHLINGER, U.: Verhakungen. Ableitung der Rekristallisationstemperatur. Ann. Phys. [5] Bd. 2 (1929) S. 749; Z. Metallkde. Bd. 22 (1930) S. 221.
610. PRANDTL, L.: Modell für Stabilität von Fehlorientierungen. Hysteresis. Z. angew. Math. Mech. Bd. 8 (1928) S. 85.
611. GOUGH, H. J., D. HANSON u. S. J. WRIGHT: Platzwechsel als Ursache der Hysteresis. Aeron. Res. Com. Rep. Mem. 1924 Nr 995.
612. GEISS, W. u. J. A. M. VAN LIEMPT: Verfestigung durch Atomdeformation verursacht. Z. Physik Bd. 45 (1927) S. 631.
613. TAMMANN, G.: Verfestigung durch Atomveränderungen bedingt. Z. Metallkde. Bd. 26 (1934) S. 97.
614. ARKEL, A. E. VAN u. W. G. BURGERS: Atomdeformation durch Gitterverzerrung bewirkt. Z. Physik Bd. 48 (1928) S. 690.
614a. LIEMPT, J. A. M. VAN: Deutung der Rekristallisationstemperatur. Z. anorg. allg. Chem. Bd. 195 (1931) S. 366; Rec. Trav. chim. Pays-Bas Bd. 53 (1934) S. 941.
615. TAMMANN, G. u. W. CRONE: Korngrößenverteilung im Gefüge. Z. anorg. allg. Chem. Bd. 187 (1930) S. 289; G. TAMMANN: Z. Metallkde. Bd. 22 (1930) S. 224.
616. GÖLER, V. u. G. SACHS: Korngrößenverteilung im Gefüge. Z. Physik Bd. 77 (1932) S. 281. — A. HUBER: Verteilung der Größen der Kornfelder im Schliff. Z. Physik Bd. 93 (1935) S. 227.

617. Koref, F.: Amorphe Plastizität von W-Wendeln. Z. techn. Physik Bd. 7 (1926) S. 544.

618. Schmid, E. u. G. Wassermann: Amorphe Plastizität von Cu- und Al-Drähten. Z. Metallkde. Bd. 23 (1931) S. 242.

619. Rohn, W.: Kriechfestigkeit in Abhängigkeit von Temperatur und Vorbehandlung. Z. Metallkde. Bd. 24 (1932) S. 127.

620. Wassermann, G.: Amorphe Plastizität bei der $\gamma-\alpha$-Umwandlung eines Nickelstahls. Arch. Eisenhüttenwes. Bd. 6 (1932/33) S. 347.

IX. Deutung der Eigenschaften vielkristalliner technischer Werkstücke auf Grund des Einkristallverhaltens.

621. Sander, B.: Gefügekunde der Gesteine. Wien: Julius Springer 1930.

622. Schmidt, W.: Tektonik und Verformungslehre. Berlin: Gebr. Bornträger 1932.

623. Schmid, E. u. G. Wassermann: Bestimmung und Beschreibung der Texturen. Literaturhinweise. Handbuch der physik. u. techn. Mechanik Bd. 4/2 (1931) S. 319.

624. Schröder, E. u. G. Tammann: Verfolgung der Walztextur durch Chladnische Klangfiguren. Z. Metallkde. Bd. 16 (1924) S. 201. — Tammann, G. u. W. Riedelsberger: Z. Metallkde. Bd. 18 (1926) S. 105.

625. Becker, K., R. O. Herzog, W. Jancke u. M. Polanyi: Fasertextur hartgezogener Drähte. Z. Physik Bd. 5 (1921) S. 61. — M. Ettisch, M. Polanyi u. K. Weissenberg: Z. Physik Bd. 7 (1921) S. 181. Z. physik. Chem. Bd. 99 (1921) S. 332.

626. Herzog, R. O. u. W. Jancke: Textur von Zellulosefasern. Z. Physik Bd. 3 (1920) S. 196. — R. O. Herzog, W. Jancke u. M. Polanyi: Z. Physik Bd. 3 (1920) S. 343. — P. Scherrer in Kolloidchemie v. Zsigmondy, 3. Aufl. 1920.

627. Nix, F. C. u. E. Schmid: Gußtexturen. Z. Metallkde. Bd. 21 (1929) S. 286.

628. Schmid, E. u. G. Wassermann: Rekristallisation sehr reinen Al-Drahtes. Z. techn. Physik Bd. 9 (1928) S. 106.

629. Schmid, E. u. G. Wassermann: Textur hartgezogener Drähte (Inhomogenität der Textur). Z. Physik Bd. 42 (1927) S. 779.

630. Wood, W. A.: Inhomogenität der Ziehtextur von Cu. Philos. Mag. Bd. 11 (1931) S. 610.

631. Wever, F.: Darstellung von Texturen durch Polfiguren. Z. Physik Bd. 28 (1924) S. 69.

632. Göler, v. u. G. Sachs: Walz- und Rekristallisationstexturen kubischflächenzentrierter Metalle. Z. Physik Bd. 41 (1927) S. 873, 889; Bd. 56 (1929) S. 477, 485.

633. Valouch, M. A.: Walztextur Zn. Metallwirtsch. Bd. 11 (1932) S. 165.

634. Weissenberg, K.: Ringfaser- und Spiralfasertextur. Z. Physik Bd. 8 (1921) S. 20.

635. Schmid, E. u. G. Wassermann: Textur gezogener Mg- und Zn-Drähte. Naturwiss. Bd. 17 (1929) S. 312.

636. Vargha, G. v. u. G. Wassermann: Inhomogenität der Walztextur Al. Metallwirtsch. Bd. 12 (1933) S. 511.

637. Schmid, E. u. G. Wassermann: Inhomogenität der Walztextur Zn. Anisotropie von Zn-Blechen. Z. Metallkde. Bd. 23 (1931) S. 87.

638. SISSON, W. A.: Textur gezogener und gewalzter Bleche (Stahl) identisch. Metals & Alloys Bd. 4 (1933) S. 192.

639. VARGHA, G. v. u. G. WASSERMANN: Textur gezogener und gewalzter Drähte (Al, Cu) identisch. Z. Metallkde. Bd. 25 (1933) S. 310.

640. GLOCKER, R. u. H. WIDMANN: Drei Fälle der Kristallitanordnung bei Rekristallisationstexturen. Keine Rekristallisationstextur bei Al. Z. Metallkde. Bd. 18 (1927) S. 41.

641. SCHMID, E. u. G. WASSERMANN: Rekristallisationstextur Al-Blech; Anisotropie seiner Festigkeitseigenschaften. Metallwirtsch. Bd. 10 (1931) S. 409.

642. GLOCKER, R. u. E. KAUPP: Rekristallisationstextur Ag. Z. Metallkde. Bd. 16 (1924) S. 377.

643. KÖSTER, W.: Rekristallisationstextur Cu-Blech. Z. Metallkde. Bd. 18 (1926) S. 112.

644. EWING, J. A. u. W. ROSENHAIN: Translation im gereckten Fe-Vielkristall. Phil. Trans. Roy. Soc., Lond. Bd. 193 (1900) S. 353.

645. STRAUMANN, R.: Walz- und Rekristallisationstextur von Zn-Blech identisch. Thermische Anisotropie von Blechen. Dtsch. Uhrmacherztg. 1931 Nr 2 u. f. Vgl. auch Helv. phys. Acta Bd. 3 (1930) S. 463.

646. SCHIEBOLD, E. u. G. SIEBEL: Walz- und Rekristallisationstextur von Mg-Blech identisch. Z. Physik Bd. 69 (1931) S. 458.

647. KURDJUMOW, G. u. G. SACHS: Walz- und Rekristallisationstextur Fe. Z. Physik Bd. 62 (1930) S. 592.

648. CZOCHRALSKI, J.: Deformation der Kristallite im Vielkristall. Moderne Metallkunde. Berlin 1924.

649. SEIDL, E. u. E. SCHIEBOLD: Deformation der Kristallite im Vielkristall. Z. Metallkde. Bd. 17 (1925) S. 221; Bd. 18 (1926) S. 241.

650. POLANYI, M. u. E. SCHMID: Dehnung von Zweikristallen Sn und Bi. Rekristallisationsfähigkeit im gedehnten Zweikristall erhöht. Z. techn. Physik Bd. 5 (1924) S. 580.

651. Unveröffentlichte Versuche (1930) von E. SCHMID mit O. VAUPEL und insbesondere mit W. FAHRENHORST. Fortsetzung von Zwillingen im Nachbarkorn.

652. MISES, R. v.: Erzielung beliebiger Formänderung durch 5 Translationen. Z. angew. Math. Mech. Bd. 8 (1928) S. 161.

653. SCHMID, E.: Verfestigungsunterschied Ein- und Vielkristall bei kubischen und hexagonalen Metallen. Physik. Z. Bd. 31 (1930) S. 892.

654. KARNOP, R. u. G. SACHS: Dehnungskurven Ein- und Vielkristall Al. Z. Physik Bd. 41 (1927) S. 116.

655. SCHMID, E. u. G. SIEBEL: Dehnungskurven Einkristall Mg. Z. Elektrochem. Bd. 37 (1931) S. 447.

656. SCHMID, E. u. G. SIEBEL: Wechseltorsion Mg-Zwei- und Drei-Kristalle. Metallwirtsch. Bd. 13 (1934) S. 353.

657. GOUGH, H. J., S. J. WRIGHT u. D. HANSON: Wechseltorsion Al-Dreikristall. Aeron. Res. Com. Rep. Mem. 1926 Nr. 1025 (M 41).

658. GOUGH, H. J., H. L. COX u. D. G. SOPWITH: Wechseltorsion Al-Zweikristalle. J. Inst. Met. Lond. Bd. 54 (1934) S. 193.

659. JEFFRIES, Z. u. R. S. ARCHER: Steigerung der Verfestigung mit abnehmender Korngröße. Chem. metallurg. Engng. Bd. 27 (1922) S. 747.

660. Wood, W. A.: Härteanstieg mit abnehmender Korngröße. Philos. Mag. Bd. 10 (1930) S. 1073.

661. Masing, G. u. M. Polanyi: Anstieg der Reißfestigkeit mit abnehmender Korngröße. Z. Physik Bd. 28 (1924) S. 169.

662. Göler, v. u. G. Sachs: Gußtextur bei komplizierten Kokillenformen. Z. VDI Bd. 71 (1929) S. 1353.

663. Schmid, E. u. G. Wassermann: Deutung der Deformationstexturen hexagonaler Metalle. Metallwirtsch. Bd. 9 (1930) S. 698.

664. Fuller, M. L. u. G. Edmunds: Walztextur einer Zn-Legierung. Amer. Inst. min. metallurg. Engr. Techn. Publ. 1934 Nr. 524.

665. Körber, F.: Deutung der Deformationstexturen. Mitt. Kais. Wilh.-Inst. Eisenforschg. Düsseld. Bd. 3 (1922) S. 1; Z. Elektrochem. Bd. 29 (1923) S. 295; Stahl u. Eisen Bd. 48 (1928) S. 1433.

666. Wever, F. u. W. E. Schmid: Deutung der Deformationstexturen. Mitt. Kais.-Wilh.-Inst. Eisenforschg., Düsseld. Bd. 11 (1929) S. 109; Z. Metallkde. Bd. 22 (1930) S. 133. — W. E. Schmid: Z. techn. Physik Bd. 12 (1931) S. 552.

667. Polanyi, M.: Deutung der Deformationstexturen. Z. Physik Bd. 17 (1923) S. 42.

668. Sachs, G. u. E. Schiebold: Deutung der Deformationstexturen. Naturwiss. Bd. 13 (1925) S. 964.

669. Boas, W. u. E. Schmid: Deutung der Deformationstexturen. Z. techn. Physik Bd. 12 (1931) S. 71.

670. Burgers, W. G.: Zur Deutung der Rekristallisationstexturen. Metallwirtsch. Bd. 11 (1932) S. 251.

671. Dehlinger, U.: Zur Deutung der Rekristallisationstexturen. Metallwirtsch. Bd. 12 (1933) S. 48.

672. Voigt, W.: Mittelung elastischer Eigenschaften, elektrischer Widerstand. Lehrbuch der Kristallphysik (Anhang).

673. Bruggeman, D. A. G.: Mittelung elastischer Eigenschaften. Diss. Utrecht 1930 (J. B. Wolters).

674. Reuss, A.: Mittelung von Fließgrenze und elastischen Eigenschaften. Z. angew. Math. Mech. Bd. 9 (1929) S. 49.

675. Huber, A. u. E. Schmid: Mittelung elastischer Eigenschaften. Helv. phys. Acta Bd. 7 (1934) S. 620.

676. Boas, W.: Mittelung elastischer Eigenschaften Zinn. Helv. phys. Acta Bd. 7 (1934) S. 878.

677. Akulow, N. S.: Mittelung magnetischer Eigenschaften. Z. Physik Bd. 66 (1930) S. 533.

678. Boas, W. u. E. Schmid: Vergleich berechneter elastischer Eigenschaften mit beobachteten Mittelung von Ausdehnungskoeffizient und spezifischem Widerstand. Helv. phys. Acta Bd. 7 (1934) S. 628.

679. Andrade, E. N. da C. u. B. Chalmers: Mittelung spezifischen Widerstands; Widerstandsänderung durch Umorientierung. Proc. Roy. Soc., Lond. Bd. 138 (1932) S. 348.

680. Sachs, G.: Fließbedingung des Vielkristalls aus Schubspannungsgesetz. Z. VDI Bd. 72 (1928) S. 734.

681. Ludwik, P. u. R. Scheu: Einfluß der mittleren Hauptspannung auf Fließgefahr. Stahl u. Eisen Bd. 45 (1925) S. 373.

682. LODE, W.: Einfluß der mittleren Hauptspannung auf Fließgefahr. Z. Physik Bd. 36 (1926) S. 913.

683. HUBER, A. T.: Gestaltänderungsenergie als Maß der Fließgefahr. Czasopismo technizne, Lemberg 1904. — R. v. Mises: Götting. Nachr. S. 582, 1913.

684. SACHS, G.: Deutung von elastischer Nachwirkung, Hysteresis, BAUSCHINGER-Effekt. Grundbegriffe der mechanischen Technologie der Metalle. Leipzig 1925.

685. HEYN, E.: Theorie der „verborgen-elastischen Spannungen". Met. u. Erz Bd. 15 (1918) S. 411; KWG-Festschrift 1921.

686. MASING, G.: Strukturelle Deutung der „verborgen-elastischen Spannungen". Z. techn. Physik Bd. 3 (1922) S. 167.

687. WARTENBERG, H. v.: Theorie der Nachwirkung. Verh. dtsch. physik. Ges. Bd. Bd. 20 (1918) S. 113.

688. BECKER, R.: Theorie der Nachwirkung. Z. Physik Bd. 33 (1925) S. 185.

689. GOUGH, H. J. u. D. HANSON: Auftreten von Gleitlinien weit unterhalb der Proportionalitätsgrenze. Proc. Roy. Soc., Lond. Bd. 104 (1923) S. 538.

689a. BRUGGEMAN, D. A. G.: Berechnung elastischer Moduln von kubischen Metallen mit verschiedener Textur. Z. Physik Bd. 92 (1934) S. 561.

690. WEERTS, J.: Elastische Anisotropie gewalzten und geglühten Cu-Blechs. Z. Metallkde. Bd. 25 (1933) S. 101.

691. GOENS, E. u. E. SCHMID: Elastische Anisotropie gewalzten Fe-Blechs. Naturwiss. Bd. 19 (1931) S. 520.

692. FAHRENHORST, W., K. MATTHAES u. E. SCHMID: Anisotropie von Festigkeitseigenschaften rekristallisierten Cu-Blechs. Z. VDI Bd. 76 (1932) S. 797.

693. GÖLER, v. u. G. SACHS: Anisotropie von Festigkeitseigenschaften rekristallisierter Bleche kubischer Metalle. Z. Physik Bd. 56 (1929) S. 495.

694. SAEFTEL, F. u. G. SACHS: Analyse des Tiefziehvorgangs. Z. Metallkde. Bd. 17 (1925) S. 155.

695. KAISER, K.: Tiefziehversuch Cu-Blech. Z. Metallkde. Bd. 19 (1927) S. 435.

696. DAHL, O. u. J. PFAFFENBERGER: Tiefziehversuch Fe-Blech. Anisotropie der Magnetisierung. Z. Physik Bd. 71 (1931) S. 93.

697. WEISS, L.: Schichtartiger Aufbau gezogener Al-Stangen. Z. Metallkde. Bd. 19 (1927) S. 61.

698. GLAUNER, R. u. R. GLOCKER: Textur und Korrisionsbeständigkeit von Cu-Blech. Z. Metallkde. Bd. 20 (1928) S. 244.

699. JUBITZ, W.: Änderung thermischer Ausdehnung beim Recken von Mg, Zn, Cd. Z. techn. Physik Bd. 7 (1926) S. 522.

700. MASING, G.: Änderung thermischer Ausdehnung beim Recken von Zn und Cd. Z. Metallkde. Bd. 20 (1928) S. 425.

701. SIEGLERSCHMIDT, H.: Anisotropie von POISSONscher Zahl und E-Modul von Zn-Blech. Z. Metallkde. Bd. 24 (1932) S. 55.

702. EDMUNDS, G. u. M. L. FULLER: Anisotropie der Biegungsfähigkeit von Zn-Blech. Trans. Amer. Inst. min. metallurg. Engr. Bd. 99 (1932) S. 75.

703. SCHMIDT, W.: Bedeutung der Kristallstruktur für Verhalten von Mg-Legierungen. Z. Metallkde. Bd. 25 (1933) S. 229. S. a. Z. Metallkde. Bd. 23 (1931) S. 54.

Sachverzeichnis.